LEONIDA TONELLI

FONDAMENTI

DI

CALCOLO DELLE VARIAZIONI

VOLUME PRIMO

BOLOGNA
NICOLA ZANICHELLI
EDITORE

PREFAZIONE

Il Calcolo delle Variazioni, nato contemporaneamente al Calcolo Infinitesimale, è oggi — dopo oltre due secoli di laborioso sviluppo — uno dei capitoli più importanti dell'Analisi. Il sorgere del recente Calcolo Funzionale gli ha aperto, in questi ultimi anni, più larghi orizzonti e gli ha procurato nuovo fervore di studi. A questi studi è dedicato il presente libro.

Scelto il punto di vista del Calcolo Funzionale, gli integrali del Calcolo delle Variazioni sono qui considerati come funzioni di linee, secondo l'idea del Volterra; e la teoria dei massimi e minimi di tali funzioni è impostata sul concetto di semicontinuità, già introdotto da Baire nello studio delle funzioni di variabili numeriche

L'opera consta di due volumi. Il primo è, per così dire, preparatorio, e svolge ampiamente tutta la teoria della semicontinuità per gli integrali, funzioni di linee piane, dipendenti soltanto dalla posizione dell'elemento generico della curva e dalla sua direzione; nel secondo, per mezzo di tale semicontinuità, si procede allo studio dei massimi e minimi degli integrali indicati, tanto nel cosidetto problema dell'estremo libero quanto in quello isoperimetrico. Se il favore dei matematici non mancherà, i metodi qui introdotti saranno, in seguito, estesi a tutti gli altri problemi considerati nel Calcolo delle Variazioni.

Una parte notevole di questo primo volume è dedicata ad alcune teorie generali dell'Analisi, che costituiscono il fondamento necessario di tutto il libro. Due capitoli — quello sulle curve e l'altro sugli insiemi di funzioni e sugli insiemi di curve — raccolgono e coordinano svolgimenti e risultati sparsi in molte pubblicazioni, di questi ultimi quarant'anni. Altri due capitoli trattano della misura degli insiemi di punti, delle funzioni misurabili e dell'integrale del Lebesgue; argomenti tutti i quali, benchè ormai di essenziale importanza nel campo dell'Analisi, non hanno ancora avuto, in Italia, una conveniente divulgazione. Non disposto ad accettare il ben noto postulato di Zermelo — che, nella teoria del Lebesgue sulla misura degli insiemi di punti, viene utilizzato per la dimostrazione del teorema fondamentale — si presentava poi a me la necessità di introdurre, in tale teoria, delle modificazioni, in modo da bandire completamente ogni applicazione del postulato indicato. Sono stato costretto, perciò, a sostituire agli « insiemi misurabili » quegli insiemi che ho chiamati « pseudointervalli », e alle « funzioni misurabili » le « funzioni quasi-continue ». Per la definizione di integrale del Lebesgue, ho adottato, relativamente alle funzioni limitate, la forma proposta da W. H. Young (forma che è perfettamente simile alla definizione di integrale di Riemann), e per le altre quella di De la Vallée Poussin (1).

Il libro, che ora sottopongo al giudizio dei matematici, raccoglie gran parte degli studi che, sul Calcolo delle Variazioni, sono venuto facendo in questi ultimi dieci anni; esso però non sarebbe forse mai stato pubblicato se non avessi avuto

---

(1) Aggiungerò che tutto il libro è redatto in modo da richiedere nel lettore soltanto la conoscenza di quanto si insegna negli ordinari corsi di Calcolo Infinitesimale.

continui, amorevoli incoraggiamenti dal mio illustre Maestro Salvatore Pincherle. A Lui, pertanto, voglio esprimere qui tutta la mia riconoscenza.

Ringraziamenti vivissimi debbo poi alla dott.ª Elena Furlanetto e al dott. Giuseppe Belardinelli, per l'aiuto intelligente prestatomi nella revisione delle bozze di stampa, ed al comm. Oliviero Franchi, per aver accettata la stampa di questo libro e per aver posto ogni cura affinchè esso potesse assumere ottima veste tipografica.

Parma, Dicembre 1921.

LEONIDA TONELLI.

CENNO STORICO

Il problema di Newton.

Newton, in *Philosophiae naturalis principia mathematica* (1686), pose per primo il problema del solido di rivoluzione di minor resistenza. È un problema che ha una notevole importanza pratica, interessando in modo essenziale la navigazione subacquea, l'aeronavigazione, la balistica.

Qual'è la forma più conveniente da darsi ad un sommergibile, ad un dirigibile, ad un proiettile di fucile o di cannone, perchè essi, muovendosi nell'acqua o nell'aria, incontrino la minor resistenza possibile e possano quindi, con una data forza motrice, raggiungere la massima velocità? La questione, in un primo tempo, deve porsi, per ragione di semplicità, supponendo che la superficie da determinarsi sia di rivoluzione attorno ad un asse parallelo alla direzione del moto; e deve anche limitarsi, per non urtare subito contro le difficoltà inerenti alla considerazione dei moti vorticosi che avvengono *in coda* ai dirigibili, proiettili, ecc., alla determinazione della forma della parte anteriore o *testa*. Particolarizzando ancora e cioè fissando la base e l'altezza della testa, si ha la seguente formulazione del problema: « Determinare la curva piana che unisce due punti dati A e B e che, ruotando attorno ad un asse, appartenente al suo piano e passante per A, genera una superficie di rivoluzione la quale, muovendosi, secondo il suo asse, in un mezzo omogeneo, incontra la minima resistenza ». Si ha così la questione nella forma in cui venne considerata da Newton.

È evidente che la soluzione dipende essenzialmente dalla legge di resistenza che si ammette, cioè dal valore che si attribuisce alla resistenza che il mezzo, nel quale avviene il movimento, esercita sull'elemento generico di superficie. Newton suppose precisamente tale resistenza proporzionale al quadrato della proiezione della velocità del moto sulla normale alla superficie.

Per tradurre analiticamente il problema, si prenda, nel piano determinato dall'asse di rotazione e dal punto B, un sistema di assi cartesiani ortogonali, avente l'asse delle x coincidente con l'asse di rotazione. Rappresentata allora mediante l'equazione $y = y(x)$ la curva da determinarsi, la resistenza incontrata dalla superficie di rotazione, da essa generata, è data dalla formula

$$R = k \int_a^b \frac{y y'^3}{1 + y'^2} dx,$$

dove a e b indicano le ascisse dei punti A e B, e k è una costante, dipendente dalla velocità della superficie in moto. La curva, ossia la funzione $y(x)$ che risolve il problema, deve dare all'integrale che figura nell'espressione di R il più piccolo valore possibile: la questione dunque si riduce a *cercare, fra tutte le curve* y = y(x) *che congiungono i punti* A *e* B, *quella che rende minimo l'integrale indicato.*

Il problema della brachistocrona.

Nel 1696 Giovanni Bernoulli proponeva e risolveva il seguente problema, detto della *brachistocrona*: « Trovare la curva che deve seguire un corpo pesante per scendere, da un punto A ad un punto B, nel minor tempo possibile ».

Nella caduta di un grave, la velocità v che esso possiede è data dalla legge ben nota $v = \sqrt{2gh}$, dove g è l'accelerazione dovuta alla gravità e h è il dislivello fra la posizione in cui il grave si trova nell'istante considerato e quella iniziale da cui il grave stesso si è mosso con velocità nulla; pertanto, il tempo infinitesimo necessario a percorrere un arco infinitesimo ds della curva di discesa, è dato da $\frac{ds}{\sqrt{2gh}}$. Ammesso allora, per semplicità, e come è intuitivo, che la curva cercata sia in un piano verticale, e considerato in questo piano un sistema di coordinate cartesiane ortogonali, avente l'asse delle x orizzontale e passante per il punto A, e l'asse delle y verticale e diretto verso il basso, il problema sopra enunciato si può tradurre analiticamente nel modo seguente: « Trovare, fra tutte le curve, del piano detto, che congiungono i punti A e B, quella $y = y(x)$ che rende minimo l'integrale

$$\int_a^b \frac{\sqrt{1+y'^2}}{\sqrt{2gy}}\, dx,$$

dove a e b indicano le ascisse dei punti A e B ».

La curva che risolve la questione soddisfa ad un'equazione differenziale, che è quella della cicloide: essa è dunque una curva di questo tipo. La sua forma fu indicata da Giovanni Bernoulli, il quale la determinò sfruttando una certa analogia intercedente fra il movimento di caduta dei gravi e il movimento di propagazione della luce. I ragionamenti usati dal Bernoulli, tutt'altro che rigorosi, provocarono ricerche e dispute, anche aspre, ed altri matematici dell'epoca, tra cui Newton, Leibnitz, l'Hospital e Giacomo Bernoulli, ritrovarono, per vie diverse, la soluzione del problema. E, fra tutti, Giacomo Bernoulli ebbe il grande merito di escogitare un metodo di risoluzione avente carattere generale, applicabile cioè anche ad altre questioni della stessa natura.

Il Calcolo delle Variazioni: suo oggetto.

Con i problemi di Newton e della brachistocrona, ma più specialmente con il secondo, che, per le polemiche suscitate, attrasse l'attenzione dei maggiori matematici della fine del secolo XVII, sorgeva una nuova teoria, riflettente tutto un largo complesso di problemi, interessanti la geometria, la meccanica, la fisica, ecc., la quale prese poi il nome di *Calcolo delle Variazioni.*

I due problemi più sopra esaminati presentano un aspetto comune. In entrambi, la questione si riduce a trovare, fra tutte le curve che congiungono due punti dati, quella che rende minimo il valore di un certo integrale, nel quale intervengono le ordinate y ed anche la direzione della curva nei suoi vari punti; con altre parole — e generalizzando — a trovare, fra tutte le funzioni $y(x)$ che soddisfano a certe condizioni ai limiti, quella che rende minimo o massimo un integrale della forma

$$I = \int_a^b f[x, y(x), y'(x)]dx,$$

dove la funzione integranda f dipende — effettivamente o no — dalla variabile indipendente x, dalla funzione $y(x)$ e dalla derivata $y'(x)$. Questo è quello che chiamasi il problema più semplice del Calcolo delle Variazioni.

Come ebbe a rilevare Giacomo Bernoulli, la questione che qui si presenta non è uno degli ordinari problemi di minimo o massimo, di cui si occupa il calcolo differenziale, i quali si propongono di determinare il valore minimo o massimo di un numero $\varphi(x_1, x_2, \dots x_n)$, funzione di uno o più altri numeri $x_1, x_2, \dots x_n$, o, geometricamente parlando, dipendente dalla posizione di un punto di uno spazio ad una o più dimensioni. Il numero I, da render minimo o massimo, dipende non più da *un* punto, bensì da *una curva*, ossia da un complesso di *infiniti* punti; o, analiticamente, da una funzione $y(x)$ e non da uno o più altri numeri. E Giacomo Bernoulli riconobbe che, per questo nuovo problema, non sono sufficienti i metodi che servono per la ricerca dei massimi e minimi ordinari, ma occorrono procedimenti nuovi.

Generalizzando la questione sopra indicata, Eulero considerò il problema della determinazione dei massimi e minimi dell' integrale

$$\int_a^b f[x; y_1, y_1', \dots y_1^{(p_1)}; y_2, y_2', \dots y_2^{(p_2)}; \dots; y_n, y_n', \dots y_n^{(p_n)}]dx,$$

la cui funzione integranda f dipende dalla variabile indipendente x e da n funzioni $y_1(x), y_2(x), \dots y_n(x)$, e dalle loro rispettive $p_1, p_2, \dots p_n$ prime derivate; le funzioni e le loro rispettive $p_1 - 1, p_2 - 1, \dots p_n - 1$ prime derivate soddisfacendo a condizioni assegnate negli estremi dell' intervallo (a, b). In questo problema, l'elemento da determinarsi è il complesso delle n funzioni $y_1, \ldots, y_n$, o, geometricamente, la curva dello spazio ad $n+1$ dimensioni definita dalle equazioni

$$y_1 = y_1(x), \quad y_2 = y_2(x), \ldots \quad y_n = y_n(x).$$

L'intervento delle derivate prime, seconde, ecc. delle $y(x)$ sta ad indicare che il valore dell'integrale dipende non soltanto dalla posizione dei punti della curva su cui vien calcolato, ma anche dalla direzione, dalla curvatura ecc. della curva nei suoi vari punti.

A questi problemi Giacomo Bernoulli, nel 1697, ne aggiunse un altro, di tipo un po' diverso, dando luogo alla categoria detta dei *problemi isoperimetrici*, il cui esempio tipico e classico è quello che si riferisce alla proprietà di massimo del cerchio, ben conosciuta anche dai geometri greci: « fra tutte le curve piane di dato perimetro, trovare quella che racchiude la massima area ». Analiticamente, tale questione si pone nei seguenti termini: « fra tutte le coppie di funzioni $x = x(t)$, $y = y(t)$, definite su un intervallo (a, b), per le quali l'integrale

$$\int_a^b \sqrt{x'^2 + y'^2}\, dt$$

ha un dato valore K, trovare quella che rende massimo l'integrale

$$\frac{1}{2}\int_a^b (xy' - yx')dt \text{ »}.$$

Generalizzando, si ha la seguente formulazione del *problema isoperimetrico*: « Determinare le funzioni

$$y_1(x), \quad y_2(x), \ldots \quad y_n(x)$$

— definite su un intervallo (a, b), soddisfacenti a certe condizioni ai limiti, e tali da fornire per gli integrali

$$\int_a^b g_r(x;\ y_1, y_2, \ldots y_n;\ y_1', y_2', \ldots y_n')dx \qquad (r = 1, 2, \ldots p)$$

dei valori assegnati — in modo che l'integrale

$$\int_a^b f(x;\ y_1, y_2, .. y_n;\ y_1', y_2', ..., y_n')dx$$

assuma il valore minimo o massimo ».

Tralasciando un'evidente generalizzazione di tale problema, osserveremo, con Lagrange, che esso rientra, come caso particolare, in un altro che vien detto precisamente *problema di Lagrange*. Consideriamone dapprima un esempio, quello della brachistocrona in un mezzo resistente, che Eulero ed Hermann studiarono per primi. « Supposto che un punto mobile in un mezzo resistente debba passare da una posizione A ad un'altra B, si deve determinare il cammino secondo il quale, partendo da A con una data velocità, il passaggio avviene nel minor tempo possibile ». È questo, evidentemente, una generalizzazione del problema della brachistocrona, di cui abbiamo già trattato. Scelto un sistema (x, y, z) di assi cartesiani ortogonali, detta v la velocità del punto mobile ed espressa mediante la funzione $R(v)$ la legge della resistenza nel mezzo considerato, rappresentati con g, a, b, l'accelerazione dovuta alla gravità e i valori della x relativi ai punti A e B, si deve determinare il minimo dell'integrale

$$\int_a^b \frac{\sqrt{1+y'^2+z'^2}}{v}dx$$

(che esprime il tempo impiegato nel passaggio da A a B), dove le funzioni $y(x)$, $z(x)$, $v(x)$ verificano le condizioni ai limiti derivanti dalle condizioni sopra poste e soddisfano all'equazione differenziale

$$vv' = gz' - R(v)\sqrt{1+y'^2+z'^2}$$

(che esprime il principio delle forze vive). Siamo dunque in un caso del seguente problema generale (*problema di Lagrange*):

« Dato l'integrale

$$\int_a^b f(x;\ y_1, y_2, ... y_n;\ y_1', y_2', ... y_n')dx,$$

determinare le n funzioni $y_1(x)$, $y_2(x)$,... $y_n(x)$ che lo rendono minimo o massimo fra tutte quelle che soddisfano a certe condizioni ai limiti e alle equazioni

$$g_r(x;\ y_1, y_2, \ldots y_n;\ y_1', y_2', \ldots y_n') = 0 \qquad (r = 1, 2, \ldots p) \text{ ».}$$

Il problema di Lagrange rientra a sua volta in un altro più generale, detto *problema di Mayer*, che può essere enunciato nei termini seguenti:

« Determinare le funzioni $y_1(x)$, $y_2(x)$,... $y_n(x)$ in modo che soddisfino alle equazioni differenziali

$$g_r(x;\ y_1, y_2, \ldots y_n;\ y_1', y_2', \ldots y_n') = 0, \qquad (r = 1, 2, \ldots p),$$

che assumano valori dati nel primo estremo dell'intervallo su cui si considerano e tutte, tranne la prima, valori pure dati anche nel secondo estremo, e che la prima funzione $y_1(x)$ raggiunga, in questo secondo estremo, il massimo o il minimo valore possibile ».

Un esempio di tale problema si ha in quello del movimento di un punto pesante, con resistenze passive, problema che interessa da vicino l'utilizzazione delle cadute d'acqua:

« Supposto che un punto materiale debba scendere da una posizione A ad una posizione B, essendo sottomesso all'azione dell'attrito e ad una resistenza funzione della velocità, si tratta di determinare il cammino da far percorrere al punto perchè esso arrivi in B con la massima velocità possibile ».

Nelle questioni sino ad ora considerate gli elementi incogniti sono sempre delle funzioni di una sola variabile, ossia, geometricamente parlando, delle curve del piano, dello spazio ordinario o dello spazio ad n dimensioni. Gli stessi problemi analitici si pongono però anche per funzioni incognite a più variabili, cioè per elementi incogniti che siano delle superficie dello spazio ordinario o di quello a più dimensioni. Per non indugiarci troppo, accenneremo a due sole di tali questioni, la prima delle quali è conosciuta sotto il nome di *problema di Plateau*: « Data una curva dello spazio ordinario, si tratta di determinare la superficie da essa limitata la quale abbia la minima area ». Volendo considerare soltanto le superficie incontrate in un solo punto, al più, da ogni parallela all'asse z di un sistema cartesiano ortogonale prefissato, dobbiamo determinare la funzione $z = f(x, y)$ che rende minimo l'integrale doppio

$$\iint_A \sqrt{1 + \left(\frac{\partial z}{\partial x}\right)^2 + \left(\frac{\partial z}{\partial y}\right)^2}\, dx\, dy,$$

fra tutte quelle che assumono dati valori sul contorno del campo A su cui è considerato l'integrale stesso.

L'altro problema, che vogliamo ricordare, si riferisce alla proprietà di massimo della sfera, proprietà che non era ignota ai geometri greci: « Fra tutte le superficie chiuse di data area, trovare quella che racchiude il massimo volume ». Anche qui si tratta di render massimo l'integrale che dà il volume racchiuso dalla superficie, ma deve esser osservata la condizione che un altro integrale, quello che esprime l'area della superficie stessa, abbia un valore dato.

Da quanto precede risulta chiaramente che oggetto del Calcolo delle Variazioni è la ricerca delle condizioni nelle quali un dato numero variabile, che può essere un integrale definito o la soluzione di un'equazione differenziale, e che dipende da una o più funzioni incognite, raggiunge il suo valore massimo o minimo. Vedremo più innanzi come questa concezione, diremo classica, del Calcolo delle Variazioni abbia subito, in questi ultimissimi tempi, una certa evoluzione, la quale ha portato ad allargare notevolmente gli orizzonti di tale Calcolo, dandogli un campo di applicazione assai più vasto.

Importanza e applicazioni del Calcolo delle Variazioni.

Dagli esempi esposti si manifesta evidente come molte questioni geometriche e meccaniche — e, possiamo aggiungere, di fisica, di economia politica, di demografia, ecc. — si riducano a semplici problemi di Calcolo delle Variazioni, ciò che porta questa teoria matematica ad estendere le sue applicazioni ai campi più disparati della scienza. Questo d'altronde non deve stupire quando si rifletta che, nei fenomeni naturali e in quelli sociali, domina un principio generale di *economia* che si traduce in questioni di minimo o di massimo, ed al quale si può riattaccare la spiegazione od almeno la giustificazione dei fenomeni stessi. Siccome la costruzione del mondo — dice Eulero in *Methodus inveniendi lineas curvas maximi minimive proprietate gaudentes* (Lausanne, 1774) — è la più perfetta possibile ed è dovuta ad un creatore infinitamente saggio, non avviene nulla al mondo che non presenti proprietà di massimo o di minimo: « Quum enin mund universi fabrica sit perfectissima, atque a creatore sapientissimo absoluta, nihil omnino in mundo contingit, in quo non maximi minimive ratio quaepiam eluceat ». Ed è appena necessario rammentare come anche nei fenomeni sociali si presenti ovunque un principio generale di minimo, che si riassume nella così detta legge del *minimo sforzo.*

L'idea che un principio di minimo regoli i fenomeni della natura era anche presso i greci, ed abbiamo che Erone, fin dal primo secolo a. C., dedusse la legge della riflessione della luce dall'ipotesi che un raggio luminoso, partendo da un punto A per arrivare ad un altro punto B, dopo una riflessione su una data superficie, segua il più breve cammino possibile. Nel XVII secolo, Fermat, ispirandosi al ragionamento di Erone, dimostrò la legge della rifrazione della luce ammettendo che un raggio luminoso, partendo da un punto A per arrivare ad un altro punto B, dopo aver subito una rifrazione attraverso una superficie data, segua il cammino che vien percorso nel più breve tempo possibile. Ed Huyghens, più tardi, studiando il movimento della luce, non solo in linea retta, ma anche secondo una curva, in mezzi ove la velocità di propagazione varia da punto a punto con continuità, riconobbe che il principio di minimo ammesso da Fermat ha un valore generale.

Un altro esempio evidente di leggi fisiche che traducono principi di minimo o massimo si ha nelle leggi dell'equilibrio di un liquido senza peso, sottomesso soltanto alle forze molecolari. Come Plateau ha dimostrato sperimentalmente, introducendo dell'olio d'oliva in una miscela di acqua ed alcool, di ugual peso specifico, il peso dell'olio viene equilibrato dalla spinta che, secondo il principio di Archimede, esso riceve dalla miscela in cui è immerso, e l'olio si comporta come se fosse realmente sottratto all'azione della gravità. Sono celebri le esperienze fatte a questo proposito da Plateau. Egli provò, ad esempio, che una massa, nelle condizioni precedenti e libera, assume la forma sferica, rispondente cioè alla soluzione del problema, di Calcolo delle Variazioni, della superficie di area minima che racchiude un dato volume. E tutte le molteplici esperienze da lui fatte con queste masse d'olio, sottratte all'azione della gravità, mostrano che sempre risulta verificato un principio di minimo o massimo, quello del minimo o massimo del potenziale delle forze agenti, corrispondenti, il minimo, a condizioni di equilibrio instabile, il massimo, a condizioni di equilibrio stabile. Ed a questa medesima conclusione conducono anche altre esperienze, dello stesso Plateau, sulle figure di equilibrio delle lamine liquide sottilissime, ottenute mediante le bolle di sapone o immergendo in acqua e sapone dei supporti di fil di ferro.

Nella Meccanica è ben noto che, in ogni campo potenziale, ai valori dei parametri che definiscono un qualsiasi sistema e che rendono minimo o massimo il potenziale, corrispondono configurazioni di equilibrio; e, in particolare, che, per i sistemi sollecitati dalla sola gravità, dove il centro di gravità è nella posizione più bassa o più alta possibile, ivi è equilibrio, con stabilità nel caso della posizione più bassa (teorema di Torricelli). Tutta la teoria dell'equilibrio dei fili flessibili e inestendibili non è poi che un capitolo di Calcolo delle Variazioni.

Come osserva Mach, in *Die Mechanik in ihrer Entwickelung historisch-kritisch dargestellt*, le questioni di massimo e minimo hanno esercitato una grande influenza sullo sviluppo della meccanica e, specialmente dopo Lagrange, i principi della meccanica si misero ordinariamente sotto forma di teoremi di massimo e minimo. A questo proposito, aggiungeremo ancora un cenno sui due principi di Maupertuis e di Hamilton. Il primo, detto anche *principio della minor azione*, lo ricorderemo soltanto nella forma particolare seguente: « Le traiettorie di un punto materiale libero, sollecitato da forze conservative a muoversi in un piano, soddisfano alla equazione differenziale delle curve che rendono minimo l'integrale dell'*azione maupertuisiana*

$$\int_C \sqrt{2(U+h)}\, ds,$$

dove U indica la funzione delle forze, h la costante delle forze vive e ds il differenziale dell'arco ». Per il secondo —

il principio di Hamilton — diremo che « se un sistema olonomo, senza attriti, la cui posizione sia determinata da n parametri indipendenti $y_1(t)$, $y_2(t)$,..., $y_n(t)$ (funzioni del tempo t), è sottoposto all'azione di forze conservative, detta T la sua energia cinetica ed espressa la funzione U delle forze mediante gli n parametri indicati, le equazioni (di Lagrange) del movimento si possono scrivere

$$\frac{d}{dt}\left(\frac{\partial(T+U)}{\partial y_r'}\right) - \frac{\partial(T+U)}{\partial y_r} = 0, \qquad (r = 1, 2,\ldots n)$$

e sono perciò le equazioni differenziali a cui soddisfano le funzioni $y_1(t)$,... $y_n(t)$ che rendono minimo l'integrale dell'*azione hamiltoniana*

$$\int_{t_0}^{t_1}(T+U)dt \text{ ».}$$

In elettrostatica si sa che, nei corpi buoni conduttori, la distribuzione dell'elettricità resta invariabile solo quando siano soddisfatte certe condizioni, dette precisamente condizioni di equilibrio elettrico. Orbene, perchè una distribuzione elettrica soddisfi alle condizioni di equilibrio stabile, occorre che renda minimo il relativo potenziale elettrostatico (detto anche energia elettrica), ossia che renda minimo l'integrale

$$\iiint_S \left\{ \left(\frac{\partial V}{\partial x}\right)^2 + \left(\frac{\partial V}{\partial y}\right)^2 + \left(\frac{\partial V}{\partial z}\right)^2 \right\} dx\, dy\, dz,$$

dove V è la funzione potenziale dello strato elettrico ed S rappresenta tutto lo spazio.

Nel campo delle scienze economiche e sociali, fu già osservato da Malthus che molte questioni appariscono di natura simile ai problemi di massimo e minimo del Calcolo delle Variazioni; in particolare, l'Economia Politica, che è dominata dal principio della minor azione, al pari della Meccanica e della Fisica, conduce necessariamente, come tali scienze, a questioni di massimo e minimo, le condizioni dell'equilibrio del mondo economico essendo precisamente quelle che assicurano ai singoli il massimo dell'utilità col minimo sforzo.

Fra le diverse questioni di Economia Politica che si traducono in problemi di Calcolo delle Variazioni, citeremo quella relativa alla determinazione del costo di produzione di una data merce X. Ammesso che, per produrre X, sia necessario impiegare gli elementi A, B, C.... — che saranno materie prime, macchine, mano d'opera ecc. — indicati con $a(x)$, $b(x)$, $c(x)$... i coefficienti di produzione relativi ad A, B, C...., vale a dire indicate con

$$a(x)dx, \quad b(x)dx, \quad c(x)dx, \ldots$$

le quantità di A, B, C,..., necessarie per produrre dx, quando si abbia già la quantità x di X; detti $p_a(x)$, $p_b(x)$, $p_c(x)$,... i prezzi relativi; il costo totale $\Pi(x)$, di produzione della quantità x di X, è dato da

$$\Pi(x) = \pi(x) + \int_0^x \left\{ a(x)p_a(x) + b(x)p_b(x) + c(x)p_c(x) + \ldots \right\} dx.$$

Il problema di render minimo il costo di produzione $\Pi(x)$ si traduce dunque in quello di render minimo l'integrale sopra scritto, tenendo conto delle relazioni che possono intercedere fra le funzioni che in esso figurano ([1]).

Per dire, infine, di una delle applicazioni del Calcolo delle Variazioni alla Statistica, ricorderemo un problema di Statistica demografica trattato da L. Perozzo nel *Bulletin de l' Institut International de Statistique,* (t. XVIII, Paris, 1909, pp. 289-296). Si voglia il numero $C(t, x, y)$ delle coppie maritate esistenti al tempo t e per le quali il marito abbia l'età x e la moglie l'età y. Detta $S(t, x, y)$ la frequenza dei matrimoni al tempo t, fra gli sposi di età rispettive x e y, e indicati con $u(t, x)$, $v(t, y)$ i quozienti istantanei di mortalità degli uomini e delle donne, rispettivamente, si è condotti a determinare la funzione C come quella che dà il minimo dell'integrale triplo

$$\int_{x_0}^{w}\int_{y_0}^{w}\int_{t_0}^{t_1} \left\{ \frac{\partial C}{\partial t} + \frac{\partial C}{\partial x} + \frac{\partial C}{\partial y} + C(u+v) - S \right\}^2 dt\, dx\, dy$$

([1]) Cfr. W. L. Zawadski, *Les Mathématiques appliquées à l'Économie Politique,* Paris, 1914, pp. 222-223.

— x_0 e y_0 essendo le età ordinarie di 18 e 15 anni, w l'età limite di 100 anni, e t_0 e t_1 essendo gli anni di due censimenti successivi — fra le funzioni C che, ai limiti indicati, soddisfano a date condizioni.

Lo sviluppo della teoria: il periodo Bernoulli-Eulero.

Le polemiche suscitate dal problema della brachistocrona, proposto da Giovanni Bernoulli e da lui risolto direi quasi « a sentimento », e i nuovi problemi del genere che Giacomo Bernoulli formulò e risolse, condussero quest'ultimo ad escogitare un metodo geometrico per trattare in modo uniforme tutte queste questioni, ponendovi a fondamento il principio che, se una curva possiede una proprietà di massimo, o minimo, ogni suo elemento, per quanto piccolo, possiede anch'esso la stessa proprietà. Questo principio stabilisce, per esempio, che se una curva data è brachistocrona, è una curva brachistocrona anche ogni arco parziale di essa, vale a dire, tale arco fa passare dal suo primo al suo secondo estremo nel minor tempo possibile. Partendo da siffatto principio e con ragionamenti che, nella loro essenza, equivalgono a sostituire ad un arco infinitamente piccolo della curva cercata, una spezzata a lati rettilinei, tutto viene ricondotto a determinare i vertici di questa spezzata ed a sfruttare in tale ricerca i metodi dell' ordinario calcolo differenziale.

Questi procedimenti di Giacomo Bernoulli — che deve considerarsi il vero iniziatore del Calcolo delle Variazioni — vennero generalizzati ed estesi sapientemente da Eulero ad una vasta categoria di problemi. Eulero cominciò col distinguere i problemi del Calcolo delle Variazioni, che fino allora avevano fatto oggetto di studio da parte dei matematici, in due grandi categorie: quella nella quale la questione da risolvere è la determinazione di una curva, fra tutte le linee che soddisfano a certe condizioni ai limiti, che rende massimo o minimo un certo integrale; e l'altra in cui si tratta di determinare, fra le curve che soddisfano a certe condizioni ai limiti e che danno ad un dato integrale o a più dati integrali valori prefissati, quella che rende massimo o minimo un certo altro integrale. Distinse cioè nettamente i problemi semplici del Calcolo delle Variazioni — tipo brachistocrona — dai problemi isoperimetrici, e diede poi un metodo, ora conosciuto sotto il nome di *regola isoperimetrica*, che permette di ricondurre (almeno nella prima fase della risoluzione) i problemi della seconda categoria a quelli della prima. Per questi ultimi considerò in generale il problema della determinazione del massimo o del minimo dell'integrale

$$I[y(x)] = \int_a^b f(x, y, y')dx,$$

fra le curve $y = y(x)$ soddisfacenti a determinate condizioni ai limiti, ed estese poi le sue considerazioni all'integrale

$$\int_a^b f(x, y, y' \dots y^{(n)})dx,$$

giungendo a stabilire che la soluzione deve soddisfare, nel primo caso, all'equazione differenziale

$$f_y - \frac{d}{dx} f_{y'} = 0$$

e, nel secondo, all'altra

$$f_y - \frac{d}{dx} f_{y'} + \frac{d^2}{dx^2} f_{y''} - \dots = 0.$$

Tali equazioni sono ora chiamate *equazioni di Eulero*.

Il periodo Lagrange-Jacobi.

I ragionamenti di Eulero, di natura essenzialmente geometrica e tutt'altro che soddisfacenti dal punto di vista del rigore logico, non potevano accontentare compiutamente lo spirito critico dei matematici, che subito di tali questioni si occuparono intensamente. Fra essi Lagrange sorse con idee nuove, le quali si concretarono in un nuovo metodo, che divenne poi classico. Eliminando qualsiasi considerazione geometrica, Lagrange pose a base della sua teoria il concetto di *variazione* — da cui derivò poi il nome di Calcolo delle Variazioni — riconducendo, per mezzo di esso, le nuove questioni nell'ambito dei metodi del calcolo differenziale.

Sia $y = y_0(x)$ la curva che rende minimo l'integrale $I[y(x)]$ fra le curve $y = y(x)$ che congiungono due punti dati A e B, nel piano (x, y). Per dimostrare la sua proprietà di minimo, occorre confrontare il valore $I[y_0(x)]$ che essa dà all'integrale I con quello $I[y(x)]$ relativo ad un altra curva. La differenza $y(x) - y_0(x)$ è la *variazione* che subisce l'ordinata $y_0(x)$, relativa all'ascissa x, quando dalla curva $y = y_0(x)$ si passa all'altra $y = y(x)$. Questa *variazione* è dunque l'incremento che subisce la funzione $y_0(x)$ per un cambiamento di forma della curva su cui si vuol calcolare l'integrale I, ed è ben diversa dall'incremento che la stessa funzione $y_0(x)$ subisce per un cambiamento del valore della variabile indipendente x. Quando l'incremento dato alla x è molto piccolo, dx, si ha per l'incremento della y — all'infuori di infinitesimi di ordine superiore, trascurabili — il differenziale dy. Considerando parimenti cambiamenti molto piccoli nella forma della curva, avremo che la *variazione* $y(x) - y_0(x)$ sarà anch'essa infinitesima e di natura analoga al differenziale dy, in quanto rappresenta un incremento infinitesimo della funzione $y_0(x)$, ma risulterà da esso ben distinta. Per tale *variazione* Lagrange propose la notazione, divenuta poi classica, δy, simile a quella dy del differenziale, ma ben distinta da essa; ed in base alla analogia fra il δy e il dy, istituì per la variazione tutto un calcolo analogo a quello valido per i differenziali ordinari e per mezzo di esso applicò ai nuovi problemi i metodi già noti per le questioni di massimo e minimo delle funzioni di una o più variabili numeriche.

Come osservò Cauchy, uno dei maggiori meriti del Lagrange, nella questione attuale, è quello di avere fissato un nuovo simbolo per rappresentare le *variazioni*, in modo da evitare ogni confusione con i differenziali e in modo anche da mettere in evidenza tutta l'analogia sopra accennata. La scelta dei simboli, benchè a prima vista possa sembrare di lieve entità, ha veramente una grande importanza, perchè essi simboli sono un mezzo per sgravare la memoria e l'intelligenza da ogni peso e lavoro inutile, rendendone possibile la crescente utilizzazione per le funzioni più notevoli ed essenziali; ed alle volte un appropriato sistema di notazioni può far progredire la matematica più ancora dell'introduzione di un nuovo concetto. « La grande potenza delle matematiche consiste appunto, come dice il Mach, soprattutto nel fatto che esse sono riuscite a risparmiare alla mente ogni lavoro inutile ed a spingere fino all'estremo l'economia degli sforzi intellettuali ».

In corrispondenza della variazione δy della curva $y = y_0(x)$, l'integrale $I[y_0(x)]$ subisce una variazione

$$I[y(x)] - I[y_0(x)],$$

la quale si decompone nelle sue diverse parti dei vari ordini infinitesimali, in modo conforme alla decomposizione dell'incremento portato ad una funzione di una variabile $f(x)$ da un incremento dx dato alla variabile indipendente. Le varie parti di questo incremento della $f(x)$ sono date, a meno di coefficienti numerici, dai differenziali successivi df, d^2f,... ; e analogamente, le varie parti di $I[y(x)] - I[y_0(x)]$, liberate da fattori numerici e perfettamente corrispondenti ai differenziali indicati, vengono chiamate *variazione prima, seconda*,... dell'integrale I e rappresentate coi simboli δI, $\delta^2 I$... E come per la ricerca dei massimi e minimi della funzione $f(x)$ si pone uguale a zero il differenziale df, così, per trovare i massimi e minimi dell'integrale I, Lagrange mostrò doversi porre $\delta I = 0$.

Per altro le curve che annullano la variazione prima δI — dette poi, con Kneser, *estremali* — non sono necessariamente curve di massimo o minimo per I, come per primo mostrò Legendre; al quale si devono pure i primi studi sulla variazione seconda $\delta^2 I$, allo scopo di stabilirne il segno e di dedurne l'esistenza del massimo o del minimo. Il Legendre, con l'introduzione di una conveniente funzione ausiliaria, ottenne un'elegante trasformazione di $\delta^2 I$, deducendone una condizione necessaria per l'esistenza del massimo o del minimo, che va ora sotto il suo nome. Tale condizione afferma l'immutabilità del segno della derivata parziale $\dfrac{\partial^2 f}{\partial y'^2}$, che deve essere positivo per il minimo, negativo per il massimo.

I risultati di Legendre furono però infirmati da una grave obiezione di Lagrange, alla quale potè tuttavia resistere la condizione necessaria sopra accennata. Lagrange osservò, tra l'altro, che l'equazione di Riccati da cui si trae la funzione ausiliaria, che interviene nella trasformazione di Legendre della variazione seconda $\delta^2 I$, può non ammettere una soluzione finita e continua in tutto l'intervallo che si considera e che, pertanto, la trasformazione detta non sempre si può operare. La questione così sollevata, la quale si presentava assai difficile venne genialmente risoluta da Jacobi (1837), in modo del tutto inaspettato. Egli, trasformata l'equazione di Riccati in un'equazione lineare omogenea del secondo ordine, mise sotto nuova forma la variazione seconda $\delta^2 I$ e ne dedusse una nuova condizione necessaria per l'esistenza del minimo o massimo, la quale poi a torto venne ritenuta, per un certo tempo, anche sufficiente (in unione con quella del Legendre). Considerato il fascio delle estremali uscenti dal punto iniziale A dell'estremale che deve dare il minimo o massimo, ed il loro inviluppo, si chiami fuoco coniugato di A il punto di contatto dell'inviluppo con l'estremale detta; la condizione di Jacobi si può allora esprimere dicendo che, sull'estremale che dà il minimo o massimo, il fuoco coniugato di A non deve essere interno all'arco AB, dove B è il punto di ascissa b.

Il periodo Weierstrass-Darboux-Kneser.

Contro l'opinione generale che i risultati di Jacobi fornissero, non solo una ulteriore condizione necessaria, ma anche le condizioni sufficienti per il massimo o minimo, insorse, intorno al 1870, K. Weierstrass. Egli cominciò con l'osservare che, contrariamente a quanto aveva creduto Lagrange, i problemi del Calcolo delle Variazioni non possono essere trattati completamente come se fossero dei problemi di minimo o massimo dell'ordinario calcolo differenziale; e che l'analogia fra i metodi di risoluzione, sino allora ritenuta completa, viene a cessare quando si vuol passare dalle condizioni necessarie a quelle sufficienti. Mentre nei problemi di minimo o massimo delle funzioni di una o più variabili numeriche il segno positivo o negativo del differenziale secondo della funzione assicura dell'esistenza della soluzione, in un problema di Calcolo delle Variazioni, invece, il segno positivo o negativo della variazione seconda — conseguenza del sussistere delle condizioni di Legendre e Jacobi — non assicura affatto dell'esistenza del minimo o del massimo sull'estremale considerata. La ragione di questa diversità, come ben mise in luce il Weierstrass — e poi anche il suo allievo L. Scheeffer — sta nella maggior complessità che la linea, che è l'elemento variabile da cui dipende l'integrale I, presenta di fronte al punto, elemento geometrico variabile da cui dipendono le funzioni di una o più variabili numeriche. Una curva, pur essendo vicinissima ad un'altra, può essere diversissima da quest'altra nel suo andamento, può cioè avere tangenti molto diverse, per direzione, dalle tangenti nei punti vicini di quest'altra curva. E poichè nell'espressione dell'integrale I interviene la derivata $y'(x)$, che rappresenta appunto la direzione della tangente alla curva $y = y(x)$, si comprende facilmente come, pur immaginando la curva detta vicinissima alla $y = y_0(x)$, $I[y(x)]$ possa mantenersi distinto da $I[y_0(x)]$ per una quantità non piccolissima. Ciò che, invece, non avviene nel caso delle funzioni ordinarie del calcolo differenziale, perchè in esse, in forza della continuità, quando gli elementi variabili si avvicinano a dati valori, anche la funzione si approssima al valore che essa assume per quei dati valori delle variabili indipendenti.

Weierstrass trovò che, per l'esistenza del minimo o del massimo, è necessario che sia verificata sull'estremale una nuova condizione, oltre quelle di Legendre e di Jacobi, condizione che fissa l'invariabilità del segno di una certa funzione da lui definita e che ora viene chiamata *funzione di Weierstrass.* Per mezzo di questa funzione e basandosi sul concetto di *campo d'estremali*, da lui stesso introdotto, e consistente in una famiglia di estremali ricoprenti senza duplicazione tutta un'area, egli ottenne poi una formola notevolissima per l'espressione della differenza $I[y(x)] - I[y_0(x)]$, da cui dedusse senz'altro le condizioni sufficienti. Le quali sono, se si tratta del minimo, che, sull'estremale considerata, sia sempre $\frac{\partial^2 f}{\partial y'^2} > 0$ (condizione di Legendre) ed il fuoco coniugato del primo estremo abbia ascissa maggiore di b (condizione di Jacobi), e che, inoltre, la funzione di Weierstrass sia sempre maggiore o uguale a zero in tutto un campo contenente l'estremale e in un modo che qui è inutile precisare.

A Weierstrass spetta anche un altro merito, quello relativo al modo di tradurre analiticamente i problemi che al Calcolo delle Variazioni propongono la geometria, la meccanica ecc. Il considerare, come si era fatto sino a Weierstrass, le curve piane fra le quali si cerca il massimo o minimo come rappresentabili nella forma $y = y(x)$, porta a restringere grandemente il problema e talvolta ad escluderne la soluzione; perchè, così facendo, si prendono in esame soltanto le curve incontrate, dalle parallele all'asse y in un punto al più, escludendo tutte le altre. Ora, posto un problema generale di massimo o minimo, non è detto *a priori* che la sua soluzione, se esiste, debba necessariamente trovarsi fra le curve del tipo detto. È quindi indispensabile adottare una rappresentazione analitica delle curve che non ne escluda alcuna, e tale è quella data dalle equazioni

$$x = x(t), \quad y = y(t), \quad (t_0, t_1),$$

le quali dànno le coordinate x e y, del punto generico della curva, in funzione di un parametro t. Weierstrass sviluppò appunto tutta la sua teoria servendosi della rappresentazione delle curve mediante le equazioni precedenti e sostituendo all'integrale I l'altro

$$\mathfrak{I} = \int_{t_0}^{t_1} F[x(t), \; y(t), \; x'(t), \; y'(t)]dt.$$

Contemporaneamente a Weierstrass e con procedimenti del tutto diversi, Darboux trovò le condizioni sufficienti per il minimo nel problema delle geodetiche (ossia del più breve cammino fra due punti, su una superficie) e in quello dell'*azione maupertuisiana*. Egli costruì la sua teoria fondandosi su un sistema speciale di coordinate curvilinee, le quali permettono di porre gli integrali considerati sotto forma assai semplice, da cui risulta immediatamente la proprietà di minimo da dimostrarsi. Il metodo di Darboux fu poi esteso da Kneser a tutti gli integrali $\mathfrak{I}$ — sotto opportune restrizioni — in modo che la teoria detta di Darboux-Kneser è venuta assumendo la stessa generalità di quella svolta da Weierstrass.

Un ritorno all'antico.

I metodi per la ricerca delle condizioni sufficienti per il minimo o massimo, di cui ci siamo occupati or ora, hanno carattere essenzialmente diverso dagli sviluppi che la teoria del Calcolo delle Variazioni era andata assumendo da Lagrange a Jacobi. Tali metodi, infatti, si scostano del tutto da quello puramente infinitesimale col quale Lagrange aveva cercato di costruire l'intera teoria, e invece di dedurre l'esistenza del minimo o massimo dall'analisi delle variazioni prima, seconda ecc., studiano direttamente il segno della differenza — detta *variazione totale* — fra il valore dell'integrale considerato sull'estremale e quello dello stesso integrale su una curva prossima ad essa, tralasciando ogni considerazione infinitesimale. E. E. Levi — il compianto professore dell'Università di Genova, caduto eroicamente di fronte al nemico nell'autunno del 1917 — osservò però che l'obiezione di Weierstrass, sulla non deducibilità delle condizioni sufficienti dalla considerazione della variazione seconda, non esclude la possibilità di ottenere tali condizioni con ragionamenti di natura infinitesimale, e mostra solo che la decomposizione della variazione totale nelle variazioni dei successivi ordini non è il modo più opportuno per scinderla in parti che « siano di diverso comportamento infinitesimale quando si faccia tendere a zero soltanto la massima distanza dei punti della curva variata dalla curva che si considera, e non si faccia tendere contemporaneamente a zero l'angolo delle tangenti ». E, procedendo da questa osservazione, egli modificò leggermente lo spezzamento della variazione totale, quale era stato indicato da Lagrange, e, con considerazioni sugli ordini di infinitesimo delle varie parti della decomposizione ottenuta, stabilì le condizioni sufficienti volute.

Altri svolgimenti della teoria.

Quello che, a grandi linee, abbiamo esposto è lo sviluppo del primo e fondamentale problema del Calcolo delle Variazioni. Naturalmente, accanto ad esso, si son venuti svolgendo anche tutti gli altri problemi a cui abbiamo più sopra accennato e dei quali per brevità non tratteremo. D'altronde i concetti fondamentali che dominano tutta la teoria si son venuti ponendo in gran parte nel primo problema, ed è su questo che le difficoltà si presentano in forma più accessibile e scevra di tutte quelle complicazioni accessorie che molte volte nascondono il vero senso delle cose. Diremo soltanto che il problema degli isoperimetri ha avuto anch'esso una trattazione soddisfacente e che, per opera di Weierstrass dapprima e poi di Lindeberg (1904-1909) si è giunti pure per tale questione alle condizioni sufficienti; e che svolgimenti adeguati, per quanto assai meno completi, si sono avuti per i problemi di Lagrange e di Mayer, sui quali domina il metodo detto dei *moltiplicatori di Lagrange*, che tanta importanza ha anche nella meccanica. Il più arretrato è il problema relativo agli integrali multipli, il quale, presentatosi per la prima volta ad Eulero e Lagrange e poi, nel 1833, a Gauss, deve i suoi maggiori progressi a Poisson, Ostrogradsky, Delauny, Clebsch, Schwarz, Hilbert, Kneser.

Le questioni del Calcolo delle Variazioni hanno in questi ultimi tempi attratto particolarmente l'attenzione dei matematici: a partire da Weierstrass e P. Du Bois Reymond, si è andata svolgendo una critica accurata di tutti i principi e di tutti i metodi in uso, ed i vari problemi sono stati ampiamente discussi e generalizzati. Dei risultati ottenuti trovansi eccellenti esposizioni nei trattati dell' Hancok e del Kneser ed in quelli più recenti e più completi del Bolza e dell' Hadamard. Ricorderemo anche l'articolo di M. Lecat nella *Encyclopédie des Sciences Mathèmatiques* (1). Indicheremo poi al lettore il breve e interessante compendio del Pascal, nei *Manuali Hoepli*, ove trovansi delle utilissime indicazioni bibliografiche (2).

Vogliamo, infine, accennare ai rapporti fra il Calcolo delle Variazioni e la teoria delle equazioni integrali, messi in luce dal Volterra nel 1884 e poi da Hilbert, nel 1904; alla applicazione delle equazioni integrali al problema degli

---

(1) Il Lecat ha anche pubblicato una notevolissima *Bibliographie du Calcul des Variations*, in due fascicoli (Paris, A. Hermann, 1913 e 1916).

(2) V. anche Pascal: *Variationsrechnung*, Leipzig 1899.

isoperimetri, fatta da un allievo dell' Hilbert, il W. Cairns; alle relazioni fra il Calcolo delle Variazioni e le equazioni integro-differenziali del Volterra (Volterra, Fubini, ecc.).

Necessità di nuovi metodi.

Da quanto abbiamo sin qui esposto risulta che, per la ricerca dei massimi e minimi di un integrale, occorre, in primo luogo, determinare le curve o superficie soddisfacenti all'equazione differenziale di Eulero e alle prefissate condizioni ai limiti; dopo di che si verificherà se su tali curve o superficie si presentano quelle proprietà che corrispondono alle condizioni sufficienti per il minimo o il massimo. Orbene, la teoria delle equazioni differenziali, ordinarie o a derivate parziali, ben difficilmente fornisce quanto da essa ci si dovrebbe attendere, e quasi sempre essa non può assicurare la esistenza delle curve o superficie sopra indicate; cosicchè, molto spesso, i problemi di Calcolo delle Variazioni si trovano arrestati da difficoltà insormontabili sin dal loro primo svolgimento. Ed è per questo che problemi ormai celebri, come quelli di Dirichlet, di Plateau, ecc., non hanno potuto trovare la loro soluzione per le vie del metodo classico del Calcolo delle Variazioni.

D'altra parte, molte delle equazioni differenziali ordinarie o a derivate parziali, e tra esse in ispecial modo quelle più importanti della fisica matematica, si riconducono per il loro studio a questioni di massimo o minimo di integrali, per guisa tale che si finisce col muoversi in un circolo vizioso, il quale permette soltanto di attribuire alle deficienze della teoria delle equazioni differenziali gli insuccessi del Calcolo delle Variazioni e alle insufficienze di questo Calcolo la mancata soluzione di problemi di quella teoria. Occorre dunque rompere il cerchio e procedere nel Calcolo delle Variazioni con nuovi metodi, indipendenti dalla teoria delle equazioni differenziali; e questi metodi nuovi si impongono necessariamente anche per il modo più generale di impostazione che tendono ad assumere i problemi del Calcolo delle Variazioni, il quale prende oggi una nuova e più importante posizione nel campo delle matematiche, e vuol essere un capitolo fondamentale del nuovo *Calcolo funzionale.*

Il Calcolo funzionale.

Abbiamo già osservato che gli integrali I e $\mathfrak{I}$ sono enti dipendenti da una linea, o, analiticamente, da una o più funzioni (la $y(x)$ o le $x(t)$, $y(t)$, rispettivamente): sono cioè *funzioni di una linea o di una o più altre funzioni.* Parimenti, se si considerano gli integrali doppi, come ad esempio

$$\iint_A \left\{ \left(\frac{\partial z}{\partial x}\right)^2 + \left(\frac{\partial z}{\partial y}\right)^2 \right\} dx\, dy,$$

si hanno enti dipendenti da una superficie o ancora da una o più altre funzioni. Ed altrettanto avviene se si considerano i problemi di Lagrange e di Mayer. Si può adunque affermare che gli enti (numeri), di cui nel Calcolo delle Variazioni si cercano i massimi o minimi, sono *funzioni* di linee o superficie o ipersuperficie, od anche *funzioni* dipendenti da una o più altre funzioni; e le *funzioni* che qui si presentano hanno, come già abbiamo rilevato, un carattere assai più complesso di quelle che ordinariamente si studiano nell' Analisi infinitesimale.

D'altro canto, non è solo nel Calcolo delle Variazioni che intervengono queste nuove funzioni. Se consideriamo, ad esempio, l'azione esercitata su un ago calamitato da una corrente elettrica filiforme flessibile, è chiaro che tale azione dipende dalla forma che il circuito assume ed è perciò una *funzione* della linea percorsa dalla corrente. Così, se abbiamo una lastra metallica e ne teniamo i punti del contorno a date temperature, la temperatura di ogni altro suo punto dipende da quelle temperature ed è dunque una *funzione* della funzione che rappresenta sul contorno la temperatura. E se consideriamo una curva nell'interno della lastra, la funzione che su tale curva rappresenta la temperatura è anch'essa *funzione* dell'altra funzione relativa al contorno.

In molte questioni della fisica matematica, di elettrostatica come di elettrodinamica, di magnetismo, di elasticità, di idrodinamica — citiamo, fra tutte, quella celebre delle sfere pulsanti del Bjerknes — si è condotti alla determinazione di una funzione armonica, in un certo campo, essendo dati i suoi valori oppure quelli della sua derivata normale sul contorno;

si ha dunque anche qui una funzione che dipende da un'altra funzione.

E gli esempi si potrebbero moltiplicare a piacere.

Il Calcolo infinitesimale classico si è occupato solamente dello studio delle funzioni dipendenti da una o più variabili numeriche, sempre in numero finito, o, geometricamente, da uno o più punti; ma la considerazione dei nuovi enti — numeri o funzioni — dipendenti da altre funzioni, si è venuta imponendo in questi ultimi tempi, e ne è nata così una nuova teoria, il *Calcolo funzionale.* Il quale appunto ha il compito di studiare i nuovi enti e di creare per essi degli svolgimenti analoghi a quelli che il Calcolo infinitesimale ha già dati per le antiche funzioni.

I primi concetti del Calcolo funzionale furono posti nel 1884 dal Volterra, il quale ad essi fu condotto da questioni di Calcolo delle Variazioni, e gli svolgimenti ulteriori, ottenuti per vie e con intendimenti diversi, si ebbero soprattutto per merito di Volterra, Arzelà, Pincherle, Bourlet, Hadamard, Fréchet, Riesz, Pascal, ecc.

Il Calcolo funzionale, nato da questioni di Calcolo delle Variazioni, al Calcolo delle Variazioni pone nuovi problemi. Esso, infatti, non solo conduce alla ricerca dei massimi e minimi degli integrali o delle soluzioni di equazioni differenziali, in determinate classi di curve o superficie, che contengono come casi particolari quelle considerate nel Calcolo delle Variazioni classico, ma impone anche la ricerca dei massimi e minimi di enti di natura più complessa, come ad esempio quello che si è presentato all'Hadamard nello studio sull'equilibrio delle lastre elastiche incastrate.

Il Calcolo delle Variazioni vuole oggi essere la teoria dei massimi e minimi del Calcolo funzionale, ai concetti ed agli svolgimenti del quale deve dunque ispirarsi per rinnovarsi profondamente.

Il problema di Dirichlet.

Il problema che ha iniziato la serie delle ricerche per dare un nuovo assetto al Calcolo delle Variazioni, così da liberarlo dalle insufficienze della teoria delle equazioni differenziali e da avviarlo poi verso le concezioni del Calcolo funzionale, è quello ormai celebre, che prende il nome da Dirichlet. Può enunciarsi così: « Dimostrare l'esistenza di una funzione V la quale, in un dato campo D, sia continua con le sue derivate parziali dei primi due ordini, soddisfi all'equazione di Laplace

$$\frac{\partial^2 V}{\partial x^2} + \frac{\partial^2 V}{\partial y^2} = 0$$

(supposto il campo a due dimensioni), ed assuma sul contorno C del campo valori assegnati ». La V vien detta *funzione armonica.*

L'importanza di tale questione è grandissima, sia nel campo dell'Analisi pura che in quello delle applicazioni, ed in ispecial modo nella Fisica matematica. Nell'Analisi pura essa fu posta da Riemann a fondamento della teoria delle funzioni abeliane: essa, inoltre, è di capitale importanza per la teoria riemanniana delle funzioni di variabile complessa, per la teoria della rappresentazione conforme. Nella Fisica matematica, molte questioni si riducono a determinazioni di funzioni armoniche assumenti assegnati valori sul contorno del campo considerato; citeremo, fra tutte, quella della ricerca dello stato di equilibrio termico in un corpo conduttore isotropo, la cui superficie abbia i suoi punti mantenuti a temperature date.

Il problema di Dirichlet, sotto certe condizioni per i valori dati sul contorno del campo — alle quali ci si può sempre ricondurre con un semplice artificio analitico — è equivalente a quest'altro: « Dimostrare che, fra le funzioni continue $V(xy)$ che assumono valori dati sul contorno C del campo D e per le quali l'integrale

$$I(V) = \iint_D \left\{ \left(\frac{\partial V}{\partial x}\right)^2 + \left(\frac{\partial V}{\partial y}\right)^2 \right\} dx\, dy,$$

ha un valore finito, ne esiste una che rende minimo tale integrale ». Così trasformato, il problema di Dirichlet diventa un problema di Calcolo delle Variazioni, la cui equazione di Eulero coincide con quella di Laplace sopra indicata; ma a tale problema i procedimenti classici non permettono di dare in generale risposta alcuna, appunto finchè non sia conosciuta in antecedenza l'esistenza della soluzione dell'equazione di Laplace che assume i valori dati sul contorno del campo. Si dovette perciò, per risolverlo, procedere con mezzi diretti; e il Dirichlet, seguito poi in questo dal Riemann, credette di aver resa evidente l'esistenza del minimo per $I(V)$ osservando — come aveva fatto Gauss in occasione analoga — che la espressione integranda è sempre positiva o tutt'al più nulla. Ma dopo che la critica di Weierstrass ebbe mostrata tutta l'erroneità di questo modo di ragionare, fu necessario rintracciare una dimostrazione veramente rigorosa dell'esistenza del minimo. Riusciti vani tutti i tentativi fatti, si ritornò alla primitiva forma del problema ed illustri matematici, quali C. Neumann, Schwarz, Poincaré ecc., con metodi diversi dimostrarono l'esistenza della funzione armonica con prefissati valori al contorno, in casi assai estesi, per quanto tutti con particolari limitazioni sulla natura del contorno del campo. Il desiderio però di risolvere l'importante questione con la più completa generalità, ed una vaga intuizione che accordava al ragionamento di Dirichlet una certa fiducia nonostante la critica di Weierstrass, fecero sì che alcuni matematici continuassero nello studio del teorema di minimo in cui il nostro problema era stato trasformato. E C. Arzelà, che aveva seguito il Volterra negli studi sul Calcolo funzionale, ispirandosi ai concetti di tale Calcolo, riprese, nel 1897, la via indicata da Dirichlet, cercando di assicurare, con un ragionamento perfettamente rigoroso, l'esistenza del minimo per l'integrale $I(V)$. Il tentativo dell'Arzelà non fu coronato da completo successo: ma l'idea che l'aveva guidato trovò poi pieno svolgimento in alcuni lavori magistrali dell'Hilbert (1900) ed in altri numerosi, che ad essi seguirono, di B. Levi, Fubini, Lebesgue, Zaremba. Per altro, l'Hilbert ed i suoi successori non misero in luce una delle ragioni fondamentali della riuscita dei metodi seguiti, vale a dire la *semicontinuità* dell'integrale $I(V)$; cosicchè i metodi stessi risultarono fondati sulle peculiari condizioni del problema studiato, anzichè su un principio veramente generale capace di aprir loro un vasto campo di applicazione.

I NUOVI METODI.

La *semicontinuità*, di cui gode l'integrale $I(V)$ del problema di Dirichlet, è una proprietà di carattere generale che l'Autore di questo libro ha posto a fondamento di un nuovo metodo per trattare le questioni di Calcolo delle Variazioni.

È noto in che consista la *continuità* di una funzione. Se l'elemento variabile è un punto, essa afferma che, per spostamenti piccolissimi di questo punto, il valore della funzione subisce variazioni pure piccolissime. Se, invece, allo scostarsi di pochissimo del punto variabile da una posizione iniziale qualsiasi, la funzione può soltanto di pochissimo scendere al disotto del valore che essa ha in quella posizione, senza che nessuna limitazione sia posta per le sue variazioni in più di tale valore, allora si dice che la funzione è *semicontinua inferiormente* (Baire). In modo analogo si definisce la *semicontinuità superiore.* Or qui è essenziale l'osservazione che, mentre le funzioni considerate nel Calcolo differenziale godono ordinariamente della continuità, non così avviene, in generale, per le funzioni di linea o di superficie; ciò che dipende da un fatto, già messo in evidenza, vale a dire dalla possibilità che ha una linea o superficie di assumere, pur allontanandosi di pochissimo da una posizione iniziale, un andamento del tutto diverso da quello che aveva in tale posizione. Si ha però — almeno per le funzioni di linea o superficie più importanti che si presentano nel Calcolo delle Variazioni — che queste funzioni godono generalmente della semicontinuità superiore o inferiore; e, con maggior precisione, sta il fatto che della semicontinuità godono tutte quelle funzioni di linea o superficie che soddisfano a certe condizioni di *regolarità* (per usare un'espressione introdotta da Hilbert). D'altra parte, deve anche osservarsi che, se una funzione qualsiasi ammette sopra un dato elemento un massimo o un minimo, su questo elemento deve di necessità essere semicontinua superiormente o inferiormente.

Fra le funzioni di linea o superficie che soddisfano alle dette condizioni di regolarità, ve ne sono poi di quelle, costituenti una classe vasta ed importante, che godono di certe altre proprietà per le quali risulta assicurata l'esistenza di almeno una successione minimizzante o massimizzante, avente un elemento limite fra gli enti considerati. Per successione minimizzante (massimizzante) si intende una successione di linee o superficie per le quali la funzione considerata assume valori tendenti al limite inferiore (superiore) che la funzione stessa ammette nel campo in cui la si studia.

Orbene, per una funzione di linea o superficie per la quale valga, ad esempio, la semicontinuità inferiore e per cui esista almeno una successione minimizzante avente un elemento limite fra gli enti considerati, si dimostra in modo facile che esiste il minimo — e per questo basta seguire la via che, allo stesso scopo, si usa nella teoria delle funzioni ordinarie del Calcolo differenziale. Si stabilisce così l'esistenza della soluzione in una vasta ed importante categoria di problemi di Calcolo delle Variazioni, soluzione di cui si determineranno poi le eventuali proprietà analitiche per mezzo della considerazione della variazione prima e sfruttando ancora le condizioni di regolarità. In quanto poi alla determinazione effettiva della soluzione, una volta assicuratane l'esistenza, si potranno usare dei procedimenti di approssimazioni successive; si potrà pure procedere con la determinazione della soluzione di un problema di massimo o minimo di una conveniente funzione di variabili numeriche, in numero finito, e con un successivo passaggio al limite; si potrà, infine, servirsi anche degli sviluppi in serie di Fourier, determinando i coefficienti degli sviluppi delle funzioni incognite mediante l'annullamento delle derivate parziali, rispetto a ciascuno di tali coefficienti, della funzione di linea o superficie considerata.

Dai risultati così ottenuti se ne deducono poi altri relativi a quelle funzioni che non rientrano nella categoria indicata; e con questo procedimento si ritrovano, ad esempio, tutte le proposizioni sino ad ora stabilite nel Calcolo delle Variazioni.

Il metodo ora indicato, al quale l'Autore fu condotto dagli studi dell'Hilbert, del Lebesgue, del Caratheodory, dell'Hadamard, ecc., fu esposto in due comunicazioni fatte, nel giugno 1914, all'Accademia delle Scienze di Parigi ed applicato, in diversi lavori, al problema più semplice del Calcolo delle Variazioni, nonchè ai problemi isoperimetrici. Esso verrà ampiamente svolto nella presente opera.

Dalle proposizioni ottenute con questo metodo si deducono notevoli teoremi d'esistenza per gli integrali di equazioni differenziali ordinarie o a derivate parziali; citiamo fra tutti quelli che stabiliscono dei criteri per l'esistenza di orbite chiuse — che tanto interessano la Meccanica Celeste — uno dei quali, già enunciato da E. J. Whittaker, nel 1902, fu dimostrato in modo rigoroso contemporaneamente dall'Autore di questo libro e da A. Signorini.

Vogliamo, da ultimo, accennare ad un altro metodo, proposto da Hilbert, per la risoluzione dei problemi di Calcolo delle Variazioni. Hilbert considera le funzioni di linea o superficie come dipendenti da una infinità numerabile di variabili numeriche e ritiene che si debba costituire per tali funzioni un Calcolo differenziale, generalizzazione diretta di quello ordinario. La curva da cui dipende una funzione di linea sia, per esempio, rappresentata dall'equazione $y = y(x)$, e consideriamo lo sviluppo in serie di Fourier della $y(x)$. Dati i coefficienti dello sviluppo, risulta data la $y(x)$ e quindi anche il valore della funzione di linea; questa funzione, pertanto, può considerarsi come dipendente unicamente dagli infiniti coefficienti dello sviluppo di Fourier della $y(x)$.

Qualche autore ha già introdotto la teoria delle infinite variabili in questioni di Calcolo delle Variazioni: ricordiamo, tra essi, W. Cairns e L. Lichtenstein. Dobbiamo però osservare che il metodo proposto da Hilbert è ancora ben lungi dal potere offrire una vera teoria generale per il Calcolo delle Variazioni.

PARTE PRIMA

TEORIE INTRODUTTORIE

Capitolo I.

LE CURVE

§ 1. Definizione e lunghezza di una curva continua.

1. - Insiemi di punti.

Rammentiamo alcune definizioni fondamentali.

Un insieme E di punti di un piano dicesi *limitato* se è possibile di racchiuderlo interamente in un cerchio.

Un punto P dicesi *punto di accumulazione* (1) dell'insieme E se appartiene al piano su cui giace tale insieme e in ogni suo *intorno* (cerchio di centro P, appartenente sempre allo stesso piano) cadono infiniti elementi di E.

Ogni punto di E, che non sia di accumulazione per l'insieme stesso, è un *punto isolato*.

Relativamente ai punti di accumulazione si ha una proposizione generale, conosciuta sotto il nome di *principio di Bolzano-Weierstrass*: *ogni insieme limitato, contenente infiniti punti, ammette almeno un punto di accumulazione.*

Un insieme dicesi *chiuso* se contiene tutti i suoi *punti di accumulazione*; dicesi *perfetto*, se è *chiuso* e se ogni suo punto è *punto di accumulazione* per l'insieme stesso. L'insieme dei punti di accumulazione di un insieme limitato è sempre *chiuso*.

Un insieme dicesi *concatenato* se, presi due suoi punti qualsiasi, P e Q, e scelto ad arbitrio un numero *positivo* (2) ε,

---

(1) I *punti di accumulazione* vengono chiamati anche *punti limiti*.

(2) Intenderemo sempre, con ciò, *maggiore di zero*.

esiste almeno una poligonale congiungente P e Q e avente tutti i vertici appartenenti all' insieme e tutti i lati di lunghezza minore di ε. Dicesi poi *continuo* se è *perfetto* e *concatenato.*

2. - Definizione di curva continua.

Fissato, in un piano, un sistema di assi cartesiani ortogonali, al quale sempre ci riferiremo, *chiameremo* **curva (piana) continua** *l' insieme ordinato di punti, definito dalle equazioni*

$$(1) \qquad x = f(t), \quad y = g(t),$$

per t *variabile da* a *a* b, *dove* f(t), g(t), *sono funzioni* [1] *continue, date in tutto l' intervallo* (a, b). Se a due valori del parametro, t e t', corrispondono due punti, P e P', che occupano la stessa posizione nel piano considerato, questi punti si considereranno ancora come punti distinti (ma sovrapposti) della curva qualora non si abbia, contemporaneamente, $t = a$ e $t' = b$, ed esista, fra t e t', almeno un t'' per il quale P'' non coincida geometricamente con P e P'; si considereranno, invece, come costituenti un solo punto della curva nel caso opposto.

L' ordine sulla curva è determinato dal segmento (a, b). Se i punti A e B, che corrispondono a $t = a$, $t = b$, e che diconsi *primo, secondo estremo,* risultano distinti, la curva dicesi *aperta* ed allora, essendo P e P' i punti corrispondenti a t e t', P precederà o seguirà P' a seconda che t precederà o seguirà t', nell' ordine che va da a a b; e si scriverà $P < P'$ o $P > P'$, rispettivamente. Se, invece, gli *estremi* A e B coincidono, la curva dicesi *chiusa*; e supposto $a < b$ $(a > b)$ e considerati, nell' intervallo (a, b), i valori $t_1 < t_2 < t_3 < \dots < t_n$ $(t_1 > t_2 > t_3 > \dots > t_n)$, l' ordine dei punti corrispondenti $P_1, P_2, P_3, \dots, P_n$ sarà quello stesso determinato dalla successione scritta dei t; e quest' ordine si riterrà invariante per ogni permutazione circolare eseguita sui t.

Affinchè due curve continue coincidano occorre e basta che siano formate con gli stessi punti, ordinati nello stesso

---

[1] Qui e nel seguito considereremo sempre funzioni ad un valore, reali di variabile reale.

modo. Così il segmento rettilineo AB, nel quale si considera come primo estremo A e come secondo estremo B, non coincide col segmento BA, nel quale il primo estremo è B ed il secondo A; così anche la curva definita dalle equazioni (1), per t variabile da a a b, non coincide con quella definita dalle stesse equazioni, per t variabile da b ad a, se è $a \neq b$.

Dalla continuità delle funzioni f, g, risulta che l' insieme dei punti di una curva continua è *limitato*, *perfetto* e *concatenato* (conseguenza questa della uniforme continuità), e quindi *continuo*.

Un punto della curva dicesi *semplice* se occupa, nel piano considerato, una posizione diversa da quella di tutti gli altri punti della curva (come tali da esso distinti); *multiplo*, nel caso contrario.

Le equazioni (1) diconsi *equazioni parametriche della curva.*

Se $t = t(\tau)$ è una funzione continua, non decrescente o non crescente, data nell' intervallo (a', b'), e tale che sia $t(a') = a$, $t(b') = b$, la curva definita dalle equazioni

$$x = f[t(\tau)] = F(\tau), \quad y = g[t(\tau)] = G(\tau),$$

per τ variabile da a' a b', coincide evidentemente con quella definita dalle (1), per t variabile da a a b. Si vede così che una curva ammette infiniti *sistemi di equazioni parametriche* o, come si dice più brevemente, infinite *forme parametriche*, od anche infinite *rappresentazioni analitiche.*

Se è $a \leq a' < b' \leq b$, oppure $a \geq a' > b' \geq b$, la curva continua definita da

$$x = f(t), \quad y = g(t),$$

per t variabile da a' a b', si dirà *arco* della curva $\mathfrak{C}$, definita dalle (1), per t variabile da a a b; e se A' e B' sono i suoi estremi, si indicherà con la scrittura $\widehat{A'B'}$ ed anche con l' altra $\mathfrak{C}(A', B')$. Il segmento rettilineo $A'B'$ lo si dirà *corda* della curva $\mathfrak{C}$, corrispondente all' arco $\widehat{A'B'}$.

3. - Teorema di Cantor.

a) *Un insieme di intervalli di una retta, non sovrapponentisi* [1], *è numerabile.*

---

[1] Aventi cioè, a due a due, al più un solo punto comune.

Si consideri uno di tali insiemi e, indicatolo con Φ, si supponga, dapprima, che gli intervalli che lo compongono appartengano tutti ad un segmento finito AB, di lunghezza l. Qualunque sia il numero intero positivo n, di elementi di Φ, di lunghezza inferiore a $\frac{l}{n-1}$ ma non inferiore a $\frac{l}{n}$, non ve ne possono essere che n al più, perchè, altrimenti, due di essi dovrebbero sovrapporsi, in tutto o in parte. Sia Φ_n l'insieme di tutti gli intervalli di Φ ora indicati, insieme che può anche non contenere alcun elemento, e si pensino gli intervalli di Φ_n ordinati secondo l'ordine stesso in cui essi si presentano su AB. Ogni segmento di Φ appartiene ad un Φ_n e ad uno solo; e pertanto, disponendo gli insiemi Φ_n uno di seguito all'altro, in modo che l'indice n vada costantemente crescendo, si ottiene senz'altro un ordinamento dei segmenti di Φ in successione.

Φ risulta così numerabile.

Se gli intervalli di Φ non appartengono tutti ad uno stesso intervallo finito, si ponga una corrispondenza biunivoca, ordinata e continua, fra la retta sostegno di Φ e un qualsiasi segmento AB [1]. All'insieme Φ viene allora a corrispondere un insieme Ψ di intervalli di AB, il quale, per quanto precede, risulta numerabile; e numerabile risulta pure Φ.

b) Dal teorema precedente risulta che: *un insieme di archi di una curva continua, non sovrapponentisi, è numerabile.* Ed infatti, all'insieme degli archi corrisponde un insieme di intervalli, non sovrapponentisi, sul segmento (a, b), su cui la curva considerata è definita, e questo insieme è numerabile.

c) Dal medesimo teorema segue anche che, *se* E *è un insieme di punti di una retta* r, *l'insieme* E_i *dei suoi punti*

---

(1) Per es. proiettando da P (vedi figura) la semiretta $(0, +\infty)$ su OB,

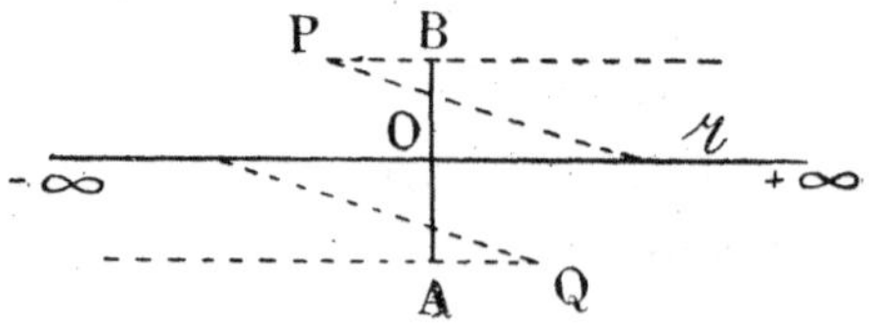

da Q la $(-\infty, 0)$ su AO, si ha una corrispondenza biunivoca, ordinata e continua, fra la retta r e il segmento AB.

isolati è numerabile. Si consideri, infatti, un qualsiasi punto P di E_i e ad esso si faccia corrispondere il massimo intervallo di r che ha per punto medio P e la cui lunghezza non supera il limite superiore delle distanze del punto P stesso da tutti gli altri punti di E. Gli intervalli che così corrispondono ai punti di E_i sono non fra loro sovrapposti e costituiscono un insieme numerabile; e numerabile risulta pure E_i.

4. - **Lemma di Darboux generalizzato.**

Prima di definire la lunghezza di una curva, occorre stabilire un lemma, che ci servirà anche in altre occasioni.

Sia $F(\delta)$ una funzione definita per ogni intervallo δ contenuto in (a, b), e soddisfacente alle condizioni:

1ª) preso ad arbitrio un numero $\sigma > 0$, è possibile di trovarne un altro $\lambda > 0$, tale che, per ogni intervallo δ di lunghezza minore di λ, si abbia

$$|F(\delta)| < \sigma \text{ (1)};$$

2ª) se δ lo si decompone in due intervalli parziali, δ_1 e δ_2, è

$$F(\delta) \leq F(\delta_1) + F(\delta_2).$$

La funzione $F(\delta)$ può essere, ad esempio, la lunghezza del segmento δ; può essere data dall'espressione

$$\sqrt{[f(t) - f(t')]^2 + [g(t) - g(t')]^2},$$

quando si consideri la curva (1) del n. 2 e sia $\delta \equiv (t, t')$; ecc.

Si divida, in modo arbitrario, l'intervallo (a, b) in parti $\delta_1, \delta_2, \ldots, \delta_n$, e si formi la somma $\sum_{r=1}^{n} F(\delta_r)$. *Sia L il limite superiore delle somme che così si possono formare.* Questo L sarà finito o no; e, nel secondo caso, sarà $+\infty$, perchè, per $\delta \equiv (a, b)$, deve essere $L \geq F(\delta)$.

Dico che, preso arbitrariamente un numero $\eta > 0$, è possibile di trovarne un altro $\sigma > 0$, tale che, se ciascuno dei $\delta_1, \delta_2, \ldots, \delta_n$, e tutte le loro parti rendono la F inferiore in

---

(1) Vale a dire, $F(\delta)$ tende a zero col tendere a zero di δ.

modulo a σ, si abbia

$$L - \eta < \sum_1^n F(\delta_r) \leq L, \qquad \textit{se } L \textit{ è finito},$$

$$\sum_1^n F(\delta_r) > \frac{1}{\eta}, \qquad \textit{se } L = +\infty \text{ [1]}.$$

Supponiamo, dapprima, L finito. Sia δ_1', δ_2',..., δ_n' una divisione dell'intervallo (a, b) in parti in modo che si abbia $s' = \sum_1^n F(\delta_r') > L - \frac{1}{2}\eta$. Sia poi δ_1, δ_2,..., δ_m un'altra divisione in parti, e queste siano tali che, in ciascuna di esse e in tutti gli intervalli che contengono, sia sempre $|F| < \sigma$, dove σ è un numero positivo che verrà determinato fra poco. Poniamo $s = \sum_1^m F(\delta_r)$ e $s'' = \sum_1^p F(\delta_r'')$, dove δ_1'', δ_2'',..., δ_p'' sono le parti in cui viene ad essere diviso (a, b), quando si prendano come punti di divisione tutti gli estremi dei δ_r' e dei δ_r. Risulta subito, dalla condizione 2ª, $s' \leq s''$ e quindi $s'' > L - \frac{1}{2}\eta$. Confrontiamo s'' e s. Quelli fra gli intervalli δ_r che figurano fra i δ_r'' (se ve ne sono) dànno il medesimo contributo, $\bar{s}$, in s e in s''; tutti gli altri, che sono non più di $n - 1$, perchè nell'*interno* di ciascuno di essi cade almeno un estremo di un δ_r', portano in s un contributo che è certamente maggiore di $-(n-1)\sigma$. È dunque $s > \bar{s} - (n-1)\sigma$. Agli ultimi intervalli considerati corrispondono, fra i δ_r'', non più di $2(n-1)$ intervalli (due al massimo per ogni estremo di un δ_r'), e per essi si ha, in s'', un contributo minore di $2(n-1)\sigma$. È così $s'' < \bar{s} + 2(n-1)\sigma$ e $s > \bar{s} - (n-1)\sigma > s'' - 3(n-1)\sigma$. Avendosi poi, come già si è osservato, $s'' > L - \frac{1}{2}\eta$, se σ lo si prende minore di $\frac{\eta}{6(n-1)}$, si ha $s > L - \eta$.

Se L, invece di essere finito, è infinito, non c'è che da sostituire, nel ragionamento precedente, a $L - \frac{1}{2}\eta$, $2\frac{1}{\eta}$ e, alla disuguaglianza $\sigma < \frac{\eta}{6(n-1)}$, l'altra $\sigma < \frac{1}{3\eta(n-1)}$.

---

[1] Con linguaggio più comune, ma meno preciso: « la somma $\sum_1^n F(\delta_r)$ tende a L col tendere a zero del modulo della F in tutti gli intervalli δ_1, δ_2,..., δ_n e in tutte le loro parti ».

OSSERVAZIONE — In virtù della condizione 1ª, possiamo dire che, se λ corrisponde a σ secondo tale condizione, e σ a η secondo quanto sopra si è dimostrato, *le disuguaglianze stabilite risultano verificate per tutte le divisioni di* (a, b) *in parti inferiori a* λ.

5. - Lunghezza di una curva continua. Teorema di Scheeffer.

Si abbia una curva continua $\mathcal{C}$ definita dal sistema di equazioni

(1) $$x = f(t), \quad y = g(t),$$

per t variabile da a a b. Si scelgano su essa, nell'ordine fissato dalla curva medesima, dei punti $P_1, P_2, \ldots, P_n$, in modo arbitrario. La poligonale $AP_1P_2 \ldots P_nB$, nel caso che $\mathcal{C}$ sia *aperta* (nel quale A e B sono gli estremi della curva, primo e secondo), $P_1P_2 \ldots P_nP_1$, nel caso invece che sia *chiusa*, dicesi *inscritta* nella curva $\mathcal{C}$. La sua lunghezza l è definita, in geometria elementare, come la somma delle lunghezze dei suoi lati.

Considerata la totalità delle possibili poligonali inscritte in $\mathcal{C}$, si indichi con L il limite superiore delle lunghezze l. Questo L sarà sempre o un numero non negativo, oppure $+\infty$. Dimostriamo il seguente:

TEOREMA DI SCHEEFFER (¹). *Preso arbitrariamente un numero* $\eta > 0$, *è possibile di trovarne un altro*, $\sigma > 0$, *tale che si abbia*

$$L - \eta < l \leq L, \qquad \textit{se } L \textit{ è finito},$$
$$l > \frac{1}{\eta}, \qquad \textit{se } L = +\infty,$$

per ogni poligonale inscritta in $\mathcal{C}$ *per la quale siano tutte minori di* σ *le distanze fra vertici consecutivi e quelle fra punti qualsiasi di* $\mathcal{C}$ *compresi fra tali vertici.*

Supponiamo, dapprima, la curva *aperta*.

Ad ogni lato di una poligonale inscritta in $\mathcal{C}$, corrisponde su (a, b) un intervallo $\delta \equiv (t, t')$, ove t e t' sono i valori del

(¹) L. SCHEEFFER. *Allgemeine Untersuchungen über rectification der Curven.* (Acta Mathematica, V. 5, 1884-85, p. 49).

parametro che corrispondono agli estremi del lato medesimo; e la lunghezza di questo lato viene espressa da

$$F(\delta) \equiv \sqrt{[f(t') - f(t)]^2 + [g(t') - g(t)]^2}.$$

La funzione $F(\delta)$, qui definita, soddisfa alle condizioni del n.° 4 e il lemma ivi stabilito conduce immediatamente alla proposizione che dobbiamo dimostrare.

Si supponga, ora, la curva *chiusa.*

Ad ogni poligonale Π inscritta in $\mathfrak{C}$, se ne può associare un'altra Π' avente per vertici gli stessi vertici di Π, più il punto corrispondente ai valori a e b del parametro.

Dette l e l' le loro lunghezze, si ha $l' - l \geq 0$ ed anche, se Π è una di quelle poligonali di cui si parla nell'enunciato della nostra proposizione, $l' - l < 2\sigma$ ossia $l > l' - 2\sigma$. E poichè, per il ragionamento fatto sulle curve aperte, la proposizione risulta dimostrata relativamente alle poligonali Π', lo risulta anche per quelle Π.

Osservazione — Analogamente a quanto si è osservato alla fine del n.° 4, possiamo dire che *le disuguaglianze sopra stabilite sono verificate per tutte le poligonali, inscritte in $\mathfrak{C}$, corrispondenti a divisioni di (a, b) in parti inferiori ad un certo $\lambda > 0$.*

Definizione — *Il numero L, sopra definito, dicesi lunghezza della curva continua $\mathfrak{C}$.*

In base a questa definizione, ogni curva continua ha lunghezza determinata, finita o no.

Se una curva continua la si spezza in più parti, la lunghezza della curva risulta uguale alla somma delle lunghezze delle sue parti.

§ 2. Funzioni a variazione limitata.

6. - Funzioni di una variabile a variazione limitata.

a) Nell'analisi delle curve continue a lunghezza finita è fondamentale la nozione di funzione di una variabile a variazione limitata, dovuta a C. Jordan [1].

---

[1] Cfr. C. Jordan, *Cours d'Analyse.* (Paris, Gauthier Villars), 1909, (3ème édit.), Tom. I, p. 54.

Sia $f(x)$ una funzione definita in ogni punto dell'intervallo (a, b). Se è $a \leq a' < b' \leq b$, oppure $a \geq a' > b' \geq b$, dicesi *variazione* della $f(x)$, nell'intervallo (a', b'), la differenza $f(b') - f(a')$. Considerata una divisione qualsiasi di (a, b) in parti (in numero finito), si indichi con v la somma dei valori assoluti delle *variazioni* della $f(x)$ in tutte queste parti. *Se per tutte le possibili divisioni di* (a, b) *in parti,* v *ammette un limite superiore finito, la funzione* $f(x)$ *dicesi a* **variazione limitata.**

È evidente che condizione necessaria affinchè una funzione sia a variazione limitata è che essa sia limitata.

Ogni funzione *monotona* è a variazione limitata; e tale è pure ogni funzione differenza di altre due monotone, perchè, essendo $f = \varphi - \psi$, è

$$|f(b) - f(a)| \leq |\varphi(b) - \varphi(a)| + |\psi(b) - \psi(a)| \text{ (1)}.$$

Dicesi **variazione totale** *della* $f(x)$, *nell'intervallo* (a, b), *il limite superiore* V *delle somme* v *relative a tutte le possibili divisioni di* (a, b) *in parti, in numero finito.* Questo V è finito, non negativo, se la funzione è a variazione limitata; è $+\infty$ nel caso opposto.

---

(1) Viceversa, si dimostra che ogni funzione a variazione limitata è la differenza di due funzioni monotone. (Ved. C. JORDAN, loc. cit. pp. 55-57).

Qui vogliamo mostrare come possano esistere funzioni continue non a variazione limitata. Consideriamo la funzione nulla in $x = 0$ e definita in tutti gli altri punti dell'intervallo $\left(0, \frac{2}{\pi}\right)$ da $y = x \operatorname{sen} \frac{1}{x}$, funzione che è evidentemente continua in tutto l'intervallo indicato. Nella successione di punti $x = \frac{1}{\left(k + \frac{1}{2}\right)\pi}$ $(k = 0, 1, 2, ...)$ la nostra funzione assume i valori $\frac{(-1)^k}{\left(k + \frac{1}{2}\right)\pi}$ $(k = 0, 1, 2, ...)$, e in ogni intervallo $\left[\frac{1}{\left(k + 1 + \frac{1}{2}\right)\pi}, \frac{1}{\left(k + \frac{1}{2}\right)\pi}\right]$ la sua variazione è in modulo uguale a $\frac{1}{\left(k + \frac{3}{2}\right)\pi} + \frac{1}{\left(k + \frac{1}{2}\right)\pi} > \frac{1}{(k+1)\pi}$.

Calcoliamo v relativamente agli intervalli nei quali $\left(0, \frac{2}{\pi}\right)$ viene diviso dai primi n punti delle successione considerata. È $v > \sum_{0}^{n-1} \frac{1}{(k+1)\pi} = \frac{1}{\pi} \sum_{1}^{n} \frac{1}{k}$.
Si vede così che questo v tende all'infinito con n.

b) È evidente che se una funzione è a variazione limitata in (a, b), lo è anche in ogni intervallo parziale (a', b'), nel quale la variazione totale risulta necessariamente minore o uguale a quella relativa ad (a, b).

Se è V la variazione totale di $f(x)$ in (a, b), V_1 quella in (a, c), V_2 quella in (c, b), è $V = V_1 + V_2$. Infatti, è chiaro che è $V_1 + V_2 \leq V$. Considerata poi una qualsiasi divisione di (a, b) in parti, la somma v corrispondente è minore o uguale a quella v' che si ottiene aggiungendo ai punti di divisione il punto c. Ed essendo $v' = v_1' + v_2'$, dove v_1' e v_2' sono le somme analoghe a v' relative agli intervalli (a, c), (c, b), è

$$v \leq v' = v_1' + v_2' \leq V_1 + V_2 .$$

Dunque il limite superiore V delle somme v non può superare $V_1 + V_2$.

c) *La somma, la differenza e il prodotto di due funzioni a variazione limitata sono funzioni pure a variazione limitata.* La cosa è evidente per la somma e la differenza, perchè

$$|[f(b) \pm \varphi(b)] - [f(a) \pm \varphi(a)]| \leq |f(b) - f(a)| + |\varphi(b) - \varphi(a)|.$$

Per il prodotto, basta osservare che, dovendo le funzioni essere limitate, se sono a variazione limitata, detto M il massimo modulo di f e φ, si ha

$$f(b)\varphi(b) - f(a)\varphi(a) = f(b)\varphi(b) - f(b)\varphi(a) + f(b)\varphi(a) - f(a)\varphi(a)$$

e quindi

$$|f(b)\varphi(b) - f(a)\varphi(a)| \leq M|\varphi(b) - \varphi(a)| + M|f(b) - f(a)|.$$

d) *Il quoziente $f:\varphi$ di due funzioni a variazione limitata, delle quali la φ sia sempre in modulo superiore ad un numero positivo fisso, è pure a variazione limitata.* Basta osservare che, se m è un numero positivo fisso, tale che sia sempre $|\varphi| > m$, è

$$\left|\frac{1}{\varphi(b)} - \frac{1}{\varphi(a)}\right| \leq \frac{|\varphi(b) - \varphi(a)|}{m^2},$$

e la funzione $1:\varphi$ risulta a variazione limitata.

7. - **Funzioni a variazione limitata, continue.**

a) Fino ad ora non si è fatta alcuna ipotesi sulla continuità o meno delle funzioni a variazione limitata. Introducendo la continuità, si ha la seguente importante proposizione.

Se la funzione $f(x)$ è continua su tutto l'intervallo (a, b), preso arbitrariamente un numero $\eta > 0$, è possibile di trovarne un altro $\lambda > 0$, tale che si abbia, per ogni divisione di (a, b) in parti tutte minori di λ,

$$V - \eta < v \leq V, \qquad \text{se } V \text{ è finito,}$$
$$v > \frac{1}{\eta}, \qquad \text{se } V = +\infty.$$

Ad ogni intervallo $\delta \equiv (a', b')$, contenuto in (a, b), corrisponde un valore determinato $|f(b') - f(a')|$. Poniamo

$$F(\delta) \equiv |f(b') - f(a')|.$$

Questa funzione F soddisfa alle condizioni del n.° 4 e il lemma ivi stabilito, unito all'osservazione posta in fine allo stesso n.°, conduce immediatamente alla proposizione enunciata.

b) Dalla proposizione precedente si deduce che, *se la $f(x)$ è continua e a variazione limitata in (a, b), e $V(x)$ indica la variazione totale della $f(x)$ in (a, x), anche la $V(x)$ risulta continua e a variazione limitata.* La $V(x)$ è evidentemente non decrescente quando x va da a a b, e quindi a variazione limitata; mostriamo che è anche continua. Il numero λ, più sopra considerato, lo si diminuisca (se è necessario) in modo che, in ogni intervallo di (a, b) di ampiezza $\leq \lambda$, la $f(x)$ abbia un'oscillazione $< \eta$. Preso allora, in (a, b), un qualsiasi intervallo δ di ampiezza $< \lambda$, la variazione totale della $f(x)$ in δ risulta $< 2\eta$. Ed invero, si divida la parte di (a, b) esterna a δ in intervalli parziali tutti di lunghezza $< \lambda$ e si indichi con v' la somma dei valori assoluti delle relative variazioni della $f(x)$. La somma v, relativa a tutto l'intervallo (a, b), supera v' al più di η, cosicchè $v' > v - \eta$. Detta poi V' la variazione totale della $f(x)$ nella parte di (a, b) esterna a δ, si ha

$$V' \geq v' > v - \eta$$

e, per la proposizione già dimostrata,

$$v > V - \eta,$$

donde

$$V - V' < 2\eta.$$

Ma $V - V'$ dà la variazione totale della $f(x)$ in δ, ed anche l'oscillazione della $V(x)$ nello stesso intervallo. La continuità della $V(x)$ è dunque stabilita.

§ 3. Curve continue rettificabili.

8. - Rettificabilità. Teorema di Jordan.

a) Una curva continua dicesi rettificabile se ha lunghezza finita.

Se una curva è rettificabile, ogni suo arco lo è pure.

Data che sia una curva continua, come si riconosce la sua rettificabilità dall'esame delle funzioni che la definiscono? A questa domanda risponde completamente il

Teorema di Jordan [1] — *Condizione necessaria e sufficiente affinchè la curva continua*

$$x = f(t), \quad y = g(t), \quad (a, b) \text{ [2]} \tag{1}$$

sia rettificabile è che le funzioni $f(t)$, $g(t)$ siano a variazione limitata.

Cominciamo con l'osservare che, se è $a \leq a' < b' \leq b$, oppure $a \geq a' > b' \geq b$, si può scrivere

$$\left.\begin{array}{l} |f(b') - f(a')| \\ |g(b') - g(a')| \end{array}\right\} \leq \sqrt{[f(b') - f(a')]^2 + [g(b') - g(a')]^2} \leq$$
$$\leq |f(b') - f(a')| + |g(b') - g(a')| \text{ [3]}.$$

Risulta allora che, diviso arbitrariamente (a, b) in un numero finito di parti, le somme dei valori assoluti delle variazioni delle $f(t)$, $g(t)$, relative a tale divisione, non pos-

---

(1) Cfr. C. Jordan, loc. cit., pag. 105.

(2) Ciò indica che le funzioni $f(t)$ e $g(t)$ devono essere considerate per t variabile da a a b.

(3) La scrittura $\left.\begin{array}{l} a \\ b \end{array}\right\} \leq M$ indica che è $a \leq M$, $b \leq M$.

sono superare la lunghezza della poligonale inscritta nella curva e determinata dalla divisione medesima, e quindi neppure la lunghezza della curva. Se dunque la curva è rettificabile, le funzioni dette sono a variazione limitata. D'altra parte, la lunghezza della poligonale considerata non può superare la somma delle due somme suddette e quindi neppure quella delle variazioni totali della $f(t)$, $g(t)$ in (a, b). Se perciò tali funzioni sono a variazione limitata, le lunghezze delle poligonali inscritte nella curva restano inferiori ad un numero fisso e la curva è rettificabile.

b) Indichiamo con $s(t)$ la lunghezza dell'arco della curva continua rettificabile (1) che corrisponde all'intervallo (a, t). La $s(t)$ è una funzione non decrescente, quando la variabile indipendente va da a a t. *Dico che è anche continua.* Dal ragionamento fatto sopra, risulta che la lunghezza dell'arco corrispondente ad un qualsiasi intervallo δ di (a, b) è minore o uguale alla somma delle variazioni totali delle f, g, nell'intervallo stesso. E poichè queste variazioni tendono a zero col tendere a zero di δ (per la loro continuità stabilita alla fine del n.° precedente), ne viene che tende a zero anche la lunghezza dell'arco e la $s(t)$ risulta continua. Segue, da tutto ciò, che, mentre t procede da a a b in (a, b), $s(t)$ procede con continuità, e sempre nello stesso senso, da 0 a L (lunghezza di tutta la curva). Inoltre, ad ogni punto P della curva, corrisponde un determinato valore di s in $(0, L)$; a due punti distinti, P_1 e P_2, corrispondono due valori distinti di s (differenti fra loro per lo meno della lunghezza del segmento P_1P_2); e, viceversa, ad ogni valore di s in $(0, L)$ corrisponde (almeno un valore di t in (a, b) e perciò) almeno un punto della curva, e quindi uno solo; e mentre s procede, sempre crescendo, da 0 a L, il punto P corrispondente percorre tutta la curva, nel senso proprio alla curva stessa. Se ne deduce che, indicando con $x(s)$, $y(s)$ le coordinate del punto P corrispondente ad s, queste due funzioni risultano determinate e continue in tutto l'intervallo $(0, L)$, e la curva definita dalle

$$(2) \qquad x = x(s), \quad y = y(s), \quad (0, L),$$

non è altro che la curva (1). Dunque, una curva continua rettificabile ammette una forma parametrica in cui il parametro è la lunghezza dell'arco, contato a partire dal suo primo estremo, se è aperta, o da un suo punto qualunque, se è chiusa. Dalla forma (2) si ritorna alla (1) sostituendo $s(t)$ ad s.

9. - Sistemi speciali di intervalli relativi a una $F(\delta)$.

Per studiare l'esistenza della tangente nei punti di una curva rettificabile è necessario procedere alla costruzione di certi sistemi di intervalli, che ci saranno utili, nel seguito, anche per altre questioni.

Siano Φ un insieme di intervalli δ di (a, b) e $F(\delta)$ una funzione definita per ogni intervallo δ di Φ e su tale insieme continua, il che significa che, considerato un δ qualunque di Φ e preso ad arbitrio un numero $\varepsilon > 0$, è sempre possibile di determinarne un altro $\sigma > 0$ in modo che sia

$$|F(\delta) - F(\delta')| < \varepsilon,$$

per qualsiasi intervallo δ' di Φ i cui estremi distino dagli estremi corrispondenti di δ per meno di σ.

Si consideri l'insieme Φ_1 di tutti gli intervalli δ di Φ che soddisfano alla

$$F(\delta) \geq 0, \tag{1}$$

e si indichi con l_1 il limite superiore delle lunghezze di tutti gli intervalli di Φ_1. Se Φ_1 contiene almeno un elemento, esiste in (a, b) almeno un intervallo λ, di lunghezza $l_1 (> 0)$, per il quale vale la seguente proprietà: preso ad arbitrio un numero $\sigma > 0$, esiste in Φ_1 almeno un intervallo i cui estremi distano, dagli estremi corrispondenti di λ per meno di σ. Per l'ammessa continuità della $F(\delta)$ in Φ, se λ appartiene all'insieme Φ è $F(\lambda) \geq 0$ (e λ appartiene anche a Φ_1).

Si indichi con Δ_1 quello fra gli intervalli λ il cui primo estremo è più prossimo al primo estremo di (a, b). Se Δ_1 appartiene a Φ, è $F(\Delta_1) \geq 0$.

Si consideri ora l'insieme Φ_2 di tutti gli intervalli δ di Φ che soddisfano alla (1) e che hanno *al più* in comune con Δ_1 un sol punto (che sarà necessariamente un estremo) e sia Δ_2 l'intervallo di (a, b) definito per Φ_2 come Δ_1 è stato definito per Φ_1. Si consideri poi l'insieme Φ_3 di tutti gli intervalli δ di Φ che soddisfano alla (1) e che hanno con ciascuno degli intervalli Δ_1, Δ_2, *al più* un punto in comune (necessariamente un estremo) e sia Δ_3 l'intervallo che ad esso corrisponde, analogo a Δ_1, Δ_2. E così si prosegua indefinitamente.

La determinazione di questi intervalli Δ_n è possibile finchè esiste in Φ almeno un intervallo δ soddisfacente alla (1) ed avente, con ciascuno dei Δ già determinati, *al più* un punto (estremo) in comune. Si ha così un numero finito d'intervalli $\Delta_1, \Delta_2, ... \Delta_n$, oppure una successione illimitata $\Delta_1, \Delta_2, ... \Delta_n, ...$; e questi intervalli godono delle seguenti proprietà:

a) due qualunque di essi hanno al più un punto (estremo) in comune;

b) indicando con lo stesso simbolo Δ_n anche la lunghezza dell'intervallo, è $\Delta_n \geq \Delta_{n+1}$;

c) se Δ_n appartiene all'insieme Φ, è $F(\Delta_n) \geq 0$;

d) se δ è un intervallo qualunque di Φ, che non coincida con nessun Δ_n ed abbia entrambi gli estremi *non interni* [1] ai Δ_n, è $F(\delta) < 0$.

Per dimostrare quest'ultima proprietà, si osservi che uno qualsiasi degli intervalli δ, che in essa si considerano, non può contenere, di un Δ_n, più di un punto senza contenerlo interamente; ed allora, se δ contiene qualche Δ_n, detto n' il minore degli indici dei Δ contenuti in δ, ne viene $F(\delta) < 0$ per la definizione stessa di $\Delta_{n'}$. Se poi δ non contiene nessun Δ_n, deve essere $F(\delta) < 0$ perchè, in caso contrario, i Δ_n sarebbero in numero sicuramente infinito, si avrebbe sempre $\Delta_n \geq \delta$, e la serie $\Sigma\Delta_n$ sarebbe divergente, mentre le sue somme parziali sono costantemente $\leq |b - a|$.

Il gruppo degli intervalli Δ_n, così determinato, lo si dirà ***sistema degli intervalli*** Δ, ***relativo alla funzione*** $F(\delta)$ ***e all'insieme*** Φ. È opportuno ricordare che tale sistema esiste effettivamente sotto la sola condizione che esista almeno un intervallo δ di Φ soddisfacente alla (1).

Si costruisca ora, per ogni Δ_n un segmento $\overline{\Delta}_n$, di lunghezza tripla, avente il centro in comune con Δ_n, avvertendo però di sopprimere quelle parti di $\overline{\Delta}_n$ che eventualmente venissero a trovarsi fuori di (a, b). L'insieme di tali inter-

---

[1] Tutti i punti di un intervallo, estremi compresi, si dicono *appartenenti* all'intervallo; e tutti, ad *eccezione degli estremi*, diconsi *interni*. I punti che non appartengono all'intervallo diconsi *esterni*.

valli lo si dirà *sistema degli intervalli* $\overline{\Delta}$, *relativo alla funzione* $F(\delta)$ *e all'insieme* Φ. Dopo ciò, si può dimostrare la proposizione che segue:

Se δ *è un intervallo di* Φ *avente almeno un estremo esterno a tutti gli intervalli* $\overline{\Delta}$, *è* $F(\delta) < 0$.

Si osservi che quello dei due estremi di δ che è esterno a tutti i $\overline{\Delta}$ risulta anche esterno a tutti i Δ. Se, allora, l'altro estremo non è interno a nessuno dei Δ, la proposizione scende dalla proprietà *d*). Nel caso contrario, detto Δ_n l'intervallo a cui quest'altro estremo è interno, dovrà essere $\delta > \Delta_n$ (per il modo nel quale si è costruito $\overline{\Delta}_n$); e questa disuguaglianza mostra che, se in δ non sono contenuti intervalli Δ di indice minore di n, deve aversi $F(\delta) < 0$, per la definizione stessa di Δ_n. Che se poi, di tali intervalli, ne fosse contenuto almeno uno, detto $\Delta_{n'}$ quello di indice minore ($n' < n$), dovrà essere $F(\delta) < 0$ per la stessa definizione di $\Delta_{n'}$.

È bene osservare che è

$$\Sigma\overline{\Delta}_n \leq 3\Sigma\Delta_n\,, \tag{2}$$

e che, se gli intervalli $\overline{\Delta}$ non esistono, per il che non devono esistere neppure i Δ, la disuguaglianza $F(\delta) < 0$ risulta sempre verificata in Φ.

10. - Definizione di tangente ad una curva.

Date in un piano due rette *orientate*, si dirà loro angolo quello, compreso fra 0 e π (estremi inclusi), di cui deve ruotare, nel senso positivo delle rotazioni ([1]), una delle due rette per disporsi parallelamente all'altra e con lo stesso *verso*.

Data una curva continua $\mathcal{C}$ (n. 2) e considerati due suoi punti P e P', non sovrapposti, si dirà *verso* della corda PP' quello che, sulla corda medesima, va dall'estremo che precede a quello che segue, nell'ordine stabilito dalla curva. Se dunque il verso della corda PP' è, per es., quello che va da P a P', tale è anche il verso della corda $P'P$.

Si dirà che, in un suo punto P, la curva $\mathcal{C}$ *ammette la tangente* se, considerato un qualsiasi altro punto P' della curva,

---

([1]) Il senso positivo delle rotazioni sarà per noi quello della trigonometria.

non sovrapposto a P, la retta orientata determinata dai punti P e P', e avente il verso della corda PP', tende, al tendere comunque di P' a P ([1]), ad una determinata retta orientata. *Questa retta orientata dicesi tangente alla* $\mathcal{C}$ *nel punto* P.

Da questa definizione risulta che, se in P esiste la tangente alla curva, tale tangente gode di questa proprietà: preso ad arbitrio un numero positivo σ, si possono sempre trovare due altri punti P_1 e P_2 della $\mathcal{C}$ in modo che sia $P_1 < P < P_2$ e che, se P' è un punto qualsiasi dell'arco $\mathcal{C}(P_1, P_2)$, non sovrapposto a P, la retta orientata determinata da P e P', e avente il verso della corda PP', formi con la tangente considerata un angolo minore di σ. Quando la curva $\mathcal{C}$ sia aperta e P coincida col suo primo (secondo) estremo, il punto $P_1(P_2)$ dovrà essere sostituito dal punto P stesso.

Se la retta orientata determinata da P e P' tende ad una posizione limite unica soltanto quando P' precede (segue) su $\mathcal{C}$ il punto P, allora si dice che in questo punto la curva ammette la *tangente anteriore* (*posteriore*).

Prefissato un sistema di assi cartesiani ortogonali, si dirà *angolo di direzione* di una retta orientata l'angolo, compreso fra 0 e 2π (secondo estremo escluso), di cui deve ruotare, nel senso positivo delle rotazioni, l'asse delle x per disporsi parallelamente alla retta, e con lo stesso verso.

Si dirà infine *angolo di direzione di una curva* $\mathcal{C}$, in un suo punto in cui esista la tangente, l'angolo di direzione di tale tangente.

11. - Esistenza della tangente. Teorema di Lebesgue.

a) Sia $\mathcal{C}$ una curva continua, rettificabile, di lunghezza L e di estremi (primo e secondo) A e B; nel caso di una curva chiusa, A e B coincideranno geometricamente ed essi potranno porsi in un punto qualunque della curva. Detto P un punto arbitrariamente scelto su $\mathcal{C}$, si indichi con s la lunghezza dell'arco $\mathcal{C}(A, P)$; detto poi P' un altro punto di $\mathcal{C}$, si indichi con PP' tanto la corda che congiunge

---

([1]) Qualora P sia un punto multiplo della curva, P' dovrà tendere a P non solo come punto geometrico, ma anche come punto della curva.

P e P' quanto la lunghezza della corda medesima. Date due corde PP', P_1P_1', si dirà loro angolo quello, compreso fra 0 e π (estremi inclusi), delle rette orientate che le contengono e che hanno i loro versi, e lo si indicherà con $\alpha(PP', P_1 P_1')$. Ciò premesso, si fissi, sulla curva $\mathcal{C}$, un sistema di punti

$$A \equiv P_0 < P_1 < P_2 < .... < P_m \equiv B,$$

tali che due P_r consecutivi occupino posizioni distinte, e si consideri la poligonale Π inscritta in $\mathcal{C}$ e avente questi punti come vertici successivi. Si indicherà con la stessa lettera Π anche la lunghezza di tale poligonale (lunghezza che non supera L).

Si prendano a considerare un lato generico di Π, $P_{r-1}P_r$, e l'arco di $\mathcal{C}$ corrispondente, $\mathcal{C}(P_{r-1}, P_r)$. Dette s_{r-1}, s_r le lunghezze degli archi $\mathcal{C}(P_0, P_{r-1})$, $\mathcal{C}(P_0, P_r)$, ad ogni punto dell'arco $\mathcal{C}(P_{r-1}, P_r)$ viene a corrispondere un punto ed uno solo del segmento (s_{r-1}, s_r), e viceversa, se si prende, per corrispondente di un punto P, il numero s che misura la lunghezza dell'arco $\mathcal{C}(P_0, P)$ (1). Detti $\delta \equiv (s, s')$ e PP' rispettivamente un segmento qualsiasi, non nullo, di (s_{r-1}, s_r) e la corda corrispondente della $\mathcal{C}$, e supposto $PP' > 0$, l'angolo $\alpha(P_{r-1}P_r, PP')$ varia con continuità al variare di δ; e preso ad arbitrio un numero positivo $\varepsilon < 1$, e posto

$$F(\delta) \equiv \alpha(P_{r-1}P_r, PP') - \varepsilon,$$

si potranno costruire, per quanto si è detto al n.° 9, i due sistemi d'intervalli Δ e $\bar{\Delta}$ relativi alla funzione $F(\delta)$, qui fissata, e all'insieme Φ_r di tutti gli intervalli δ di (s_{r-1}, s_r), aventi il primo estremo minore del secondo e ai quali corrispondono corde PP' non nulle.

Gli intervalli di tali sistemi si contrassegneranno con l'indice r e si scriverà $\Delta^{(r)}$, $\bar{\Delta}^{(r)}$. Da quanto si è stabilito al n.° 9 risulta:

1°) $$\sum_n \bar{\Delta}_n^{(r)} \leq 3 \sum_n \Delta_n^{(r)};$$

---

(1) Il punto P qui viene considerato come *punto della curva* $\mathcal{C}$ e potrà anche occupare la medesima posizione di altri punti della curva, come tali da esso distinti; ma a questi altri punti corrisponderanno altri valori di s.

2°) se P e P' corrispondono agli estremi di uno stesso $\Delta_n^{(r)}$, ed è $PP' > 0$, è

$$\alpha(P_{r-1}P_r, PP') \geq \varepsilon;$$

3°) se (s, s') è un intervallo di (s_{r-1}, s_r), con $s < s'$, avente un estremo esterno a tutti gli intervalli $\bar{\Delta}_n^{(r)}$ $(n = 1, 2, \ldots)$, ed è $PP' > 0$, è

$$\alpha(P_{r-1}P_r, PP') < \varepsilon.$$

Si considerino ora i sistemi $\Delta^{(r)}$, $\bar{\Delta}^{(r)}$ relativi a tutti i valori di r da 1 a m, vale a dire si considerino tutti gli archi nei quali la $\mathcal{C}$ è divisa dai vertici di Π. Si vuol trovare un limite superiore per la somma $\sum_{r=1}^{m} \sum_n \Delta_n^{(r)}$ e quindi per l'altra $\sum_{r=1}^{m} \sum_n \bar{\Delta}_n^{(r)}$ (che è $\leq$ del triplo della prima).

Fra tutti gli intervalli $\Delta_n^{(r)}$, se ne scelgano ad arbitrio p, e si indichino con $\Delta_1, \Delta_2, \ldots \Delta_p$. Si inscriva poi nella curva $\mathcal{C}$ la poligonale Π' (la cui lunghezza verrà indicata con la stessa lettera Π') i cui vertici (che si presentano su Π' nello stesso ordine in cui si trovano su $\mathcal{C}$) sian dati da tutti quelli di Π e dai punti di $\mathcal{C}$ che corrispondono agli estremi degli intervalli $\Delta_1, \Delta_2, \ldots \Delta_p$. È evidentemente, $\Pi < \Pi' \leq L$ e perciò

$$\Pi' - \Pi \leq L - \Pi.$$

Sia Π_1' la somma delle lunghezze di quei lati di Π' ciascuno dei quali corrisponde ad uno dei segmenti $\Delta_1, \Delta_2, \ldots \Delta_p$ e fa un angolo compreso fra ε e $\frac{\pi}{2}$ (estremi inclusi) con $P_{r-1}P_r$, essendo P_{r-1} e P_r i vertici consecutivi di Π che comprendono fra loro gli estremi del lato di Π' considerato; Π_2', quella delle lunghezze dei lati che corrispondono ai rimanenti $\Delta_1, \Delta_2, \ldots \Delta_p$; Π_3', la parte restante di Π'. Il lato $P_{r-1}P_r$ della poligonale Π è minore o uguale alla somma delle proiezioni ortogonali, fatte su $P_{r-1}P_r$ stesso, di quei lati di Π', compresi fra P_{r-1} e P_r, che formano col lato medesimo un angolo $\leq \frac{\pi}{2}$. Queste proiezioni sono poi sempre minori o uguali alla lunghezza dei lati che si proiettano e, nel caso che i lati proiettanti corrispondano a qualcuno degli intervalli Δ_1, Δ_2, ... Δ_p, anche minori o uguali ai lati stessi moltiplicati per $\cos\varepsilon$. Si ha così

$$\Pi=\sum_{r=1}^{m} P_{r-1}P_r < \Pi_1'\cos\varepsilon+\Pi_3'=(\Pi_1'+\Pi_2'+\Pi_3')-\Pi_1'(1-\cos\varepsilon)-\Pi_2'$$

ossia

$$\Pi < \Pi' - (\Pi_1'+\Pi_2')(1-\cos\varepsilon),$$

$$\Pi_1'+\Pi_2' < \frac{\Pi'-\Pi}{1-\cos\varepsilon} \leq \frac{L-\Pi}{1-\cos\varepsilon}.$$

Essendo poi $(\varepsilon < 1)$

$$1-\cos\varepsilon > \frac{\varepsilon^2}{2}\left(1-\frac{\varepsilon^2}{12}\right) > \frac{\varepsilon^2}{3},$$

si ha

$$\Pi_1'+\Pi_2' < 3\,\frac{L-\Pi}{\varepsilon^2}.$$

Si osservi qui che $\Pi_1'+\Pi_2'$ dà la somma delle lunghezze di tutti quei lati di Π' che corrispondono ai segmenti $\Delta_1, \Delta_2, ..., \Delta_p$, e che le lunghezze degli archi di $\mathfrak{C}$ sottesi da tali lati sono date precisamente da Δ_1, $\Delta_2, ..., \Delta_p$. Di più, ogni termine della somma $\sum_{t=1}^{p}\Delta_t$ è maggiore o uguale al termine corrispondente di $\Pi_1'+\Pi_2'$ e la differenza $\sum_{1}^{p}\Delta_t-(\Pi_1'+\Pi_2')$ non può superare $L-\Pi'$ e quindi neppure $L-\Pi$. Si ha dunque

$$\sum_{1}^{p}\Delta_t < L-\Pi+\Pi_1'+\Pi_2' < L-\Pi+3\,\frac{L-\Pi}{\varepsilon^2},$$

$$\sum_{1}^{p}\Delta_t < 4\,\frac{L-\Pi}{\varepsilon^2}.$$

Questa disuguaglianza vale qualunque sia il gruppo $\Delta_1, \Delta_2, ..., \Delta_p$ scelto fra gli intervalli $\Delta_n^{(r)}$; vale quindi anche l'altra

$$\sum_{r=1}^{m}\sum_{n}\Delta_n^{(r)} \leq 4\,\frac{L-\Pi}{\varepsilon^2},$$

dalla quale si deduce

$$\sum_{r=1}^{m}\sum_{n}\overline{\Delta}_n^{(r)} \leq 12\,\frac{L-\Pi}{\varepsilon^2}.$$

Se ne conclude che, *se i vertici della poligonale* Π *sono scelti in modo da rendere* $L - \Pi < \frac{\varepsilon^3}{12}$, è

$$\sum_{r=1}^{m} \sum_{n} \overline{\Delta}_n^{(r)} < \varepsilon,$$

e si può enunciare la proposizione:

Fatta eccezione al più per i punti di $\mathcal{C}$ *appartenenti ad un' infinità numerabile di archi di misura totale* $\sum_{r=1}^{m} \sum_{n} \overline{\Delta}_n^{(r)} < \varepsilon$, *per ogni altro punto* P *di* $\mathcal{C}$ *vale la seguente proprietà: qualunque sia* P', *appartenente allo stesso arco* $\mathcal{C}(P_{r-1}, P_r)$ *del quale fa parte* P, *si ha, se* $PP' > 0$,

$$\alpha(P_{r-1}P_r, PP') < \varepsilon,$$

ed anche, essendo P'' *un altro punto qualsiasi di* $\mathcal{C}(P_{r-1}, P_r)$, *con* $PP'' > 0$,

$$\alpha(PP', PP'') < 2\varepsilon,$$

dove ε *è un numero positivo* < 1, *arbitrariamente scelto, e* $P_0 \equiv A$, P_1, P_2, ..., $P_m \equiv B$, *sono i vertici di una poligonale* Π, *inscritta in* $\mathcal{C}$, *tale che sia* $L - \Pi < \frac{\varepsilon^3}{12}$.

b) Detti P, P', P'' tre punti qualsiasi di $\mathcal{C}$, tali che $PP' > 0$, $PP'' > 0$, si consideri il massimo limite [1] dell'angolo $\alpha(PP', PP'')$, per P' e P'' tendenti a P in maniera del tutto arbitraria, e lo si indichi con $\operatorname{mass\,lim}_{\substack{P' \\ P''} \} \to P} \alpha(PP', PP'')$.

Si ha dunque, per definizione:

1°) preso un numero positivo σ, ad arbitrio, è possibile di trovarne un altro δ tale che, se gli archi $\mathcal{C}(P, P')$, $\mathcal{C}(P, P'')$ sono ambedue di lunghezza $< \delta$ ed è $PP' > 0$, $PP'' > 0$, sia $\alpha(PP', PP'') < \operatorname{mass\,lim}_{\substack{P' \\ P''} \} \to P} \alpha(PP', PP'') + \sigma$;

(1) Il *massimo* (*minimo*) *limite* di un insieme di numeri (reali) è il limite superiore (inferiore) dei *valori di accumulazione* dell' insieme stesso.

2°) per almeno due archi $\mathcal{C}(P, P')$, $\mathcal{C}(P, P'')$ come i precedenti e opportunamente scelti, è

$$|\alpha(PP', PP'') - \underset{\substack{P' \\ P''}\} \to P}{\text{mass lim}} \alpha(PP', PP'')| < \sigma.$$

Per i punti P dell'enunciato precedente, fatta eccezione per quelli coincidenti coi punti P_r $(r = 0, 1, ..., m)$, si ha che questo massimo limite è $\leq 2\varepsilon$. E poichè i punti P_r possono rinchiudersi in un gruppo di archi di $\mathcal{C}$ di lunghezza totale piccola a piacere, possiamo dire che, *preso ad arbitrio un numero positivo* ε, *i punti* P *di* $\mathcal{C}$ *per i quali non è*

$$\underset{\substack{P' \\ P''}\} \to P}{\text{mass lim}} \alpha(PP', PP'') \leq \varepsilon,$$

quando $PP' > 0$ e $PP'' > 0$, *si possono rinchiudere in un' infinità numerabile di archi di* $\mathcal{C}$, *di lunghezza totale* $< \varepsilon$.

c) Occorre, per quanto stiamo per dire, di fissare un procedimento costruttivo degli archi, dei quali si parla nell'enunciato precedente, che sia completamente determinato in corrispondenza di ogni ε. Dato dunque ε, si divida la curva $\mathcal{C}$ in m archi tutti di ugual lunghezza e, posto $P_0 \equiv A$, sia P_1 il primo punto della divisione ottenuta che non è sovrapposto a P_0; P_2 il primo punto di divisione che segue P_1 e non è sovrapposto a P_1; P_3 il primo punto di divisione che segue P_2 e non è sovrapposto a P_2; e così via. Preso poi per m il minimo intero tale che la poligonale di vertici successivi $P_0, P_1, P_2, P_3, ...$ abbia lunghezza diversa da L per meno di $\frac{1}{12}\left(\frac{\varepsilon}{2}\right)^3$, si prenda questa poligonale per poligonale Π, si costruisca per essa il sistema degli intervalli $\Delta^{(r)}$ e si rinchiudano i suoi vertici in archi di $\mathcal{C}$, aventi i centri nei vertici stessi e le lunghezze tutte uguali a $\frac{1}{m+1}\left(\frac{\varepsilon}{2} - \sum_{r=1}^{m} \sum_{n} \overline{\Delta}_n^{(r)}\right)$.

Ne viene, allora, che la somma delle lunghezze di questi archi più quella degli archi corrispondenti agli intervalli $\overline{\Delta}^{(r)}$, risulta minore di ε, e che, per tutti i punti P di $\mathcal{C}$ esterni a tutti questi archi, vale la disuguaglianza stabilita in *b*).

d) Si sostituisca ora, all'ε della proposizione dimostrata in *b*), $\frac{\varepsilon}{2^p}$, dove p è un numero intero positivo qualsiasi, e si costruisca il corrispondente sistema di archi di $\mathcal{C}$, secondo il procedimento fissato in *c*). Si avrà così, per tutti i valori possibili di p, un'infinità numerabile di successioni di archi di $\mathcal{C}$; e la somma degli archi, nelle diverse successioni, sarà rispettivamente minore di $\varepsilon, \frac{\varepsilon}{2}, \frac{\varepsilon}{2^2}, \ldots, \frac{\varepsilon}{2^p}, \ldots$. L'insieme degli archi appartenenti a tutte le successioni è ancora un'infinità numerabile, nella quale la somma delle lunghezze è minore di

$$\varepsilon\left(1 + \frac{1}{2} + \frac{1}{2^2} + \ldots + \frac{1}{2^p} + \ldots\right) = 2\varepsilon.$$

Se un punto P di $\mathcal{C}$ non appartiene a nessuno degli archi di quest'insieme, deve essere (quando sia $PP' > 0$, $PP'' > 0$)

$$\operatorname*{mass\,lim}_{\substack{P' \\ P''} \Big\} \to P} \alpha(PP', PP'') = 0,$$

perchè, altrimenti, preso p in modo che $\frac{\varepsilon}{2^p}$ risulti inferiore al massimo limite qui considerato, per la proposizione stabilita in *b*), P non potrebbe essere esterno a tutti gli archi corrispondenti a $\frac{\varepsilon}{2^p}$. Di più, si osservi che l'uguaglianza precedente porta all'esistenza di una posizione limite, quando P' tende comunque su $\mathcal{C}$ a P in modo che $PP' > 0$, per la retta orientata, determinata da P e P' e avente lo stesso verso della corda PP'; si può dunque concludere col

TEOREMA DI LEBESGUE [1] — *I punti di una curva continua, rettificabile, nei quali manca la tangente alla curva stessa, si possono rinchiudere in un insieme numerabile di archi (della curva), di lunghezza complessiva piccola a piacere.*

Quando una certa proprietà si verifica in tutti i punti di un segmento, o di una retta, o di una curva continua rettificabile, ad eccezione al più di quelli rinchiudibili in un sistema numerabile di intervalli o di archi della curva [2], di

---

[1] Cfr. H. LEBESGUE, *Leçons sur l'intégration et la recherche des fonctions primitives.* (Paris, Gauthier-Villars, 1904), pag. 127.

[2] Diremo che un insieme di punti è *rinchiuso* in un sistema di intervalli o di archi di curva se ogni punto dell'insieme appartiene ad almeno un intervallo o arco del sistema.

lunghezza complessiva minore di un numero prefissabile piccolo a piacere, diremo che tale proprietà si verifica *quasi dappertutto o quasi ovunque*, sul segmento o sulla retta o sulla curva. Il teorema precedente può allora porsi nella forma: *la tangente esiste quasi dappertutto su una curva continua, rettificabile.*

12. - **Limite del rapporto fra le lunghezze della corda e dell'arco.**

Se la lunghezza dell'arco la indichiamo con lo stesso simbolo $\widehat{PP'}$ con cui indichiamo l'arco, abbiamo:

Su una curva continua, rettificabile, è quasi dappertutto

$$\lim_{P' \to P} \frac{PP'}{\widehat{PP'}} = 1. \tag{1}$$

Scelto arbitrariamente un numero positivo ε, si riprendano la curva $\mathfrak{C}$ e la poligonale Π in essa inscritta (n.° precedente, *c*)). Ad ogni segmento δ di (s_{r-1}, s_r) corrispondono un arco $\widehat{PP'}$ di $\mathfrak{C}$, una corda PP', ed un valore determinato per l'espressione $1 - \frac{PP'}{\widehat{PP'}} - \varepsilon$, il quale varia con continuità al variare di δ, per $\delta > 0$. Posto dunque

$$F(\delta) \equiv 1 - \frac{PP'}{\widehat{PP'}} - \varepsilon,$$

si potranno, anche qui, costruire (n.° 9) i due sistemi di intervalli Δ e $\overline{\Delta}$, relativi a questa F e all'insieme Ψ_r di tutti gli intervalli δ, non nulli, contenuti in (s_{r-1}, s_r), e tali intervalli Δ e $\overline{\Delta}$ si contrassegneranno, qui pure, con l'indice r, scrivendo $\Delta^{(r)}$, $\overline{\Delta}^{(r)}$. Si avrà, per ogni arco $\widehat{PP'}$ corrispondente a un $\Delta^{(r)}$,

$$1 - \frac{PP'}{\widehat{PP'}} \geq \varepsilon;$$

e per ogni altro appartenente a $\widehat{P_{r-1}P_r}$ e tale che P sia esterno a tutti gli archi corrispondenti ai $\overline{\Delta}^{(r)}$,

$$1 - \frac{PP'}{\widehat{PP'}} < \varepsilon.$$

Si costruisca, come al n.° precedente, *a*), la poligonale Π' mediante i vertici di Π ed i punti corrispondenti agli estremi di un gruppo comunque scelto di intervalli $\Delta_n^{(r)}$ $(r = 1, 2, \ldots m;\ n = 1, 2, \ldots)$. Sarà ancora $L - \Pi' < L - \Pi$.

Detta Π_1' la parte di Π' corrispondente agli intervalli $\Delta_n^{(r)}$ scelti, sia L_1 la somma degli archi di $\mathfrak{C}$ relativi agli stessi intervalli. Si ha, per la prima delle disuguaglianze sopra scritte, (moltiplicando per $\widehat{PP'}$ e sommando)

$$L_1 - \Pi_1' \geq \varepsilon L_1,$$

ed anche, essendo $L_1 - \Pi_1' < L - \Pi' < L - \Pi$,

$$L_1 < \frac{L - \Pi}{\varepsilon},$$

e ricordando che L_1 è la somma delle lunghezze degli archi corrispondenti ai $\Delta_n^{(r)}$ scelti, lunghezze che sono date dai $\Delta_n^{(r)}$ stessi,

$$\sum_{r=1}^{m} \sum_{n} \Delta_n^{(r)} \leq \frac{L - \Pi}{\varepsilon},$$

$$\sum_{r=1}^{m} \sum_{n} \overline{\Delta}_n^{(r)} \leq 3\, \frac{L - \Pi}{\varepsilon}.$$

Ragionando come al n.° precedente, i punti P nei quali la disuguaglianza

$$1 - \min \lim_{P' \to P} \frac{PP'}{\widehat{PP'}} \leq \varepsilon$$

non è verificata risultano rinchiudibili in un gruppo numerabile di archi di lunghezza complessiva $< \varepsilon$; ed altrettanto accade per quelli nei quali non è

$$1 - \min \lim_{P' \to P} \frac{PP'}{\widehat{PP'}} = 0 \quad \text{ossia} \quad \lim_{P' \to P} \frac{PP'}{\widehat{PP'}} = 1,$$

il che dimostra la proposizione enunciata.

§ 4. Derivabilità delle funzioni a variazione limitata.

13. - **Teorema di Lebesgue** (1).

Ogni funzione continua, a variazione limitata, ammette derivata finita quasi dappertutto sull'intervallo in cui è data.

a) Sia $f(x)$ una funzione continua, a variazione limitata, definita sull'intervallo (a, b). La curva $y = f(x)$, (a, b), è rettificabile, in virtù del teorema di Jordan del n.° 8: sia L la sua lunghezza.

Si ripeta il ragionamento fatto al n.° 11, *a*), sostituendovi la variabile x alla s e gli intervalli $\delta \equiv (x, x')$ a quelli $\delta \equiv (s, s')$, e giungendo sino alla disuguaglianza $\Pi_1' + \Pi_2' < 3 \frac{L - \Pi}{\varepsilon^2}$, che ora si riduce a

$$\Pi_1' < 3 \frac{L - \Pi}{\varepsilon^2},$$

perchè nel caso attuale Π_2' non esiste. Osservando che qui ogni termine che entra in Π_1' è non minore di quello fra i segmenti Δ_1, Δ_2, ... Δ_p che gli corrisponde (e che è la sua proiezione ortogonale sull'asse delle x), si ottiene subito la disuguaglianza

$$\sum_{r=1}^{m} \sum_n \Delta_n^{(r)} \leq 3 \frac{L - \Pi}{\varepsilon^2},$$

e quindi l'altra $\sum_{r=1}^{m} \sum_n \bar{\Delta}_n^{(r)} < \varepsilon$, se è $L - \Pi < \frac{\varepsilon^3}{9}$. Si ha perciò la proposizione: « fatta eccezione al più per i punti di (a, b) appartenenti ad un'infinità numerabile di segmenti $\bar{\Delta}_n^{(r)}$ di lunghezza totale $\sum_{r=1}^{m} \sum_n \bar{\Delta}_n^{(r)} < \varepsilon$, per ogni altro x vale la seguente proprietà: essendo x' un punto qualunque appartenente con x alla proiezione di uno stesso lato $P_{r-1}P_r$ della poligonale Π inscritta nella curva $y = f(x)$, (a, b), e detti P e P' i

(1) H. Lebesgue, *Leçons sur l'intégration et la recherche des fonctions primitives*, p. 128.

punti di tale curva corrispondenti a x e x', si ha $\alpha(P_{r-1}P_r, PP') < \varepsilon$, dove ε è un numero positivo, minore di 1, arbitrariamente scelto, purchè la poligonale soddisfi alla disuguaglianza $L - \Pi < \frac{\varepsilon^3}{9}$ ».

b) Proseguendo con gli stessi ragionamenti fatti in *b*), *c*), *d*), al n.° 11, si giunge alla conclusione che la derivata $f'(x)$ esiste, finita o no, su tutto (a, b), fatta eccezione al più per i punti appartenenti ad una successione di intervalli di lunghezza complessiva $< 2\varepsilon$, i quali comprendono fra loro quelli $\overline{\Delta}_n^{(r)}$ più sopra indicati.

c) Si porti ora l'attenzione sui punti nei quali la derivata $f'(x)$ è infinita. Sia l' la somma delle lunghezze di quei lati di Π che formano con l'asse delle x un angolo $\geq \frac{\pi}{2} - 2\varepsilon$, lati le cui proiezioni sull'asse x hanno perciò una somma $\leq l' \cos\left(\frac{\pi}{2} - 2\varepsilon\right) < L \operatorname{sen} 2\varepsilon$. Per tutti gli altri lati di Π l'angolo formato con l'asse delle x è $< \frac{\pi}{2} - 2\varepsilon$ e, per quanto si è stabilito in *a*), tutte le corde della curva $y = f(x)$, (a, b), che si proiettano interamente sulla proiezione di uno di tali lati, e in modo che uno almeno dei loro estremi venga proiettato fuori dei $\overline{\Delta}_n^{(r)}$, formano con l'asse delle x un angolo $< \frac{\pi}{2} - \varepsilon$. E se ne deduce, se x è un punto della proiezione di uno di questi lati, ed è esterno agli intervalli di cui si parla in *b*), che in esso esiste la derivata $f'(x)$ finita ed in modulo $< \operatorname{tang}\left(\frac{\pi}{2} - \varepsilon\right)$. Dunque in tutti i punti di (a, b), ad eccezione al più di quelli contenuti in una successione di intervalli di lunghezza complessiva $< 2\varepsilon + L \operatorname{sen} 2\varepsilon < 2\varepsilon(1 + L)$, la derivata $f'(x)$ esiste determinata e finita ed in modulo $< \operatorname{cotg} \varepsilon$. Se ora si sostituisce ad ε via via $\frac{\varepsilon}{2}, \frac{\varepsilon}{2^2}, \ldots, \frac{\varepsilon}{2^p}, \ldots$, abbiamo che l'insieme dei punti nei quali la $f'(x)$ o non esiste o non è finita, si può rinchiudere in una successione di intervalli di lunghezza totale $< 4\varepsilon(1 + L)$. Essendo ε arbitrario, il teorema enunciato è completamente stabilito.

14. - Derivabilità delle coordinate dei punti di una curva.
Se la curva

$$\mathcal{C}: \qquad x = f(t), \quad y = g(t), \quad (a, b),$$

è continua e rettificabile, le funzioni $f(t)$, $g(t)$ ammettono derivata finita quasi dappertutto su (a, b).

Ciò è una conseguenza immediata del teorema di Jordan del n.° 8 e di quello di Lebesgue del n.° 13.

15. - Relazione fra l'esistenza della tangente e la derivabilità delle coordinate dei punti di una curva.

a) Sia una curva continua

$$\mathcal{C}: \qquad x = f(t), \quad y = g(t), \quad (a, b).$$

Dico che, se per un valore t di (a, b) esistono finite le derivate $f'(t)$, $g'(t)$ e vale la

$$(1) \qquad f'^2 + g'^2 \neq 0,$$

nel punto P, corrispondente a t, la $\mathcal{C}$ ammette la tangente, il cui angolo di direzione θ è dato da

$$(2) \qquad \cos\theta = \frac{f'(t)}{\pm\sqrt{f'^2(t) + g'^2(t)}}, \qquad \operatorname{sen}\theta = \frac{g'(t)}{\pm\sqrt{f'^2(t) + g'^2(t)}},$$

intendendo di scegliere, in queste formule, il segno $+$ se è $a < b$, il segno $-$ in caso contrario.

Sia, infatti, $t + h$ un altro valore dell'intervallo (a, b) tale che, essendo P' il punto della $\mathcal{C}$ ad esso corrispondente, la corda PP' risulti non nulla; detto θ' l'angolo di direzione della retta orientata determinata da P e P' e dal verso della corda PP', si può scrivere:

$$(3) \qquad \begin{cases} \dfrac{f(t+h) - f(t)}{h} = \dfrac{f(t+h) - f(t)}{PP'} \cdot \dfrac{PP'}{h} = \dfrac{PP'}{\pm|h|} \cos\theta', \\[2ex] \dfrac{g(t+h) - g(t)}{h} = \dfrac{PP'}{\pm|h|} \operatorname{sen}\theta', \end{cases}$$

intendendo di scegliere, in queste formule, il segno $+$ se è

$a < b$, il segno $-$ in caso contrario. Quadrando e sommando, segue

$$\lim_{h \to 0} \frac{PP'}{|h|} = \sqrt{f'^2(t) + g'^2(t)}.$$

In virtù della (1) segue anche perciò, dalle stesse uguaglianze, l'esistenza del limite di θ', vale a dire l'esistenza della tangente alla curva in P, e la validità delle (2).

b) Sia ora una curva continua e rettificabile

$$\mathcal{C}: \qquad x = x(s), \quad y = y(s), \quad (0, L),$$

dove il parametro s rappresenta la lunghezza dell'arco, contata a partire dal punto primo estremo della curva, o scelto come tale (se la curva è chiusa). Se, per un valore s, esistono le $x'(s)$, $y'(s)$ e vale la

$$(4) \qquad x'^2 + y'^2 = 1,$$

da quanto si è detto in *a*) risulta l'esistenza della tangente nel punto P della $\mathcal{C}$ corrispondente ad s e la validità delle

$$(5) \qquad \cos\theta = x'(s), \quad \operatorname{sen}\theta = y'(s),$$

e risulta anche la validità della

$$(6) \qquad \lim_{P' \to P} \frac{PP'}{\widehat{PP'}} = 1.$$

Se, per il valore s, si suppone l'esistenza delle derivate $x'(s)$, $y'(s)$ e la validità della (6), dalle (3) segue l'esistenza della tangente in P e la validità delle (5) e quindi anche della (4).

Se, infine, per il valore s si suppone l'esistenza della tangente alla curva nel punto P corrispondente e la validità della (6), dalle (3) segue l'esistenza e la finitezza delle derivate $x'(s)$, $y'(s)$ e la validità delle (5) e quindi anche della (4).

Tenendo conto di quanto si è dimostrato ai n.[i] 11, 12 e 14, si può affermare *che, quasi dappertutto su una curva continua e rettificabile, esiste la tangente, esistono finite le derivate* $x'(s)$, $y'(s)$, *valgono le* (4) *e* (5), *e vale anche la* (6).

§ 5. L'assoluta continuità.

16. - Funzioni di una variabile assolutamente continue.

a) È importante, per il seguito, la nozione di *funzioni assolutamente continue*, introdotta da G. Vitali [1].

Consideriamo una funzione $f(x)$, continua in tutto l'intervallo (a, b). Fissato che sia un numero intero positivo n, abbiamo che, preso ad arbitrio un numero positivo ε, è possibile di determinarne un altro δ, in modo che risulti in valore assoluto sempre minore di ε la somma delle variazioni (n.° 6) della $f(x)$ in n qualsiasi intervalli non sovrapponentisi di (a, b), scelti con la sola condizione che la somma delle loro lunghezze sia minore di δ. Indichiamo con $\delta_{\varepsilon, n}$ il limite superiore dei δ corrispondenti a ε e n. Tenuto fisso ε, $\delta_{\varepsilon, n}$ *non* resta necessariamente costante al variare di n: sarà una funzione non crescente di n e, per $n \to \infty$, avrà un limite $\delta_\varepsilon \geq 0$. Sarà sempre $\delta_\varepsilon > 0$?

È facile vedere che no. Riprendiamo un esempio già considerato alla pag. 41, e cioè la funzione definita in $x = 0$ da $y = 0$ e in tutti gli altri punti di $\left(0, \frac{2}{\pi}\right)$ da $y = x \operatorname{sen} \frac{1}{x}$. Nella successione degli intervalli $\left(\frac{1}{\left(2k+\frac{3}{2}\right)\pi}, \frac{1}{\left(2k+\frac{1}{2}\right)\pi}\right)$ $(k = 0, 1, 2, ...)$ le variazioni della nostra funzione sono date da $\frac{1}{\left(2k+\frac{1}{2}\right)\pi} + \frac{1}{\left(2k+\frac{3}{2}\right)\pi}$ $(k = 0, 1, 2, ...)$ e sono pertanto maggiori di $\frac{1}{(2k+2)\pi}$ $(k = 0, 1, ...)$; la somma di esse è perciò infinita. Preso dunque δ_ε comunque piccolo, e determinato un k_1 tale che tutti gli intervalli considerati relativi a valori di k maggiori di k_1 risultino interni al segmento $(0, \delta_\varepsilon)$, è possibile di scegliere un numero conveniente di tali intervalli in

---

[1] G. Vitali, *Sulle funzioni integrali*, (Atti della R. Accad. delle Scienze di Torino. Vol. XL, (1905), p. 1021).

modo che la somma delle variazioni della f relative ad essi superi qualunque numero assegnabile e quindi anche ε. Nel caso attuale, è perciò $\delta_\varepsilon = 0$.

Per contro, vi sono delle funzioni per le quali è $\delta_\varepsilon > 0$. Vedremo tra poco che esiste una vasta classe di tali funzioni; per ora ci limiteremo a menzionare la funzione $y = x$, per la quale è evidentemente $\delta_\varepsilon = \varepsilon$.

Le funzioni per le quali è $\delta_\varepsilon > 0$, qualunque sia ε, diconsi *assolutamente continue*: esse ammettono qualche cosa di più della semplice continuità. Possiamo dunque formulare la seguente definizione: *una funzione* $f(x)$ *dicesi assolutamente continua nell'intervallo* (a, b) *se, preso ad arbitrio un numero positivo* ε, *è poi sempre possibile di trovarne un altro* δ *in modo che risulti, in valore assoluto, minore di* ε *la somma delle variazioni* (n.° 6) *della* $f(x)$ *in qualsiasi gruppo finito di intervalli non sovrapponentisi di* (a, b) [1], *scelti con la sola condizione che la somma delle loro lunghezze sia minore di* δ; e perciò, se (a_i, b_i), $(i = 1, 2, \dots m)$, è un gruppo di intervalli non sovrapponentisi di (a, b) ed è $\sum_1^m |b_i - a_i| < \delta$, deve essere

$$\left|\sum_1^m [f(b_i) - f(a_i)]\right| < \varepsilon.$$

b) Dico che *condizione necessaria e sufficiente per l'assoluta continuità è che, per ogni* ε, *si possa sempre trovare un* δ *tale che, essendo* (a_i, b_i), $(i = 1, 2, \dots m)$, *un gruppo qualsiasi di intervalli non sovrapponentisi di* (a, b), *soddisfacenti alla* $\sum_1^m |b_i - a_i| < \delta$, *sia* $\sum_1^m |f(b_i) - f(a_i)| < \varepsilon$.

Che la condizione sia sufficiente, è evidente. Per mostrare che è necessaria, prendiamo δ in modo che, essendo gli (a_i, b_i) degli intervalli non sovrapponentisi di (a, b), soddisfacenti alla $\Sigma |b_i - a_i| < \delta$, sia sempre $|\Sigma [f(b_i) - f(a_i)]| < \frac{\varepsilon}{2}$.

Allora, detti (a_i', b_i') gli intervalli in cui le variazioni

(1) Vale a dire, aventi, due a due, al più un solo punto comune.

$f(b_i) - f(a_i)$ non sono negative, e (a_i'', b_i'') gli altri, è

$$\Sigma \, | f(b_i') - f(a'_i) | = \Sigma [f(b_i') - f(a_i')] < \frac{\varepsilon}{2},$$

$$\Sigma \, | f(b_i'') - f(a_i'') | = - \Sigma [f(b_i'') - f(a_i'')] =$$
$$= | \Sigma [f(b_i'') - f(a_i'')] | < \frac{\varepsilon}{2},$$

e quindi

$$\Sigma \, | f(b_i) - f(a_i) | < \varepsilon.$$

c) Da questa proposizione scende subito che *una funzione assolutamente continua è a variazione limitata.* Ed infatti, diviso l'intervallo (a, b) in parti minori del δ or ora determinato in corrispondenza di ε, in ciascuna di esse la somma dei valori assoluti delle variazioni della $f(x)$, relative ad una qualsiasi suddivisione, non può mai superare ε. Se il numero delle parti è N, la somma corrispondente estesa a tutto (a, b) non può mai superare $N\varepsilon$.

d) Indichiamo con $V(x)$ la variazione totale di $f(x)$ in (a, x). *Condizione necessaria e sufficiente affinchè $f(x)$ sia assolutamente continua è che lo sia anche la $V(x)$.* La condizione è sufficiente, perchè è sempre $|f(b_i) - f(a_i)| \leq V(b_i) - V(a_i)$. È anche necessaria, perchè, avendosi, se è $\Sigma \, | b_i - a_i | < \delta$, e se gli (a_i, b_i) sono intervalli non sovrapponentisi di (a, b), $\Sigma \, | f(b_i) - f(a_i) | < \varepsilon$, suddivisi gli intervalli (a_i, b_i) in parti, la somma dei moduli delle variazioni della f relative a tutte queste parti deve sempre rimanere $< \varepsilon$. E siccome tale somma si può rendere prossima a $\Sigma [V(b_i) - V(a_i)]$ quanto si vuole, ne viene $\Sigma [V(b_i) - V(a_i)] \leq \varepsilon$ [1].

e) Una vasta classe di funzioni assolutamente continue viene messa in evidenza dal seguente enunciato:

Le funzioni a rapporto incrementale limitato sono assolutamente continue. Supponiamo, infatti, che si abbia, per ogni intervallo (a_i, b_i) di (a, b),

$$\left| \frac{f(b_i) - f(a_i)}{b_i - a_i} \right| < M,$$

---

[1] In tutto ciò intendiamo che sia $a_i < b_i$ oppure $a_i > b_i$, a seconda che è $a < b$ oppure $a > b$.

con M numero fisso, indipendente da (a_i, b_i). È allora $|f(b_i) - f(a_i)| < M|b_i - a_i|$; e se si considera un gruppo di intervalli (a_i, b_i), $\Sigma|f(b_i) - f(a_i)| < M\Sigma|b_i - a_i|$: da ciò l'assoluta continuità.

In particolare, sono assolutamente continue tutte quelle funzioni che ammettono la derivata continua od anche semplicemente limitata. Dimostriamo che sono assolutamente continue anche quelle funzioni che ammettono ovunque la derivata destra (sinistra) limitata. Sia Λ il limite superiore di tale derivata in tutto l'intervallo (a, b): affermiamo che il rapporto incrementale relativo ad un qualsiasi intervallo (a_i, b_i) di (a, b) è sempre $\leq \Lambda$. Per fissare le idee, supponiamo $a_i < b_i$ e consideriamo la funzione

$$\psi(x) \equiv f(x) - \left\{ f(a_i) + (x - a_i)\frac{f(b_i) - f(a_i)}{b_i - a_i} \right\}.$$

È $\psi(a_i) = \psi(b_i) = 0$, onde, se è $D^+\psi(a_i) < 0$ (dove $D^+\psi$ indica la derivata destra della ψ), in (a_i, b_i) la $\psi(x)$ assume valori negativi ed ha un minimo in cui deve necessariamente essere $D^+\psi \geq 0$. Esiste dunque sempre, in (a_i, b_i), un punto almeno in cui è $D^+\psi \geq 0$ ossia

$$D^+f \geq \frac{f(b_i) - f(a_i)}{b_i - a_i},$$

ciò che dimostra che il rapporto incrementale della $f(x)$ è sempre $\leq \Lambda$. Parimenti è sempre, tale rapporto, $\geq \Lambda'$, se Λ' indica il limite inferiore di D^+f. Se pertanto Λ e Λ' sono finiti, la $f(x)$ è a rapporto incrementale limitato e perciò assolutamente continua.

f) La somma, la differenza e il prodotto di due funzioni assolutamente continue, in un intervallo (a, b), *sono funzioni assolutamente continue, nello stesso intervallo. Lo stesso dicasi per il quoziente di due funzioni assolutamente continue, purchè il divisore resti in modulo superiore ad un numero fisso, maggiore di zero.* Per la dimostrazione non c'è che da ripetere le considerazioni del n.° 6, *c*) e *d*).

g) Una funzione assolutamente continua di una funzione assolutamente continua non decrescente o non crescente, è assolutamente continua. Si abbia la funzione assolutamente continua non decrescente o non crescente $y = f(x)$, data nell'intervallo (a, b). Detti c e d il minimo e il massimo di y in (a, b), si consideri la funzione assolutamente continua $z = \varphi(y)$, data nell'intervallo (c, d). Si ha allora, per ogni x di (a, b), $z = \varphi(f(x)) = \Phi(x)$. Dalla condizione $b)$, si ricava che, preso un ε positivo, è sempre possibile di determinare un η positivo tale che, essendo $\sum_1^m |d_i - c_i| < \eta$, sia $\sum_1^m |\varphi(d_i) - \varphi(c_i)| < \varepsilon$, dove i (c_i, d_i) sono degli intervalli non sovrapponentisi di (c, d), in numero qualsiasi. Per la stessa condizione $b)$, si ha poi che ad η corrisponde un numero δ positivo tale che, essendo $\sum_1^m |b_i - a_i| < \delta$, sia $\sum_1^m |f(b_i) - f(a_i)| < \eta$, dove gli (a_i, b_i) sono degli intervalli non sovrapponentisi di (a, b), in numero qualsiasi. Osservato che, posto c_i uguale al minore dei due numeri $f(a_i)$, $f(b_i)$, e d_i uguale al maggiore, è $|f(b_i) - f(a_i)| = d_i - c_i$ e gli intervalli (c_i, d_i) risultano non sovrapponentisi (per essere la $f(x)$ non decrescente o non crescente) si ha subito $\sum_1^m |\Phi(b_i) - \Phi(a_i)| < \varepsilon$, per ogni gruppo di un numero finito di intervalli (a_i, b_i) di (a, b), non sovrapponentisi e soggetti alla condizione $\Sigma |b_i - a_i| < \delta$. E ciò mostra l'assoluta continuità della $z = \Phi(x)$.

Osservazione — Se la $\varphi(y)$ è a rapporto incrementale limitato, la $\varphi(f(x)) = \Phi(x)$ risulta assolutamente continua con la sola condizione che tale sia anche la $f(x)$. Ed invero, se M è un numero di cui resta sempre inferiore, in modulo, il rapporto incrementale della $\varphi(y)$, si ha

$$|\Phi(b_i) - \Phi(a_i)| = |\varphi(f(b_i)) - \varphi(f(a_i))| < M\,|f(b_i) - f(a_i)|,$$

e dalla

$$\sum_1^m |f(b_i) - f(a_i)| < \eta$$

segue

$$\sum_1^m |\Phi(b_i) - \Phi(a_i)| < M\eta.$$

17. - Relazione fra l'assoluta continuità della lunghezza e quella delle coordinate dei punti di una curva.

Si abbia una curva continua, rettificabile, $\mathcal{C}$, definita dalle equazioni

$$x = f(t), \quad y = g(t), \quad (a, b).$$

Abbiamo già veduto, al n.° 8, che condizione necessaria e sufficiente per la rettificabilità è che le funzioni $f(t)$, $g(t)$, siano a variazione limitata. Indichiamo ora con $s(t)$ la lunghezza dell'arco di $\mathcal{C}$ corrispondente all'intervallo (a, t) e dimostriamo per questa funzione, che sappiamo essere continua e a variazione limitata (perchè non decrescente), la proposizione:

Condizione necessaria e sufficiente affinchè la lunghezza $s(t)$ sia assolutamente continua è che siano tali le $f(t)$, $g(t)$ [1].

Dalle disuguaglianze

$$\left.\begin{array}{l} |f(b') - f(a')| \\ |g(b') - g(a')| \end{array}\right\} \leq \sqrt{[f(b') - f(a')]^2 + [g(b') - g(a')]^2}$$
$$\leq |f(b') - f(a')| + |g(b') - g(a')| \; [2]$$

si ricava, se

$$a = t_0 < t_1 < t_2 < \dots < t_n = t$$

oppure

$$a = t_0 > t_1 > t_2 > \dots > t_n = t,$$

a seconda che è $a < b$ oppure $a > b$, è una qualsiasi divisione in parti dell'intervallo (a, t),

$$\left.\begin{array}{l} \sum\limits_0^{n-1} |f(t_{r+1}) - f(t_r)| \\ \sum\limits_0^{n-1} |g(t_{r+1}) - g(t_r)| \end{array}\right\} \leq \sum_0^{n-1} \sqrt{[f(t_{r+1}) - f(t_r)]^2 + [g(t_{r+1}) - g(t_r)]^2}$$
$$\leq \sum_0^{n-1} |f(t_{r+1}) - f(t_r)| + \sum_0^{n-1} |g(t_{r+1}) - g(t_r)|$$

---

[1] Questo teorema fu dato per la prima volta in L. Tonelli, *Sulla rettificazione delle curve.* (Atti della R. Accad. delle Scienze di Torino, 1907-908).

[2] La scrittura $\left.\begin{array}{l} a \\ b \end{array}\right\} \leq M$ indica che è $a \leq M$, $b \leq M$.

e quindi anche, per i teoremi dei n.[i] 5 e 7,

$$\left.\begin{matrix} V_f(t) \\ V_g(t) \end{matrix}\right\} \leq s(t) \leq V_f(t) + V_g(t),$$

dove $V_f(t)$, $V_g(t)$, indicano, rispettivamente, le variazioni totali delle funzioni $f(t)$, $g(t)$, nell'intervallo (a, t). E poichè ad a si può sostituire un numero qualunque a', compreso fra a e t, si ha pure

$$\left.\begin{matrix} V_f(t) - V_f(a') \\ V_g(t) - V_g(a') \end{matrix}\right\} \leq s(t) - s(a') \leq [V_f(t) - V_f(a')] + [V_g(t) - V_g(a')].$$

Se dunque (a_i, b_i) $(i = 1, 2, \ldots. m)$ è un gruppo finito qualsiasi di intervalli di (a, b), si ha

$$(1) \quad \left.\begin{matrix} \sum_1^m [V_f(b_i) - V_f(a_i)] \\ \sum_1^m [V_g(b_i) - V_g(a_i)] \end{matrix}\right\} \leq \sum_1^m [s(b_i) - s(a_i)]$$

$$\leq \sum_1^m [V_f(b_i) - V_f(a_i)] + \sum_1^m [V_g(b_i) - V_g(a_i)].$$

Ciò premesso, supponiamo che le funzioni $f(t)$, $g(t)$, siano assolutamente continue in (a, b). Per una delle proposizioni stabilite al n.° precedente, sonó allora assolutamente continue anche le $V_f(t)$, $V_g(t)$, cosicchè, preso un ε positivo qualunque, è possibile di determinare un δ in modo che si abbia

$$\sum_1^m [V_f(b_i) - V_f(a_i)] < \varepsilon, \quad \sum_1^m [V_g(b_i) - V_g(a_i)] < \varepsilon,$$

per qualsiasi gruppo finito di intervalli non sovrapponentisi (a_i, b_i) di (a, b), aventi per somma delle loro lunghezze un numero minore di δ. Per ogni gruppo di questa specie, si ha quindi, in forza della seconda parte della (1),

$$\sum_1^m [s(b_i) - s(a_i)] < 2\varepsilon :$$

il che prova l'assoluta continuità della $s(t)$.

Supponiamo, invece, che sia assolutamente continua la $s(t)$, cioè che, prefissato ad arbitrio un ε positivo, si possa trovare un δ in modo che si abbia $\sum_1^m [s(b_i) - s(a_i)] < \varepsilon$, per tutti i gruppi di intervalli (a_i, b_i) or ora considerati. La prima parte della (1) dà immediatamente

$$\sum_1^m [V_f(b_i) - V_f(a_i)] < \varepsilon, \quad \sum_1^m [V_g(b_i) - V_g(a_i)] < \varepsilon,$$

ciò che mostra la continuità assoluta delle funzioni $V_f(t)$, $V_g(t)$.

Capitolo II.

INSIEMI DI FUNZIONI E INSIEMI DI CURVE

§ 1. Nozioni preliminari.

18. - **Intorno (ρ) di una funzione o di una curva.**

a) Data una funzione $f(x)$, definita nell'intervallo (a, b), diremo che un'altra funzione $\varphi(x)$, definita nell'intervallo (c, d), *appartiene all'intorno* (ρ) *della* $f(x)$ se:

1°) per ogni x comune ai due intervalli (a, b), (c, d), è

$$|f(x) - \varphi(x)| \leq \rho;$$

2°) per ogni x minore di a e appartenente a (c, d) [1], è

$$a - x \leq \rho, \quad |f(a) - \varphi(x)| \leq \rho;$$

3°) per ogni x maggiore di b e appartenente a (c, d), è

$$x - b \leq \rho, \quad |f(b) - \varphi(x)| \leq \rho.$$

Diremo poi che la $\varphi(x)$ *appartiene propriamente all'intorno* (ρ) *della* $f(x)$ se, con le tre condizioni ora indicate, sono anche soddisfatte le disuguaglianze

$$|a - c| \leq \rho, \quad |b - d| \leq \rho.$$

[1] Dicendo che (a, b) o (c, d) è l'intervallo in cui è definita una funzione, intenderemo sempre, d'ora in poi, che sia $a < b$, o $c \leq d$, rispettivamente.

b) Considerate due curve continue (n.° 2) $\mathcal{C}$ e $\mathcal{C}_1$, diremo che una corrispondenza posta fra esse è una *corrispondenza* Ω se:

1°) ad ogni punto di ciascuna curva corrisponde sempre almeno un punto dell'altra;

2°) qualora ad un punto di una delle due curve corrispondano più punti dell'altra, tali punti, se non si riducono ai due estremi della curva, sono infiniti e costituiscono un arco (ed esso solo) di quest'altra curva;

3°) detti P e Q due punti qualunque della $\mathcal{C}$, con $P < Q$, e P_1 e Q_1 due punti della $\mathcal{C}_1$ che corrispondano rispettivamente a P e Q e siano fra loro distinti, è $P_1 < Q_1$ (e viceversa).

c) Data una curva continua $\mathcal{C}$ (n.° 2), diremo che un punto P *appartiene al suo intorno* (ρ) se appartiene ad almeno un cerchio, del piano della curva, avente il centro su di essa e il raggio uguale a ρ.

Diremo che un'altra curva continua $\mathcal{C}_1$ *appartiene all'intorno* (ρ) *della* $\mathcal{C}$ se ogni punto della $\mathcal{C}_1$ appartiene all'intorno (ρ) della $\mathcal{C}$; diremo poi che la $\mathcal{C}_1$ *appartiene ordinatamente all'intorno* (ρ) *della* $\mathcal{C}$ se è possibile di porre almeno una *corrispondenza* Ω fra le due curve, in modo che i punti corrispondenti distino fra loro non più di ρ.

Se la $\mathcal{C}$ è una curva continua, aperta e priva di punti multipli, diremo, infine, che un'altra curva continua e aperta $\mathcal{C}_1$ *appartiene propriamente all'intorno* (ρ) *della* $\mathcal{C}$ se appartiene all'intorno (ρ) di questa curva, e se i suoi estremi, primo e secondo, appartengono rispettivamente ai cerchi (del piano delle due curve) di raggio ρ, aventi il centro nel primo e nel secondo estremo della $\mathcal{C}$.

Dalle definizioni ora poste, risulta che, se una curva continua e aperta $\mathcal{C}$, appartiene *ordinatamente* all'intorno (ρ) di una curva continua, aperta e priva di punti multipli, appartiene anche *propriamente* all'intorno (ρ) di questa curva.

Sia, per es., la curva $\mathcal{C}$ data dal segmento dell'asse x che ha per primo estremo il punto di ascissa 0 e secondo estremo quello di ascissa 1. La curva $\mathcal{C}_1$, data dal segmento avente per primo e secondo estremo, rispettivamente i punti $\left(0, \frac{1}{n}\right)$, $\left(1, \frac{1}{n}\right)$, appartiene *ordinatamente* all'intorno $\left(\frac{1}{n}\right)$ della $\mathcal{C}$, e appartiene anche *propriamente* allo stesso intorno. Invece, la curva $\mathcal{C}_2$ formata dalla spezzata avente per vertici successivi i punti $\left(0, \frac{1}{n}\right)$, $\left(1, \frac{1}{n}\right)$, $\left(0, \frac{1}{2n}\right)$, $(1, 0)$, *non* appartiene *ordinatamente* all'intorno $\left(\frac{1}{n}\right)$ della $\mathcal{C}$, pur appartenendo *propriamente* allo stesso intorno.

19. - **Funzioni e curve di accumulazione.**

a) Considerata una successione

$$A_1, A_2, \ldots, A_n, \ldots,$$

di insiemi A_n di numeri, diremo che un numero a è un *valore di accumulazione* della successione, se, preso un numero positivo ρ ad arbitrio, esistono sempre infiniti insiemi A_n aventi ciascuno almeno un elemento a_n soddisfacente alla $|a_n - a| \leq \rho$ (1).

b) Dato un insieme W di funzioni $f(x)$ (2), diremo che una funzione $F(x)$ è *funzione di accumulazione* dell'insieme se, preso ad arbitrio un numero positivo ρ, sempre esistono in W infinite funzioni appartenenti propriamente all'intorno (ρ) della $F(x)$.

Considerata una successione

$$W_1, W_2, \ldots, W_n, \ldots,$$

di insiemi (3) di funzioni $f(x)$, diremo che una funzione $F(x)$ è *funzione di accumulazione della successione* se, preso un numero positivo ρ, ad arbitrio, sempre esistono infiniti insiemi W_n ciascuno dei quali contenga almeno una funzione appartenente propriamente all'intorno (ρ) della $F(x)$.

c) Dato un insieme W di curve continue $\mathcal{C}$ (n.° 2), diremo che una (qualsiasi) curva continua $\mathcal{C}_0$ (n.° 2) è *curva di accumulazione dell'insieme* se esiste almeno una parte W' di W e per essa almeno una legge che ponga una corri-

(1) M. Cipolla, *Sul postulato di Zermelo e la teoria dei limiti delle funzioni*. (Atti dell'Accad. Gioenia in Catania, Serie 5ª, Vol. VI).

(2) Considerando una funzione $f(x)$, immagineremo sempre che sia dato anche l'intervallo in cui essa è definita. Avvertiamo che le funzioni dell'insieme W *non* si suppongono date tutte nello stesso intervallo.

(3) Ciascun W_n può contenere anche una sola funzione.

spondenza Ω (n.° 18) fra ciascuna delle sue curve e la $\mathcal{C}_0$, in modo che, preso ad arbitrio un numero positivo ρ, infinite curve di W' risultino appartenenti ordinatamente all'intorno (ρ) della $\mathcal{C}_0$, in virtù di tale corrispondenza ([1]).

Considerata una successione

$$W_1, \; W_2, \dots, \; W_n, \dots,$$

di insiemi W_n di curve continue (n.° 2), diremo che una (qualsiasi) curva continua $\mathcal{C}_0$ (n.° 2) è *curva di accumulazione della successione* se esiste un'altra successione $W_1', W_2', \dots, W_m', \dots$, dove W_m' è un insieme estratto da un W_n di indice $n \geq m$, e per essa almeno una legge che ponga una corrispondenza Ω fra ciascuna curva di ogni W_m' e la $\mathcal{C}_0$, in modo che, preso ad arbitrio un numero positivo ρ, infiniti insiemi W_m' abbiano almeno una curva appartenente ordinatamente all'intorno (ρ) della $\mathcal{C}_0$, in virtù di tale corrispondenza.

d) Secondo il principio di Bolzano-Weierstrass, ogni insieme limitato di punti, contenente infiniti elementi, ammette almeno un punto di accumulazione. Non altrettanto avviene per gli insiemi di funzioni o di curve. Consideriamo, ad esempio, l'insieme delle funzioni definite, nell'intervallo (0, 1), da $f_n(x) \equiv x^n$ ($n = 1, 2, \dots$). Siccome, come è evidente, le funzioni di accumulazione dell'insieme non cambiano sopprimendo un numero finito qualsiasi di funzioni, e siccome, inoltre, preso un numero positivo δ, minore di 1, per ogni n maggiore di un certo $\bar{n}$, x^n resta, in tutto l'intervallo $(0, 1-\delta)$, inferiore ad un numero prefissabile ad arbitrio, ne viene che, se esiste una funzione di accumulazione $F(x)$ per l'insieme considerato, deve essere in tutto (0, 1), escluso il secondo estremo, $F(x) = 0$. Per $x = 1$, deve poi essere necessariamente $F(1) = 1$, perchè, per ogni n, è $f_n(1) = 1$. Ma, allora, se è $\rho < \frac{1}{2}$, non può essere, per nessun n, in tutto (0, 1),

$$|F(x) - f_n(x)| \leq \rho,$$

([1]) In altre parole, le distanze fra i punti di infinite curve di W' e i punti corrispondenti della $\mathcal{C}_0$, *secondo la corrispondenza fissata*, devono risultare tutte non maggiori di ρ.

perchè, fissato comunque n, si trovano sempre infiniti valori di x, in $(0, 1)$, per i quali $f_n(x)$ è prossimo ad 1 quanto si vuole. Nell'esempio qui considerato, non esistono dunque funzioni di accumulazione. Condizioni sufficienti per l'esistenza di funzioni e curve di accumulazione verranno date nei §§ seguenti.

e) Sulle curve di accumulazione possiamo dimostrare il seguente teorema:

Se W è un insieme di curve continue (n.° 2), *rettificabili* (n.° 8), *aventi tutte lunghezza inferiore ad uno stesso numero Λ, tutte le curve di accumulazione dell'insieme sono rettificabili ed hanno lunghezza non maggiore di Λ.*

Sia $\mathcal{C}_0$ una curva di accumulazione dell'insieme W e W' una di quelle sue parti di cui si parla nella definizione di curva di accumulazione di un insieme (*c*)). Supposta la $\mathcal{C}_0$ non ridotta ad un punto, detta Π una qualsiasi poligonale inscritta nella $\mathcal{C}_0$ (secondo quanto si è detto al n.° 5), e fissata una legge per la corrispondenza indicata nella definizione già ricordata, i punti di una qualunque curva $\mathcal{C}'$ di W' che corrispondono ai vertici della Π determinano una poligonale Π', inscritta nella $\mathcal{C}'$, la cui lunghezza può rendersi prossima quanto si vuole a quella della Π scegliendo la $\mathcal{C}'$ in modo che appartenga ordinatamente ad un intorno convenientemente piccolo della $\mathcal{C}_0$. E poichè, per essere la lunghezza della $\mathcal{C}'$ inferiore a Λ, tale è anche quella della Π', la lunghezza della poligonale Π risulta $\leq \Lambda$. Essendo Π una qualsiasi poligonale inscritta in $\mathcal{C}_0$, ne viene che questa curva è rettificabile e che la sua lunghezza è non maggiore di Λ.

20. - Funzioni e curve limiti.

Data una successione $A_1, A_2, \ldots, A_n, \ldots$, di insiemi A_n di numeri, diremo che a è il *limite della successione*, ed anche che la *successione converge* (*o tende*) *ad a*, se, preso ad arbitrio un numero positivo ρ, è possibile determinare un intero $\bar{n}$ in modo che, per ogni $n > \bar{n}$, tutti gli elementi a_n di A_n soddisfino alla disuguaglianza $|a_n - a| \leq \rho$ [1]; e scriveremo

$$A_n \to a.$$

---

[1] M. Cipolla, loc. cit.

Data una successione $W_1, W_2, \ldots, W_n, \ldots$, di insiemi W_n di funzioni $f(x)$, diremo che la funzione $F(x)$ è la *funzione limite della successione*, ed anche che la *successione converge* (*o tende*) *uniformemente alla* $F(x)$, se, preso ad arbitrio un numero positivo ρ, è possibile di determinare un intero $\bar{n}$ in modo che, per ogni $n > \bar{n}$, tutte le funzioni di W_n appartengano propriamente all'intorno (ρ) della $F(x)$; e scriveremo

$$W_n \to F(x).$$

Analogamente, data una successione $W_1, W_2, \ldots, W_n, \ldots$, di insiemi W_n di curve continue (n.° 2), diremo che la curva continua $\mathcal{C}_0$ è *la curva limite della successione*, ed anche che la *successione converge* (*o tende*) *uniformemente alla* $\mathcal{C}_0$, se esiste almeno una legge che ponga una corrispondenza Ω (n.° 18) fra ciascuna curva di ogni W_n e la $\mathcal{C}_0$, in modo che, preso ad arbitrio un numero positivo ρ, si possa poi sempre determinare un intero $\bar{n}$ così che, per ogni $n > \bar{n}$, tutte le curve di W_n appartengano ordinatamente all'intorno (ρ) della $\mathcal{C}_0$, in virtù della corrispondenza fissata; e scriveremo

$$W_n \to \mathcal{C}_0.$$

§ 2. Esistenza delle funzioni di accumulazione.

21. - Funzioni ugualmente continue. Criterio di Arzelà. Consideriamo un insieme W di funzioni $f(x)$, continue nei rispettivi intervalli dell'asse x in cui sono definite.

Presa una di esse $f_1(x)$ e scelto arbitrariamente un numero positivo ε, esiste almeno un $\delta > 0$ tale che, per ogni coppia x_1, x_2 di punti, appartenenti all'intervallo (a_1, b_1), in cui la $f_1(x)$ è definita, e soddisfacenti alla disuguaglianza $|x_1 - x_2| < \delta$, si abbia $|f_1(x_1) - f_1(x_2)| < \varepsilon$. Tenuto fisso ε, esisterà un $\delta > 0$ tale che la disuguaglianza $|f(x_1) - f(x_2)| < \varepsilon$ risulti verificata *da qualsiasi funzione* $f(x)$ *dell'insieme considerato, per ogni coppia* x_1, x_2 *soddisfacente alla* $|x_1 - x_2| < \delta$ *e appartenente all'intervallo* (a, b), *in cui la* $f(x)$ *è definita?* Evidentemente no. Se consideriamo, ad esempio, l'insieme delle funzioni definite dalla $f(x) \equiv x^n$ $(n = 1, 2, 3, \ldots)$ nell'intervallo $(0, 1)$, vediamo che, preso $\varepsilon < \frac{1}{2}$, comunque si scelga il numero positivo $\delta < 1$, esistono sempre degli n per i quali è $\left(1 - \frac{\delta}{2}\right)^n < \frac{1}{2}$ e quindi delle funzioni dell'insieme che verificano la disuguaglianza $\left| f(1) - f\left(1 - \frac{\delta}{2}\right)\right| > \frac{1}{2}$, pur essendo $\left|1 - \left(1 - \frac{\delta}{2}\right)\right| = \frac{\delta}{2} < \delta$.

Porremo allora, con G. Ascoli (1), la seguente definizione: *le funzioni $f(x)$, di un dato insieme, si dicono* **ugualmente continue** *se, preso ad arbitrio un numero positivo ε, è possibile di determinarne un altro δ in modo che la disuguaglianza $|f(x_1) - f(x_2)| < \varepsilon$ risulti verificata per ogni funzione dell'insieme e per qualsiasi coppia x_1, x_2, soddisfacente alla $|x_1 - x_2| < \delta$ e appartenente all'intervallo in cui la $f(x)$ è definita.*

Una condizione sufficiente per l'*uguale continuità* è data dal

Criterio di Arzelà (2) — *Se esiste un numero positivo A tale che si abbia, per ogni funzione $f(x)$ dell'insieme, e per qualsiasi coppia x_1, x_2 dell'intervallo in cui la $f(x)$ è definita,*

$$\left|\frac{f(x_1) - f(x_2)}{x_1 - x_2}\right| < A,$$

le $f(x)$ sono ugualmente continue.

Scelto, infatti, ε, prendendo $\delta = \frac{\varepsilon}{A}$ si ha, se è $|x_1 - x_2| < \delta$ e se x_1, x_2 appartengono all'intervallo di definizione della $f(x)$,

$$|f(x_1) - f(x_2)| < A\,|x_1 - x_2| < \varepsilon.$$

In particolare, la condizione qui posta è soddisfatta se le $f(x)$ hanno sempre la derivata prima e questa è sempre inferiore ad un numero fisso A, indipendente dalla $f(x)$ con-

(1) G. Ascoli, *Le curve limiti di una varietà data di curve.* (Memorie della R. Accademia dei Lincei, 1883-1884).

(2) C. Arzelà, *Sulle funzioni di linee.* (Memorie della R. Accademia delle Scienze di Bologna, 1895, p. 225).

siderata. Basta applicare il teorema del valor medio per avere

$$\left|\frac{f(x_1)-f(x_2)}{x_1-x_2}\right| = |f'(x_2+\theta(x_1-x_2))| < A.\ ^{(1)}$$

Più in generale, si ha:

Se esiste una funzione $F(x)$, definita per tutti gli x maggiori di zero e minori di un h positivo (qualsiasi), la quale tenda a zero per $x \to 0$ e verifichi la disuguaglianza

$$|f(x_1)-f(x_2)| < F(|x_1-x_2|),$$

qualunque sia la $f(x)$ dell'insieme considerato, e per tutte le coppie x_1, x_2 soddisfacenti alla $|x_1-x_2|<h$ e appartenenti all'intervallo in cui è definita la $f(x)$, allora le funzioni $f(x)$ sono ugualmente continue.

Scelto ε, si prenda δ minore di h, in modo che sia, per tutti gli x positivi e $<\delta$, $F(x)<\varepsilon$; sarà allora $|f(x_1)-f(x_2)|<\varepsilon$, per ogni $f(x)$ e per ogni coppia di numeri x_1, x_2, soddisfacenti alla $|x_1-x_2|<\delta$ e appartenenti all'intervallo di definizione della $f(x)$.

Le funzioni dell'insieme saranno perciò ugualmente continue se si avrà sempre per es.:

$$|f(x_1)-f(x_2)| < |x_1-x_2|^{\alpha},$$

con α maggiore di zero e indipendente da $f(x)$, x_1, x_2.

22. - Teorema di Ascoli.

Un insieme W di infinite funzioni $f(x)$, ugualmente continue e ugualmente limitate, ammette almeno una funzione di accumulazione, necessariamente continua [2].

Dicendo che le funzioni dell'insieme sono *ugualmente limi-*

---

(1) Così per es. sono ugualmente continue le funzioni dell'insieme $y = \frac{\operatorname{sen} nx}{n}$ $(n = 1, 2, 3, \ldots)$, considerate in un qualsiasi intervallo.

(2) Nella dimostrazione di questo teorema data dall'Ascoli ed anche in tutte quelle date poi da altri Autori, si suppone sempre che dall'insieme W si possa estrarre una successione $f_1, f_2, \ldots, f_n, \ldots$ La dimostrazione del testo è indipendente da tale ipotesi e riproduce, con una lieve generalizzazione, quella esposta in L. Tonelli: « *Sul valore di un certo ragionamento* » (Atti della R. Accad. delle Scienze di Torino, 1913); essa è condotta col metodo delle successioni d'insiemi, ideato da M. Cipolla (loc. cit.).

tate, intendiamo che esista un numero positivo M tale che: 1°) si abbia sempre $|f(x)| < M$, qualunque sia la $f(x)$ dell'insieme e qualunque sia la x dell'intervallo in cui tale funzione è definita; 2°) che questo intervallo sia sempre contenuto in $(-M, M)$.

a) Supponiamo, dapprima, che, preso comunque un intervallo λ sull'asse x, non esistano mai infinite funzioni di W i cui intervalli di definizione contengano tutti interamente λ. Possiamo allora dividere i punti dell'asse x in due categorie: la prima formata dai punti x tali che le funzioni di W definite su almeno un punto di $(-\infty, x)$ siano in numero finito, la seconda dai rimanenti. Il punto $-(M+1)$ appartiene sicuramente alla prima categoria; M, invece, appartiene alla seconda. I punti della prima categoria precedono tutti quelli della seconda, ed esiste perciò un numero a_0, appartenente a $(-M, M)$, che è o il massimo della prima categoria, oppure il minimo della seconda. Scelto comunque un numero positivo δ, esistono infinite funzioni f di W definite in almeno un punto di $(a_0 - \delta, a_0 + \delta)$, per ciascuna delle quali indicheremo con f_δ il massimo valore assunto nei punti, di questo intervallo, in cui risulta definita. Detto F_δ il massimo dei valori di accumulazione dell'insieme dei f_δ (convenendo di riguardare come valori di accumulazione anche quelli che eventualmente fossero assunti da infiniti f_δ), la funzione di δ, F_δ, non cresce al diminuire di δ, ed ammette un limite (di modulo non superiore ad M) per $\delta \to 0$. Tale limite indichiamolo con $F(a_0)$. La funzione $F(x)$ definita nel solo punto $x = a_0$ ed avente in esso il valore $F(a_0)$ indicato, è una funzione di accumulazione dell'insieme W. Ed infatti, per la uguale continuità delle funzioni di W, preso un numero positivo ε ad arbitrio, è possibile determinarne un altro δ_ε in modo che, se f è una qualsiasi funzione di W e x_1, x_2 sono due qualunque valori dell'intervallo in cui la f è definita, soddisfacenti alla $|x_1 - x_2| < \delta_\varepsilon$, si abbia $|f(x_1) - f(x_2)| < \varepsilon$. Allora, se $f(x)$ è una funzione di W definita in almeno un punto dell'intervallo $\left(a_0 - \frac{1}{4}\delta_\varepsilon, a_0 + \frac{1}{4}\delta_\varepsilon\right)$, in tutti i punti, di quest'intervallo, nei quali essa è definita, vale la disuguaglianza

$$\left|f(x) - f_{\frac{1}{4}\delta_\varepsilon}\right| < \varepsilon.$$

Ma, per la definizione di $F(a_0)$, supposto δ_ε sufficientemente piccolo, esistono infinite funzioni di W per le quali è

$$\left| F(a_0) - f_{\frac{1}{4}\delta_\varepsilon} \right| < \varepsilon,$$

e per esse vale perciò la

$$| f(x) - F(a_0) | < 2\varepsilon,$$

in tutti i punti di $\left(a_0 - \frac{1}{4}\delta_\varepsilon,\ a_0 + \frac{1}{4}\delta_\varepsilon\right)$ in cui risultano definite. Fra le infinite funzioni ora dette ve ne può essere un numero finito, al più, definite anche in un estremo dell'intervallo $\left(a_0 - \frac{1}{2}\delta_\varepsilon,\ a_0 + \frac{1}{2}\delta_\varepsilon\right)$, perchè altrimenti esisterebbero infinite funzioni di W definite in tutti i punti di uno degli intervalli $\left(a_0 - \frac{1}{2}\delta_\varepsilon,\ a_0 - \frac{1}{4}\delta_\varepsilon\right)$, $\left(a_0 + \frac{1}{4}\delta_\varepsilon,\ a_0 + \frac{1}{2}\delta_\varepsilon\right)$, contrariamente a quanto più sopra si è ammesso. Vi sono dunque infinite funzioni di W i cui intervalli di definizione sono tutti interamente contenuti in $\left(a_0 - \frac{1}{2}\delta_\varepsilon,\ a_0 + \frac{1}{2}\delta_\varepsilon\right)$ e nei quali è sempre

$$| f(x) - F(a_0) | < 3\varepsilon.$$

Siccome ε e δ_ε possono farsi piccoli ad arbitrio, ciò dimostra che la funzione $F(x)$, più sopra definita, è veramente una funzione di accumulazione per l'insieme W.

b) Supponiamo, ora, che esistano infinite funzioni di W i cui intervalli di definizione abbiano tutti in comune un segmento non nullo λ.

Sia l_1 il limite superiore delle lunghezze di tutti gli intervalli analoghi a λ e indichiamo con Δ uno qualunque dei segmenti di $(-M,\ M)$, di lunghezza l_1, che godono della seguente proprietà: preso ad arbitrio un numero positivo σ, esistono in W infinite funzioni i cui intervalli di definizione hanno gli estremi distanti dagli estremi omonimi di Δ meno di σ. Di tali intervalli Δ ne esiste almeno uno: sia $(a_0,\ b_0)$ quello tra essi il cui primo estremo ha la minima ascissa.

In corrispondenza di ogni numero intero positivo n, costruiamo l'insieme W_n di tutte le funzioni di W i cui intervalli di definizione hanno gli estremi distanti meno di $\frac{1}{n}$ dagli estremi omonimi di (a_0, b_0). Ogni insieme della successione

$$(1) \qquad W_1, W_2, ..., W_n, ...$$

contiene necessariamente infinite funzioni, ed è contenuto in tutti quelli che, nella medesima successione, lo precedono.

Consideriamo poi una successione

$$(2) \qquad x_1, x_2, ..., x_n, ...$$

di punti *interni* al segmento (a_0, b_0), *uniformemente densi sull'intero segmento* [1], per es. l'insieme dei punti di ascissa razionale contenuti in (a_0, b_0) e distinti da a_0 e b_0.

Per la costruzione stessa della (1), da un certo indice n in poi, tutte le funzioni dell'insieme W_n risultano definite in x_1 e, pertanto, in tutti gli insiemi della (1) esistono sempre infinite funzioni definite nel punto indicato. L'insieme numerico $I_{1,n}$ dei valori che tutte le funzioni di W_n che risultano definite in x_1 assumono in tal punto, ha dei valori di accumulazione [2] che costituiscono un insieme chiuso $I'_{1,n}$; e questo $I'_{1,n}$ è contenuto in $I'_{1,n-1}$. Il massimo di $I'_{1,n}$ tende (non crescendo), per $n \to \infty$, ad un limite, il quale appartiene a tutti gli insiemi $I'_{1,n}$ $(n = 1, 2 ....)$. Indichiamolo con $F(x_1)$: esso soddisfa alla

$$|F(x_1)| \leq M.$$

Indichiamo poi con $W_{1,n}$ l'insieme di tutte le funzioni $f(x)$ di W_1 che risultano definite in x_1 e che verificano la disuguaglianza

$$|f(x_1) - F(x_1)| \leq \frac{1}{n}.$$

Ogni $W_{1,n}$ contiene infinite funzioni ed è, a sua volta, contenuto in $W_{1,n-1}$.

---

(1) Tali cioè che, in ogni segmento parziale (a, b) di (a_0, b_0), cadano sempre punti della successione.

(2) Considereremo come valori di accumulazione per l'insieme $I_{1,n}$ (ed anche per gli analoghi definiti più oltre) anche quei valori dell'insieme stesso che fossero assunti contemporaneamente da infinite funzioni di W_n.

L' insieme $I_{2,n}$ dei valori che tutte le funzioni di $W_{1,n}$ che risultano definite in x_2 (e delle quali ne esistono infinite, perchè per n sufficientemente grande, tutte le funzioni di $W_{1,n}$ sono definite in x_2) assumono in tal punto, ha dei valori di accumulazione i quali costituiscono un insieme chiuso $I'_{2,n}$, che è contenuto in $I'_{2,n-1}$. Il massimo di $I'_{2,n}$ tende (non crescendo), per $n \to \infty$, ad un limite, il quale appartiene a tutti gli insiemi $I'_{2,n}$ $(n = 1, 2 \ldots.)$. Indichiamolo con $F(x_2)$: è $|F(x_2)| \leq M$.

Indichiamo poi con $W_{2,n}$ l'insieme di tutte le funzioni $f(x)$ di $W_{1,n}$ che risultano definite in x_2 e che verificano la

$$|f(x_2) - F(x_2)| \leq \frac{1}{n}.$$

Ogni $W_{2,n}$ contiene infinite funzioni ed è contenuto in $W_{2,n-1}$; e se indichiamo con $f_{2,n}(x)$ una sua funzione qualunque, è

$$|f_{2,n}(x_1) - F(x_1)| \leq \frac{1}{n}, \quad |f_{2,n}(x_2) - F(x_2)| \leq \frac{1}{n}.$$

E così si prosegua indefinitamente. Formiamo allora la successione di insiemi $W_{1,1}$, $W_{2,2}$, $W_{n,n}$, ... Ogni insieme di tale successione contiene funzioni di W ed è contenuto in tutti quelli che lo precedono; inoltre, essendo $f_{n,n}(x)$ una qualsiasi funzione di $W_{n,n}$, la $f_{n,n}$ risulta definita in tutti i punti x_1, x_2, ..., x_n, ed è

$$|f_{n,n}(x_r) - F(x_r)| \leq \frac{1}{n} \qquad (r = 1, 2, \ldots. n).$$

b) Dico che la funzione $F(x)$, che abbiamo definita in tutti i punti x_n, è, in essi, continua. Per la supposta uguale continuità delle funzioni di W, è possibile di determinare un δ_n tale che, per qualsiasi funzione $f(x)$ di W e per ogni coppia x', x'' soddisfacente alla $|x' - x''| < \delta_n$ e appartenente all'intervallo di definizione della $f(x)$, si abbia $|f(x') - f(x'')| < \frac{1}{n}$. Prendiamo, allora, fra gli x_n, due punti x_r, x_s, soddisfacenti alla $|x_r - x_s| < \delta_n$, e indichiamo con n' un intero maggiore di r, di s e di n. Con ciò avremo che tutte le funzioni $f_{n',n'}(x)$ di $W_{n',n'}$ risultano definite in x_r e x_s, e in essi soddisfano alle

$$|f_{n',n'}(x_r) - f_{n',n'}(x_s)| < \frac{1}{n},$$

$$|f_{n',n'}(x_r) - F(x_r)| \leq \frac{1}{n'} < \frac{1}{n}, \quad |f_{n',n'}(x_s) - F(x_s)| \leq \frac{1}{n'} < \frac{1}{n};$$

vale quindi la

$$|F(x_r) - F(x_s)| < \frac{3}{n}.$$

Poichè n è arbitrario, la $F(x)$ risulta continua nei punti x_n.

Definiamo ora la $F(x)$ in tutti gli altri punti di (a_0, b_0), in modo che risulti sempre continua. Basterà a tal uopo, se x è un punto distinto da tutti gli x_n, prendere per valore $F(x)$ il limite, per $r \to \infty$, del limite superiore dei valori $F(x_n)$ relativi ai punti x_n che trovansi nell'intervallo $\left(x - \frac{1}{r}, x + \frac{1}{r}\right)$. Poichè, per quanto precede, tutti i valori della F relativi ai punti della (2) che sono in $\left(x - \frac{\delta_n}{2}, x + \frac{\delta_n}{2}\right)$ differiscono fra loro per meno di $\frac{3}{n}$, ne viene che, per non più di $\frac{3}{n}$, differiscono fra loro anche tutti i valori di $F(x)$ relativi a punti qualsiasi dell'intervallo detto. Ciò vale anche se x coincide con uno degli x_n, e la $F(x)$ risulta continua ovunque in (a_0, b_0).

c) Mostriamo che la successione $W_{1,1}, W_{2,2}, \ldots, W_{n,n}, \ldots$ converge uniformemente verso la $F(x)$. Siano $x_{t_1} < x_{t_2} < \ldots < x_{t_r}$ numeri crescenti, scelti, fra gli x_n, in modo che con essi (a_0, b_0) risulti diviso in parti tutte minori di δ_n. Per n' maggiore di n e di tutti gli indici $t_1, t_2, \ldots, t_r$, l'intervallo di definizione di una qualsiasi funzione $f_{n',n'}(x)$ di $W_{n',n'}$ contiene sempre (x_{t_1}, x_{t_r}) e, per ogni x di $(x_{t_s}, x_{t_{s+1}})$, è

$$\begin{aligned} |f_{n',n'}(x) - F(x)| &\leq |f_{n',n'}(x) - f_{n',n'}(x_{t_s})| + \\ &+ |f_{n',n'}(x_{t_s}) - F(x_{t_s})| + |F(x_{t_s}) - F(x)| \\ &< \frac{1}{n} + \frac{1}{n'} + \frac{3}{n} < \frac{5}{n}. \end{aligned}$$

Altrettanto vale per ogni x dell'intervallo di definizione della $f_{n',n'}$, esterno a (x_{t_1}, x_{t_r}), ma appartenente ad (a_0, b_0).

Essendo n arbitrario e siccome per $n \to \infty$ gli intervalli di definizione di tutte le funzioni di $W_{n,n}$ tendono ad (a_0, b_0) e le funzioni sono ugualmente continue, la convergenza uniforme della successione $W_{1,1}, W_{2,2}, \ldots, W_{n,n}, \ldots$ verso la $F(x)$

è dimostrata: questa funzione risulta, pertanto, funzione di accumulazione per l'insieme W.

Osservazione I — Convenendo di prendere sempre per successione (2) quella dei numeri razionali interni a (a_0, b_0), il procedimento col quale più sopra abbiamo costruita la funzione $F(x)$, *fa corrispondere, ad ogni insieme di funzioni ugualmente continue e ugualmente limitate,* **una** *funzione di accumulazione, ben determinata.* Se poi gli insiemi sono *chiusi*, vale a dire se contengono ogni loro funzione di accumulazione, possiamo anche dire che *lo stesso procedimento fa corrispondere, a ciascuno di tali insiemi,* **un** *proprio elemento, ben determinato.*

Osservazione II — Dalla dimostrazione precedente risulta che, se è $|x' - x''| < \delta_n$, è sempre $|F(x') - F(x'')| \leq \frac{1}{n}$, perchè nella disuguaglianza $|F(x_r) - F(x_s)| < \frac{3}{n}$, dedotta dall'altra $|F(x_r) - F(x_s)| < \frac{2}{n} + \frac{1}{n}$, si può sostituire a $<\frac{3}{n}$, $\leq\frac{1}{n}$.

23. - Successioni di insiemi di funzioni ugualmente continue.

Si abbia una successione $W_1, W_2, \ldots, W_m, \ldots$, di insiemi di funzioni $f(x)$. Vogliamo dimostrare che:

Se tutte le funzioni che appartengono a questi insiemi sono ugualmente continue e ugualmente limitate, la successione considerata ammette almeno una funzione di accumulazione (necessariamente continua).

Supponiamo, dapprima, che ciascun W_m contenga infinite funzioni. Ogni insieme W_m si trova allora nelle condizioni del teorema di Ascoli e, per la prima delle osservazioni sopra fatte, possiamo fargli corrispondere *una* sua funzione di accumulazione $F_m(x)$. La successione di funzioni $F_1, F_2, \ldots, F_m, \ldots$ è composta di funzioni ugualmente continue e ugualmente limitate. Ed infatti, se M è un numero maggiore del massimo modulo di ogni funzione appartenente a W_m $(m = 1, 2, \ldots)$, è necessariamente sempre $|F_m| \leq M$ $(m = 1, 2, \ldots)$. Inoltre, se δ_n è tale che, essendo $f(x)$ una qualsiasi funzione di uno qualunque degli insiemi W_m, e x', x'' due punti dell'intervallo di definizione della $f(x)$ soddisfacenti alla $|x' - x''| < \delta_n$, sia anche $|f(x') - f(x'')| < \frac{1}{n}$, dalla Osservazione II del n.° precedente segue che è pure $|F_m(x_1) - F_m(x_2)| \leq \frac{1}{n}$, per ogni coppia x_1, x_2 di punti appartenenti all'intervallo di definizione della $F_m(x)$ e soddisfacenti alla $|x_1 - x_2| < \delta_n$: il che prova l'uguale continuità della F_m. Sempre per il teorema di Ascoli, queste F_m ammettono allora una funzione di accumulazione $F(x)$. Dico che tale $F(x)$ è funzione di accumulazione per la successione $W_1, W_2, \ldots$. Ed infatti, ad ogni $\rho > 0$, corrispondono infiniti valori per l'indice m, per i quali la $F_m(x)$ appartiene propriamente all'intorno (ρ) della $F(x)$, e per ciascuno di questi m vi sono perciò infinite funzioni di W_m che appartengono propriamente all'intorno (2ρ) della $F(x)$, perchè F_m è funzione di accumulazione per l'insieme W_m.

Se poi non tutti gli insiemi W_m contenessero infinite funzioni, basterebbe prendere nel ragionamento precedente, per funzione $F_m(x)$, che deve corrispondere all'insieme W_m contenente solo un numero finito di funzioni, una funzione di W_m, e ciò secondo una delle tante leggi che all'uopo possono fissarsi.

Osservazioni — Se indichiamo con W_n' l'insieme delle funzioni f_{m_n} di W_{m_n} che appartengono propriamente all'intorno $\left(\frac{1}{n}\right)$ della $F(x)$, m_n essendo il primo indice $\geq n$ per il quale esiste almeno una $f_{m_n}(x)$ soddisfacente alla condizione detta, la successione di insiemi

$$W_1', \; W_2', \ldots, \; W_n', \ldots,$$

converge uniformemente verso la funzione di accumulazione $F(x)$ della successione $W_1, \; W_2, \ldots, W_m, \ldots$.

Si ha poi anche qui, se è $|x' - x''| < \delta_n$, $|F(x') - F(x'')| \leq \frac{1}{n}$, supposto naturalmente che x' e x'' appartengano all'intervallo di definizione della $F(x)$.

Se per funzione $F(x)$ prendiamo *quella* funzione di accumulazione che il procedimento indicato al n.° precedente fa corrispondere alla successione $F_1, F_2, \ldots, F_m, \ldots$, abbiamo che il ragionamento qui fatto fa corrispondere, alla successione

$W_1, W_2, \ldots, W_m, \ldots,$ *una* determinata funzione di accumulazione $F(x)$ ed *una* successione $W_1', W_2', \ldots, W_n', \ldots,$ convergente uniformemente verso la $F(x)$, dove W_n' è un insieme estratto da un W_{m_n} di indice m_n maggiore o uguale ad n.

§ 3. Esistenza delle curve di accumulazione.

24. - Teorema di Arzelà (1).

Un insieme di infinite curve continue, per le quali esista una rappresentazione analitica simultanea

$$x = f(t), \quad y = g(t), \quad (a, b),$$

— tale cioè che l'intervallo (a, b), in cui varia la t, sia comune a tutte le curve — con $f(t)$, $g(t)$, funzioni tutte ugualmente continue e ugualmente limitate, ammette almeno una curva continua di accumulazione.

Per il teorema di Ascoli, le funzioni $f(t)$ ammettono almeno una funzione di accumulazione. Sia $F(t)$ quella determinata col metodo del n.° 22 e prendiamo a considerare la successione

$$(1) \qquad W_{1,1}, W_{2,2}, \ldots, W_{n,n}, \ldots,$$

costruita nello stesso n°, la quale converge uniformemente verso la $F(t)$. Indichiamo con

$$(2) \qquad W_{1,1}', W_{2,2}', \ldots, W_{n,n}', \ldots$$

la successione che si ottiene prendendo, in luogo delle funzioni $f(t)$, le corrispondenti $g(t)$. Se, nel teorema del n.° precedente, poniamo la successione ora scritta al posto della $W_1, W_2, \ldots, W_m, \ldots,$ vediamo che è possibile di costruirne un'altra

$$(3) \qquad W_1', W_2', \ldots, W_n', \ldots$$

convergente uniformemente verso una funzione $G(t)$, e, in questa nuova successione, W_n' è una parte di uno degli insiemi della (2)

(1) Cfr. C. Arzelà, *Funzioni di linee.* (Rendiconti della R. Accademia dei Lincei, 1889, p. 342).

relativi ad un indice maggiore o uguale ad n. La successione corrispondente alla precedente e relativa alle funzioni $f(t)$, risulta formata, con la (1), come la (3) lo è con la (2); e poichè la (1) converge uniformemente verso la $F(t)$, verso tale funzione convergerà uniformemente anche la nuova successione.

Allora, ad ogni funzione $g(t)$ di W_n' corrisponde una curva dell'insieme dato; ad ogni insieme W_n', un insieme di curve W_n; alla successione (3), la

$$W_1, \ W_2, \ldots, W_n, \ldots,$$

e questa successione converge uniformemente verso la curva continua $\mathcal{C}$ definita da

$$x = F(t), \quad y = G(t), \quad (a, b),$$

come risulta prendendo, su una qualunque curva $\mathcal{C}_n$ di W_n, come punto corrispondente di un punto P di $\mathcal{C}$, quello che è dato dal medesimo valore del parametro t che dà P.

Osservazione — Anche qui, analogamente a quanto si è fatto alla fine del n.° 22, possiamo osservare che, da ciò che precede, *risulta un modo di far corrispondere, ad ogni insieme di curve continue della natura di quello considerato nel teorema ora stabilito,* **una** *curva di accumulazione, ben determinata; od anche, se l'insieme è chiuso,* **un** *suo elemento, ben determinato.*

25. - Teorema di Hilbert [1].

Un insieme di infinite curve continue (n.° 2), *tutte contenute in un campo limitato e tutte di lunghezza inferiore ad un numero fisso, ammette almeno una curva continua e rettificabile di accumulazione.*

Sia M il numero fisso di cui restano inferiori tutte le lunghezze delle curve dell'insieme che si considera. Detta $\mathcal{C}$ una qualunque di queste curve e L la sua lunghezza, poniamo $t = \frac{s}{L}$, dove s indica la lunghezza dell'arco di $\mathcal{C}$ che va da un punto fisso A ad un punto mobile P.

---

[1] Cfr. D. Hilbert, *Ueber das Dirichlet'sche Princip* (Jaresbericht der Deutschen Mathematiker-Vereinigung, t. VIII, (1900), p. 184).

Conveniamo, per togliere ogni ambiguità, di scegliere per punto A il primo estremo della curva, se questa è aperta; oppure, se è chiusa, il suo punto che ha la minima coordinata x, o quello per il quale, essendo minima la x, è minima anche la y; che se poi questo ultimo punto fosse multiplo, si prenderebbero, fra quegli archi di $\mathfrak{C}$ che si chiudono in esso, quelli di maggior lunghezza, i quali sono sicuramente in numero finito r, e si considererebbero appartenenti all'insieme dato, in luogo della sola $\mathfrak{C}$, r curve identiche a questa, prendendo in esse, per punti A, via via tutti i primi estremi degli archi detti.

Con ciò, mentre la s varia da 0 a L, t varia, in corrispondenza, da 0 a 1.

Sia

$$x = x(s), \quad y = y(s), \quad (0, L),$$

la forma parametrica della curva $\mathfrak{C}$, relativa al parametro s (n.° 8); esprimendo s in funzione di t, si ha l'altra forma

$$x = x(Lt) = f(t), \quad y = y\,(Lt) = g(t), \quad (0,1),$$

dove il parametro t varia nell'intervallo $(0, 1)$, sempre lo stesso per tutte le curve $\mathfrak{C}$. Osserviamo che, essendo la lunghezza di un arco di curva maggiore o uguale a quella della corda corrispondente, la quale è a sua volta maggiore o uguale a quella della sua proiezione ortogonale su uno qualunque degli assi del sistema cartesiano ammesso, è, se $0 < \delta \leq L - s$,

$$|x(s+\delta) - x(s)| \leq \delta, \quad |y(s+\delta) - y(s)| \leq \delta,$$

e quindi

$$\left|f\left(t + \frac{\delta}{L}\right) - f(t)\right| \leq \delta, \quad \left|g\left(t + \frac{\delta}{L}\right) - g(t)\right| \leq \delta$$

e

$$\left|\frac{f(t') - f(t)}{t' - t}\right| \leq L < M, \quad \left|\frac{g(t') - g(t)}{t' - t}\right| < M.$$

Per il *criterio di Arzelà* (n.° 21), possiamo dunque affermare che le funzioni $f(t)$, $g(t)$, relative a tutte le curve dell'insieme dato, sono *ugualmente continue*. Esse poi sono anche *ugualmente limitate*, perchè, per ipotesi, le nostre curve sono tutte contenute in un campo limitato. Il teorema di Arzelà del n.° 24 mostra perciò l'esistenza di almeno una curva continua di accumulazione, la quale risulta anche rettificabile in virtù del teorema n° 19, *e*).

Può ripetersi qui l'osservazione posta in fine al n.° precedente.

26. - **Terzo criterio d'esistenza** (1).

Un insieme di infinite curve continue (n.° 2), *rettificabili, tutte contenute in un campo limitato e tali che esistano due direzioni fisse soddisfacenti alla condizione che ogni parallela all'una o all'altra contenga, di ciascuna curva dell'insieme, oltre a eventuali archi, solo dei punti isolati, in numero sempre minore di un numero fisso, ammette un limite superiore finito per le lunghezze delle sue curve e ammette quindi almeno una curva continua e rettificabile di accumulazione.*

Costruiamo un parallelogramma che contenga in sè tutte le curve dell'insieme considerato ed i cui lati abbiano le direzioni indicate nell'enunciato. Siano a e b due suoi lati consecutivi e indichiamone le lunghezze con le stesse lettere.

Consideriamo una qualunque curva $\mathfrak{C}$ del nostro insieme e inscriviamo in essa una poligonale qualsiasi Π, i cui vertici successivi si susseguano nell'ordine determinato dalla curva stessa. Indichiamo con l il lato generico di questa poligonale, e con la medesima lettera anche la sua lunghezza. Proiettiamo i lati l su a, nella direzione data da b, e indichiamo le proiezioni, ed anche le loro lunghezze, con l_a; analogamente proiettiamo gli stessi lati l su b, nella direzione data da a, e indichiamo le proiezioni, ed anche le loro lunghezze, con l_b. È, evidentemente, $l \leq l_a + l_b$ e perciò $\Sigma l \leq \Sigma l_a + \Sigma l_b$.

Mostriamo che Σl_a e Σl_b restano inferiori ad un numero fisso.

Osserviamo, prima di tutto, che l'insieme J delle parallele ad uno qualunque dei lati a o b che contengono un arco della curva $\mathfrak{C}$, risulta, per la rettificabilità della curva e per il teorema di Cantor (n.° 3), numerabile. Osserviamo

---

(1) Cfr. L. Tonelli, *Sull'esistenza della soluzione, in problemi di calcolo delle variazioni.* (Rend. R. Accad. dei Lincei, 1913 (1° semestre) p. 860).

poi che, se un lato l della Π non è parallelo a b, una parallela qualunque a b o non l'incontra affatto o l'incontra in un sol punto. Nel secondo caso, la parallela considerata, se non appartiene a J, incontra certamente l'arco di $\mathfrak{C}$ che corrisponde a l (che ha cioè gli stessi estremi di l) in almeno un punto non appartenente a tratti comuni alla retta ed alla curva. Ne viene, pertanto, che ogni parallela a b non facente parte di J incontra Π in un numero di punti *isolati*, eventualmente nullo, ma sempre inferiore al numero fisso di cui si parla nell'enunciato della nostra proposizione, e che indicheremo con K; e quindi che nessun tratto del lato a può essere la proiezione di lati o parti di lati della Π in numero uguale o superiore a K, perchè, in caso contrario, tutte le parallele a b condotte per i punti di un segmento almeno di a dovrebbero appartenere a J, ciò che è escluso dalla numerabilità dell'insieme J e dal fatto che i punti di un segmento costituiscono un insieme avente la potenza del continuo. È dunque $\Sigma l_a < Ka$. Analogamente, si ha $\Sigma l_b < Kb$, e perciò $\Sigma l < K(a+b)$. Se ne conclude che, essendo il perimetro della Π inferiore a $K(a+b)$ ed essendo Π una qualsiasi delle poligonali inscritte in $\mathfrak{C}$ nel modo detto, la lunghezza della $\mathfrak{C}$ non può superare $K(a+b)$. Non resta ora che applicare il teorema di Hilbert già dimostrato.

27. - Successioni di insiemi di curve.

a) Una successione di insiemi di curve continue, per le quali esista una rappresentazione analitica simultanea

$$x=f(t), \quad y=g(t), \quad (a, b),$$

con $f(t)$, $g(t)$ funzioni tutte ugualmente continue e ugualmente limitate, ammette almeno una curva continua di accumulazione.

La dimostrazione di questa proposizione scende dal teorema del n.° 23, come il teorema di Arzelà è stato dedotto da quello di Ascoli; e si ottiene anche dal teorema di Arzelà con ragionamento analogo a quello di cui ci siamo serviti per giungere, dal teorema di Ascoli, alla proposizione del n.° 23. In ogni caso, se

$$W_1, \; W_2, \dots, \; W_m, \dots$$

è la successione data, ad essa vien fatta corrispondere *una* curva di accumulazione ben determinata $\mathfrak{C}$:

$$x = F(t), \quad y = G(t), \quad (a, b),$$

e da essa successione se ne ricava un'altra

$$W_1', \; W_2', \ldots, W_n', \ldots,$$

convergente uniformemente verso la $\mathfrak{C}$, nella quale W_n' è l'insieme di tutte le curve di W_{m_n} i cui punti distano dai corrispondenti di $\mathfrak{C}$ per meno di $\frac{1}{n}$ (intendendosi per punti corrispondenti quelli dati dallo stesso valore del parametro t), m_n rappresentando qui il più piccolo numero intero, non minore di n, per cui W_{m_n} contiene almeno una delle curve indicate.

b) Sfruttando quanto si è detto al n.° 25, si ottiene anche quest'altra proposizione:

Se si ha una successione W_1, W_2, ..., W_m, ..., di insiemi di curve continue (n.° 2), *tutte contenute in un campo limitato e tutte di lunghezza inferiore ad un numero fisso*:

1°) *esiste una rappresentazione analitica simultanea*

$$x = f(t), \quad y = g(t), \quad (0, 1),$$

per tutte le curve di tutti gli insiemi W_m, con $f(t)$, $g(t)$, funzioni ugualmente continue e ugualmente limitate;

2°) *la successione ammette almeno una curva di accumulazione $\mathfrak{C}_0$, definita da un sistema*

$$x = F(t), \quad y = G(t), \quad (0, 1);$$

3°) *esiste un procedimento che fa corrispondere alla successione data una sua curva di accumulazione $\mathfrak{C}_0$, ben definita, ed un'altra successione W_1', W_2', ..., W_n', ..., convergente uniformemente verso la $\mathfrak{C}_0$, dove W_n' è un insieme di curve estratto da un W_m di indice uguale o maggiore, e dove la distanza fra un punto qualunque di una curva $\mathfrak{C}_n'$ qualsiasi di W_n' e* *il punto di $\mathcal{C}_0$ relativo allo stesso valore del parametro t, tende a zero per $n \to \infty$* ([1]).

§ 4. Convergenza approssimativa.

28. - Teorema sulle successioni convergenti di insiemi di funzioni.

a) *Definizione.* Data una successione

$$W_1, W_2, \ldots, W_n, \ldots,$$

di insiemi di funzioni $f(x)$, diremo che essa *converge* (*o tende*) *approssimativamente* ad una funzione $F(x)$ se, presi ad arbitrio due numeri positivi ρ ed ε, è sempre possibile di determinare un intero n_1 in modo che, per ogni $n > n_1$ e per ogni funzione f_n di W_n:

1°) gli intervalli di definizione delle due funzioni f_n e F differiscano fra loro, al più, per due segmenti ambedue di lunghezza minore di ε;

2°) in tutti i punti comuni ai due intervalli di definizione della f_n e della F, ad eccezione al più di quelli rinchiudibili in una successione di intervalli di lunghezza complessiva minore di ε, valga la disuguaglianza

$$|f_n - F| \leq \rho \text{ ([2])}.$$

b) Teorema ([3]) — *Se la successione di insiemi di funzioni continue, a variazione limitata: $W_1, W_2, \ldots, W_n, \ldots$, converge uniformemente ad una funzione $F(x)$ continua, a variazione limitata; se, inoltre, la successione $L_1, L_2, \ldots, L_n, \ldots$, degli in-*

([1]) Sulle questioni trattate in questo § il lettore potrà consultare utilmente M. Fréchet, *Sur quelques point du Calcul Fonctionnel.* (Rend. Circolo Matematico di Palermo, 1906).

([2]) La *convergenza approssimativa* fu considerata, per la prima volta, da F. Riesz (*Sur les suites de fonctions mesurables.* Comptes rendus de l'Académie des Sciences, Paris, 1909), sotto il nome di *convergenza in misura.*

([3]) Questo teorema fu dato per la prima volta, per le successioni di funzioni, in: L. Tonelli, *Successioni di curve e derivazione per serie.* (Rend. R. Accad. dei Lincei. 1916 (1° semestre)).

siemi L_n formati con le lunghezze l_n delle curve rappresentative delle funzioni $f_n(x)$ di W_n, converge alla lunghezza L della curva rappresentativa della funzione $F(x)$; allora la successione W_1', W_2',...., W_n',...., degli insiemi W_n' formati con le derivate $f_n'(x)$ — considerate uguali a zero nei punti, degli intervalli di definizione delle rispettive funzioni $f_n(x)$, ove non esistono o non sono finite — converge approssimativamente verso la derivata $F'(x)$.

Preso ad arbitrio un numero positivo ε, minore di 1, richiamandoci alla dimostrazione data al n.° 13, possiamo affermare, per quanto ivi si è detto in *c*), che in tutti i punti dell'intervallo (a_0, b_0), in cui è definita la $F(x)$, ad eccezione al più di quelli contenuti in una successione S di intervalli, di lunghezza complessiva minore di $2\varepsilon\,(1+L)$, la derivata $F'(x)$ esiste finita, in modulo inferiore a $\operatorname{cotg}\varepsilon$.

Scelto poi ad arbitrio un altro numero positivo σ, determiniamo un numero, pure positivo, ε_1, in modo che sia $\varepsilon_1 < \varepsilon$ e che valga la disuguaglianza

$$|\operatorname{tg}\omega - \operatorname{tg}\omega'| < \sigma,$$

per ogni coppia ω, ω' soddisfacente alle limitazioni

$$|\omega| < \frac{\pi}{2} - \varepsilon, \quad |\omega - \omega'| < \varepsilon_1.$$

Ritornando alla dimostrazione citata, per quanto vi si è stabilito in *a*) abbiamo che la disuguaglianza là considerata (quando in essa si sostituisca ε con $\frac{1}{3}\varepsilon_1$ e si faccia $f(x) \equiv F(x)$)

$$\alpha\,(P_{r-1}\,P_r,\ PP') < \frac{1}{3}\varepsilon_1,$$

— dove i punti P_r sono i vertici della poligonale Π inscritta nella curva $y = F(x)$, (a_0, b_0), poligonale che soddisfa alla disuguaglianza $L - \Pi < \frac{1}{9}\left(\frac{\varepsilon_1}{3}\right)^3$ — è verificata in tutti i punti P, della curva ora indicata, le cui ascisse x fanno parte della proiezione sull'asse x di $P_{r-1}\,P_r$ ma non appartengono ad una successione determinata di intervalli, che indicheremo con S_1, di lunghezza totale minore di $\frac{1}{3}\varepsilon_1$. Pertanto, se rappresentiamo con t la tangente (quando esiste) alla curva $y = F(x)$, (a_0, b_0), corrispondente all'ascissa generica x, abbiamo che, per tutti gli x di (a_0, b_0), ad eccezione al più di quelli appartenenti agli intervalli delle due successioni S e S_1, la derivata F' esiste finita, ed è

$$|F'(x)| < \operatorname{cotg} \varepsilon, \quad \alpha(P_{r-1} P_r, t) \leq \frac{1}{3} \varepsilon_1,$$

intendendosi, per la seconda disuguaglianza, che x appartenga alla proiezione di $P_{r-1} P_r$ sull'asse delle x.

Dopo ciò, determiniamo, in base alla convergenza uniforme della successione $W_1, W_2, \ldots$ alla $F(x)$ ed in base anche alla $L_n \to L$, un intero $\bar{n}$ tale che, per ogni $n > \bar{n}$ e per qualunque funzione $f_n(x)$ di W_n, si abbia

$$l_n - \Pi_n < \frac{1}{9}\left(\frac{\varepsilon_1}{3}\right)^3, \quad \alpha(P_{r-1} P_r, P_{r-1,n} P_{r,n}) < \frac{\varepsilon_1}{3}, \quad (r = 1, 2, \ldots m),$$

dove Π_n è la lunghezza della poligonale inscritta nella curva $y = f_n(x)$, (a_n, b_n), i cui vertici $P_{r,n}$ hanno le stesse ascisse di quelli P_r della poligonale Π, inscritta nella curva $y = F(x)$, (a_0, b_0), ad eccezione di $P_{0,n}$ e $P_{m,n}$ che hanno, invece, per ascisse quelle degli estremi dell'intervallo (a_n, b_n) di definizione della $f_n(x)$.

Considerata una qualsiasi di queste funzioni $f_n(x)$, si può (n.° detto, *a*)), per essa, determinare una successione di intervalli, che indicheremo con $S_{1,n}$, di lunghezza totale $< \frac{\varepsilon_1}{3}$, tale che, per ogni punto P_n di $y = f_n(x)$, (a_n, b_n), avente ascissa x esterna ai suoi intervalli, ma appartenente alla proiezione di $P_{r-1,n} P_{r,n}$ sull'asse delle x, si abbia

$$\alpha(P_{r-1,n} P_{r,n}, P_n P'_n) < \frac{1}{3} \varepsilon_1,$$

P_n' essendo un punto qualsiasi della medesima curva, di ascissa appartenente alla proiezione di $P_{r-1,n} P_{r,n}$ sull'asse delle x; si può, inoltre, determinare un'altra successione $S_{2,n}$ di intervalli, di lunghezza complessiva $< \frac{\varepsilon_1}{3}$, tale che, per ogni x esterno a questi nuovi intervalli, esista finita la derivata $f'_n(x)$. Perciò, se indichiamo con t_n la tangente (quando esiste) alla curva $y=f_n(x)$, (a_n, b_n), corrispondente all'ascissa generica x, abbiamo che, per tutti gli x di (a_n, b_n), ad eccezione al più di quelli appartenenti agli intervalli delle due successioni $S_{1,n}$, $S_{2,n}$, la derivata f_n' esiste finita e vale, supponendo in più che x appartenga alla proiezione di $P_{r-1,n}\, P_{r,n}$ sull'asse delle x, la

$$\alpha\,(P_{r-1,n}\, P_{r,n},\ t_n) \leq \frac{1}{3}\,\varepsilon_1 \,.$$

Si ha perciò, sfruttando quanto abbiamo stabilito più sopra, che, per ogni x comune a (a_0, b_0) e (a_n, b_n), ad eccezione al più di quelli appartenenti alle quattro successioni di intervalli S, S_1, $S_{1,n}$, $S_{2,n}$, le due derivate F' e f'_n esistono finite, la prima soddisfa alla disuguaglianza $|F'| < \operatorname{cotg} \varepsilon$, ed è

$$\alpha\,(t,\ t_n) < \varepsilon_1$$

e quindi, per il modo con cui ε_1 è stato determinato,

$$|F' - f'_n| < \sigma .$$

La somma complessiva delle lunghezze di tutti gli intervalli delle quattro successioni sopra scritte è minore di

$$2\varepsilon\,(1 + L) + \frac{1}{3}\,\varepsilon_1 + \frac{1}{3}\,\varepsilon_1 + \frac{1}{3}\,\varepsilon_1 < 2\varepsilon\,(2 + L),$$

e poichè ε è arbitrario e la successione W_1, $W_2, \ldots, W_n, \ldots$ converge uniformemente alla $F(x)$, per ipotesi, la nostra proposizione è dimostrata.

29. - Teoremi sulle successioni convergenti di insiemi di curve.

a) Possiamo dare, per le successioni di insiemi di curve, una proposizione perfettamente analoga alla precedente.

TEOREMA (1) — *Se la successione W_1, $W_2, \ldots, W_n, \ldots$, di insiemi di curve continue* (n.° 2), *rettificabili, tende uniformemente ad una curva continua e rettificabile $\mathfrak{C}$; se, inoltre, la successione L_1, $L_2, \ldots, L_n, \ldots$, degli insiemi L_n formati con le lunghezze l_n*

(1) Cfr. L. TONELLI, *Successioni di curve e derivazione per serie*, (Rend. R. Accad. dei Lincei, 1916 (1° semestre)).

delle curve $\mathcal{C}_n$ *di* W_n, *converge verso la lunghezza* L *della curva* $\mathcal{C}$; *allora la successione* $T_1, T_2, \ldots, T_n, \ldots$, *degli insiemi* T_n, *formati con le tangenti* t_n (*considerate solamente là dove esistono*) *alle curve* $\mathcal{C}_n$, *tende approssimativamente alla tangente* t *della* $\mathcal{C}$.

Indichiamo con s la lunghezza dell'arco della curva $\mathcal{C}$, compreso fra il primo estremo A (A essendo un punto comunque scelto, se la curva è chiusa) ed un punto qualunque P della curva stessa; con s_n, l'elemento analogo relativo alla curva $\mathcal{C}_n$. Se le curve $\mathcal{C}_n$ sono chiuse, la scelta dei punti A_n, da cui si comincia a misurare gli archi, sarà fatta nel seguente modo. Per la convergenza uniforme della successione dei W_n alla $\mathcal{C}$, esiste, secondo la definizione del n.° 20, almeno una legge che ponga una corrispondenza Ω (n.° 18, b), fra i punti della $\mathcal{C}$ e della $\mathcal{C}_n$, in modo che la distanza fra punti corrispondenti tenda a zero per $n \to \infty$. Si scelga una qualunque di queste leggi e sia A_n il primo punto di $\mathcal{C}_n$ corrispondente, secondo tale legge, al punto A della $\mathcal{C}$.

Poniamo una nuova corrispondenza, fra i punti delle curve $\mathcal{C}$ e $\mathcal{C}_n$, mediante la relazione

$$s_n = \frac{l_n}{L} s,$$

e indichiamo con P_n il punto di $\mathcal{C}_n$ che così corrisponde al punto P di $\mathcal{C}$. Mostriamo che, considerato un punto P di $\mathcal{C}$ e preso comunque un $\delta > 0$, è possibile di determinare un intero $\bar{n}$ tale che, per ogni $n > \bar{n}$, la distanza fra i due punti P e P_n risulti minore di δ.

Cominciamo col determinare un intero n_1 tale che, per ogni $n > n_1$, sia sempre $|L - l_n| < \frac{1}{5}\delta$; poi inscriviamo, nell'arco $\mathcal{C}(A,P)$ della curva $\mathcal{C}$, una poligonale p avente per estremi A e P — i vertici susseguendosi sulla $\mathcal{C}$ nell'ordine fissato dalla curva stessa — e tale che sia $|\widehat{AP} - p| < \frac{1}{5}\delta$, dove abbiamo indicato con la stessa lettera p anche la lunghezza della poligonale. Fatto ciò, determiniamo un numero positivo $\rho < \frac{1}{5}\delta$, in modo che ogni poligonale p', avente lo stesso numero di lati della p ed i cui vertici distino rispettivamente e ordinatamente dai vertici di p per meno di ρ, soddisfi alla disuguaglianza $|p - p'| < \frac{1}{5}\delta$. Siccome la successione W_1, W_2,.... converge uniformemente alla curva $\mathcal{C}$, possiamo determinare un intero $n_2 > n_1$ tale che, per ogni $n > n_2$, si possa porre, fra ciascuna curva di W_n e la $\mathcal{C}$, una corrispondenza Ω (n.° 18) la quale renda la distanza fra punti corrispondenti sempre minore di ρ e faccia corrispondere fra loro A_n e A. In tale corrispondenza, ai vertici di p, su $\mathcal{C}$, vengono a corrispondere dei punti, sulla generica $\mathcal{C}_n$, che sono i vertici di una poligonale p_n' inscritta nell'arco $\mathcal{C}_n(A_n, P_n')$ di $\mathcal{C}_n$ [1] — dove con P_n' intendiamo il primo punto corrispondente a P — la quale soddisfa, per quanto precede, alla disuguaglianza $|p - p_n'| < \frac{1}{5}\delta$. Ed avendosi, da una parte,

$$|\widehat{AP} - p'_n| \leq |\widehat{AP} - p| + |p - p'_n| < \frac{2}{5}\delta,$$

e dall'altra lungh. $\mathcal{C}_n(A_n, P_n') \geq p_n'$, si ha

$$\text{lungh. } \mathcal{C}_n(A_n, P'_n) > \widehat{AP} - \frac{2}{5}\delta.$$

E poichè il ragionamento fatto su $\mathcal{C}(A, P)$ si può ripetere su $\mathcal{C}(P, B)$, dove indichiamo con B il secondo estremo della curva $\mathcal{C}$, si vede che, per ogni $n > n_3$, n_3 essendo un certo intero maggiore di n_2, risulta verificata, insieme con la precedente disuguaglianza, anche l'altra

$$\text{(1)} \qquad \text{lungh. } \mathcal{C}_n(P_n', B_n) > \widehat{PB} - \frac{2}{5}\delta.$$

Dalle ultime due disuguaglianze risulta, per tutti gli $n > n_3$,

$$\text{(2)} \qquad |\text{lungh. } \mathcal{C}_n(A_n, P_n') - \widehat{AP}| < \frac{3}{5}\delta,$$

perchè se fosse

$$\text{lungh. } \mathcal{C}_n(A_n, P_n') - \widehat{AP} > \frac{3}{5}\delta,$$

---

[1] Qualora ad un vertice di p corrispondano più punti sulla $\mathcal{C}_n$, si sceglierà sempre, come vertice della p_n', il primo di essi.

sommando con la (1) si avrebbe

$$l_n - L > \frac{1}{5}\delta,$$

la quale contraddirebbe alla $|L - l_n| < \frac{1}{5}\delta$.

Osserviamo ora che, avendosi, per ogni s dell'intervallo $(0, L)$, $\left|\frac{l_n}{L}s - s\right| \leq |l_n - L|$, è, per ogni $n > n_3$,

$$\left|\frac{l_n}{L}s - s\right| < \frac{1}{5}\delta.$$

Questa disuguaglianza dice che la lunghezza dell' arco $\mathcal{C}_n(A_n, P_n)$, che è $s_n = \frac{l_n}{L}s$, differisce da quella di $\mathcal{C}(A, P)$, che è s, per meno di $\frac{1}{5}\delta$; dalla (2) scende quindi che la stessa lunghezza differisce da quella di $\mathcal{C}_n(A_n, P_n')$ per meno di $\frac{4}{5}\delta$. La distanza fra i punti di $\mathcal{C}_n$, P_n e P_n', è dunque minore di $\frac{4}{5}\delta$, e poichè quella fra P_n' e P è minore di ρ, ed è $\rho < \frac{1}{5}\delta$, risulta che, se è $n > n_3$, la distanza fra P_n e P è minore di δ, come avevamo affermato.

Stabilito questo primo punto, non resta che procedere in modo perfettamente analogo a quanto si è fatto al n.° precedente.

Preso ad arbitrio un numero positivo ε, richiamandoci ai risultati stabiliti al n.° 11, possiamo affermare che, in tutti i punti della curva $\mathcal{C}$, ad eccezione al più di quelli contenuti in una successione S di archi di lunghezza complessiva minore di ε, esiste la tangente t alla curva stessa. Inoltre, inscritta in $\mathcal{C}$, nel solito modo, una poligonale Π di vertici P_r, soddisfacente alla disuguaglianza $L - \Pi < \frac{1}{12}\left(\frac{\varepsilon}{3}\right)^3$ — dove abbiamo indicato con Π anche la lunghezza della poligonale — e tale che due P_r consecutivi occupino posizioni distinte, la disuguaglianza considerata in a) al n.° citato (nella quale sostituiamo ε con $\frac{1}{3}\varepsilon$):

$$\alpha(P_{r-1}P_r,\ PP') < \frac{1}{3}\varepsilon,$$

è verificata per tutti i punti P di $\mathcal{C}$ appartenenti, insieme con P', all'arco $\mathcal{C}(P_{r-1},\ P_r)$, ad eccezione al più di quelli che appartengono ad una successione S_1 di archi di lunghezza complessiva minore di $\frac{\varepsilon}{3}$.

Perciò, in tutti i punti di $\mathcal{C}(P_{r-1},\ P_r)$ ad eccezione al più di quelli che appartengono agli archi delle due successioni S e S_1, è

$$\alpha(P_{r-1}P_r,\ t) \leq \frac{1}{3}\varepsilon. \tag{3}$$

Determiniamo ora, in base a quanto si è detto più sopra, un intero $\bar{n}$ tale che, per ogni $n > \bar{n}$ e per qualunque curva $\mathcal{C}_n$ di W_n, si abbia

$$|l_n - L| < \frac{L}{2}, \quad l_n - \Pi_n < \frac{1}{12}\left(\frac{\varepsilon}{3}\right)^3,$$

$$\alpha(P_{r-1}P_r,\ P_{r-1,n}P_{r,n}) < \frac{\varepsilon}{3}, \qquad (r = 1,\ 2, \ldots.\ m), \tag{4}$$

dove Π_n è la lunghezza della poligonale inscritta in $\mathcal{C}_n$ i cui vertici $P_{r,n}$ corrispondono a quelli P_r, della poligonale Π inscritta in $\mathcal{C}$, mediante la relazione

$$s_n = \frac{l_n}{L}s. \tag{5}$$

Fissata una qualunque delle curve $\mathcal{C}_n$ qui considerate, possiamo su essa determinare una successione S_n di archi di lunghezza complessiva minore di ε, in modo che, in ogni punto della curva esterno a questi archi, esista la tangente t_n alla curva medesima. Di più, per il n.° 11, a), e per la

$$l_n - \Pi_n < \frac{1}{12}\left(\frac{\varepsilon}{3}\right)^3,$$

possiamo determinare sulla $\mathcal{C}_n$ un'altra successione $S_{n,1}$ di archi di lunghezza complessiva minore di $\frac{\varepsilon}{3}$, in modo che, per ogni punto P_n della curva esterno ad essi, valga la disuguaglianza (se $P_n\, P_n' > 0$)

$$\alpha(P_{r-1,n}\ P_{r,n}\,,\ P_n P_n') < \frac{1}{3}\,\varepsilon\,,$$

essendo $\mathcal{C}_n(P_{r-1,n},\ P_{r,n})$ l'arco della $\mathcal{C}_n$ che contiene entrambi i punti P_n e P_n'.

Pertanto, in ogni punto P_n di $\mathcal{C}_n$, esclusi al più quelli appartenenti agli archi delle due successioni S_n, $S_{n,1}$, vale la disuguaglianza

$$\alpha(P_{r-1,n}\ P_{r,n}\,,\ t_n) \leq \frac{1}{3}\,\varepsilon, \tag{6}$$

essendo $\mathcal{C}_n(P_{r-1,n},\ P_{r,n})$ l'arco della $\mathcal{C}_n$ che contiene P_n.

Ad ogni arco della curva $\mathcal{C}_n$ corrisponde sulla $\mathcal{C}$, mediante la relazione (5), un arco la cui lunghezza è quella dell'arco di $\mathcal{C}_n$ moltiplicata per $\frac{L}{l_n}$, il quale rapporto, per la $|\,l_n - L\,| < \frac{L}{2}$, che dà $l_n > \frac{L}{2}$, risulta < 2. Dunque, alle due successioni S_n, $S_{n,1}$, corrispondono, mediante la (5), su $\mathcal{C}$, due successioni, S_n' e $S'_{n,1}$, di archi di lunghezza complessiva minore di 2ε e $\frac{2}{3}\,\varepsilon$, rispettivamente; e se un punto di $\mathcal{C}$ è esterno agli archi delle quattro successioni S, S_1, S'_n, $S'_{n,1}$, si può affermare che in esso esiste la tangente t alla $\mathcal{C}$ e che il suo corrispondente P_n su $\mathcal{C}_n$, mediante la (5), è esterno agli archi di S_n e di $S_{n,1}$, e perciò che in P_n esiste la tangente t_n alla $\mathcal{C}_n$ e vale la disuguaglianza (conseguenza delle (3), (4) e (6))

$$\alpha(t\,,\ t_n) < \varepsilon.$$

Siccome la lunghezza complessiva di tutti gli archi delle successioni S, S_1, S_n', $S_{n,1}'$ è minore di $\varepsilon + \frac{1}{3}\,\varepsilon + 2\varepsilon + \frac{2}{3}\,\varepsilon = 4\varepsilon$, ed ε è arbitrario, resta dimostrato, ciò che appunto si voleva, che cioè, scelti ad arbitrio due numeri positivi σ e η, è possibile di determinare un intero $\bar{n}$ in modo che, per ogni $n > \bar{n}$ e per ciascuna curva $\mathcal{C}_n$ di W_n, valga la disuguaglianza

$$\alpha(t, t_n) < \sigma,$$

— dove i punti P di $\mathcal{C}$ e P_n di $\mathcal{C}_n$, in cui si considerano le tangenti t e t_n, si corrispondono mediante la relazione (5) — in tutti i punti della curva $\mathcal{C}$, esclusi al più quelli appartenenti ad una successione di archi di lunghezza complessiva minore di η (1), successione che, in generale, varierà al variare della curva $\mathcal{C}_n$. (2)

b) Conserviamo le ipotesi del teorema dimostrato in *a*) e conserviamo anche ad s e s_n il significato già indicato. Abbiamo, per le curve $\mathcal{C}$ e $\mathcal{C}_n$, le rappresentazioni analitiche, in funzione delle lunghezze degli archi rispettivi,

$$x = x(s), \quad y = y(s), \quad (0, L),$$
$$x = x_n(s_n), \quad y = y_n(s_n), \quad (0, l_n),$$

e tutte le funzioni qui scritte risultano a rapporto incrementale non superiore in modulo all'unità. Se facciamo il cambiamento di variabile indicato da $s_n = \frac{l_n}{L} s$, abbiamo, per le curve $\mathcal{C}$ e $\mathcal{C}_n$, la rappresentazione analitica simultanea:

$$\begin{cases} x = x(s), & y = y(s), \\ x = f_n(s), & y = g_n(s), \end{cases} \qquad (0, L)$$

dove le f_n, g_n, sono funzioni a rapporto incrementale di modulo non superiore a $\frac{l_n}{L}$, quindi non superiore ad un numero fisso per tutte le $\mathcal{C}_n$ (3), in virtù dell'ipotesi $L_n \rightarrow L$. Le fun-

---

(1) Basterà, perchè ciò sia, scegliere il numero ε, sopra considerato, minore di entrambi i numeri σ e $\frac{1}{4}\eta$.

(2) Più innanzi, al n.° 69, dimostreremo la reciproca della proposizione qui stabilita.

(3) Ciò è vero per tutti gli n maggiori di un certo numero; ma potremo senz'altro supporre che sia vero per tutti gli n incondizionatamente.

zioni f_n, g_n, sono dunque tutte ugualmente continue (n.° 21). Indicati, per ogni valore di n, con F_n, G_n, gli insiemi di tutte le funzioni f_n, g_n, rispettivamente, *le successioni*

$$F_1, F_2, \ldots, F_n, \ldots$$
$$G_1, G_2, \ldots, G_n, \ldots$$

convergono uniformemente alle funzioni $x(s)$, $y(s)$, *rispettivamente.* Ed infatti, in *a*) abbiamo dimostrato che, preso comunque un $\delta > 0$ e fissato un punto P della curva $\mathcal{C}$, è possibile determinare un intero $\bar{n}$ tale che, per ogni $n > \bar{n}$, la distanza fra i punti P e P_n (P_n indicando il punto della curva $\mathcal{C}_n$ corrispondente di P secondo la (5)), risulti minore di δ; perciò, se s è il valore del parametro corrispondente a P, le coordinate dei punti P e P_n, che sono rispettivamente $x(s)$, $y(s)$ e $f_n(s)$, $g_n(s)$, dovranno soddisfare alle disuguaglianze

$$|x(s) - f_n(s)| < \delta,$$
$$|y(s) - g_n(s)| < \delta.$$

Al variare del valore s, l'intero $\bar{n}$ varierà, in generale; rammentiamo, però, che le funzioni f_n, g_n, sono tutte ugualmente continue e che, pertanto, possiamo determinare un numero positivo ρ in modo che, se s e s' sono due valori qualsiasi, dell'intervallo $(0, L)$, verificanti la disuguaglianza

$$|s - s'| < \rho,$$

si abbiano anche le

$$(7) \qquad \begin{cases} |x(s) - x(s')| < \delta, & |y(s) - y(s')| < \delta, \\ |f_n(s) - f_n(s')| < \delta, & |g_n(s) - g_n(s')| < \delta, \end{cases}$$

e ciò qualunque sia la curva $\mathcal{C}_n$ considerata. Dividiamo, allora, l'intervallo $(0, L)$ in parti, tutte minori di ρ, mediante i punti

$$s_0 = 0 < s_1 < s_2 < \ldots < s_r < \ldots < s_v = L$$

e indichiamo con $n_0, n_1, n_2, \ldots, n_v$ i valori dell'intero $\bar{n}$ corrispondenti a questi valori di s. Sia N il maggiore di questi n_r e consideriamo un valore s qualunque di $(0, L)$. Sarà

$$s_r \leq s \leq s_{r+1},$$

e poichè è $N \geq n_r$, per ogni $n > N$, sarà

$$| x(s_r) - f_n(s_r) | < \delta,$$
$$| y(s_r) - g_n(s_r) | < \delta.$$

D'altra parte, le (7) sono soddisfatte per $s' = s_r$; si ha dunque

$$| x(s) - f_n(s) | < 3\delta,$$
$$| y(s) - g_n(s) | < 3\delta.$$

Siccome δ è arbitrario e queste disuguaglianze valgono per ogni s di $(0, L)$ e per ogni curva $\mathcal{C}_n$, purchè sia $n > N$, risulta dimostrata l'affermazione fatta sulle successioni delle F_n, G_n.

c) Passiamo ora a considerare le derivate delle funzioni f_n, g_n. Queste funzioni, e così anche le $x(s)$, $y(s)$, essendo, come già abbiamo rilevato, a rapporto incrementale limitato, sono a variazione limitata (n.° 16, *e*) e *c*)) e quindi ammettono derivata finita quasi dappertutto sull'intervallo $(0, L)$ (n.° 13). Rammentiamo che, quasi dappertutto sulla curva $\mathcal{C}_n$, esiste la tangente t_n e vale l'uguaglianza

$$\lim_{P'_n \to P_n} \frac{P_n P_n'}{\widehat{P_n P'_n}} = 1, \tag{8}$$

(n.[i] 11 e 12). E siccome ad ogni arco di $\mathcal{C}_n$, di lunghezza α_n, corrisponde, mediante la relazione

$$s_n = \frac{l_n}{L} s,$$

sulla curva $\mathcal{C}$ un arco, e quindi sul segmento $(0, L)$ un intervallo, di lunghezza $\frac{L}{l_n} \alpha_n$, possiamo dire che, considerate una curva $\mathcal{C}_n$ e la corrispondenza fissata, dalla relazione precedente, fra i suoi punti e quelli del segmento $(0, L)$, quasi dappertutto su questo segmento esistono finite le derivate f_n', g_n', esiste la tangente t_n alla $\mathcal{C}_n$ e vale la uguaglianza (8). Sia s un valore di $(0, L)$ non eccettuato per l'esistenza e la validità di quanto abbiamo or ora indicato, e P_n il punto di $\mathcal{C}_n$ che gli corrisponde. Indicato con s' un altro valore qualsiasi di $(0, L)$ maggiore di s e con P_n' il punto corrispondente di $\mathcal{C}_n$, abbiamo, se è $P_nP_n' > 0$,

$$f_n'(s) = \lim_{s' \to s} \frac{f_n(s') - f_n(s)}{s' - s}$$
$$= \lim_{s' \to s} \frac{f_n(s') - f_n(s)}{P_nP_n'} \cdot \lim_{P' \to P} \frac{P_nP_n'}{\widehat{P_nP_n'}} \cdot \frac{l_n}{L},$$

e, per la (8),

$$f_n'(s) = \frac{l_n}{L} \lim_{s' \to s} \frac{f_n(s') - f_n(s)}{P_nP_n'}.$$

Ma il rapporto, di cui qui si considera il limite, non è altro che il coseno dell'angolo che la corda P_nP_n' forma con la direzione positiva dell'asse delle x, e poichè questo angolo tende, per $s' \to s$, ossia per $P' \to P$, all'angolo α_n corrispondente, relativo alla tangente t_n, si ha

$$f_n'(s) = \frac{l_n}{L} \cos \alpha_n.$$

Analogamente, indicando con β_n l'angolo che la direzione positiva della tangente t_n forma con quella positiva dell'asse y, si ha

$$g_n'(s) = \frac{l_n}{L} \cos \beta_n;$$

e le uguaglianze ora stabilite valgono quasi ovunque sul segmento $(0, L)$.

Per la curva $\mathcal{C}$ si avrà, più semplicemente, pure quasi ovunque su $(0, L)$,

$$x'(s) = \cos \alpha, \quad y'(s) = \cos \beta.$$

Ora, siccome il rapporto $\frac{l_n}{L}$ si può, per n sufficientemente grande, rendere diverso da 1 di tanto poco quanto vuolsi (per l'ipotesi $L_n \to L$), il teorema dimostrato in *a*) dà immediatamente (¹) che, presi ad arbitrio due numeri positivi σ e τ,

---

(¹) Poichè $|\cos p - \cos q| \leq |p - q|$.

è possibile determinare un intero $\bar{n}$ in modo che, per ogni $n > \bar{n}$ e per ciascuna curva $\mathcal{C}_n$ di W_n, valgano le disuguaglianze

$$|x'(s) - f_n'(s)| < \sigma, \quad |y'(s) - g_n'(s)| < \sigma,$$

in tutti i punti del segmento $(0, L)$, esclusi al più quelli appartenenti ad una successione di intervalli di lunghezza complessiva minore di η, successione che, in generale, varierà al variare della curva $\mathcal{C}_n$. Se indichiamo, per ogni valore di n, con F_n', G_n', gli insiemi di tutte le derivate f_n', g_n' (1), rispettivamente, il risultato ora ottenuto può esprimersi dicendo che *le successioni*

$$F_1', \quad F_2', \ldots \quad F_n', \ldots$$
$$G_1', \quad G_2', \ldots \quad G_n', \ldots$$

convergono approssimativamente verso le derivate $x'(s)$, $y'(s)$, *rispettivamente.*

---

(1) Queste funzioni f_n', g_n' si porranno uguali a zero dove le derivate non esistono.

Capitolo III.

PSEUDOINTERVALLI E FUNZIONI QUASI-CONTINUE

§ 1. Insiemi di punti, chiusi, lineari.

30\. - **Struttura degli insiemi di punti, chiusi e lineari.**

a) Sia E un insieme chiuso di punti, appartenenti al segmento AB.

Se P è un punto di AB e non fa parte di E, non è neppure punto di accumulazione per questo insieme. Esiste quindi almeno un intervallo, avente come punto interno P (a meno che P non coincida con A o con B, nel qual caso esso sarà un estremo dell'intervallo), costituito tutto di punti non appartenenti ad E. Sia P_1 il punto di E che precede P e che gli si avvicina il più possibile, oppure il punto A se non esistono punti di E che precedano P. Per essere E un insieme chiuso, il limite superiore dei punti di E che precedono P, se ne esistono, fa parte di E. Analogamente, sia P_2 il punto di E che segue P e che gli si avvicina il più possibile, oppure il punto B se non esistono punti di E che seguano P. L'intervallo P_1P_2 contiene P come punto interno (escluso il caso che P coincida con A o con B, perchè allora è $P \equiv P_1$ o $P \equiv P_2$, rispettivamente); i suoi punti interni sono tutti punti che non appartengono all'insieme E; i suoi estremi, invece, fanno parte di E (eccettuato eventualmente il primo estremo, se coincide con A, o il secondo, se coincide con B).

L'intervallo P_1P_2 dicesi *contiguo* [1] all'insieme E (rela-

---

[1] Questa denominazione è dovuta a R. Baire.

tivamente al segmento AB). Possiamo dire così che ogni punto di AB, il quale non appartenga ad E, è interno ad un intervallo *contiguo* ad E, se non coincide nè con A nè con B; è, invece, il primo o il secondo estremo di un intervallo *contiguo* se coincide con A o con B, rispettivamente.

Due intervalli *contigui* ad E possono avere al più un punto (estremo) comune; e, per il teorema di Cantor, del n°. 3, l'insieme di tutti gli intervalli contigui all'insieme considerato è numerabile. Concludiamo che *un insieme chiuso di punti di AB è dato dai punti che non sono interni a nessuno degli intervalli di una determinata successione (la successione degli intervalli contigui all'insieme), i cui elementi non si sovrappongono; possono però non far parte dell'insieme gli estremi del segmento AB, quando essi siano anche estremi di intervalli contigui all'insieme stesso.*

b) Viceversa, *data una successione di intervalli di AB, i punti di questo segmento che non sono interni a nessuno degli intervalli della successione costituiscono un insieme chiuso ; e per questo insieme la successione degli intervalli contigui coincide con quella data, se tale successione è composta di intervalli non sovrapponentisi.* Ed infatti, se P, punto di AB, è interno ad uno degli intervalli della successione data, non può essere punto di accumulazione per il nostro insieme, il quale deve perciò contenere tutti i propri punti di accumulazione. Di più, poichè gli intervalli della successione considerata, se non si sovrappongono, hanno gli estremi appartenenti all'insieme chiuso indicato, tali intervalli risultano contigui all'insieme.

È poi evidente che, se A e B sono estremi di intervalli della data successione, essi possono essere soppressi dall'insieme chiuso corrispondente alla successione, senza che esso perda la proprietà di essere chiuso.

La proposizione qui stabilita dà, insieme con quella dimostrata in *a*), un procedimento generale per costruire tutti i gruppi chiusi lineari.

31. - L'insieme di Cantor.

Daremo ora un classico esempio di insieme chiuso — dovuto a G. Cantor. Consideriamo l'intervallo (0, 1); dividiamolo in tre parti uguali e sopprimiamo i punti interni all'intervallo centrale; poi consideriamo le due parti rimanenti e operiamo su esse come si è già fatto sull'intervallo $(0, 1)$; operiamo analogamente sulle quattro parti che così restano, e così proseguiamo indefinitamente. Nella prima operazione veniamo a sopprimere i punti interni all'intervallo $\left(\frac{1}{3}, \frac{2}{3}\right)$, di ampiezza $\frac{1}{3}$; nella seconda, quelli interni ai due intervalli

$$\left(\frac{0}{3}+\frac{1}{3^2},\ \frac{0}{3}+\frac{2}{3^2}\right),\quad \left(\frac{2}{3}+\frac{1}{3^2},\ \frac{2}{3}+\frac{2}{3^2}\right),$$

ambedue di ampiezza $\frac{1}{3^2}$; nella terza, quelli interni ai quattro intervalli

$$\left(\frac{0}{3}+\frac{0}{3^2}+\frac{1}{3^3},\ \frac{0}{3}+\frac{0}{3^2}+\frac{2}{3^3}\right),\quad \left(\frac{0}{3}+\frac{2}{3^2}+\frac{1}{3^3},\ \frac{0}{3}+\frac{2}{3^2}+\frac{2}{3^3}\right)$$
$$\left(\frac{2}{3}+\frac{0}{3^2}+\frac{1}{3^3},\ \frac{2}{3}+\frac{0}{3^2}+\frac{2}{3^3}\right),\quad \left(\frac{2}{3}+\frac{2}{3^2}+\frac{1}{3^3},\ \frac{2}{3}+\frac{2}{3^2}+\frac{2}{3^3}\right),$$

tutti di ampiezza $\frac{1}{3^3}$; ecc. La somma delle lunghezze di tutti questi intervalli è data da

$$\frac{1}{3}+\frac{2}{3^2}+\frac{2^2}{3^3}+\frac{2^3}{3^4}+\ldots = \frac{1}{3}\left(1+\frac{2}{3}+\left(\frac{2}{3}\right)^2+\left(\frac{2}{3}\right)^3+\ldots\right)=1,$$

vale a dire, è uguale alla lunghezza dell'intervallo $(0, 1)$, che li contiene.

In quest'intervallo, dopo le operazioni eseguite, è rimasto un insieme chiuso di punti E, i cui intervalli *contigui* sono quelli sopra menzionati. *L'insieme E è non denso in ogni parte di* $(0, 1)$: in altre parole, preso ad arbitrio un intervallo parziale di $(0, 1)$, in esso vi sono sempre degli intervalli che non contengono punti di E. Ed invero, in ogni intervallo parziale di $(0, 1)$ vi è sempre almeno una parte di qualche intervallo contiguo all'insieme E, perchè se così non fosse, la somma delle lunghezze dei segmenti contigui ad E non potrebbe essere uguale alla lunghezza del segmento $(0, 1)$, che tutti li contiene. Ne deriva anche che i punti di E sono tutti punti di accumulazione per gli estremi degli intervalli contigui all'insieme. Ciò è evidente per quei punti che non sono estremi di intervalli contigui ad E; e per gli altri la cosa risulta subito dall'osservare che due intervalli contigui ad E non possono mai avere un estremo comune.

Se notiamo che può scriversi

$$\frac{1}{3^n} = \frac{0}{3^n} + \frac{2}{3^{n+1}} + \frac{2}{3^{n+2}} + \dots,$$

possiamo dire che i punti di E sono tutti dati da

$$\frac{a_1}{3} + \frac{a_2}{3^2} + \frac{a_3}{3^3} + \dots,$$

dove i numeratori a_1, a_2, a_3,.... assumono solo i valori 0 e 2.

Infine, siccome i punti dell'insieme E sono tutti suoi punti di accumulazione e, tutti i suoi punti di accumulazione gli appartengono, l'insieme stesso è *perfetto* ([1]).

32. - **Osservazione sugli insiemi chiusi lineari, non densi.** Perchè un insieme chiuso lineare sia *non denso* non è essenziale che la somma delle lunghezze dei suoi intervalli contigui sia uguale al segmento fondamentale, da cui si parte per costruirlo. Consideriamo, infatti, l'insieme dei punti razionali (punti di coordinata razionale) dell'intervallo (0, 1), esclusi i punti 0 e 1; e ordiniamoli in una successione

$$a_1, a_2, a_3, \dots, a_n, \dots. \tag{1}$$

Scelto ad arbitrio un numero positivo ε, minore di 1, circondiamo il punto a_1 con un intervallo δ_1, tale che: 1°) sia tutto interno a (0, 1); 2°) abbia come punto di mezzo a_1; 3°) abbia ampiezza uguale a $\frac{\varepsilon}{2^{r_1}}$, dove r_1 è il più piccolo intero positivo compatibile con le condizioni precedenti. Ciò fatto, si scelga in (1) il primo punto che non appartiene a δ_1 e lo si circondi con un intervallo δ_2, tale che: 1°) sia

---

([1]) Si può mostrare facilmente che l'insieme E (come ogni altro insieme *perfetto*) ha la *potenza* del continuo; in altre parole, che è possibile di porre una corrispondenza biunivoca fra i punti di E e quelli dell'intervallo (0, 1).

tutto interno a (0, 1) ed esterno a δ_1; 2°) abbia il punto considerato come punto di mezzo; 3°) abbia ampiezza uguale a $\frac{\varepsilon}{2^{r_2}}$, dove r_2 è il più piccolo intero, maggiore di r_1, compatibile con le condizioni precedenti. E così si prosegua indefinitamente.

La somma delle lunghezze degli intervalli δ è non maggiore di

$$\frac{\varepsilon}{2}+\frac{\varepsilon}{2^2}+\frac{\varepsilon}{2^3}+\dots=\varepsilon,$$

e può quindi rendersi piccola a piacere, con ε. Ogni punto di (1) appartiene a qualche δ, e poichè in ogni intervallo, comunque piccolo, di (0, 1) cade sempre qualche punto di (1), in esso cadono sempre anche punti interni ai δ. Se ne conclude che l'insieme chiuso di punti di (0, 1) che ha per intervalli contigui gli intervalli δ, non è denso in nessuna parte di (0, 1).

33. - Teorema di Pincherle-Borel [1].

Si abbiano, su una retta r, un insieme chiuso di punti, E (necessariamente contenuto in un intervallo finito), ed un insieme (I) di intervalli; e ogni punto di E stia interno ad almeno un intervallo di (I). Esiste, allora, almeno un gruppo (I_1) *di intervalli di (I), in numero finito, tale che ogni punto di E risulti interno ad almeno uno dei suoi intervalli.*

---

[1] Questo teorema fu dato, sotto altra forma, da S. Pincherle, *Sopra alcuni sviluppi in serie per funzioni analitiche.* (Mem. Accad. delle Scienze dell'Istituto di Bologna, Serie IV, Tomo III (1881) p. 151, in nota). Nella forma del testo, il teorema fu dato da E. Borel, *Sur quelques points de la théorie des fonctions.* (Annales Scientifiques de l'École Norm. Sup. 3ieme série, T. XII, 1895, p. 51), per l'insieme *E* di tutti i punti di un intervallo e per un insieme (*I*) *numerabile.* Fu poi esteso, da H. Lebesgue, ad un insieme (*I*) qualunque e da F. Riesz, G. Vitali, W. H. Young, agli insiemi *E* chiusi. Esso ha assunto, in questi ultimi anni, una grande importanza, ed è diventato una delle proposizioni fondamentali dell'Analisi. Aggiungeremo che la proprietà che il teorema stabilisce è *caratteristica* per gli insiemi chiusi, nel senso che, se per ogni insieme (*I*) di intervalli è *sempre* possibile di trovare un gruppo come (I_1), allora *E* è necessariamente chiuso (v. E. Borel, Comptes rendus de l'Acad. des Sciences de Paris, t. 140 (1905) p. 298).

Sia (a, b) un intervallo della retta r il quale contenga tutti i punti dell'insieme E, e lo si divida in 2^n parti uguali. Basterà dimostrare che, per n sufficientemente grande, ciascuna delle parti così ottenute, la quale contenga almeno un punto di E, è contenuta interamente nell'interno di almeno un intervallo di (I). Procedendo per assurdo, si ammetta che ciò non si verifichi mai, comunque si prenda n, e si indichi con δ_n la prima delle 2^n parti uguali, in cui risulta diviso (a, b), che contiene almeno un punto di E e che non è contenuta interamente nell'interno di un intervallo di (I). Sia P_n il primo estremo di δ_n e P un punto di accumulazione della successione $P_0, P_1, P_2, ..., P_n, ...$, o un punto (se esiste) coincidente con infiniti elementi di tale successione. Siccome l'ampiezza di δ_n, uguale a $\frac{b-a}{2^n}$, tende a zero per $n \to \infty$, e in ogni δ_n esiste almeno un punto dell'insieme chiuso E, P appartiene a questo insieme ed esiste almeno un intervallo di (I) che ha P come punto interno e che contiene, di conseguenza, come punti interni anche tutti i punti di δ_n, per n sufficientemente grande. Ciò contraddice alla definizione di δ_n.

Osservazione. — Il teorema ora dimostrato si estende immediatamente agli insiemi chiusi E di punti di un piano, considerando, in luogo di un insieme (I) di intervalli, un insieme (I) di rettangoli, o di cerchi ecc.

§ 2. Gli pseudointervalli.

34. - Prime definizioni.

Due insiemi di punti E_1, E_2, appartenenti ad una stessa retta, li diremo *uguali* (o *congruenti*) se sarà possibile porre tra di essi una corrispondenza biunivoca e ordinata ([1]), in modo che la distanza fra due punti qualsiasi del primo sia sempre uguale a quella fra i punti corrispondenti del secondo, e scriveremo $E_1 = E_2$.

Dati due o più insiemi, in numero finito o in un'infinità numerabile: $E_1, E_2, ..., E_n, ...$, diremo loro *somma* l'insieme E

([1]) Vale a dire, tale che l'ordine dei punti, in uno degli insiemi, sia lo stesso dei punti corrispondenti dell'altro insieme.

di tutti i punti ciascuno dei quali appartiene ad almeno uno di essi; e scriveremo $E \equiv E_1 + E_2 + ... + E_n + ...$ Diremo, invece, loro ***prodotto*** l'insieme E' di tutti i punti ciascuno dei quali appartiene a tutti gli E_n; e scriveremo $E' \equiv E_1 E_2 .... E_n .....$

Dati due insieme E_1, E_2, il primo dei quali contenga tutti i punti del secondo, diremo loro ***differenza*** l'insieme E di tutti quei punti di E_1 che non appartengono ad E_2; e scriveremo $E \equiv E_1 - E_2$.

Se tutti i punti di un insieme E_1 appartengono ad un altro insieme E_2, diremo che il primo è un *componente* del secondo. Un insieme E si dirà *decomposto nei suoi componenti* E_1, E_2, E_3,...., anche in numero infinito (infinità numerabile), se questi componenti sono, a due a due, senza punti comuni e se, inoltre, è $E \equiv E_1 + E_2 + E_3 + ...$

Se tutti i punti di un insieme E appartengono ad un intervallo (a, b), diremo *complementare* di E, rispetto ad (a, b), l'insieme di tutti quei punti dell'intervallo che non fanno parte di E.

35. - Insiemi lineari equivalenti (1).

a) Diremo che un insieme lineare di punti E è *equivalente* ad un intervallo I (anche nullo, e cioè ridotto ad un solo punto), e scriveremo $E \doteq I$, se soddisfa ad una delle seguenti condizioni:

1a) è uguale ad I;

2a) è la somma di un numero finito o di un'infinità numerabile di intervalli, non nulli e non sovrapponentisi, aventi per somma geometrica (2) l'intervallo I;

3a) è la differenza fra un intervallo I_1 e un insieme equivalente, secondo 1a) o 2a), ad un intervallo I_2, in modo che la differenza geometrica fra I_1 e I_2 sia data da I;

---

(1) Taluni Autori chiamano *equivalenti* due insiemi di punti, se fra i loro elementi è possibile di porre una corrispondenza biunivoca. Non è in questo senso che noi poniamo il concetto di *equivalenza*.

(2) Data una successione di intervalli, la somma geometrica dei primi n è l'intervallo I_n che si ottiene disponendoli su una medesima retta, consecutivamente; la somma geometrica della successione è l'intervallo limite di questi I_n (disposti tutti su una stessa retta, con il primo estremo comune).

4ª) preso un qualsiasi intervallo I_1, minore di I, esiste sempre almeno un componente di E equivalente, secondo 1ª) o 2ª) o 3ª), ad un intervallo maggiore di I_1; e nello stesso tempo, preso un qualsiasi intervallo I_2, maggiore di I, esiste sempre almeno un insieme che contiene E e che è equivalente, secondo 1ª) o 2ª) o 3ª), ad un intervallo minore di I_2.

b) È importante mostrare che un insieme E non può essere contemporaneamente equivalente a due intervalli di diversa lunghezza. Basterà, per questo, provare che « se l'insieme E è equivalente all'intervallo I, la lunghezza di questo intervallo è uguale al limite inferiore della somma delle lunghezze degli elementi di una qualsiasi successione di intervalli, non nulli e non sovrapponentisi, ricoprenti interamente l'insieme E ».

Cominciamo a dimostrare questa proposizione supponendo E equivalente ad I secondo la condizione 1ª) o 2ª). In questo caso è subito evidente che la lunghezza di I non può essere minore del limite inferiore indicato. Supponiamo che sia maggiore, e cioè che esista una successione $\delta_1, \delta_2, \ldots, \delta_n, \ldots$ di intervalli, non nulli e non sovrapponentisi, ricoprenti interamente l'insieme E e tali che si abbia

$$(1) \qquad \sum_1^\infty \delta_n < I,$$

dove i simboli adoperati, δ_n e I, rappresentano le lunghezze degli intervalli corrispondenti. Scelto comunque un numero positivo ε, minore della differenza tra i due membri della disuguaglianza scritta, costruiamo, per ogni valore dell'indice n, l'intervallo δ_n' concentrico di δ_n e di lunghezza $\delta_n + \frac{\varepsilon}{2^n}$. Con ciò, la successione $\delta_1', \delta_2', \ldots, \delta_n', \ldots$ risulta costituita di intervalli ricoprenti interamente l'insieme E e di lunghezza complessiva

$$(2) \qquad \sum_1^\infty \delta_n' < I;$$

di più, ogni punto di E è interno ad almeno un δ_n'. Siccome E è equivalente ad I secondo la condizione 1ª) o 2ª), possiamo sempre trovare una parte E_1 di E che sia la somma di un numero finito di intervalli non sovrapponentisi, di lunghezza totale compresa fra $\sum_1^\infty \delta_n'$ e I. Ma questa parte E_1 è un insieme chiuso e, per il teorema di Pincherle-Borel (n.° 33), possiamo scegliere fra i δ_n' un numero finito di intervalli ricoprenti interamente E_1, ciò che è impossibile, perchè la lunghezza complessiva dei δ_n' scelti, dovendo risultare $\leq \sum_1^\infty \delta_n'$, sarebbe minore di quella degli intervalli di E_1. Dunque la lunghezza di I è uguale al limite inferiore indicato.

Supponiamo ora che E sia equivalente ad I secondo la condizione 3ª), e cioè che sia la differenza fra un intervallo I_1 ed un insieme E' formato dalla somma di un numero finito o di un'infinità numerabile $\omega_1, \omega_2, \omega_3, \ldots, \omega_m, \ldots$ di intervalli non sovrapponentisi, di lunghezza complessiva $I' = I_1 - I$. Sopprimendo nell'intervallo I_1 i punti interni ai primi m intervalli ω, restano degli intervalli, in numero finito, non sovrapponentisi e ricoprenti interamente l'insieme E, la cui lunghezza complessiva tende a $I_1 - I' = I$, col crescere indefinito di m. E ciò prova che la lunghezza di I non può essere minore del limite inferiore più sopra indicato. Ammettiamo che esista una successione di intervalli, non nulli e non sovrapponentisi, $\delta_1, \delta_2, \ldots, \delta_n, \ldots$, ricoprenti interamente E e tali che valga la (1), e costruiamo, come più sopra si è già fatto, gli intervalli δ_n' soddisfacenti alla (2). Detto ε' un numero positivo, minore della differenza fra i due membri della (2), sia ω_m' l'intervallo concentrico di ω_m e di lunghezza $\omega_m + \frac{\varepsilon'}{2^m}$. È

$$\sum_1^\infty \omega_m' \leq \sum_1^\infty \omega_m + \varepsilon' < (I_1 - I) + (I - \sum_1^\infty \delta_n'),$$

$$\sum_1^\infty \omega_m' + \sum_1^\infty \delta_n' < I_1 .$$

Ma ogni punto dell'intervallo I_1 risulta interno ad almeno un intervallo ω_m' o δ_n', ed i punti di I_1 costituiscono un insieme chiuso. Per il teorema di Pincherle-Borel (n.° 33), possiamo, pertanto, scegliere un numero finito di intervalli, fra gli ω_m' e δ_n', in modo da ricoprire interamente I_1, e la somma delle lunghezze di tali intervalli dovrà, da una parte, superare I_1 e, dall'altra, essere minore o uguale al primo membro dell'ultima disuguaglianza scritta, ciò che è impossibile.

Dunque anche in questo caso la nostra proposizione è provata.

Veniamo, infine, al caso di un insieme E equivalente all'intervallo I secondo la condiz. 4ª), e osserviamo subito che il limite inferiore di cui si tratta non può mai essere minore dello stesso limite inferiore relativo ad un componente di E. Allora, poichè E contiene almeno un componente E' equivalente, secondo una delle tre condiz. 1ª), 2ª) e 3ª), ad un intervallo I', maggiore di un I_1 comunque prescelto minore di I, il limite inferiore in questione non può essere minore della lunghezza di I' e quindi di I_1 e di I. D'altra parte, poichè esiste sempre un insieme E'' che contiene E e che è equivalente, secondo una delle tre condiz. 1ª), 2ª) e 3ª), ad un intervallo I'', minore di un I_2 comunque prescelto maggiore di I, lo stesso limite inferiore non può essere maggiore della lunghezza di I'' e quindi di I_2 e di I.

La proposizione più sopra enunciata è così provata completamente.

c) Diremo che l'insieme lineare E è *prevalente* (*suvvalente*) all'intervallo I (nullo o no) se è equivalente ad un intervallo maggiore (minore) di I; e scriveremo $E >\cdot I$ $(E \cdot< I)$.

Ancora: due insiemi lineari E_1, E_2, li diremo *equivalenti fra loro* se sono equivalenti ad intervalli uguali; e scriveremo $E_1 \doteq E_2$. Essendo E_1, E_2 rispettivamente equivalenti agli intervalli I_1, I_2, diremo che E_1 è *prevalente* (*suvvalente*) a E_2 se è $I_1 > I_2$ $(I_1 < I_2)$; e scriveremo $E_1 >\cdot E_2$ $(E_1 \cdot< E_2)$.

36. - Esempi.

a) L'insieme dei punti di un intervallo non nullo I, escluso un estremo, o esclusi ambedue gli estremi, è *equivalente* all'intervallo stesso. Ciò per la condizione 4ª) del n.° precedente, od anche per la 2ª).

b) L'insieme E' dei punti appartenenti agli intervalli *contigui* ad un insieme chiuso E, dato su un intervallo (a, b), è *equivalente* (condiz. 2ª), n.° 35) ad un intervallo I, minore o uguale ad (a, b), e precisamente uguale alla somma geometrica degli stessi intervalli contigui all'insieme chiuso. Ad I è anche equivalente (condiz. 4ª), n.° 35) l'insieme E'_1 dei punti *interni* agli intervalli contigui ad E. Ed invero, E'_1 è un componente di E', il quale è equivalente ad I. Inoltre, numerati che siano gli intervalli contigui ad E (ad esempio secondo il metodo adoperato al n.° 3, *a*)), in modo da disporli nella successione $\delta_1, \delta_2, \delta_3, \ldots$, si sostituisca a δ_r l'intervallo concentrico di lunghezza $(1-\varepsilon)\delta_r$, con $\varepsilon < 1$. Si otterrà, in tal modo, un'infinità numerata di intervalli, ciascuno dei quali è *interno* ad un δ_r, e questa successione darà un insieme di punti contenuto in E'_1 ed equivalente ad un intervallo differente, in meno, da I per $\varepsilon\Sigma\delta$. Per la condiz. 4ª) del n.° 35, E'_1 è dunque equivalente a I.

Abbiamo così che ***l'insieme dei punti appartenenti agli intervalli contigui ad un insieme chiuso, dato su un intervallo*** (a, b), ***è equivalente all'altro costituito dai punti interni agli stessi intervalli.***

c) Anche ***un insieme lineare chiuso è equivalente ad un intervallo.*** Siano, infatti, (a, b) un intervallo contenente l'insieme chiuso E che vogliamo considerare, ed I un intervallo equivalente alla totalità degli intervalli contigui ad E (rispetto ad (a, b)). Per quanto si è detto al n.° 30, l'insieme E contiene un insieme E_1 [che si ottiene sopprimendo in E quei punti che sono gli estremi dei suoi intervalli contigui] il quale è, per la condiz. 3ª) del n.° precedente, equivalente alla differenza geometrica fra (a, b) e I. D'altra parte, numerati gli intervalli contigui in modo da poterli ordinare nella successione

$$\delta_1, \delta_2, \delta_3, \ldots, \delta_n, \ldots$$

e preso un intervallo arbitrario ε, è possibile determinare un intero n_1, in modo che la somma di tutti i δ di indice $n > n_1$ sia minore di ε.

Consideriamo allora l'insieme E_2 che comprende tutti i punti di E e tutti quelli appartenenti ai δ_n di indice $n > n_1$. Questo nuovo insieme è costituito di un numero finito di intervalli ($n_1 + 1$, al più) perchè esso può ottenersi sopprimendo in (a, b) i punti *interni* agli intervalli $\delta_1, \delta_2, \ldots, \delta_{n_1}$. La somma degli intervalli di E_2 è $< (b-a) - (I - \varepsilon)$, perchè è $\delta_1 + \delta_2 + \ldots + \delta_{n_1} = I - (\delta_{n_1+1} + \delta_{n_1+2} + \ldots) > I - \varepsilon$; e siccome ε è arbitrario, per la condiz. 4ª) del n.° 35, ***E risulta equivalente ad un intervallo di lunghezza*** $(b - a) - I$. E possiamo dire che ***l'insieme chiuso E è equivalente all'intervallo che si ottiene togliendo da*** (a, b) ***quello a cui è equivalente l'insieme dei punti* interni *agli intervalli contigui ad E; l'insieme E è quindi equivalente anche***

all' insieme E_1 che si ottiene sopprimendo in E quei punti che sono gli estremi dei suoi intervalli contigui (¹).

d) Un altro esempio di insieme equivalente ad un intervallo è dato da un insieme di punti lineare e numerabile. L'insieme, numerato, sia P_1, P_2,..., P_n,.... Analogamente a quanto si è già fatto al n.° 32, possiamo costruire una successione di intervalli non sovrapponentisi che contengano tutti i punti dell'insieme dato e che abbiano una somma minore di ε. Poichè ε è arbitrario, l' insieme considerato è equivalente ad un intervallo nullo. Così si può enunciare la proposizione: ***ogni insieme lineare, numerabile, è equivalente ad un intervallo nullo; tutti gli insiemi lineari numerabili sono equivalenti fra loro.***

37. - Proprietà dell' equivalenza.

Supposto che gli insiemi lineari E_1, E_2, E_3 siano *equivalenti* a tre determinati intervalli, nulli o no, si ha:

a) se è $E_1 \equiv E_2$, è $E_1 \doteq E_2$;

b) se E_1 è un componente di E_2, è $E_1 \cdot\!< E_2$ oppure $E_1 \doteq E_2$;

c) se è $E_1 \doteq E_2$ e $E_2 \doteq E_3$, è anche $E_1 \doteq E_3$;

d) se è $E_1 >\!\cdot\, E_2$ e $E_2 >\!\cdot\, E_3$, è anche $E_1 >\!\cdot\, E_3$.

Tutte queste proprietà sono evidenti.

38. - Prima proprietà caratteristica degli insiemi equivalenti ad un intervallo.

Condizione necessaria e sufficiente affinchè un insieme lineare sia equivalente ad un intervallo, è che il limite superiore delle lunghezze degli intervalli equivalenti ai suoi componenti chiusi sia finito e uguale al limite inferiore delle lunghezze degli intervalli equivalenti alle successioni di intervalli, non nulli e non sovrapponentisi, che lo ricoprono interamente (²).

(¹) Da questa dimostrazione risulta che, dato un insieme chiuso E, equivalente ad un intervallo I_1, è sempre possibile di determinare un numero finito di intervalli, contenenti tutti i punti di E, ed aventi una somma superiore a I_1 di quanto poco si vuole.

(²) Questo teorema vale anche per gli insiemi *misurabili* del Lebesgue (*Leçons sur l' intégration etc.*, pag. 102). Ne viene così che ogni insieme *misurabile* è equivalente ad un intervallo e che, viceversa, ogni insieme equivalente ad un intervallo, il quale sia contenuto in un segmento finito,

La condizione è sufficiente. Ricordiamo che ad ogni insieme chiuso può accoppiarsi un altro insieme, in esso contenuto, che gli sia equivalente e che equivalga ad un intervallo secondo la condiz. 3.ª) del n.° 35: è l'insieme che si ottiene sopprimendo dall'insieme chiuso gli estremi degli intervalli ad esso contigui (vedi n.° 36, *c*)). Allora, detto I un intervallo di lunghezza uguale ai due limiti dei quali si parla nell'enunciato, l'insieme dato risulta equivalente ad I per la condiz. 4.ª) del n.° 35.

La condizione è necessaria. La cosa è evidente per gli insiemi equivalenti ad un intervallo secondo le condizioni 1.ª) e 2.ª) del n.° 35. Se l'insieme E è equivalente ad un intervallo I secondo la condiz. 3.ª) del n.° 35, E è la differenza fra un intervallo I_1 e al più una successione di intervalli $\delta_1, \delta_2, \delta_3, \ldots$ di I_1, non sovrapponentisi. E è perciò contenuto nel gruppo di intervalli che si ottengono togliendo da I_1 i punti interni a $\delta_1, \delta_2, \ldots, \delta_n$; e gli intervalli di tal gruppo hanno una somma maggiore di I e tendente a I, per $n \to \infty$. D'altra parte, E contiene l'insieme chiuso E_n, che si ottiene togliendo da I_1 i punti interni agli intervalli $\delta_1', \delta_2', \delta_3', \ldots$, dove δ_r' è l'intervallo concentrico di δ_r e di lunghezza $\delta_r + \frac{1}{n.2^r}$. E poichè (n.° 36, *c*)) l'insieme E_n è equivalente ad un intervallo di lunghezza maggiore o uguale a

$$I_1 - \Sigma\delta_r' > I_1 - \Sigma\delta_r - \frac{1}{n} = I - \frac{1}{n},$$

la lunghezza di tale intervallo tende a diventare uguale o maggiore di I, per $n \to \infty$. Siccome poi (n.° 37) un componente di E non può essere equivalente ad un intervallo di lunghezza superiore a I, la proposizione enunciata risulta dimostrata anche in questo caso.

Resta il caso relativo alla condizione 4.ª) del n.° 35. Esiste, per quello che abbiamo già stabilito al n.° 35 *b*)), una successione di intervalli, non nulli e non sovrapponentisi,

---

è *misurabile*. Conviene osservare che, mentre la definizione di insieme misurabile del Lebesgue richiede che l'insieme sia *limitato*, quella invece di insieme equivalente ad un intervallo si applica anche agli insiemi non limitati.

comprendenti E, e tali che la loro somma sia di lunghezza minore di quella dell'intervallo I a cui è equivalente E, aumentata di $\frac{1}{n}$. Esiste poi un insieme E_1, contenuto in E, equivalente, secondo una delle condiz. 1.ª), 2.ª) e 3.ª) del n.° 35, ad un intervallo di lunghezza maggiore di $I - \frac{1}{2n}$; per quanto abbiamo già stabilito più sopra, esiste quindi anche un insieme chiuso, contenuto in E_1 e perciò in E, tale che la lunghezza dell'intervallo a cui è equivalente sia $> I - \frac{1}{n}$. Il teorema è così dimostrato completamente.

39. - **Seconda proprietà caratteristica degli insiemi equivalenti ad un intervallo.**

Premettiamo, per maggior semplicità, la seguente definizione. Diremo che un insieme lineare qualunque è *suvvalente nel senso generalizzato* ad un intervallo I, se è possibile determinare una successione di intervalli, non nulli e non sovrapponentisi, che lo contengano completamente e che abbiano una somma minore di I. Ciò posto, abbiamo:

Condizione necessaria e sufficiente affinchè un insieme lineare sia equivalente ad un intervallo, è che, preso ad arbitrio un intervallo ε, *l'insieme si possa ottenere da quello dei punti di un numero finito di intervalli, non nulli e non sovrapponentisi, aggiungendovi e togliendovi, rispettivamente, due altri insiemi, entrambi suvvalenti, nel senso generalizzato, ad* ε (1).

La condizione è necessaria. Se E è un insieme lineare equivalente ad un intervallo I, esistono (n.° 38) un suo componente chiuso C ed una successione D di intervalli, non nulli e non sovrapponentisi, ricoprenti interamente E, in modo che la differenza d, fra gli intervalli equivalenti a D e a C, risulti $< \varepsilon$. Indichiamo con S l'insieme dei punti dei primi m intervalli di D, m essendo il più piccolo numero per il quale la differenza fra gli intervalli equivalenti a D e ad S risulta $< \varepsilon$. Indichiamo poi con e l'insieme dei punti di E contenuti in $D - S$, e con $\bar{e}$ quello dei punti di S che non

(1) Cfr. Ch. J. de la Valleé Poussin, *Cours d'Analyse*. T. I (3e édit.), p. 63. (Paris, Gauthier-Villars, 1914).

fanno parte di E. È

$$(1) \qquad E \equiv S + e - \bar{e},$$

dove: S è un gruppo di un numero finito di intervalli, non nulli e non sovrapponentisi; e, insieme contenuto negli intervalli di $D - S$, che hanno una somma $< \varepsilon$, è suvvalente, nel senso generalizzato, ad ε; ed $\bar{e}$, insieme contenuto nelle parti non nulle degli intervalli contigui a C che sono comprese in S e che hanno una somma (n.° 36) minore o uguale a $d < \varepsilon$, è pure suvvalente, nel senso generalizzato, ad ε.

La condizione è sufficiente.

Sia, infatti,

$$E \equiv S + e - \bar{e},$$

ove S è un insieme composto di un numero finito di intervalli, non nulli e non sovrapponentisi, ed e e $\bar{e}$, che possiamo supporre senza punti comuni, sono suvvalenti, nel senso generalizzato, ad ε. Possiamo supporre senza punti comuni anche S ed e. Sia s una successione di intervalli, non nulli e non sovrapponentisi, racchiudenti e, e suvvalente ad ε. Indichiamo con s' la successione che si ottiene dalla precedente togliendo ai suoi intervalli quelle porzioni che eventualmente cadessero su S, e con D quella che si ottiene aggiungendo tale successione agli intervalli di S. La successione D è allora costituita di intervalli, non nulli e non sovrapponentisi, ricoprenti interamente E, ed è suvvalente a $S + \varepsilon$. Sia poi $\bar{s}$ una successione di intervalli, non nulli e non sovrapponentisi, racchiudenti $\bar{e}$, e suvvalente ad ε, e indichiamo con $\bar{s}'$ la successione che si ottiene sostituendo, ad ogni intervallo δ_r della precedente, quello concentrico di lunghezza $2\delta_r$, e sopprimendo poi le eventuali parti esterne ad S. Questa nuova successione, ricopre anch'essa l'insieme $\bar{e}$ ed è suvvalente a 2ε. L'insieme C' dei punti di S che non sono interni agli intervalli di $\bar{s}'$, è chiuso ed è equivalente ad un intervallo di lunghezza maggiore di quella l dell'intervallo a cui è equivalente S, diminuita di 2ε: infatti, detto (a, b) il minimo intervallo che contiene S, C' si ottiene togliendo da (a, b) i punti interni agli intervalli di $\bar{s}'$ e a quelli che separano gli intervalli di S. Indichiamo con C l'insieme che si ottiene da C' togliendovi quegli estremi degli intervalli di S che appartengono ad $\bar{e}$. Tali punti, se esistono, sono in numero finito e, dovendo appartenere ad intervalli di s', sono, per C', dei punti *isolati*. Ne segue che C è chiuso ed è equivalente a C', ossia è equivalente ad un intervallo di lunghezza maggiore di $l - 2\varepsilon$. E poichè C è contenuto in E, il teorema è dimostrato, in virtù del n.° 38.

40. - Pseudointervalli.

a) La condizione, data al n.° 38, affinchè un insieme lineare E sia equivalente ad un intervallo, si può esprimere anche dicendo che, preso un numero intero e positivo n, qualsiasi, devono sempre esistere almeno un componente chiuso C di E ed almeno una successione D di intervalli, non nulli e non sovrapponentisi e ricoprenti interamente E, tali che gli intervalli equivalenti a C e a D abbiano lunghezze diverse fra loro per meno di $\frac{1}{n}$.

Nel seguito, ci limiteremo a considerare soltanto quegli insiemi equivalenti ad un intervallo per i quali esiste almeno una legge che faccia corrispondere, a ciascun n, una coppia C e D ben determinata. Tali insiemi li chiameremo *pseudointervalli*; porremo cioè la seguente definizione:

Diremo **pseudointervallo** *un insieme di punti, lineare, E, tale che, per esso, esista almeno una legge la quale faccia corrispondere, ad ogni intero positivo n, un componente chiuso $C^{(n)}$ di E ed una successione $D^{(n)}$ di intervalli, non nulli e non sovrapponentisi e ricoprenti interamente E, in modo che la differenza fra le lunghezze degli intervalli equivalenti a $D^{(n)}$ e a $C^{(n)}$ sia minore di $\frac{1}{n}$.*

Diremo poi *misura* di uno pseudointervallo E, e l'indicheremo con $m(E)$, la lunghezza dell'intervallo a cui E è equivalente.

b) È evidente che sono *pseudointervalli* tutti gli insiemi equivalenti ad un intervallo secondo una delle condiz. 1.ª) e 2.ª) del n.° 35 ([1]).

([1]) Al n.° seguente risulterà che sono pseudointervalli anche gli insiemi equivalenti ad un intervallo secondo la condiz. 3.ª) del n.° 35. Così pure risulterà che è uno pseudointervallo, di misura nulla, ogni insieme lineare numerabile.

Anche ogni insieme lineare chiuso E è uno pseudointervallo.

Sia, infatti, (a, b) un intervallo contenente E e si consideri, relativamente ad (a, b), la successione degli intervalli contigui all'insieme, ordinati, per es., secondo il metodo seguito al n.° 3, $a)$: $\delta_1, \delta_2, \ldots, \delta_r, \ldots$. Si prenda, qualunque sia l'intero positivo n, $C^{(n)} \equiv E$; poi, indicato con r_n il più piccolo intero positivo soddisfacente alla disuguaglianza $\sum_{r_n+1}^{\infty} \delta_r < \frac{1}{2n}$, si indichi con $D_1^{(n)}$ l'insieme degli intervalli (alcuni dei quali possono essere anche nulli) che restano su (a, b) quando si sopprimano i punti interni agli intervalli $\delta_1, \delta_2, \ldots, \delta_{r_n}$. Se nessuno degli intervalli di $D_1^{(n)}$ è ridotto ad un punto solo, si ponga $D^{(n)} \equiv D_1^{(n)}$; in caso contrario, per ogni intervallo nullo di $D_1^{(n)}$ si costruisca il massimo intervallo, ad esso concentrico, di lunghezza $\leq \frac{1}{4nr_n}$, che non contenga, come punto interno, nessuno dei centri degli intervalli $\delta_1, \delta_2, \ldots, \delta_{r_n}$, e si prenda per $D^{(n)}$ l'insieme degli intervalli così costruiti e di quelli non nulli di $D_1^{(n)}$. Gli intervalli di $D^{(n)}$ sono tutti non nulli e non sovrapponentisi, e la somma delle loro lunghezze è $< (b - a) - \sum_1^{r_n} \delta_r + \frac{1}{2n} < (b - a) - \sum_1^{\infty} \delta_r + \frac{1}{n}$. E siccome $C^{(n)} \equiv E$ è equivalente ad un intervallo di lunghezza $(b - a) - \sum_1^{\infty} \delta_r$, E risulta uno pseudointervallo.

c) Dalle definizioni poste, risulta che la misura di un insieme chiuso, contenuto in (a, b), è data dalla differenza fra $b - a$ e la somma delle lunghezze degli intervalli contigui all'insieme, relativamente ad (a, b).

La misura di uno pseudointervallo risulta poi uguale al limite superiore di quelle dei suoi componenti chiusi, ed uguale anche al limite inferiore di quelle delle successioni di intervalli, non nulli e non sovrapponentisi, che lo ricoprono interamente.

d) Se E è uno pseudointervallo, la parte di E contenuta in un qualunque intervallo è pure uno pseudointervallo.

Se lo pseudointervallo E è contenuto in (a, b), anche il suo complementare rispetto ad (a, b) è uno pseudointervallo. Basta, per questo, osservare che, ad ogni insieme chiuso, contenuto in E, corrisponde l'insieme dei suoi intervalli contigui, i quali racchiudono il complementare di E, e che, ad ogni successione di intervalli contenenti E, corrisponde un insieme chiuso (quello dei punti di (a, b) non interni ai suoi intervalli) contenuto nel complementare di E.

e) *Qualora si abbia a considerare una successione di pseudointervalli* $E_1, E_2, E_3, \ldots, E_r, \ldots$, *intenderemo sempre che esista almeno una legge la quale faccia corrispondere, ad ogni intero positivo* n *e ad ogni* r, *un componente chiuso* $C_r^{(n)}$ *di* E_r, *ed una successione* $D_r^{(n)}$ *di intervalli, non nulli e non sovrapponentisi e ricoprenti interamente* E_r, *in modo che sia* $m(D_r^{(n)}) - m(C_r^{(n)}) < \frac{1}{n}$.

41. - **Operazioni sugli pseudointervalli.**

a) Mostriamo dapprima come si possa, data che sia una successione s di intervalli non nulli, che abbiano una somma $< \varepsilon$, costruirne un'altra suvvalente ad ε, costituita di intervalli *non nulli e non sovrapponentisi*, i quali contengano tutti i punti degli intervalli di s.

Siano $\delta_1, \delta_2, \delta_3, \ldots$ gli intervalli di s. Poniamo $\delta_1' \equiv \delta_1$, $\delta_2' \equiv$ alla parte di δ_2 esterna a δ_1', e nel caso ve ne fossero due, siano esse, ordinatamente nel senso da sinistra a destra, δ_2' e δ_3'; si prendano poi le parti di δ_3 esterne a δ_1', δ_2', δ_3' e così via. La successione $\delta_1', \delta_2', \delta_3', \ldots$ è formata di intervalli non nulli e non sovrapponentisi, i quali contengono tutti i punti di quelli di s. Inoltre, è evidente che la somma dei primi n intervalli δ' è minore di quella dei primi m intervalli δ, se m è un numero convenientemente grande; è perciò $\delta_1' + \delta_2' + \ldots + \delta_n' + \ldots < \varepsilon$;

b) Dato un numero finito od una successione di successioni di intervalli non nulli:

$$\delta_r^{(1)}, \quad \delta_r^{(2)}, \ldots, \quad \delta_r^{(n)}, \ldots, \qquad r = 1, 2, \ldots$$

tali che gli intervalli di una medesima successione non siano fra loro sovrapposti e che le varie successioni siano rispettivamente suvvalenti a $\varepsilon_1, \varepsilon_2, \ldots, \varepsilon_r, \ldots$, fissiamo un procedimento per formare una successione di intervalli non nulli e non sovrapponentisi, contenenti tutti i punti che appartengono ad almeno un $\delta_r^{(n)}$ ($n = 1, 2, \ldots$; $r = 1, 2, \ldots$), la quale sia suvvalente a $\Sigma\varepsilon_r$. Ordiniamo, a tal uopo, tutti gli intervalli $\delta_r^{(n)}$ in un' unica successione

$$\delta_1', \quad \delta_2', \quad \delta_3', \ldots,$$

dove δ_1' coincide con $\delta_1^{(1)}$; δ_2' con $\delta_1^{(2)}$ e δ_3' con $\delta_2^{(1)}$; δ_3' con $\delta_1^{(3)}$, δ_4' con $\delta_2^{(2)}$, δ_5' con $\delta_3^{(1)}$; ecc. .... È chiaro che la successione scritta è suvvalente a $\Sigma\varepsilon_r$. Da essa deduciamo, col metodo fissato in a), la successione

$$\delta_1, \quad \delta_2, \quad \delta_3, \ldots,$$

di intervalli non nulli e non sovrapponentisi, la quale è suvvalente a $\Sigma\varepsilon_r$. Un punto qualunque di un $\delta_r^{(n)}$, appartenendo ad un δ'_r, appartiene anche ad un δ_r.

c) *Se E_1, E_2 sono due pseudointervalli, senza punti comuni, l'insieme $E_1 + E_2$ è anch'esso uno pseudointervallo, e si ha $m(E_1 + E_2) = m(E_1) + m(E_2)$.*

Supponiamo, dapprima, che E_1 e E_2 siano chiusi: allora $E_1 + E_2$ è anch'esso chiuso, e perciò è uno pseudointervallo. Detto (a, b) un intervallo che abbia tutti i punti di $E_1 + E_2$ come punti interni, essendo E_1 e E_2 senza punti comuni, i punti di E_2 sono tutti contenuti negli intervalli contigui a E_1, rispetto ad (a, b), ed anzi (n.° 33) in un numero finito di essi: $\delta_1, \delta_2, \ldots, \delta_m$. Siano $\delta_{m+1}, \delta_{m+2}, \ldots$ gli altri intervalli contigui a E_1. Le parti degli intervalli contigui a E_2, contenute in $\delta_1, \delta_2, \ldots, \delta_m$, hanno una lunghezza complessiva $= (b - a) - m(E_2) - [(b - a) - \delta_1 - \delta_2 - \ldots - \delta_m]$. Ma tali parti più δ_{m+1}, $\delta_{m+2}, \ldots$ hanno gli intervalli contigui a $E_1 + E_2$. Dunque $(b - a) - m(E_1 + E_2) = \Sigma\delta_r - m(E_2) = (b - a) - m(E_1) - m(E_2)$, ossia $m(E_1 + E_2) = m(E_1) + m(E_2)$.

Passiamo ora al caso generale, e, fissata per E_1 una legge, di cui alla definizione di pseudointervallo (n.° 40, a)), e fissatane poi un'altra per E_2, indichiamo gli elementi $C^{(n)}$ e $D^{(n)}$, relativi a E_1, con $C_1^{(n)}$ e $D_1^{(n)}$, e quelli relativi a E_2 con $C_2^{(n)}$, $D_2^{(n)}$. Posto $C_3^{(n)} \equiv C_1^{(2n)} + C_2^{(2n)}$, $C_3^{(n)}$ risulta chiuso e tutto contenuto in $E_1 + E_2$; di più, essendo $C_1^{(2n)}$ e $C_2^{(2n)}$ senza punti comuni, è

$$m(C_3^{(n)}) = m(C_1^{(2n)}) + m(C_2^{(2n)}). \tag{1}$$

Indichiamo poi con $D_3^{(n)}$ la successione di intervalli, non nulli e non sovrapponentisi, che, col metodo esposto in *b*), si deduce dalle due $D_1^{(2n)}$, $D_2^{(2n)}$. Siccome è

$$m(D_1^{(2n)}) > m(C_1^{(2n)}) + \frac{1}{2n}, \quad m(D_2^{(2n)}) < m(C_2^{(2n)}) + \frac{1}{2n},$$

è pure

$$m(D_3^{(n)}) < m(C_1^{(2n)}) + m(C_2^{(2n)}) + \frac{1}{n}, \tag{2}$$

e negli intervalli della $D_3^{(n)}$ sono contenuti tutti i punti di $E_1 + E_2$. È dunque $m(D_3^{(n)}) - m(C_3^{(n)}) < \frac{1}{n}$, ciò che prova che $E_1 + E_2$ è uno pseudointervallo.

Da (1) e (2) segue poi

$$m(E_1 + E_2) \geq m(C_3^{(n)}) > m(E_1) + m(E_2) - \frac{1}{n},$$

$$m(E_1 + E_2) \leq m(D_3^{(n)}) < m(E_1) + m(E_2) + \frac{1}{n},$$

e ne risulta

$$| m(E_1 + E_2) - m(E_1) - m(E_2) | < \frac{1}{n}.$$

Il teorema è completamente stabilito; e si estende subito alla somma di un numero finito qualunque di pseudointervalli E_1, $E_2, \ldots, E_n$, a due a due senza punti comuni.

d) *Se* $E_1, E_2, \ldots, E_r, \ldots$ *è una successione di pseudointervalli, a due a due senza punti comuni e tali che sia convergente la serie* $\sum_1^\infty m(E_r)$, *l'insieme* $E \equiv E_1 + E_2 + \ldots + E_r + \ldots$ *è anch'esso uno pseudointervallo, e si ha* $m(E) = \sum_1^\infty m(E_r)$.

Scegliamo il primo numero intero positivo s tale che sia $m(E_{s+1}) + m(E_{s+2}) + \ldots < \frac{1}{2n}$.

Fissata una legge che faccia corrispondere, ad ogni coppia r, n, gli elementi $C_r^{(n)}$ e $D_r^{(n)}$, di cui al n.° 40, *e*), poniamo

$$C^{(n)} \equiv C_1^{(2^2 n)} + C_2^{(2^3 n)} + \ldots + C_s^{(2^{s+1} n)}.$$

Questo insieme risulta chiuso e tutto contenuto in E, ed è

(3) $$m(C^{(n)}) = m(C_1^{(2^2 n)}) + ... + m(C_s^{(2^{s+1} n)}),$$

Indichiamo, con $D^{(n)}$ la successione di intervalli, non nulli e non sovrapponentisi, che, col metodo dato in *b*), si deduce dalle $D_1^{(2^2 n)}$, $D_2^{(2^3 n)}$, ..., $D_r^{(2^{r+1} n)}$, ...

Siccome è

$$m(D_r^{(2^{r+1} n)}) < m(C_r^{(2^{r+1} n)}) + \frac{1}{2^{r+1} n} < m(E_r) + \frac{1}{2^{r+1} n},$$

è pure

(4) $$m(D^{(n)}) < \sum_1^\infty m(D_r^{(2^{r+1} n)}) < \sum_1^s m(C_r^{(2^{r+1} n)}) + \sum_{s+1}^\infty m(E_r) + \frac{1}{2n},$$

e perciò

$$m(D^{(n)}) - m(C^{(n)}) < \frac{1}{n}.$$

E poichè tutti i punti di E risultano contenuti negli intervalli di $D^{(n)}$, E è uno pseudointervallo. Segue poi, da (3) e (4),

$$m(E) \geq m(C^{(n)}) > \sum_1^s m(E_r) - \frac{1}{2n} > \sum_1^\infty m(E_r) - \frac{1}{n},$$

$$m(E) \leq m(D^{(n)}) < \sum_1^\infty m(E_r) + \frac{1}{n},$$

donde

$$\left| m(E) - \sum_1^\infty m(E_r) \right| < \frac{1}{n}.$$

Siccome n è arbitrario, il teorema è dimostrato.

Osservazione — Se gli E_r sono tutti contenuti in un intervallo (a, b), la convergenza della serie $\Sigma\, m(E_r)$ è assicurata dal fatto che $\sum_1^m m(E_r)$ è sempre minore o uguale a $b - a$.

e) *Se E_1 e E_2 sono due pseudointervalli, ed il primo contiene il secondo, anche $E_1 - E_2$ è uno pseudointervallo, e si ha $m(E_1 - E_2) = m(E_1) - m(E_2)$.*

Si consideri la successione di intervalli, non nulli e non sovrapponentisi, δ_1, δ_2, ..., δ_r, ..., dove è $\delta_r \equiv \left(\frac{r-1}{2}, \frac{r+1}{2}\right)$, se r è dispari, e $\delta_r \equiv \left(-\frac{r}{2}, -\frac{r-2}{2}\right)$, se r è pari. Le parti $E_{1,r}$, $E_{2,r}$ di E_1, E_2, rispettivamente, contenute in δ_r, sono degli pseudointervalli (n.° 40, *d*)), e il complementare di $E_{1,r} - E_{2,r}$, relativamente a δ_r, è dato dal complementare di $E_{1,r}$ più $E_{2,r}$, ed è esso pure uno pseudointervallo. È dunque tale anche $E_{1,r} - E_{2,r}$ (n.° 40, *d*)). Siccome poi è

$$\sum_1^s m(E_{1,r} - E_{2,r}) \leq \sum_1^s m(E_{1,r}) \leq m(E_1),$$

è uno pseudointervallo (*d*)) anche $\sum_1^\infty (E_{1,r} - E_{2,r}) \equiv E_1 - E_2$ [1].

E poichè si ha, per *c*), $m(E_1) = m([E_1 - E_2] + E_2) = m(E_1 - E_2) + m(E_2)$, ne viene $m(E_1 - E_2) = m(E_1) - m(E_2)$.

f) *Se* E_1 *e* E_2 *sono due pseudointervalli, l'insieme* $E_1 E_2$ *è anch'esso uno pseudointervallo.*

Siano $C_1^{(n)}$ e $D_1^{(n)}$ gli elementi $C^{(n)}$ e $D^{(n)}$ relativi a E_1, secondo una qualsiasi delle leggi di cui alla definizione di pseudointervallo (n.° 40, *a*)), e $C_2^{(n)}$ e $D_2^{(n)}$ quelli relativi a E_2. Poniamo $C_3^{(n)} \equiv C_1^{(3n)} C_2^{(3n)}$ e indichiamo con $\overline{D}_3^{(n)}$ la successione dedotta, col metodo dato in *b*) [2], dalle successioni delle parti degli intervalli di $D_2^{(3n)}$ che appartengono, rispettivamente, al primo, al secondo, al terzo,.... intervallo di $D_1^{(3n)}$. $C_3^{(n)}$ risulta un componente chiuso di $E_1 E_2$, e $\overline{D}_3^{(n)}$ ricopre completamente questo insieme $E_1 E_2$. Osserviamo ora che l'insieme chiuso $C_1^{(3n)} + C_2^{(3n)}$ è dato dalla somma di $C_1^{(3n)}$ e $C_2^{(3n)} - C_3^{(n)}$, che sono due pseudointervalli senza punti comuni, e che perciò è

$$(5) \qquad m(C_1^{(3n)} + C_2^{(3n)}) = m(C_1^{(3n)}) + m(C_2^{(3n)}) - m(C_3^{(n)}).$$

Osserviamo, inoltre, che, essendo

$$D_1^{(3n)} + D_2^{(3n)} \equiv D_1^{(3n)} + (D_2^{(3n)} - \overline{D}_3^{(n)}),$$

dove le due parti del secondo membro sono pseudointervalli senza punti comuni, è

$$(6) \qquad m(D_1^{(3n)} + D_2^{(3n)}) = m(D_1^{(3n)}) + m(D_2^{(3n)}) - m(\overline{D}_3^{(n)}).$$

---

[1] È evidente che la proposizione data in *d*) vale anche se gli insiemi $E_1 + E_2 + \dots + E_r$ e E_{r+1} hanno un punto comune, appartenendo però a due intervalli non sovrapponentisi.

[2] Tale metodo è applicabile anche se si hanno degli intervalli nulli.

E siccome $C_1^{(3n)} + C_2^{(3n)}$ è un componente di $E_1 + E_2$ e quindi di $D_1^{(3n)} + D_2^{(3n)}$, il 1.° membro della (5) non può superare quello della (6), onde si ha

$$(7) \qquad m(\overline{D}_3^{(n)}) - m(C_3^{(n)}) \leq [m(D_1^{(3n)}) - m(C_1^{(3n)})] + \\ + [m(D_2^{(3n)}) - m(C_2^{(3n)})] < \frac{2}{3n}.$$

Se nessuno degli intervalli di $\overline{D}_3^{(n)}$ è nullo, questo basta a provare che $E_1 E_2$ è uno pseudointervallo. In caso contrario, se l' r^{mo} intervallo di $\overline{D}_3^{(n)}$ è nullo, gli si sostituisca l'intervallo concentrico di lunghezza $\frac{1}{3n2^{r+1}}$, e dalla nuova successione che così si ottiene se ne deduca, col metodo indicato in *a*), l'altra, che chiameremo $D_3^{(n)}$, a intervalli non nulli e non sovrapponentisi. Avremo

$$m(D_3^{(n)}) \leq m(\overline{D}_3^{(n)}) + \frac{1}{3n},$$

e per la (7), $m(D_3^{(n)}) - m(C_3^{(n)}) < \frac{1}{n}$; e siccome $D_3^{(n)}$ contiene tutti i punti di $E_1 E_2$, ciò prova che questo insieme è uno pseudointervallo.

La proposizione si estende subito all'insieme $E_1 E_2 \ldots. E_r$, dei punti che appartengono contemporaneamente a tutti gli pseudointervalli $E_1, E_2, \ldots., E_r$.

g) *Se $E_1, E_2, \ldots., E_r, \ldots.$ è una successione di pseudointervalli, ciascuno dei quali è contenuto nel precedente, l'insieme E dei punti che appartengono contemporaneamente a tutti gli E_r è uno pseudointervallo, e si ha* $m(E) = \lim_{r \to \infty} m(E_r)$.

È evidentemente $E_1 \equiv E + (E_1 - E_2) + (E_2 - E_3) + \ldots.$. L'insieme $(E_1 - E_2) + (E_2 - E_3) + \ldots.$ è, per *d*) e *e*), uno pseudointervallo, e la sua misura è data da $m(E_1 - E_2) + m(E_2 - E_3) + \ldots. = [m(E_1) - m(E_2)] + [m(E_2) - m(E_3)] + \ldots. = m(E_1) - \lim_{r \to \infty} m(E_r)$. È dunque [*e*)] E uno pseudointervallo e si ha $m(E) = m(E_1) - [m(E_1) - \lim m(E_r)] = \lim m(E_r)$.

h) *Se $E_1, E_2, \ldots., E_r, \ldots.$ è una successione di pseudointervalli, l'insieme $E_1 E_2 E_3 \ldots.$ è uno pseudointervallo.*

Gli insiemi

$$E_1 E_2, \quad E_1 E_2 E_3, \ldots., \quad E_1 E_2 \ldots. E_r, \ldots.$$

sono [f)] degli pseudointervalli e ciascuno di essi è contenuto nel precedente. Ora l'insieme $E_1 E_2 E_3 \ldots.$ è quello dei punti appartenenti contemporaneamente a tutti gli insiemi $E_1 E_2 \ldots. E_r$, per g) esso è dunque uno pseudointervallo. Si ha, inoltre, che la sua misura è minore o uguale alla misura di uno qualunque degli insiemi $E_1 E_2 \ldots. E_r$ e quindi anche minore o uguale a quella di uno qualunque degli E_r.

i) *Se $E_1, E_2, \ldots., E_r, \ldots.$ è una successione di pseudointervalli, ciascuno dei quali contiene il precedente, e se $m(E_r)$ resta, qualunque sia r, inferiore ad un numero fisso, l'insieme E dei punti che appartengono ad almeno un E_r è uno pseudointervallo, e si ha $m(E) = \lim_{r \to \infty} m(E_r)$.*

È

$$E \equiv E_1 + E_2 + E_3 + \ldots. \equiv E_1 + (E_2 - E_1) + (E_3 - E_2) + \ldots.,$$

dunque, per e) e d), E è uno pseudointervallo, ed è

$$\begin{aligned} m(E) &= m(E_1) + m(E_2 - E_1) + m(E_3 - E_2) + \ldots. \\ &= m(E_1) + [m(E_2) - m(E_1)] + [m(E_3)] - m(E_2)] + \ldots., \end{aligned}$$
$$m(E) = \lim m(E_r).$$

l) *Se $E_1, E_2, \ldots., E_r, \ldots.$ è una successione di pseudointervalli, e se $m(E_r)$ resta, qualunque sia r, inferiore ad un numero fisso, l'insieme E dei punti per ciascuno dei quali esiste almeno un $\bar{r}$ tale che esso punto appartenga a tutti gli E_r di indice $\geq \bar{r}$, è uno pseudointervallo; e se fra gli E_r ve n'è un' infinità di misura $\leq k$, si ha $m(E) \leq k$.*

L'insieme E è uno pseudointervallo perchè è

$$E \equiv (E_1 E_2 E_3 \ldots.) + (E_2 E_3 E_4 \ldots.) + \ldots. + (E_r E_{r+1} E_{r+2} \ldots.) + \ldots.,$$

[h) e i)].

Se è, per infiniti valori di r, $m(E_r) \leq k$, è anche, qualunque sia r, minore o uguale a k la misura di $E_r E_{r+1} E_{r+2} \ldots.$ Il limite, per $r \to \infty$, di tale misura è, secondo i), $m(E)$, donde $m(E) \leq k$.

§ 3. - Le funzioni quasi-continue.

42. Definizione di funzione quasi-continua in un intervallo.

Premettiamo che una funzione $f(x)$, definita in (a, b), dicesi *continua in un insieme E*, di punti di tale intervallo, se, ad ogni punto x dell'insieme e ad ogni $\varepsilon > 0$, corrisponde almeno un intervallo non nullo δ, di centro x, in modo che si abbia, per tutti i punti x' di E appartenenti a δ,

$$|f(x) - f(x')| < \varepsilon.$$

Ciò posto,

una funzione $f(x)$, definita nell' intervallo (a, b)[1], *la diremo* **quasi-continua** *nell' intervallo medesimo se esiste almeno una legge che faccia corrispondere, ad ogni intero positivo n, un insieme chiuso $E^{(n)}$, di punti di (a, b), di misura $> (b - a) - \frac{1}{n}$ e tale che in esso la $f(x)$ sia continua.*

In altre parole, la $f(x)$ è quasi-continua in (a, b) se esiste almeno una legge che faccia corrispondere, ad ogni n, una successione di intervalli, non nulli e non sovrapponentisi, di (a, b), di lunghezza complessiva minore di $\frac{1}{n}$, in modo che, soppressi da (a, b) i punti interni agli intervalli della successione, nell'insieme dei punti rimanenti la $f(x)$ risulti continua.

È evidente che ogni funzione continua in (a, b) è ivi anche quasi-continua; e tale è pure ogni funzione che in (a, b) ammetta solo un' infinità numerabile di discontinuità. Per giustificare questa seconda affermazione, basta osservare che un insieme numerabile di punti è uno pseudointervallo di misura nulla (n.° 41, *d*)) e che, perciò, l'insieme dei punti di continuità della funzione considerata è uno pseudointervallo di misura $(b - a)$. Vedremo fra poco quanto sia estesa la classe delle funzioni quasi-continue.

43. - Proprietà delle funzioni quasi-continue.

a) Data una funzione $f(x)$ quasi-continua nell' intervallo (a, b), si fissi una legge che faccia corrispondere, ad

---

(1) Avente cioè un valore (finito) per ogni x di (a, b).

ogni n, un insieme chiuso $E^{(n)}$, come è detto nella definizione del n.° precedente, e si costruisca la funzione $f^{(n)}(x)$ nel seguente modo: si ponga, in $E^{(n)}$, $f^{(n)}(x) = f(x)$, e negli intervalli contigui ad $E^{(n)}$ si faccia variare $f^{(n)}(x)$ linearmente, fra i valori già fissati negli estremi; se il punto a non appartiene ad $E^{(n)}$, nell'intervallo contiguo ad $E^{(n)}$, avente il primo estremo in a, si imponga alla $f^{(n)}(x)$ di restare costante, e altrettanto si faccia per b. La funzione $f^{(n)}(x)$ è continua in tutto (a, b). Ciò è chiaro se x è un punto interno ad un intervallo contiguo ad $E^{(n)}$; ed è anche chiaro che la $f^{(n)}(x)$ è continua a destra (sinistra) nel primo (secondo) estremo di un tale intervallo. Per stabilire la continuità nei punti di $E^{(n)}$, basta osservare che la $f^{(n)}(x)$ è continua nell'insieme $E^{(n)}$ e che i valori di $f^{(n)}(x)$ nei punti interni ad un intervallo contiguo sono compresi fra quelli che la funzione assume negli estremi. Ne viene dunque, fissata che sia una legge come sopra si è detto, che, *ad ogni intero n, corrisponde una funzione $f^{(n)}(x)$, continua in tutto l'intervallo, la quale coincide con la $f(x)$ in tutti i punti dell'insieme chiuso $E^{(n)}$, di misura $> (b-a) - \frac{1}{n}$.*

b) L'insieme dei punti di (a, b) nei quali la funzione quasi-continua $f(x)$ soddisfa alla disuguaglianza $f(x) \leq M$, dove M è un numero comunque scelto, è uno pseudointervallo.

Sia E l'insieme detto e considerata una qualunque delle leggi di cui alla definizione di funzione quasi-continua (n.° 42), indichiamo con $C^{(n)}$ l'insieme di quei punti di $E^{(2n)}$ ove è $f(x) \leq M$. Essendo $f(x)$ una funzione continua in $E^{(2n)}$, $C^{(n)}$ è un insieme chiuso, perchè tale è $E^{(2n)}$; esso poi è un componente di E. I punti di E che non fanno parte di $C^{(n)}$ sono contenuti negli intervalli contigui a $E^{(2n)}$ (rispetto ad (a, b)), i quali, ordinati per lunghezze non crescenti e in modo che quelli di uguale lunghezza si presentino nello stesso ordine in cui si trovano su (a, b), formano una successione $\delta_1, \delta_2, \delta_3, \ldots$; ed è

$$\Sigma\delta_r = (b-a) - m(E^{(2n)}) < \frac{1}{2n}.$$

Siano $\delta_1', \delta_2', \ldots$ gli intervalli contigui a $C^{(n)}$ ordinati come i δ_r. Detto r_1 il minimo intero positivo tale che

$$\delta'_{r_1+1} + \delta'_{r_1+2} + \delta'_{r_1+3} + \dots < \frac{1}{2n},$$

consideriamo gli intervalli che restano in (a, b) dopo tolti i punti interni a $\delta_1', \delta_2', \dots \delta_{r_1}'$; essi saranno, disposti nell'ordine stesso in cui si presentano in (a, b), $\delta_1'', \delta_2'', \dots \delta_s''$ $(s \leq r_1 + 1)$, e si avrà

$$\delta_1'' + \delta_2'' + \dots + \delta_s'' = (b - a) - \delta_1' - \dots - \delta_{r_1}' =$$

$$= (b - a) - \sum_1^{\infty} \delta_r' + \sum_{r=r_1+1}^{\infty} \delta_r' < m(C^{(n)}) + \frac{1}{2n};$$

e i punti di $C^{(n)}$ saranno tutti contenuti in questi intervalli $\delta_1'', \dots, \delta_s''$.

Qualora fra questi δ'' ve ne fossero dei nulli, converremo di sostituire a tutti quelli nulli gli intervalli concentrici, di unghezza

$$\frac{1}{2s}\left\{ m(C^{(n)}) + \frac{1}{2n} - \delta_1'' - \delta_2'' - \dots - \delta_s'' \right\}.$$

Così, anche dopo la sostituzione operata, avremo sempre

$$\delta_1'' + \delta_2'' + \dots + \delta_s'' < m(C^{(n)}) + \frac{1}{2n}$$

Indichiamo allora con $D_1^{(n)}$ la successione di intervalli che si ottiene aggiungendo a $\delta_1'', \delta_2'', \dots, \delta_s''$, gli intervalli $\delta_1, \delta_2, \dots$ La somma di tutti questi intervalli è

$$< \left(m(C^{(n)}) + \frac{1}{2n} \right) + \frac{1}{2n} = m(C^{(n)}) + \frac{1}{n}.$$

Poichè gli intervalli di $D_1^{(n)}$ contengono tutti i punti di E, anche la successione $D^{(n)}$, dedotta da $D_1^{(n)}$ col metodo del n.° 41, a), e composta di intervalli non nulli e non sovrapponentisi, contiene nei suoi intervalli l'insieme E ed ha una somma minore di $m(C^{(n)}) + \frac{1}{n}$. Ciò mostra che E è uno pseudointervallo.

Parimente è uno pseudointervallo l'insieme dei punti

di (a, b) ove si ha $f(x) \geq M$, e pseudointervalli sono pure (n.° 41) quelli ove è $f(x) < M$, $f(x) > M$, $f(x) = M$.

Prendendo poi la parte comune ai due pseudointervalli nei quali è, rispettivamente, $f(x) \leq M$, $f(x) \geq N$ si ottiene che è uno pseudointervallo anche l'insieme dei punti ove si ha $N \leq f(x) \leq M$. E così anche l'altro ove è $N < f(x) < M$ [1].

c) Dal ragionamento fatto in *b*), risulta che, se E_r indica lo pseudointervallo dei punti di (a, b) in cui la funzione quasi-continua $f(x)$ soddisfa alla disuguaglianza $f(x) \leq r$, per la successione $E_r (r = 1, 2, 3, ...)$ risulta definita una delle leggi di cui al n.° 40, *e*).

Altrettanto dicasi se E_r è lo pseudointervallo dei punti di (a, b) in cui è $f(x) > r$, oppure $f(x) = r$.

Risulta anche che, se è $E_{p,q}$ lo pseudointervallo dei punti di (a, b) in cui è $p \leq f(x) \leq q$, esiste una legge, almeno, la quale, ad ogni coppia (p, q) e ad ogni intero positivo n, faccia corrispondere un componente chiuso $C_{p,q}^{(n)}$ di $E_{p,q}$ ed una successione $D_{p,q}^{(n)}$ di intervalli, non nulli e non sovrapponentisi, e ricoprenti interamente $E_{p,q}$, in modo che sia

$$m(D_{p,q}^{(n)}) - m(C_{p,q}^{(n)}) < \frac{1}{n}.$$

d) *Se $f(x)$ è quasi-continua in (a, b), l'insieme E_N dei punti nei quali è $f(x) \geq N$, è uno pseudointervallo la cui misura tende a zero per $N \to \infty$.* Infatti, in caso contrario, si avrebbe $m(E_N) > \delta > 0$ per tutti gli N, perchè, se è $N' > N$, $E_{N'}$ è contenuto in E_N. Allora, detto $\overline{E}$ l'insieme dei punti che appartengono contemporaneamente a tutti gli insiemi $E_1, E_2, ..., E_r, ...$, si avrebbe (n.° 41, *g*)) $m(\overline{E}) \geq \delta$ e nei punti di $\overline{E}$ la $f(x)$ non potrebbe avere valore finito.

e) *Se $f(x)$ è quasi-continua in (a, b), sono quasi-continue, nello stesso intervallo, anche $-f(x)$ e $|f(x)|$.* La proposizione è evidente.

f) ***Se $f(x)$ è una funzione quasi-continua e $f_1(x)$ differisce da $f(x)$ solo in uno pseudointervallo E di misura nulla, anche $f_1(x)$ è quasi-continua.***

---

[1] Le proprietà, qui stabilite per le funzioni quasi-continue, mostrano che tali funzioni *sono misurabili* nel senso del Lebesgue. (Cfr. *Leçons sur l'intégration*, etc., pag. 110).

Sia $D^{(2n)}$ la successione di intervalli non sovrapponentisi, contenenti E e di lunghezza complessiva $< \frac{1}{2n}$, determinata secondo una delle leggi di cui si parla al n.° 40, *a*). Sia poi $E^{(n)}$ il solito insieme corrispondente a $f(x)$ (n.° 42). I punti di $E^{(2n)}$ che non sono interni a qualche intervallo di $D^{(2n)}$ costituiscono un insieme chiuso $E_1^{(n)}$, di misura

$$> m(E^{(2n)}) - \frac{1}{2n} > (b - a) - \frac{1}{n}.$$

In $E_1^{(n)}$ è $f_1 = f$, dunque f_1 è quasi-continua.

44. - Operazioni sulle funzioni quasi-continue.

La somma, la differenza, il prodotto e il quoziente di due funzioni quasi-continue in (a, b), sono funzioni quasi-continue (nel caso del quoziente, il divisore non dovrà mai annullarsi in (a, b)).

Siano $f_1(x)$ e $f_2(x)$ due funzioni quasi-continue in (a, b), e $E_1^{(n)}$, $E_2^{(n)}$, $f_1^{(n)}(x)$, $f_2^{(n)}(x)$ gli insiemi e le funzioni, di cui si è parlato al n.° precedente, *a*), relativi ad esse. Indichiamo con $E^{(n)}$ la parte comune a $E_1^{(2n)}$ e $E_2^{(2n)}$. Poichè questi due insiemi sono chiusi, è chiuso pure $E^{(n)}$, e si avrà

$$m(E^{(n)}) > (b - a) - \frac{1}{n}.$$

La funzione $f_1^{(2n)} + f_2^{(2n)}$ è continua in tutto (a, b), come lo sono $f_1^{(2n)}$ e $f_2^{(2n)}$, e in $E^{(n)}$ è uguale a $f_1 + f_2$; dunque $f_1 + f_2$ è una funzione continua in $E^{(n)}$ e quindi quasi-continua in (a, b). Analogamente per la differenza, il prodotto e il quoziente.

Si ha pure, *se $f(x)$, quasi-continua, è sempre ≥ 0, e se è $\alpha > 0$, che è quasi-continua anche $\overline{f(x)}^{\alpha}$*: ciò risulta immediatamente dal fatto che $\overline{f^{(n)}(x)}^{\alpha}$ è continua come la $f^{(n)}(x)$, e coincide con $\overline{f(x)}^{\alpha}$ in $E^{(n)}$.

45. - Successioni di funzioni quasi-continue.

a) Premettiamo che, *considerando una successione*

$$f_1(x), \quad f_2(x), \ldots, \quad f_r(x), \ldots$$

di funzioni quasi-continue in (a, b), intenderemo sempre che esista almeno una legge la quale faccia corrispondere, ad ogni intero positivo n e ad ogni r, un insieme chiuso $E_r^{(n)}$, di punti di (a, b), di misura $> (b - a) - \frac{1}{n}$, e tale che in esso la $f_r(x)$ sia continua.

Vale la seguente proposizione:

Se la successione di funzioni quasi-continue

$$f_1(x), \quad f_2(x), \ldots, \quad f_r(x), \ldots$$

converge quasi dappertutto in (a, b) [1] *verso una funzione $f(x)$, questa funzione è anch' essa quasi-continua.*

Sia E l'insieme dei punti di (a, b) in cui la successione converge verso la $f(x)$, e fissata una delle leggi di cui abbiamo parlato più sopra, e scelti tre numeri interi positivi r, h e p, si indichi con $E_{r,h}$ l'insieme dei punti di (a, b) ove è

$$|f_r(x) - f_{r+h}(x)| \leq \frac{1}{p}.$$

Per i n.[i] 44 e 43 (e) e b)), $E_{r,h}$ è uno pseudointervallo. L'insieme $E_r \equiv E_{r,1} E_{r,2} E_{r,3} \ldots$ è pure (n.° 41, h)) uno pseudointervallo, e in esso la disuguaglianza soprascritta è verificata per tutti gli h, da 1 a ∞. Sia E' l'insieme dei punti di (a, b) per ciascuno dei quali esiste almeno un $\bar{r}$ tale che esso punto appartenga a tutti gli E_r di indice $\geq \bar{r}$. L'insieme E' è uno pseudointervallo (n.° 41, l)), e poichè i punti di E devono necessariamente far parte di E', e il complementare di E rispetto ad (a, b) deve essere rinchiudibile in una successione di intervalli di lunghezza complessiva piccola a piacere, lo pseudointervallo E' ha per misura $b - a$. Da ciò segue che la misura di E_r tende, per $r \to \infty$, a $b - a$: ed infatti, nel caso contrario, vi sarebbero infiniti E_r di misura inferiore a $(b - a) - \delta$, con δ numero conveniente, ed E' non potrebbe avere per misura $b - a$ (n.° 41, l)).

---

[1] Cioè (cfr. n.° 11) in tutti i punti di (a, b), eccettuati, al più, quelli di un insieme rinchiudibile in una successione di intervalli di lunghezza omplessiva piccola a piacere.

Sia r_p il più piccolo valore di r, maggiore di r_{p-1}, per il quale è $m(E_{r_p}) > (b-a) - \frac{1}{3n.2^p}$, essendo n un intero positivo. L'insieme $E_{r_1} E_{r_2} E_{r_3} \ldots E_{r_p} \ldots$ è (n.° 41, h)) uno pseudointervallo, ed è l'insieme dei punti che appartengono contemporaneamente a $E_{r_1} E_{r_2}$, $E_{r_1} E_{r_2} E_{r_3}, \ldots$. Ora, è

$$m(E_{r_1} E_{r_2}) > (b-a) - \frac{1}{3n.2} - \frac{1}{3n.2^2},$$

$$m(E_{r_1} E_{r_2} E_{r_3}) > (b-a) - \frac{1}{3n.2} - \frac{1}{3n.2^2} - \frac{1}{3n.2^3}, \ldots;$$

dunque

$$m(E_{r_1} E_{r_2} E_{r_3} \ldots E_{r_p} \ldots) > (b-a) - \frac{1}{3n}.$$

Se x è un punto di $E_{r_1} E_{r_2} \ldots E_{r_p} \ldots$, è, per ogni p e per tutti gli h,

$$|f_{r_p}(x) - f_{r_{p+h}}(x)| \leq \frac{1}{p},$$

quindi la successione

$$f_{r_1}(x),\ f_{r_2},\ \ldots,\ f_{r_p}(x), \ldots$$

è convergente, e converge uniformemente in tutto l'insieme detto.

Lo pseudointervallo E' definito più sopra in corrispondenza di p, indichiamolo, più specificatamente, con $E'(p)$. La sua misura è sempre $b-a$, ed esso contiene $E'(p+1)$. L'insieme

$$E'(1) E'(2) E'(3) \ldots$$

è allora (n.° 41, g)) uno pseudointervallo, di misura $b-a$. Ma è evidente che tale insieme coincide con E, e se ne conclude che E è uno pseudointervallo di misura $b-a$.

Consideriamo ora la parte comune a $E_{r_1} E_{r_2} \ldots E_{r_p} \ldots$ e all'insieme E, parte che ha una misura maggiore di $(b-a) - \frac{1}{3n}$, e indichiamo con $C^{(3n)}$ il suo componente chiuso, corrispondente al numero $3n$ secondo quella delle leggi di cui si parla nella definizione di pseudointervallo (n.° 40, a)), che gli deriva dopo aver fissato una legge analoga per E e la legge generale per tutti gli $E_{r,n}$ (la quale, a sua volta, deriva dalla legge fissata in principio per la successione $f_1, f_2 \ldots.$). Questo $C^{(3n)}$ ha una misura $> (b-a) - \frac{2}{3n}$, e in esso la successione $f_{r_1}, f_{r_2}, \ldots$ converge uniformemente verso la f.

Prendiamo infine a considerare gli insiemi $E_r^{(n)}$ che corrispondono alle funzioni f_r, secondo la legge fissata al principio del ragionamento, e fra essi teniamo conto solo degli $E_{r_p}^{(3n.2^p)}$ $(p=1, 2, \ldots)$. La parte comune a tutti questi insiemi e a $C^{(3n)}$ è (n.° 41, h)) uno pseudointervallo, la cui misura è (come si vede ripetendo un ragionamento fatto più sopra) $> (b-a) - \frac{3}{3n} = (b-a) - \frac{1}{n}$; e questo pseudointervallo, che indicheremo con $E^{(n)}$, è chiuso, come sono chiusi $C^{(3n)}$ e $E_{r_p}^{(3n.2^p)}$. In $E^{(n)}$ la successione $f_{r_1}, f_{r_2}, \ldots, f_{r_p}, \ldots$ converge uniformemente verso la f, e tutte le f_{r_p} sono, nel medesimo insieme, continue. Poniamo $f_{r_p}^{(n)}(x) = f_{r_p}(x)$ in $E^{(n)}$, e negli intervalli contigui a tale insieme facciamo variare la $f_{r_p}^{(n)}(x)$ linearmente, fra i valori già ad essa assegnati negli estremi degli intervalli stessi; se il punto a non appartiene ad $E^{(n)}$, nell'intervallo contiguo ad $E^{(n)}$ avente il primo estremo in a, imponiamo alla $f_{r_p}^{(n)}(x)$ di restare costante; e altrettanto stabiliamo per b. Definiamo poi in modo analogo $f^{(n)}(x)$. Abbiamo allora che la successione di funzioni continue, in tutto (a, b), $f_{r_1}^{(n)}, f_{r_2}^{(n)}, \ldots$ converge uniformemente, in tutto l'intervallo, verso la funzione $f^{(n)}(x)$. Questa funzione è dunque continua, cosicchè è continua in $E^{(n)}$ anche la $f(x)$. La quasi-continuità della $f(x)$ è così dimostrata.

b) Dal ragionamento precedente risulta che: *la misura dello pseudointervallo costituito dai punti ove è*

$$|f_r(x) - f(x)| \leq \frac{1}{p}$$

tende a $b-a$ col tendere di r all' ∞. Ed infatti, tale pseudointervallo contiene quello dei punti di E_r che sono punti di convergenza per la successione $f_1, f_2, f_3, \ldots$, il quale ha la stessa misura di E_r; ma la misura di E_r, come abbiamo già dimostrato, tende a $b-a$, per $r \to \infty$, dunque a $b-a$

tende anche quella del primo pseudointervallo considerato. Possiamo dire, perciò, che: *se una successione di funzioni quasi-continue converge quasi dappertutto in* (a, b) *verso una funzione* $f(x)$, *la successione stessa converge approssimativamente* (1) *verso la* $f(x)$, *nello stesso intervallo* (2).

c) Rileviamo che, nella dimostrazione svolta in *a*), *dalla successione data, ne abbiamo estratta un' altra* $(f_{r_1}, f_{r_2}, \ldots)$ *convergente uniformemente verso la* f *in tutti i punti dell' insieme chiuso* $E^{(n)}$, *di misura* $> (b - a) - \frac{1}{n}$ (3).

d) Rileviamo pure che, come si è dimostrato in *a*), l' insieme dei punti di (a, b) in cui la successione $f_1, f_2, \ldots$ non converge verso la f è uno pseudointervallo di misura nulla.

Quando una certa proprietà si verifica in tutti i punti di un intervallo (a, b), o di un insieme lineare, o di una retta (o di una curva continua e rettificabile), ad eccezione, al più, di quelli appartenenti ad uno pseudointervallo (o pseudoarco (4)) di misura nulla, diremo che tale proprietà si verifica in *quasi-tutto* l' intervallo (a, b), o l' insieme, o la retta (o la curva). È evidente che se una proprietà si verifica in *quasi-tutto* (a, b), si verifica, in tale intervallo, anche *quasi-dappertutto*.

In base alla definizione ora posta, possiamo dunque dire che, *se una successione di funzioni quasi-continue converge quasi-dappertutto in* (a, b), *tale successione converge anche in quasi-tutto lo stesso intervallo.*

Da questo risultato segue che, supposta la funzione $F(x)$ continua e a variazione limitata in (a, b), e considerata la successione di funzioni continue

$$r\left[F\left(x + \frac{1}{r}\right) - F(x)\right], \qquad r = 1, 2, \ldots$$

---

(1) Cfr. n.° 28.

(2) Cfr.: LEBESGUE, *Sur une propriété des fonctions* (Comptes rendus de l'Acad. des Sciences de Paris, t. 137 (1903), pp. 1228-1230).

(3) Cfr.: H. LEBESGUE, *loc. cit.*; D. TH. EGOROFF, *Sur les suites de fonctions mesurables* (Comptes rendus de l'Acad. des Sciences de Paris, t. 152 (1911), pp. 244-246).

(4) Gli *pseudoarchi* sono, su una curva, gli analoghi degli pseudointervalli su una retta.

la quale sappiamo convergere (n.° 13) quasi-dappertutto in (a, b) verso la derivata $F'(x)$, tale successione converge verso la $F'(x)$ in *quasi-tutto* (a, b); onde: *la derivata di una funzione continua, a variazione limitata, in* (a, b), *esiste finita in quasi-tutto tale intervallo* (1).

46. - Classi di funzioni quasi-continue.

Abbiamo già osservato che ogni funzione continua in (a, b) è ivi anche quasi-continua.

Da quanto precede, si ha pure che, partendo da una determinata successione di funzioni quasi-continue in (a, b), e operando su di esse, secondo una data legge, con un numero finito o un'infinità numerabile di addizioni, sottrazioni, moltiplicazioni, divisioni (purchè in quasi-tutto (a, b) i divisori siano diversi da zero) e di passaggi al limite (i quali devono quasi dappertutto essere eseguibili e dare valori finiti) si ottiene ancora una funzione quasi-continua (convenendo di definirla, per esempio, uguale a zero ove i divisori sono nulli e dove i passaggi al limite non possono farsi o danno valori infiniti). In particolare, si ha che sono quasi-continue tutte le funzioni *rappresentabili analiticamente*, intendendo con ciò tutte le funzioni che possono costruirsi effettuando, secondo una data legge, un numero finito o un'infinità numerabile di addizioni, moltiplicazioni e passaggi al limite, sopra la variabile x e delle costanti (2).

È quasi-continua anche ogni funzione che sia quasi dappertutto il limite a cui tende una successione di funzioni continue. Da ciò segue che, se una funzione $f(x)$ è quasi dappertutto in (a, b) la derivata (finita) di una funzione continua $F(x)$, la $f(x)$ è quasi-continua. Ed infatti, la successione di funzioni continue

$$r\left[F\left(x+\frac{1}{r}\right)-F(x)\right],\quad r=1,\ 2,\ldots.$$

(1) Questa proposizione si può anche ottenere, da quella del n.° 13, osservando che, in tutte le proposizioni dei n.i 11-15, si può sostituire « *quasi-dappertutto in* » con « *in quasi-tutto* », ciò che risulta immediatamente dalle dimostrazioni date ai n.i indicati.

(2) Cfr. H. Lebesgue, *Sur les fonctions représentables analytiquement.* (Journal de Mathématiques Pures et Appliquées, 1905), pag. 145.

tende quasi dappertutto verso la $f(x)$, e questa funzione risulta quasi-continua per il teorema del n.° precedente.

Possiamo aggiungere che, attualmente, non si conoscono funzioni definite in un intervallo (a, b) ed ivi *non* quasi-continue [1].

47. - Funzioni quasi-continue in uno pseudointervallo. *Diremo che una funzione $f(x)$, definita in uno pseudointervallo E, è* **quasi-continua** *in tale pseudointervallo, se esiste almeno una legge che faccia corrispondere, ad ogni intero positivo n, un componente chiuso $E^{(n)}$ di E, di misura*

$$m(E^{(n)}) > m(E) - \frac{1}{n},$$

nel quale la $f(x)$ sia continua.

Quanto si è detto, in questo §, sulle funzioni quasi-continue in un intervallo, si ripete interamente per le funzioni quasi-continue in uno pseudointervallo.

Aggiungeremo qui le seguenti proposizioni:

a) Se $f(x)$ è definita e quasi-continua nello pseudointervallo E, essa è quasi-continua anche in ogni pseudointervallo costituito tutto di punti di E.

Sia, infatti, E_1 uno pseudointervallo, componente di E, e si fissi una delle leggi di cui alla definizione di pseudointervallo (n.° 40, *a*)). Allora, all'intero positivo $2n$, corrisponderà il componente chiuso $C_1^{(2n)}$ di E_1, e sarà

$$m(C_1^{(2n)}) > m(E_1) - \frac{1}{2n}.$$

Scelta poi una delle leggi indicate nella definizione sopra data di funzione quasi-continua, allo stesso numero $2n$ cor-

[1] Per noi non sono definite quelle funzioni nelle cui definizioni si fa uso del principio *delle infinite scelte arbitrarie.* Su tale principio veggasi: R. Baire, É. Borel, J. Hadamard, H. Lebesgue, *Cinq lettres sur la théorie des ensembles.* (Bulletin de la Société Mathématique de France, T. 33ième, 1905, pp. 261-273); M. Cipolla, loc. cit; W. Sierpinski, *L'axiome de M. Zermelo et son rôle dans la Théorie des ensembles et l'Analyse.* (Bulletin de l'Académie des Sciences de Cracovie, Avril-Mai 1918, pp. 97-152); B. Levi, *Riflessioni sopra alcuni principi della teoria degli aggregati e delle funzioni.* (Scritti matematici offerti ad Enrico D'Ovidio, 1918, pp. 305-324).

risponderà un componente chiuso $E^{(2n)}$ di E, in cui la $f(x)$ risulterà continua, e sarà

$$m(E^{(2n)}) > m(E) - \frac{1}{2n}.$$

L' insieme $C_1^{(2n)}E^{(2n)}$, essendo quello dei punti comuni a due insiemi chiusi, è pure chiuso, e la sua misura è maggiore di $m(C_1^{(2n)}) - \frac{1}{2n}$ e quindi anche di $m(E_1) - \frac{1}{n}$. E siccome in tale insieme la $f(x)$ è continua, la proposizione enunciata risulta provata.

In particolare, si ha che una funzione quasi-continua in un intervallo è anche quasi-continua in ogni pseudointervallo contenuto in quell' intervallo.

b) *Se E_1 e E_2 sono due pseudointervalli senza punti comuni, in ciascuno dei quali la $f(x)$ sia definita e quasi-continua, la $f(x)$ risulta quasi-continua pure in $E_1 + E_2$.*

c) *Se $E_1, E_2, \ldots, E_r, \ldots$ è una successione di pseudointervalli tutti contenuti in uno pseudointervallo E; se in E la $f(x)$ è definita e in E_r è quasi-continua, ed è $m(E_r) \to m(E)$, la $f(x)$ risulta quasi-continua anche in E.*

Le proposizioni *b*) e *c*) sono evidenti. Dalla seconda, segue immediatamente che, *se $E_1, E_2, \ldots, E_r, \ldots$ è una successione di pseudointervalli, senza punti comuni, in ciascuno dei quali la $f(x)$ sia definita e quasi-continua, e se*

$$E \equiv E_1 + E_2 + \ldots + E_r + \ldots$$

è uno pseudointervallo, in esso la $f(x)$ è ancora quasi-continua.

Capitolo IV

L'INTEGRALE DEL LEBESGUE

§ 1. Definizione dell'integrale del Lebesgue [1].

48. - Definizione di integrale per le funzioni quasi-continue, limitate [2].

a) Sia $f(x)$ una funzione definita nell'intervallo (a, b) ed ivi quasi-continua e limitata ($|f(x)| \leq M$, in tutto l'intervallo). Decomponiamo arbitrariamente (a, b) in un numero finito di pseudointervalli, senza punti comuni, $E_1, E_2, ..., E_p$; moltiplichiamo la misura di ciascuno di essi una volta per il limite superiore (L) ed un'altra per il limite inferiore (l) della $f(x)$ nello pseudointervallo medesimo, e formiamo le somme

$$S = L_1 m(E_1) + L_2 m(E_2) + ... + L_p m(E_p),$$
$$s = l_1 m(E_1) + l_2 m(E_2) + ... + l_p m(E_p).$$

---

(1) Cfr. H. Lebesgue, *Intégrale, longueur, aire.* (Annali di Matematica pura ed applicata, 1902); *Leçons sur l'intégration etc.*, p. 112.

(2) Per la definizione d'integrale qui adottata, non esattamente identica a quella del Lebesgue, cfr.: W. H. Young, *On a new method in the theory of integration* (Proceedings of the London Mathematical Society, series II, vol. IX (1911); pp. 15-50); J. Pierpont, *Theory of functions of real variables*, t. II; M. Fréchet, *Sur l'intégrale d'une fonctionnelle étendu à un ensemble abstrait.* (Bulletin de la Société Mathématique de France t. XLIII; 1915, p. 248-265).

Considerate tutte le possibili somme S, diciamo $\underline{S}$, il loro limite inferiore; considerate tutte le possibili somme s, diciamo $\bar{s}$ il loro limite superiore. *Mostriamo che è*

$$\underline{S} = \bar{s}.$$

Premettiamo la seguente osservazione. Se lo pseudointervallo E è decomposto negli pseudointervalli, senza punti comuni, $e_1, e_2, \ldots, e_q$, indicando con $L, L_1, L_2, \ldots, L_q$ i limiti superiori della $f(x)$ rispettivamente in $E, e_1, e_2, \ldots, e_q$, si ha $Lm(E) \geq L_1 m(e_1) + L_2 m(e_2) + \ldots + L_q m(e_q)$. Dunque, se i componenti $E_1, E_2, \ldots, E_p$ di (a, b), vengono, alla loro volta, decomposti in altri pseudointervalli, la somma S, corrispondente alla nuova decomposizione di (a, b), è minore o uguale a quella relativa alla primitiva decomposizione. Sostituendo qui s a S, dovremo dire maggiore o uguale invece di minore o uguale.

Dopo ciò, supponiamo, in prima ipotesi, che sia $\underline{S} < \bar{s}$. Per la definizione stessa di $\underline{S}$, esiste almeno una decomposizione di (a, b) in un numero finito di pseudointervalli, tale che per essa sia $S < \underline{S} + \frac{1}{2}(\bar{s} - \underline{S})$. Sia $E_1, E_2, \ldots, E_p$ una di queste decomposizioni, scelta arbitrariamente. Analogamente, sia $E_1', E_2', \ldots, E'_{p'}$ una decomposizione di (a, b) in pseudointervalli, per la quale si abbia $s' > \bar{s} - \frac{1}{2}(\bar{s} - \underline{S})$.

Indichiamo con $E_1'', E_2'', \ldots, E''_{p''}$ gli pseudointervalli che si ottengono decomponendo ogni E_r in quelle sue parti che appartengono a insiemi E_r' distinti. Abbiamo allora, per l'osservazione fatta sopra,

$$S'' \leq S < \underline{S} + \frac{1}{2}(\bar{s} - \underline{S}),$$

$$s'' \geq s' > \bar{s} - \frac{1}{2}(\bar{s} - \underline{S}),$$

e quindi

$$s'' - S'' > 0,$$

cosa impossibile. Deve dunque essere $\underline{S} \geq \bar{s}$.

Siano, ora, l e L i limiti, rispettivamente inferiore e superiore, della $f(x)$ nell'intervallo (a, b) e, preso comunque un numero intero positivo n, si indichi con $E_{n,r}$ lo pseudointervallo di (a, b) in cui è

$$l + \frac{r-1}{n}(L-l) \leq f(x) < l + \frac{r}{n}(L-l),$$

intendendo che in $E_{n,n}$ siano compresi anche i punti in cui è $f(x) = L$. Le somme S e s, relative alla decomposizione di (a, b) negli pseudointervalli $E_{n,1}, E_{n,2}, \ldots, E_{n,n}$, somme che indicheremo con S_n e s_n, sono date da

$$S_n = \sum_{r=1}^{n} \left(l + \frac{r}{n}(L-l)\right) m(E_{n,r}),$$

$$s_n = \sum_{r=1}^{n} \left(l + \frac{r-1}{n}(L-l)\right) m(E_{n,r});$$

e poichè la loro differenza è

$$S_n - s_n = \frac{b-a}{n}(L-l),$$

dalle disuguaglianze $S_n \geq \underline{S}$, $s_n \leq \bar{s}$, segue

$$\underline{S} - \bar{s} \leq \frac{b-a}{n}(L-l).$$

Siccome n è arbitrario, risulta

$$\underline{S} = \bar{s}.$$

Il valore comune di $\underline{S}$ *e* $\bar{s}$ *lo diremo* **integrale** (del Lebesgue) *della funzione quasi-continua, limitata* $f(x)$, *relativo all'intervallo* (a, b), *e lo indicheremo con la scrittura classica*

$$\int_a^b f(x)\, dx.$$

b) Si vede facilmente che, se la funzione quasi-continua e limitata $f(x)$ è integrabile nel senso di Riemann ([1]), il suo integrale di Riemann coincide con quello ora definito: ed infatti, indicando con S', s' le somme S e s relative a divi-

([1]) Cfr. p. es.: S. Pincherle, *Lezioni di Calcolo Infinitesimale*, 2ª ediz., p. 302 e seg. (Bologna, Zanichelli).

sioni di (a, b) in intervalli parziali in numero finito, e con $\underline{S}'$, $\bar{s}'$ i limiti inferiore e superiore, rispettivamente, di S' e s', l'integrabilità nel senso di Riemann porta $\underline{S}' = \bar{s}'$ e quindi, avendosi $\underline{S}' \geq \underline{S}$ e $\bar{s}' \leq \bar{s}$, $\underline{S}' = \underline{S} = \bar{s} = \bar{s}'$. E poichè l'integrale di Riemann è uguale a $\underline{S}' = \bar{s}'$, esso è anche uguale a $\underline{S} = \bar{s}$, cioè all'integrale ora definito.

Si possono poi dare con facilità esempi di funzioni quasi-continue e limitate, ma non integrabili nel senso di Riemann. La funzione uguale ad 1 in tutti i punti razionali di (0, 1) ed uguale a 0 in tutti quelli irrazionali, non è integrabile nel senso di Riemann, mentre è limitata e quasi-continua, perchè, rinchiusi i punti razionali (insieme numerabile) nella successione degli intervalli δ_r definiti al n.° 32, quando si faccia $\varepsilon = \frac{1}{4n}$, ai quali si aggiungeranno $\left(0, \frac{1}{4n}\right)$ e $\left(1 - \frac{1}{4n}, 1\right)$, l'insieme chiuso dei punti non interni a tali intervalli ha misura $> 1 - \frac{1}{n}$ e in esso la funzione è continua (perchè sempre nulla).

La definizione di integrale, posta qui, si ottiene immediatamente da quella dell'integrale di Riemann con la semplice sostituzione degli pseudointervalli agli intervalli. Conviene però rilevare una notevole differenza che si presenta fra il caso nostro e quello delle funzioni atte all'integrazione riemanniana. Per queste ultime, le somme S' e s' tendono al valore dell'integrale tutte le volte che la massima delle parti, in cui è stato diviso l'intervallo (a, b), tende a zero. Nel caso nostro, S e s ***non tendono sempre*** al valore dell'integrale quando tende a zero la massima delle misure degli pseudointervalli in cui (a, b) è stato decomposto. Se così fosse, dovrebbe essere $\underline{S}' = \underline{S} = \bar{s} = \bar{s}'$, e tutte le funzioni quasi-continue, limitate, sarebbero integrabili nel senso di Riemann.

c) È bene osservare che la decomposizione, data in *a*), di (a, b) negli pseudointervalli $E_{n,1}, E_{n,2}, \ldots E_{n,n}$, per la quale si ha

$$S_n - s_n = \frac{b-a}{n}(L - l),$$

dà

$$\lim_{n \to \infty} S_n = \lim_{n \to \infty} s_n = \underline{S} = \bar{s} = \int_a^b f(x)dx;$$

essa dunque fornisce un procedimento per ottenere il valore dell'integrale della $f(x)$ come limite comune delle somme S_n, s_n.

d) Conviene mostrare, prima di proseguire, che se, f e g *sono due funzioni quasi-continue e limitate in* (a, b), è

$$\int_a^b (f+g)dx = \int_a^b f dx + \int_a^b g dx .$$

Sia $E_1, E_2, \dots, E_p$ una decomposizione di (a, b) in pseudo-intervalli, in modo che si abbia, relativamente alla funzione f,

$$S_f - s_f = (L_1 - l_1)m(E_1) + \dots + (L_p - l_p)m(E_p) < \frac{1}{n};$$

analogamente, sia, $\bar{E}_1, \bar{E}_2, \dots, \bar{E}_q$ una decomposizione di (a, b) in pseudointervalli, in modo che si abbia, per la g,

$$S_g - s_g = (\bar{L}_1 - \bar{l}_1)m(\bar{E}_1) + \dots + (\bar{L}_q - \bar{l}_q)m(\bar{E}_q) < \frac{1}{n}.$$

Indichiamo con $E_1', E_2', \dots, E_{p'}'$ gli pseudointervalli che si ottengono decomponendo ogni E_r in quelle sue parti che appartengono a insiemi $\bar{E}_r$ diversi. Abbiamo, allora,

$$S_f' - s_f' \leq S_f - s_f < \frac{1}{n}, \quad S_g' - s_g' \leq S_g - s_g < \frac{1}{n}.$$

Se con S' e s' indichiamo le somme relative a $f+g$ e alla divisione $E_1', E_2', \dots, E_{p'}'$, abbiamo

$$S' \leq S_f' + S_g', \quad s' \geq s_f' + s_g',$$

$$s_f' + s_g' \leq \int_a^b (f+g)dx \leq S_f' + S_g'.$$

D'altra parte, essendo

$$s_f' \leq \int_a^b f dx \leq S_f', \quad s_g' \leq \int_a^b g dx \leq S_g',$$

è pure

$$s_f' + s_g' \leq \int_a^b f dx + \int_a^b g dx \leq S_f' + S_g',$$

e perciò

$$\left| \int_a^b (f+g) dx - \int_a^b f dx - \int_a^b g dx \right| \leq (S_f' - s_f') + (S_g' - s_g') < \frac{2}{n},$$

il che dimostra la proposizione enunciata. Essa poi si estende subito al caso di un numero (finito) qualsiasi di addendi.

Notiamo anche che, *se f e g sono due funzioni quasi-continue e limitate, dalla disuguaglianza $f \leq g$, supposta verificata in tutto (a, b), scende l'altra*

$$\int_a^b f dx \leq \int_a^b g dx.$$

Ed infatti, ad ogni somma S_f, corrisponde una somma S_g, e vale la disuguaglianza $S_f \leq Sg$. È dunque $\underline{S}_f \leq \underline{S}_g$.

49. - Definizione di integrale per le funzioni quasi-continue, non limitate ([1]).

Sia $f(x)$ una funzione definita in (a, b) ed ivi quasi-continua e non limitata. Detti p e q due numeri interi, non negativi, qualsiasi, poniamo, per definizione,

$$f_{p,q}(x) = f(x)$$

in tutti i punti di (a, b) ove è $-q \leq f(x) \leq p$, e

$$f_{p,q}(x) = 0$$

in tutti gli altri.

La $f_{p,q}(x)$ è quasi-continua. Infatti, se $e_{p,q}$ indica lo pseudo-intervallo di (a, b) in cui è sempre $-q \leq f(x) \leq p$, ed $e'_{p,q}$ è il suo complementare, rispetto ad (a, b), in $e_{p,q}$ la $f(x)$ è quasi-continua (n.° 47, a)) e quindi è tale anche la $f_{p,q}(x)$; la quale

---

(1) Cfr. Ch. J. De La Vallée Poussin, *Cours d'Analyse*. Tome I, (3e édition) p. 260.

poi è continua in $e'_{p,q}$. Dunque, in $e_{p,q} + e'_{p,q}$ la $f_{p,q}$ è ancora quasi-continua (n.° 47, *b*)).

La $f_{p,q}(x)$ è poi, per definizione, limitata.

Se, qualunque siano i numeri, interi e non negativi, p e q, $\int_a^b f_{p,q}(x)\,dx$ resta sempre, in modulo, inferiore ad un numero fisso, la funzione quasi-continua $f(x)$ si dice **integrabile** *in (a, b), e il limite di $\int_a^b f_{p,q}(x)\,dx$, per p e q tendenti entrambi e comunque all' ∞, si assume come valore dell' integrale della $f(x)$ nell' intervallo (a, b), e si scrive*

$$\int_a^b f(x)\,dx = \lim_{\substack{p \\ q}\Big\} \to \infty} \int_a^b f_{p,q}(x)\,dx.$$

È necessario mostrare che il limite, qui scritto, esiste effettivamente. Poichè è, per un conveniente numero positivo N, $\left|\int_a^b f_{p,q}(x)\,dx\right| < N$, per tutti i p e q possibili, l' integrale $\int_a^b f_{p,0}(x)\,dx$, che non decresce al crescere di p, tende ad un limite finito $\Phi_1 (\leq N)$, per $p \to \infty$. È perciò, per ogni $p > \bar{p}$, $\left|\int_a^b f_{p,0}dx - \Phi_1\right| < \frac{1}{n}$. Parimente, $\int_a^b f_{0,q}(x)\,dx$ tende, per $q \to \infty$, ad un limite, pure finito, $-\Phi_2$ $(\Phi_2 \leq N)$ ed è, per ogni $q > \bar{q}$, $\left|\int_a^b f_{0,q}(x)\,dx + \Phi_2\right| < \frac{1}{n}$. Osserviamo ora che, per essere $f_{p,q} \equiv f_{p,0} + f_{0,q}$, dal n.° precedente (*d*)), segue

$$\int_a^b f_{p,q}dx = \int_a^b f_{p,0}dx + \int_a^b f_{0,q}dx;$$

è dunque

$$\left|\int_a^b f_{p,q}dx - (\Phi_1 - \Phi_2)\right| < \frac{2}{n},$$

per ogni coppia p, q, soddisfacente alle due disuguaglianze $p > \bar{p}$, $q > \bar{q}$. Il limite in questione esiste, perciò, ed è $\Phi_1 - \Phi_2$.

50. - Integrale relativo ad uno pseudointervallo.

Nella definizione d'integrale di una funzione quasi-continua, limitata, si può sostituire senz'altro, all'intervallo (a, b), un qualunque pseudointervallo. Così si ha che, *data la funzione $f(x)$, quasi-continua e limitata nello pseudointervallo E, il suo integrale esteso ad E, che indicheremo con la scrittura*

$$\int_E f(x)\,dx\,,$$

è il limite inferiore (superiore) delle somme ottenute decomponendo E in un numero finito di pseudointervalli, moltiplicando la misura di ciascuno di essi per il limite superiore (inferiore) della $f(x)$ nello pseudointervallo medesimo e sommando i prodotti così ottenuti. Parimente, la medesima sostituzione si può fare anche nella definizione d'integrale per le funzioni quasi-continue illimitate. Detta ancora $f(x)$ una funzione quasi-continua nello pseudointervallo E, si dirà che *essa è integrabile in E se $\int_E f_{p,q}(x)\,dx$ resta, in modulo, sempre inferiore ad un numero fisso; e si porrà ancora, per definizione,*

$$\int_E f(x)dx = \lim_{\substack{p\\q}\}\to\infty} \int_E f_{p,q}(x)\,dx\,.$$

Tutto quanto si è detto ai n.[i] 48 e 49, si ripete per l'integrale su uno pseudointervallo.

Si ha poi, immediatamente, che, se lo pseudointervallo E è contenuto in un intervallo (a, b), ponendo $F(x) = f(x)$ in E e $F(x) = 0$ nella parte restante di (a, b), la $F(x)$ risulta quasi-continua in (a, b) (n.° 47, a) e b)), ed è

$$\int_E f(x)\,dx = \int_a^b F(x)\,dx:$$

quindi l'integrazione estesa ad uno pseudointervallo di (a, b) si può sempre ricondurre a quella estesa a tutto l'intervallo.

§ 2. Proprietà dell' integrale.

51. - Prime proprietà delle funzioni (quasi-continue) integrabili.

a) *Se la funzione $f(x)$ è integrabile* [1] *nello pseudointervallo E, è ivi integrabile anche* $|f(x)|$. Riprendiamo, infatti, la funzione $f_{p,q}(x)$, definita nel n.° 49, tenendo conto dell'identità, già notata, $f_{p,q}(x) \equiv f_{p,o}(x) + f_{o,q}(x)$.

La funzione analoga relativa a $|f(x)|$, che indicheremo con $|f(x)|_{p,q}$, è tale da rendere soddisfatta l'identità $|f|_{p,q} \equiv |f|_{p,o}$, qualunque sia $q(\geq 0)$.

Inoltre, è $|f|_{p,o} \equiv f_{p,o} - f_{o,p}$, e (n°. 48, *d*))

$$\int_E |f|_{p,o} dx = \int_E f_{p,o} dx - \int_E f_{o,p} dx,$$

onde, conservando le notazioni del n.° 49,

$$\left| \int_E |f|_{p,o} dx - (\Phi_1 + \Phi_2) \right| < \frac{2}{n},$$

per ogni p maggiore tanto di $\bar{p}$ quanto di $\bar{q}$. Ciò mostra l'integrabilità della $|f(x)|$, nello pseudointervallo E.

Avendosi poi

$$\int_E f dx = \Phi_1 - \Phi_2, \quad \int_E |f| dx = \Phi_1 + \Phi_2,$$

risulta

$$\left| \int_E f dx \right| \leq \int_E |f| dx.$$

b) Inversamente, *supposta la $f(x)$ quasi-continua, nello pseudointervallo E, se in E è integrabile $|f(x)|$, lo è pure $f(x)$.* È, infatti, $|f_{p,q}| \equiv f_{p,o} - f_{o,q}$ e, detto m il massimo dei due numeri p e q, $|f_{p,q}| \leq f_{m,o} - f_{o,m} \equiv |f|_{m,o}$. È perciò

$$\left| \int_E f_{p,q} dx \right| \leq \int_E |f|_{m,o} dx \leq \int_E |f| dx,$$

e la f è integrabile in E.

---

[1] E quindi quasi-continua.

c) *Se la funzione $f(x)$ è integrabile nello pseudointervallo E, è pure integrabile in ogni pseudointervallo E_1 componente di E.* Ed invero, per essere $f(x)$ integrabile in E, in questo pseudointervallo risulta integrabile anche $|f|$, per quanto si è dimostrato in *a*), ed è

$$\int_{E_1} |f|_{p,q} dx \leq \int_E |f|_{p,q} dx \leq \int_E |f| dx.$$

d) È anche evidente che l'integrale esteso ad uno pseudointervallo di misura nulla è nullo.

52. - Proprietà degli integrali.

a) Teorema della media - *Se la funzione $f(x)$, quasicontinua nello pseudointervallo E, soddisfa in esso alla disuguaglianza $N \leq f(x) \leq M$, è*

$$\int_E f(x)dx = \lambda m(E),$$

con λ numero compreso fra N e M.

Ogni somma S (n.° 48), relativa allo pseudointervallo E, è $\leq Mm(E)$ ed anche $\geq Nm(E)$, e perciò

$$Nm(E) \leq \int_E f dx \leq Mm(E),$$

e la proposizione è dimostrata.

b) *Se E_1 e E_2 sono due pseudointervalli, senza punti comuni, e se in ciascuno di essi la $f(x)$ è integrabile, la $f(x)$ è integrabile anche in $E_1 + E_2$, ed è*

$$\int_{E_1+E_2} f dx = \int_{E_1} f dx + \int_{E_2} f dx.$$

La proposizione è evidente se la f è limitata in E_1 e E_2. Nel caso contrario, è

$$\int_{E_1+E_2} f_{pq} dx = \int_{E_1} f_{pq} dx + \int_{E_2} f_{pq} dx,$$

e poichè i due integrali del secondo membro restano, in modulo, sempre inferiori ad uno stesso numero, altrettanto accade anche di quello del primo membro, e la proposizione risulta stabilita.

Essa poi si estende subito alla somma di un numero (finito) qualsiasi di pseudointervalli, senza punti comuni, $E_1, E_2, \ldots, E_n$.

c) Se la $f(x)$ è integrabile nello pseudointervallo E, ad ogni numero positivo ε, corrisponde un altro numero positivo δ_ε tale che si abbia, in qualsiasi pseudointervallo E_1, contenuto in E, e di misura minore di δ_ε,

$$\left| \int_{E_1} f dx \right| < \varepsilon .$$

Sia p il più piccolo intero, positivo, per il quale si ha

$$\int_E |f|\, dx - \int_E |f|_{p,0} dx < \frac{\varepsilon}{2},$$

e si ponga $\delta_\varepsilon = \frac{\varepsilon}{2p}$. Posto $E_2 \equiv E - E_1$, è (b))

$$\int_E |f|\, dx = \int_{E_1} |f|\, dx + \int_{E_2} |f|\, dx,$$

$$\int_E |f|_{p,0} dx = \int_{E_1} |f|_{p,0} dx + \int_{E_2} |f|_{p,0} dx$$

e

$$\int_E |f| dx - \int_E |f|_{p,0} dx = \left(\int_{E_1} |f| dx - \int_{E_1} |f|_{p,0} dx \right) + \left(\int_{E_2} |f| dx - \int_{E_2} |f|_{p,0} dx \right),$$

onde

$$\int_{E_1} |f| dx - \int_{E_1} |f|_{p,0} dx < \int_E |f| dx - \int_E |f|_{p,0} dx < \frac{\varepsilon}{2},$$

$$\int_{E_1} |f| dx < \frac{\varepsilon}{2} + \int_{E_1} |f|_{p,0} dx .$$

Ma è (n.° 48, d))

$$\int_{E_1} |f|_{p,0} dx \leq \int_{E_1} p dx = p m(E_1) ,$$

e supponendo $m(E_1) < \delta_\varepsilon = \frac{\varepsilon}{2p}$, la proposizione risulta dimostrata.

d) Se la $f(x)$ è integrabile nello pseudointervallo E, e se E_1 è uno pseudointervallo, contenuto in E, e tale che si abbia $m(E) - m'(E_1) < \delta_\varepsilon$, è

$$\left| \int_E f dx - \int_{E_1} f dx \right| < \varepsilon .$$

È, infatti, (*b*)) $\int_E f dx - \int_{E_1} f dx = \int_{E-E_1} f dx$, con $m(E - E_1) < \delta_\varepsilon$: basta dunque applicare *c*) per provare quanto si è affermato.

e) Si ha, in particolare, *che, se $E_1, E_2, ..., E_r, ...$ è una successione di pseudointervalli contenuti in E, tali che sia $m(E_p) \rightarrow m(E)$, supposta l'integrabilità della f in E, è*

$$\int_{Er} f dx \rightarrow \int_E f dx .$$

La proposizione *b*) vale, dunque, anche per una serie di pseudointervalli avente per somma uno pseudointervallo in cui $f(x)$ risulti integrabile.

f) Se $E_1, E_2, ..., E_r, ...$ *è una successione di pseudointervalli tutti contenuti nello pseudointervallo E; se in E_r la $f(x)$ è integrabile; se, inoltre, è $m(E_r) \rightarrow m(E)$ e $\int_{Er} |f(x)| dx < M$, con M indipendente da r, la funzione $f(x)$, supposta definita in E, risulta integrabile in questo pseudointervallo.* È, infatti, la $f(x)$ quasi-continua in E (n.° 47, *c*)), ed è

$$\int_E |f|_{p,0} dx = \int_{Er} |f|_{p,0} dx + \int_{E-Er} |f|_{p,0} dx$$

$$< M + pm(E - E_r),$$

e, preso r in modo che sia $m(E - E_r) < \frac{1}{p}$,

$$\int_E |f|_{p,0} dx < M + 1 .$$

Dunque la $|f|$ è integrabile in E e lo è pure la f. In particolare, se la f è integrabile in un componente di E di misura uguale a $m(E)$, è anche integrabile in E.

g) ***Se $f(x)$ è integrabile nello pseudointervallo E, e se, eccettuati al più i punti di E appartenenti ad uno pseudointervallo di misura nulla, è $g(x)=f(x)$, la $g(x)$, supposta definita in E, è integrabile in questo pseudointervallo, ed è***

$$\int_E g dx = \int_E f dx .$$

Detto E_1 l'insieme eccettuato, è $\int_{E-E_1} g dx = \int_{E-E_1} f dx$, e poichè è $m(E-E_1)=m(E)$, la $g(x)$ è integrabile in E, per f). L'uguaglianza fra gli integrali scende poi da *b*).

h) ***Se, eccettuati al più i punti di uno pseudointervallo di misura nulla E_1, è, nello pseudointervallo E, $f \leq g$, e se le f e g sono integrabili in E, si ha***

$$\int_E f dx \leq \int_E g dx .$$

Poniamo $E' \equiv E - E_1$, e indichiamo con E_1' lo pseudointervallo costituito dai punti di E' nei quali è $f \geq 0$. Indichiamo poi con $E'_{1,p}$ la parte di E_1' in cui è $g \leq p$. È (n.° 48 *d*)) $\int_{E'_{1,p}} f dx \leq \int_{E'_{1,p}} g dx$, e quindi $\int_{E'_{1,p}} f dx \leq \int_{E'_1} g dx$. Ma è $m(E'_{1\,p}) \to m(E_1')$, per $p \to \infty$ (n.° 43, *d*)), dunque (*e*)) per $p \to \infty$ è $\int_{E'_{1,p}} f dx \to \int_{E'_1} f dx$, e si ha $\int_{E'_1} f dx \leq \int_{E'_1} g dx$.

In modo analogo si dimostra che, detto E_2' l'insieme dei punti di E' nei quali è $g \leq 0$, vale la disuguaglianza $\int_{E_2'} f dx \leq \int_{E_2'} g dx$. Sia, infine, E_3' l'insieme dei punti di E' nei quali è contemporaneamente $f < 0$, $g > 0$. Per le stesse considerazioni ora fatte, è $\int_{E_3'} f dx \leq 0$, $\int_{E_3'} g dx \geq 0$. Ed essendo $E' \equiv E_1' + E_2' + E_3'$, si ricava $\int_{E'} f dx \leq \int_{E'} g dx$; e la proposizione risulta stabilita per la d).

Osserviamo che, se la $f(x)$ fosse sempre ≥ 0 in E, e quasi-continua, la sua integrabilità in E sarebbe una conseguenza dell'integrabilità della $g(x)$.

53. - Operazioni sulle funzioni integrabili.

a) Se $f(x)$ e $g(x)$ sono integrabili nello pseudointervallo E, è integrabile anche $f(x) + g(x)$, e si ha:

$$\int_E (f + g)\, dx = \int_E f dx + \int_E g dx.$$

È

$$[\,|f| + |g|\,]_{p,0} \leq |f|_{p,0} + |g|_{p,0}$$

e (n.° 48, d))

$$\int_E [|f| + |g|]_{p,0}\, dx \leq \int_E |f|_{p,0}\, dx + \int_E |g|_{p,0}\, dx$$

$$\leq \int_E |f| dx + \int_E |g| dx;$$

dunque $|f| + |g|$ è integrabile in E. Essendo poi $|f + g| \leq |f| + |g|$, è integrabile anche $f + g$ (n.° precedente, h), fine).

Sia ora E_p l'insieme dei punti di E ove è contemporaneamente $-p \leq f \leq p$, $-p \leq g \leq p$, il quale insieme risulta uno pseudointervallo essendo la parte comune a tre pseudointervalli: E, quello ove è $-p \leq f \leq p$, e quello ove è $-p \leq g \leq p$. Osserviamo subito che le misure di questi due ultimi tendono, per $p \to \infty$, a quella di E (n.° 43, d)); perciò è anche $m(E_p) \to m(E)$, per $p \to \infty$. Abbiamo (n.° 48, d)):

$$\int_{E_p} (f + g) dx = \int_{E_p} f dx + \int_{E_p} g dx$$

e quindi (n.° preced. e)) quanto dovevasi dimostrare.

La proposizione si estende immediatamente alla somma di un numero finito qualsiasi di funzioni integrabili.

b) Se $f(x)$ è integrabile nello pseudointervallo E, e c indica un numero qualsiasi, anche $cf(x)$ è integrabile, e si ha

$$\int_E cf dx = c \int_E f dx.$$

La proposizione è evidente se la $f(x)$ è limitata. Nell' ipotesi opposta, abbiamo, detto E_p l' insieme dei punti di E ove è $-p \leq f \leq p$,

$$\int_{E_p} cf dx = c \int_{E_p} f dx,$$

donde la nostra proposizione, per $p \to \infty$.

In particolare, *se f è integrabile, lo è anche $-f$; se f e g sono integrabili, lo è anche $f - g$, ed è*

$$\int_E (f - g) dx = \int_E f dx - \int_E g dx.$$

c) Se f e g sono integrabili in E e la f è limitata, è integrabile anche fg. Supposto $|f| < M$ in tutto E, si ha $|fg| < M|f|$. Essendo $|g|$ integrabile, lo è (b)) anche $M|g|$ e perciò (n.° precedente h)) $|fg|$.

Segue di qui un'estensione del teorema della media (n.° 52,a)):

Se nello pseudointervallo E la funzione $f(x)$ è quasi-continua e sempre soddisfacente alle disuguaglianze $N \leq f(x) \leq M$, e se la funzione $g(x)$ è integrabile e sempre ≥ 0, è

$$\int_E fg dx = \lambda \int_E g dx,$$

con λ numero compreso fra N e M.

È infatti, in E,

$$Ng \leq fg \leq Mg;$$

se dunque applichiamo le proposizioni qui date in b) e c), e poi quella del n.° 52, h), abbiamo

$$N \int_E g dx \leq \int_E fg dx \leq M \int_E g dx,$$

da cui l' uguaglianza soprascritta.

54. - Integrazione per serie.

a) TEOREMA DI ARZELÀ-LEBESGUE ([1]) — *Sia f_1, f_2,...., f_r,.... una successione di funzioni quasi-continue nello pseudointervallo E, tutte inferiori, in modulo, ad un numero fisso M, per tutti i punti di E. Inoltre, la successione converga, in tutto E, verso una funzione $f(x)$. È allora, per $r \to \infty$,*

$$\int_E f_r dx \to \int_E f dx.$$

La funzione $f(x)$ è (n.° 45, *a*)) quasi-continua in E, e in tale insieme risulta anche inferiore o uguale in modulo ad M. Scelto comunque un numero ε, indichiamo con E_r lo pseudointervallo costituito dai punti di E nei quali è $|f_r(x) - f(x)| \leq \varepsilon$. È

$$\int_E f_r dx = \int_{Er} f_r dx + \int_{E-Er} f_r dx, \quad \int_E f dx = \int_{Er} f dx + \int_{E-Er} f dx,$$

onde

$$\int_E f_r dx - \int_E f dx = \int_{Er} (f_r - f)\, dx + \int_{E-Er} (f_r - f)\, dx,$$

$$\left| \int_E f_r dx - \int_E f dx \right| \leq \varepsilon \cdot m(E_r) + 2Mm(E - E_r);$$

e poichè $m(E_r) \to m(E)$, per $r \to \infty$ (n.° 45, *b*)), da un certo r in poi è

$$\left| \int_E f_r dx - \int_E f dx \right| < \varepsilon[m(E) + 2M].$$

Essendo ε arbitrario, la proposizione è stabilita.

Il teorema *a*) del n.° precedente è dunque estendibile ad una serie convergente di funzioni integrabili, purchè le somme parziali della serie restino, in modulo, tutte inferiori ad un numero fisso, in tutto lo pseudointervallo E.

([1]) Cfr. C. ARZELÀ, *Sulla integrazione per serie.* (Rend. R. Accad. dei Lincei, 1885, pag. 532 - 537); H. LEBESGUE, *Leçons sur l' intégration etc.*, pag. 114.

È poi evidente che, nella proposizione sopra dimostrata, la convergenza della successione $f_1, f_2, \ldots$ verso la f *in tutto* E, può sostituirsi con quella verso la f *quasi dappertutto* in E.

b) La dimostrazione data in *a*) prova anche la proposizione:

Sia $f_1, f_2, \ldots, f_r, \ldots$, *una successione di funzioni quasi-continue nello pseudointervallo* E, *ed* f *indichi un' altra funzione, pure quasi-continua in* E; *inoltre, le* f_r *e la* f *restino, in modulo, tutte inferiori ad un numero fisso* M, *in tutti i punti di* E, *e in questo pseudointervallo la* f_r *converga approssimativamente verso la* f (1). *Allora è*

$$\int_E f_r dx \to \int_E f dx.$$

c) *Sia* $f_1, f_2, \ldots, f_r, \ldots$, *una successione di funzioni integrabili nello pseudointervallo* E, *nel quale essa converga approssimativamente verso una funzione* f, *pure integrabile. Sia, inoltre, in ogni punto di* E, $|f_r| \leq |f|$, *per tutti gli* r. *È allora*

$$\int_E f_r dx \to \int_E f dx. \text{ (2)}$$

Abbiamo anche qui, come sopra,

$$\int_E f_r dx - \int_E f dx = \int_{E_r} (f_r - f) dx + \int_{E-E_r} (f_r - f) dx,$$

donde

$$\left| \int_E f_r dx - \int_E f dx \right| \leq \varepsilon m(E_r) + \int_{E-E_r} (|f_r| + |f|) dx$$

$$\leq \varepsilon m(E_r) + 2 \int_{E-E_r} |f| dx.$$

---

(1) In altre parole, detto E_r lo pseudointervallo dei punti di E nei quali è $|f_r(x) - f(x)| \leq \varepsilon$, è $m(E_r) \to m(E)$ per $r \to \infty$, e ciò qualunque sia il numero positivo ε. (Cfr. n.° 28, *a*)).

(2) Cfr. H. Lebesgue, *Sur les intégrales singuliers* (Ann. de la Faculté de Toulouse, 3e S. I) p. 50.

Siccome, per la convergenza approssimativa di f_r verso f, è $m(E_r) \to m(E)$, è pure $\int_{E-E_r} |f|\, dx \to 0$ (n.° 52, *e*)). Dunque, da un certo $\bar{r}$ in poi, è

$$\left| \int_E f_r dx - \int_E f dx \right| \leq \varepsilon\,[m(E)+1],$$

e la proposizione è dimostrata.

Osservazione — Le proposizioni *b*) e *c*) valgono, evidentemente, anche se alle successioni di funzioni si sostituiscono successioni di insiemi di funzioni; tale sostituzione può farsi anche nella proposizione *a*), purchè in essa si aggiunga l'ipotesi che la funzione f sia quasi-continua.

55. - Disuguaglianza di F. Riesz. (1)

a) Si abbiano i numeri, non negativi, $a_1, a_2, \ldots, a_q$, $b_1, b_2, \ldots, b_q$. *Se è* $\alpha \geq 1$, *si ha*

$$(1) \qquad \left[\sum_{r=1}^{q} (a_r + b_r)^\alpha\right]^{\frac{1}{\alpha}} \leq \left[\sum_{r=1}^{q} a_r^{\,\alpha}\right]^{\frac{1}{\alpha}} + \left[\sum_{r=1}^{q} b_r^{\,\alpha}\right]^{\frac{1}{\alpha}}.$$

Se tutti i numeri $a_1, a_2, \ldots, a_q$ sono nulli, questa disuguaglianza è di per sè evidente. Altrettanto, se sono nulli tutti i numeri $b_1, b_2, \ldots, b_q$. Supponiamo dunque che tanto fra gli a quanto fra i b vi siano dei numeri maggiori di zero. Possiamo anche supporre $\alpha > 1$, perchè, per $\alpha = 1$, la (1) è senz'altro evidente. Cominciamo col provare la (1) per $q = 2$, nel qual caso essa si riduce a

$$(a_1^{\,\alpha} + a_2^{\,\alpha})^{\frac{1}{\alpha}} + (b_1^{\,\alpha} + b_2^{\,\alpha})^{\frac{1}{\alpha}} - [(a_1+b_1)^\alpha + (a_2+b_2)^\alpha]^{\frac{1}{\alpha}} \geq 0.$$

Supposti a_2 e b_2 maggiori di zero, consideriamo il primo membro di questa disuguaglianza come una funzione della variabile a_1, e indichiamolo con $\varphi(a_1)$. Il minimo valore di $\varphi(a_1)$, se esiste, si ha per $\varphi'(a_1) = 0$, oppure per $a_1 = 0$, do-

(1) F. Riesz, *Untersuchungen über Systeme integrierbarer Funktionen.* (Mathematische Annalen, B. 69, (1910), p. 456).

vendo sempre essere $a_1 \geq 0$. Ora è

$$\varphi'(a_1) = \left[\frac{a_1^\alpha}{a_1^\alpha + a_2^\alpha}\right]^{\frac{\alpha-1}{\alpha}} - \left[\frac{(a_1+b_1)^\alpha}{(a_1+b_1)^\alpha + (a_2+b_2)^\alpha}\right]^{\frac{\alpha-1}{\alpha}},$$

e questa derivata ha il segno dell' espressione

$$\frac{a_1^\alpha}{a_1^\alpha + a_2^\alpha} - \frac{(a_1+b_1)^\alpha}{(a_1+b_1)^\alpha + (a_2+b_2)^\alpha},$$

e quindi dell' altra

$$a_1^\alpha[(a_1+b_1)^\alpha + (a_2+b_2)^\alpha] - (a_1+b_1)^\alpha[a_1^\alpha + a_2^\alpha] =$$
$$= a_1^\alpha(a_2+b_2)^\alpha - a_2^\alpha(a_1+b_1)^\alpha,$$

ossia ancora di

$$a_1(a_2+b_2) - a_2(a_1+b_1) = a_1b_2 - a_2b_1.$$

Possiamo dire perciò che è $\varphi'(a_1) < 0$, per $a_1 < a_2\frac{b_1}{b_2}$, $\varphi'(a_1) = 0$, per $a_1 = a_2\frac{b_1}{b_2}$, $\varphi'(a_1) > 0$, per $a_1 > a_2\frac{b_1}{b_2}$. Dunque, per $a_1 = a_2\frac{b_1}{b_2}$ si ha il più piccolo valore possibile di $\varphi(a_1)$; ed essendo $\varphi\left(a_2\frac{b_1}{b_2}\right) = 0$, ne viene che è sempre $\varphi(a_1) \geq 0$.

La (1) è dunque stabilita per $q = 2$. Supponiamola ora già dimostrata fino al valore q e facciamo vedere che vale anche per $q+1$. Poniamo in (1), al posto di a_q e b_q, rispettivamente $[a_q^\alpha + a_{q+1}^\alpha]^{\frac{1}{\alpha}}$, $[b_q^\alpha + b_{q+1}^\alpha]^{\frac{1}{\alpha}}$, e osserviamo che, per quanto è già stabilito (per $q = 2$), è

$$(a_q+b_q)^\alpha + (a_{q+1}+b_{q+1})^\alpha \leq [(a_q^\alpha + a_{q+1}^\alpha)^{\frac{1}{\alpha}} + (b_q^\alpha + b_{q+1}^\alpha)^{\frac{1}{\alpha}}]^\alpha;$$

abbiamo così

$$\left[\sum_{r=1}^{q+1}(a_r+b_r)^\alpha\right]^{\frac{1}{\alpha}} \leq \left[\sum_{r=1}^{q-1}(a_r+b_r)^\alpha + [(a_q^\alpha + a_{q+1}^\alpha)^{\frac{1}{\alpha}} + (b_q^\alpha + b_{q+1}^\alpha)^{\frac{1}{\alpha}}]^\alpha\right]^{\frac{1}{\alpha}}$$
$$\leq \left[\sum_{r=1}^{q-1}a_r^\alpha + (a_q^\alpha + a_{q+1}^\alpha)\right]^{\frac{1}{\alpha}} + \left[\sum_{r=1}^{q-1}b_r^\alpha + (b_q^\alpha + b_{q+1}^\alpha)\right]^{\frac{1}{\alpha}};$$

E la (1) è dimostrata per $q+1$, e quindi per ogni valore di q.

b) Siano ora $f(x)$ e $g(x)$ due funzioni quasi-continue nello pseudointervallo E, e limitate. Consideriamo, relativamente alla funzione $f(x)$, gli pseudointervalli $E_{n,1}, E_{n,2}, \ldots, E_{n,n}$, definiti al n.° 48, *a*), e indichiamoli, per maggiore chiarezza, con $E_{n,1}(f), \ldots, E_{n,n}(f)$. Corrispondentemente, avremo per le somme S_n, s_n, considerate al n.° citato, indicando con M un numero positivo non inferiore al limite superiore di $|f|$ e $|g|$ in E,

$$S_n(f) - s_n(f) \leq \frac{2Mm(E)}{n},$$

e

$$\lim_{n\to\infty} S_n(f) = \lim_{n\to\infty} s_n(f) = \int_E f(x)\,dx.$$

Facciamo altrettanto per la $g(x)$, e consideriamo gli pseudointervalli $E_1^{(n)}, E_2^{(n)}, \ldots, E_q^{(n)}$ che si ottengono separando negli $E_{n,r}(f)$ le parti che appartengono a pseudointervalli $E_{n,r}(g)$ distinti. Indicando con $S^{(n)}(f)$, $s^{(n)}(f)$, $S^{(n)}(g)$, $s^{(n)}(g)$ le somme S e s, definite al principio del n.° 48 e relative alle funzioni f e g e alla decomposizione di E negli pseudointervalli $E_1^{(n)}, \ldots, E_q^{(n)}$, abbiamo, per un' osservazione già fatta al n.° citato,

$$S^{(n)}(f) \leq S_n(f), \quad s^{(n)}(f) \geq s_n(f),$$

e quindi

$$S^{(n)}(f) - s^{(n)}(f) \leq \frac{2Mm(E)}{n}, \quad \lim_{n\to\infty} S^{(n)}(f) = \lim_{n\to\infty} s^{(n)}(f) = \int_E f(x)dx.$$

E analogamente per la g. Indichiamo con $S^{(n)}(|f|)$ e $s^{(n)}(|f|)$ le somme, analoghe alle precedenti, relative alla funzione $|f|$ e alla stessa decomposizione di E negli pseudointervalli $E_1^{(n)}, E_2^{(n)}, \ldots, E_q^{(n)}$. Essendo $L_r(f)$, $l_r(f)$ i limiti rispettivamente superiore e inferiore della f in $E_r^{(n)}$, e $L_r(|f|)$, $l_r(|f|)$ quelli della $|f|$, è $L_r(|f|) - l_r(|f|) \leq L_r(f) - l_r(f)$. E osservando che è (per il teorema del valor medio, applicato alla funzione x^α)

$$\begin{aligned} L_r(|f|^\alpha) - l_r(|f|^\alpha) &= \overline{L_r(|f|)}^\alpha - \overline{l_r(|f|)}^\alpha \\ &\leq [L_r(|f|) - l_r(|f|)] \cdot \alpha M^{\alpha-1}, \end{aligned}$$

abbiamo anche

$$L_r(|f|^\alpha) - l_r(|f|^\alpha) \leq \alpha M^{\alpha-1}[L_r(f) - l_r(f)],$$

e perciò

$$S^{(n)}(|f|^\alpha) - s^{(n)}(|f|^\alpha) \leq \alpha M^{\alpha-1}[S^{(n)}(f) - s^{(n)}(f)] < \frac{2\alpha M^\alpha m(E)}{n},$$

$$(2) \qquad \lim_{n\to\infty} S^{(n)}(|f|^\alpha) = \lim_{n\to\infty} s^{(n)}(|f|^\alpha) = \int_E |f|^\alpha dx.$$

E analogamente per la g.

Abbiamo poi

$$\begin{aligned} L_r(|f+g|) - l_r(|f+g|) &\leq L_r(f+g) - l_r(f+g) \\ &\leq [L_r(f) - l_r(f)] + [L_r(g) - l_r(g)], \end{aligned}$$

e quindi

$$\begin{aligned} L_r(|f+g|^\alpha) - l_r(|f+g|^\alpha) &\leq \alpha 2^{\alpha-1} M^{\alpha-1}[L_r(|f+g|) - l_r(|f+g|)] \\ &\leq \alpha 2^{\alpha-1} M^{\alpha-1}\{[L_r(f) - l_r(f)] + [L_r(g) - l_r(g)]\}, \end{aligned}$$

onde

$$\begin{aligned} &S^{(n)}(|f+g|^\alpha) - s^{(n)}(|f+g|^\alpha) < \\ &< \alpha\cdot 2^{\alpha-1} M^{\alpha-1}\{[S^{(n)}(f) - s^{(n)}(f)] + [S^{(n)}(g) - s^{(n)}(g)]\} < \\ &< \frac{\alpha 2^{\alpha+1} M^\alpha m(E)}{n} \end{aligned}$$

e

$$(3) \qquad \lim_{n\to\infty} S^{(n)}(|f+g|^\alpha) = \lim_{n\to\infty} s^{(n)}(|f+g|^\alpha) = \int_E |f+g|^\alpha dx.$$

Ciò premesso, poniamo in (1),

$$a_r = L_r(|f|)\overline{m(E_r^{(n)})}^{\frac{1}{\alpha}}, \quad b_r = L_r(|g|)\overline{m(E_r^{(n)})}^{\frac{1}{\alpha}};$$

abbiamo

$$\begin{aligned} &\left[\sum_{r=1}^{q} m(E_r^{(n)})\cdot[L_r(|f|) + L_r(|g|)]^\alpha\right]^{\frac{1}{\alpha}} \\ &\leq \left[\sum_{r=1}^{q} \overline{L_r(|f|)}^\alpha \cdot m(E_r^{(n)})\right]^{\frac{1}{\alpha}} + \left[\sum_{r=1}^{q} \overline{L_r(|g|)}^\alpha \cdot m(E_r^{(n)})\right]^{\frac{1}{\alpha}} \end{aligned}$$

ed anche, osservando che è $L_r(|f+g|) \leq L_r(|f|+|g|) \leq$ $\leq L_r(|f|)+L_r(|g|)$, e $\overline{L_r(|f|)}^\alpha = L_r(|f|^\alpha)$,

$$[S^{(n)}(|f+g|^\alpha)]^{\frac{1}{\alpha}} \leq [S^{(n)}(|f|^\alpha)]^{\frac{1}{\alpha}} + [S^{(n)}(|g|^\alpha)]^{\frac{1}{\alpha}},$$

donde, passando al limite per $n \to \infty$, e in forza di (2) e (3),

$$(4) \qquad \left[\int_E |f+g|^\alpha dx\right]^{\frac{1}{\alpha}} \leq \left[\int_E |f|^\alpha dx\right]^{\frac{1}{\alpha}} + \left[\int_E |g|^\alpha dx\right]^{\frac{1}{\alpha}}.$$

e) Siano $f(x)$ e $g(x)$ due funzioni quasi-continue nello pseudointervallo E, e tali che in E risultino integrabili le potenze $|f|^\alpha$, $|g|^\alpha$. Indichiamo con E_p lo pseudointervallo formato dai punti di E in cui valgono, contemporaneamente, le disuguaglianze $-p \leq f \leq p$, $-p \leq g \leq p$. Applicando la (4), abbiamo

$$\left[\int_{E_p} |f+g|^\alpha dx\right]^{\frac{1}{\alpha}} \leq \left[\int_{E_p} |f|^\alpha dx\right]^{\frac{1}{\alpha}} + \left[\int_{E_p} |g|^\alpha dx\right]^{\frac{1}{\alpha}},$$

e per $p \to \infty$, essendo $m(E_p) \to m(E)$ e tenendo conto del n.° 52 (*e*), *f*)), abbiamo ancora la (4).

Dunque, *se è* $\alpha \geq 1$, *se* f *e* g *sono due funzioni quasi-continue nello pseudointervallo* E *e in tale pseudointervallo sono integrabili* $|f|^\alpha$ *e* $|g|^\alpha$, *è integrabile in* E *anche* $|f+g|^\alpha$ *e si ha*

$$(5) \qquad \left[\int_E |f+g|^\alpha dx\right]^{\frac{1}{\alpha}} \leq \left[\int_E |f|^\alpha dx\right]^{\frac{1}{\alpha}} + \left[\int_E |g|^\alpha dx\right]^{\frac{1}{\alpha}}.$$

56. - **Disuguaglianza di Schwarz generalizzata** (1).

Con lo stesso metodo seguito nel n.° precedente, *a*), si dimostra che, essendo $\alpha > 1$ e $a_1, a_2, \ldots, a_q, b_1, b_2, \ldots, b_q$ numeri non negativi, è

$$(1) \qquad \sum_{r=1}^{q} a_r b_r \leq \left[\sum_{r=1}^{q} a_r^\alpha\right]^{\frac{1}{\alpha}} \cdot \left[\sum_{r=1}^{q} b_r^{\frac{\alpha}{\alpha-1}}\right]^{\frac{\alpha-1}{\alpha}}.$$

---

(1) Cfr. F. Riesz, *Untersuchungen über Systeme integrierbarer Funktionen* (Math. Annalen, B. 69 (1910) p. 456).

Ripetendo poi i ragionamenti dello stesso n.°, *b*) e *c*), si giunge alla proposizione:

Se è $\alpha > 1$, *se* f *e* g *sono due funzioni quasi-continue nello pseudointervallo* E, *e se in tale pseudointervallo sono integrabili* $|f|^\alpha$, $|g|^{\frac{\alpha}{\alpha-1}}$, *è integrabile in* E *anche il prodotto* $f\cdot g$, *e si ha*

$$\left|\int_E fg dx\right| \leq \left[\int_E |f|^\alpha dx\right]^{\frac{1}{\alpha}} \cdot \left[\int_E |g|^{\frac{\alpha}{\alpha-1}} dx\right]^{\frac{\alpha-1}{\alpha}}. \tag{2}$$

Se qui si pone $\alpha = 2$, si ha la ben nota disuguaglianza di SCHWARZ.

57. - Funzione integrale.

Sia $f(x)$ una funzione integrabile nell'intervallo (a, b). La funzione $F(x) \equiv \int_a^x f(x)dx$, considerata per ogni x di (a, b), dicesi *funzione integrale della* $f(x)$.

Ogni funzione integrale è assolutamente continua [1]. Ed infatti, preso ad arbitrio un numero intero positivo ε, consideriamo il numero δ_ε che gli corrisponde secondo il teorema del n.° 52, *c*). Essendo allora (a_i, b_i) $(i = 1, 2, \ldots m)$ un gruppo di intervalli non sovrapponentisi di (a, b), in numero (finito) qualsiasi, tale che sia $\Sigma(b_i - a_i) < \delta_\varepsilon$, abbiamo

$$\sum_1^m [F(b_i) - F(a_i)] = \sum_1^m \int_{a_i}^{b_i} f(x)dx,$$

onde, per il teorema citato,

$$\left|\sum_1^m [F(b_i) - F(a_i)]\right| < \varepsilon.$$

La $F(x)$ risulta così assolutamente continua; ed essa è anche, perciò, continua e a variazione limitata (n.° 16).

---

(1) Cfr. G. VITALI, *Sulle funzioni integrali* (Atti della R. Accad. delle Scienze di Torino, 1904-905); H. LEBESGUE, *Leçons sur l'intégration etc.*, p. 129.

§ 3. Derivazione e integrazione.

58. - Integrabilità della derivata di una funzione continua, a variazione limitata.

Al n.° 46 abbiamo dimostrato che una funzione $f(x)$ continua, a variazione limitata, ammette in quasi tutto l'intervallo (a, b) in cui è data, la derivata $f'(x)$, finita. Ora vogliamo mostrare che *la derivata* $f'(x)$ *è integrabile nell'intervallo* (a, b) [1].

Posto $f'(x) = 0$, là dove la derivata della $f(x)$ non esiste finita, cominciamo con l'osservare che la $f'(x)$, che risulta così definita nell'intero intervallo (a, b), è, in questo stesso intervallo, una funzione quasi-continua (n.° 46).

Riprendiamo le considerazioni del n.° 13 e, detto p un numero intero, positivo, determiniamo ω in modo che sia $\cos\left(\omega - \frac{1}{p}\right) = \frac{1}{p}$ e $\frac{1}{p} \leq \omega < \frac{\pi}{2}$. Allora, per ogni ε positivo e $< \frac{1}{p}$, si ha $\cos(\omega - \varepsilon) < \frac{1}{p}$. Fissato uno di questi ε, i lati della poligonale Π (n.° 13) inscritta nella curva $y = f(x)$, (a, b), i quali formano con l'asse delle x un angolo [2] $\geq \omega - \varepsilon$ danno, nella lunghezza di Π, un contributo che indicheremo con l_1 ed hanno sull'asse delle x delle proiezioni la cui lunghezza totale è minore o uguale a $l_1 \cos(\omega - \varepsilon) < L \cdot \frac{1}{p}$, dove L rappresenta la lunghezza della curva indicata. Supposto, allora, che la poligonale abbia una lunghezza, che indicheremo con la stessa lettera Π, soddisfacente alla disuguaglianza $L - \Pi < \frac{\varepsilon^3}{9}$, nei punti delle proiezioni dei lati rimanenti, ad eccezione, al più, di quelli appartenenti agli intervalli di cui si parla al n.° 13, b), la derivata $f'(x)$ è (n.° detto, c)) in modulo non maggiore di $\operatorname{tg}\omega$, e nell'insieme da essi formato, che denoteremo con E_ε e che ha una misura

$$m(E_\varepsilon) > (b - a) - 2\varepsilon - L \cdot \frac{1}{p} > (b - a) - \frac{1}{p}(2 + L),$$

---

(1) H. Lebesgue, *Leçons sur l'intégration etc.*, pp. 128-129.

(2) Ricordiamo che quest'angolo, per il modo come è determinato, è sempre ≥ 0.

la $f'(x)$ è integrabile, essendo quasi-continua (n.° 47, *a*)) e limitata. Di più, se indichiamo con $\varphi(x)$ l'ordinata della poligonale Π, e con $\omega_1(x)$ e $\omega_2(x)$ gli angoli di direzione delle tangenti alle curve $y=f(x)$, $y=\varphi(x)$ (n.° 10), abbiamo, in ogni punto di E_ε,

$$f'(x)-\varphi'(x)=\operatorname{tg}\omega_1-\operatorname{tg}\omega_2=\frac{\omega_1-\omega_2}{\cos^2\bar{\omega}},$$

dove $\bar{\omega}$ è un valore convenientemente scelto fra ω_1 e ω_2, e perciò, poichè l'angolo che fanno tra loro le due tangenti indicate non è maggiore di ε (n.° 13, *a*)),

$$|f'(x)-\varphi'(x)|<\frac{\varepsilon}{\cos^2\omega}.$$

Abbiamo così, in E_ε,

$$|f'(x)|<|\varphi'(x)|+\frac{\varepsilon}{\cos^2\omega}$$

e

$$\int_{E_\varepsilon}|f'(x)|\,dx<\int_{E_\varepsilon}|\varphi'(x)|\,dx+\frac{\varepsilon(b-a)}{\cos^2\omega}<\int_a^b|\varphi'(x)|\,dx+\frac{\varepsilon(b-a)}{\cos^2\omega}.$$

L'integrale di $|\varphi'|$ dà, evidentemente, la variazione totale di $y=\varphi(x)$ in $(a,\,b)$, variazione che è minore o uguale a quella V di $y=f(x)$; inoltre, poichè ε può essere preso piccolo quanto vuolsi, possiamo prenderlo uguale al minore dei due numeri $\frac{1}{p}$ e $\frac{\cos^2\omega}{p(b-a)}$. Per tale ε, abbiamo

$$\int_{E_\varepsilon}|f'|\,dx<V+\frac{1}{p}\leq V+1.$$

Ora, essendo $m(E_\varepsilon)>(b-a)-\frac{1}{p}(2+L)$ e, necessariamente, $m(E_\varepsilon)\leq b-a$, è $m(E_\varepsilon)\to b-a$, per $p\to\infty$, cosicchè possiamo concludere, per la proposizione *f*) del n.° 52, che la $|f'|$ è integrabile in tutto $(a,\,b)$, e che è

$$\int_a^b|f'|\,dx\leq V. \tag{1}$$

È dunque integrabile anche la $f'(x)$.

La (1) esprime che *l'integrale del modulo della derivata di una funzione continua, a variazione limitata, non supera mai la variazione totale della funzione.*

59. - Integrale della derivata di una funzione assolutamente continua.

Sia $f(x)$ assolutamente continua in (a, b): essa è allora (n.° 16) continua e a variazione limitata, e possiamo riprendere la dimostrazione del n.° precedente. Dalla disuguaglianza $|f'(x) - \varphi'(x)| < \frac{\varepsilon}{\cos^2 \omega}$, valida per ogni punto di E_ε, ricaviamo

$$f'(x) = \varphi'(x) + \frac{\varepsilon}{\cos^2 \omega} \theta(x),$$

con $|\theta(x)| < 1$, in E_ε; onde

$$\int_{E_\varepsilon} f' dx = \int_{E_\varepsilon} \varphi' dx + \frac{\varepsilon}{\cos^2 \omega} \int_{E_\varepsilon} \theta dx = \int_{E_\varepsilon} \varphi' dx + \frac{\varepsilon m(E_\varepsilon)}{\cos^2 \omega} \theta_\varepsilon ,$$

con $|\theta_\varepsilon| < 1$ e θ_ε funzione solo di ε, ed anche

$$\text{(1)} \qquad \int_{E_\varepsilon} f' dx = \int_a^b \varphi' dx - \int_{C_\varepsilon} \varphi' dx + \frac{\varepsilon m(E_\varepsilon)}{\cos^2 \omega} \theta_\varepsilon ,$$

dove con C_ε indichiamo il complementare di E_ε.

Ora, poichè la curva $y = \varphi(x)$, (a, b), è una poligonale con un numero finito di lati e coi vertici sulla $y = f(x)$, (a, b), si ha

$$\text{(2)} \qquad \int_a^b \varphi' dx = \varphi(b) - \varphi(a) = f(b) - f(a).$$

Troviamo un limite superiore per il modulo di $\int_{C_\varepsilon} \varphi' dx$.

Osserviamo che l'insieme C_ε è costituito di due parti: una è formata dalle proiezioni di tutti quei lati di Π che fanno con l'asse delle x un angolo $\geq \omega - \varepsilon$, proiezioni che indicheremo con $(a_1, b_1), (a_2, b_2), \ldots, (a_r, b_r)$ e per le quali si ha

$$(b_1 - a_1) + \ldots + (b_r - a_r) < L \frac{1}{p},$$

Di qui deduciamo facilmente il teorema enunciato.

Scegliamo un numero ρ_0, minore di ρ, in modo che, in virtù di quanto si è dimostrato in *a*), esista un'estremale $\mathfrak{E}$, passante per P_0 con un angolo di direzione ω_0, avente i punti terminali sulla circonferenza (P_0, ρ_0), e tale che su di essa sia sempre $F_1(x(s), y(s), x'(s), y'(s)) \neq 0$ e che l'oscillazione dell'angolo di direzione sia $< \pi : 4$. Supponiamo poi che esista un'altra estremale $\overline{\mathfrak{E}}$, passante per P_0 con un angolo di direzione ω_0, avente i punti terminali sulla circonferenza del cerchio (P_0, ρ_0) e tutta contenuta in questo cerchio.

Contando la lunghezza degli archi a partire da P_0, è allora $\lambda_0 + |\alpha_0| = 0$. Scegliamo L' sufficientemente piccolo, in modo che, in corrispondenza dell'intervallo $(0, L')$ risultino verificate le condizioni 1[a]), 2[a]) e 3[a]), più sopra indicate per la $\mathfrak{E}$ e $\overline{\mathfrak{E}}$. In ogni s di $(0, L')$, vale allora la (6) ed è perciò $\lambda + |\alpha| = 0$, ossia $\lambda = 0$ e $\alpha = 0$. Dunque le due estremali $\mathfrak{E}$ e $\overline{\mathfrak{E}}$ coincidono completamente nell'arco corrispondente a $(0, L')$. Sia P' il loro punto comune corrispondente a L'. Ripetendo per P' quanto si è ora detto per P_0, le due estremali $\mathfrak{E}$ e $\overline{\mathfrak{E}}$ dovranno coincidere anche oltre il punto P'; e se $\overline{P}$ è l'ultimo punto in cui esse coincidono, $\overline{P}$ deve necessariamente coincidere col secondo punto terminale della $\mathfrak{E}$, il quale risulta, pertanto, anche secondo punto terminale per la $\overline{\mathfrak{E}}$.

Altrettanto accade per i punti precedenti P_0; e il teorema è completamente provato.

c) Un caso interessante, che sfugge ai teoremi dimostrati in *a*) e *b*), è considerato nella seguente proposizione:

Se è, in tutto il campo A, $F \equiv \varphi(x, y)\sqrt{x'^2 + y'^2}$ (²), *con* $\varphi(x, y) \geq 0$, *il segno di uguaglianza valendo soltanto in un punto* (x_0, y_0), *interno ad A*;

se, in tutto un intorno del punto (x_0, y_0), *posto* $\rho = \sqrt{(x - x_0)^2 + (y - y_0)^2}$, *è* $\varphi(x, y) = \psi(\rho)$, *con* $\psi'(\rho) \geq 0$, *per* $\rho > 0$;

per ogni punto interno ad A passa sempre un' estremale che abbia in quel punto un angolo di direzione comunque prefissato, e tale estremale è unica, nel senso dell' enunciato b), ed è di classe 2.

(²) Per le condizioni poste al n.° 50, la $\varphi(x, y)$ ammette le derivate parziali continue dei primi due ordini.

Qui è $F_1(x, y, \cos\omega, \operatorname{sen}\omega) \equiv \varphi(x, y)$ e, per quanto si è dimostrato in *a*) e *b*), la proposizione enunciata è evidente per ogni punto interno ad A, distinto da (x_0, y_0).

Possiamo, senza nuocere alla generalità della questione, immaginare che il punto (x_0, y_0) sia l'origine delle coordinate [1]. L'equazione delle estremali, prendendo come parametro la lunghezza dell'arco, è [n.° 33, *a*)], in tutti i punti distinti da (0, 0),

$$\frac{1}{r} = \frac{x'\varphi_y - y'\varphi_x}{\varphi},$$

e per essere, in tutti i punti distinti da (0, 0), che appartengono all'intorno considerato nell'enunciato,

$$\varphi_x = \psi'(\rho)\frac{x}{\rho}, \quad \varphi_y = \psi'(\rho)\frac{y}{\rho},$$

abbiamo

$$\frac{1}{r} = \frac{\psi'(\rho)}{\rho\psi(\rho)}(yx' - xy'). \tag{7}$$

Sulle rette uscenti da (0, 0), è sempre $yx' - xy' = 0$; dunque i segmenti di tali rette che appartengono all'intorno di (0, 0) considerato, sono delle estremali di classe 2.

Resta a provarsi che per (0, 0) non passa nessuna estremale che non sia un segmento rettilineo.

Sia il punto $(x, 0)$, con $x < 0$, appartenente all'intorno detto di (0, 0). Per esso passa una sola estremale, nel senso dell'enunciato *b*), con angolo di direzione $\omega = 0$: è un'estremale rettilinea che (eventualmente prolungata) passa anche per (0, 0). Consideriamo un angolo ω diverso da zero e da un multiplo intero di 2π. Se è $\omega = \pi$, o se ω differisce da π per un multiplo intero di 2π, l'estremale corrispondente a tale direzione non differisce che per il verso da quella relativa a $\omega = 0$; nel caso opposto, la (7), che è l'equazione dell'estremale finchè il punto su di essa sia distinto da (0, 0), dà in $(x, 0)$ una curvatura del segno di $\operatorname{sen}\omega$; e poichè $yx' - xy'$ non può mai esser

[1] Qualora così non fosse, basterebbe procedere ad un cambiamento di coordinate. Qui è opportuno osservare che il secondo membro dell'equaz. (2) del n.° 33 è un invariante rispetto ad ogni traslazione o rotazione degli assi coordinati.

pure valida in tutto l'insieme E_ε, otteniamo

$$\int_a^b |f'| dx = V,$$

onde: *se la $f(x)$ è assolutamente continua in (a, b), la sua variazione totale è data dall'integrale di $|f'|$.*

60. - Derivata della funzione integrale.

a) Premettiamo il seguente lemma:

Se la $f(x)$ è una funzione integrabile nell'intervallo (a, b) e, per ogni x di tale intervallo, è

$$(1) \qquad \int_a^x f(x)dx = 0,$$

è, in quasi-tutto (a, b), $f(x) = 0$ (1).

Scelto comunque un numero intero positivo r, indichiamo con E_r l'insieme dei punti di (a, b) nei quali è $f(x) \geq \frac{1}{r}$. Siccome la funzione $f(x)$, essendo integrabile in (a, b), è in tale intervallo quasi-continua, E_r è uno pseudointervallo (n.° 43, *b*)). Affermiamo che è $m(E_r) = 0$. Supponiamo, infatti, che sia $m(E_r) > 0$. Per la proposizione del n.° 51, *c*), la $f(x)$, integrabile in (a, b), è pure integrabile in E_r, ed è (n.° 52, *h*))

$$(2) \qquad \int_{E_r} f(x)dx \geq \frac{m(E_r)}{r}.$$

Sia n il minimo numero intero positivo tale che (n.° 52, *c*)), per ogni pseudointervallo E' di (a, b), di misura minore di $\frac{1}{n}$, si abbia sempre

$$(3) \qquad \left| \int_{E'} f(x)dx \right| < \frac{m(E_r)}{2r},$$

---

(1) Cfr. G. Vitali, *Sulle funzioni ad integrale nullo.* (Rend. del Circolo Matem. di Palermo 1905, t. XX); *Sui gruppi di punti e sulle funzioni di variabili reali.* (Atti della R. Accad. della Scienze di Torino, 1907-08).

e consideriamo una qualsiasi successione D di intervalli, non nulli e non sovrapponentisi di (a, b), ricoprente interamente E_r, e tale che la lunghezza complessiva dei suoi intervalli risulti minore di $m(E_r)+\frac{1}{n}$. In ogni intervallo di D l'integrale della $f(x)$ è nullo, in virtù della (1), e, pertanto, è uguale a zero lo stesso integrale esteso a tutta la successione D.

D'altra parte, i punti degli intervalli di D che non appartengono ad E_r costituiscono uno pseudointervallo E' la cui misura è minore di $\frac{1}{n}$, e in esso vale la (3); l'integrale della $f(x)$ esteso a tutti gli intervalli di D è dunque maggiore di

$$\frac{m(E_r)}{r}-\frac{m(E_r)}{2r}=\frac{m(E_r)}{2r}>0 .$$

La contraddizione, a cui siamo giunti, prova che è $m(E_r)=0$.

L'insieme E_r è un componente di E_{r+1}, e l'insieme E dei punti di (a, b) nei quali è $f(x)>0$ è, per la proposizione del n.° 41, i), uno pseudointervallo di misura

$$m(E)=\lim_{r\to\infty} m(E_r)=0.$$

Parimente risulta uno pseudointervallo di misura nulla l'insieme dei punti di (a, b) in cui è $f(x)<0$, e resta provato il lemma enunciato.

b) Supposta $f(x)$ integrabile nell'intervallo (a, b), la funzione integrale

$$F(x)=\int_a^x f(x)dx$$

è (n.° 57) assolutamente continua ed ammette (n.[i] 16 e 45) in quasi tutto (a, b) la derivata $F'(x)$ finita, la quale verifica (n.° precedente) la relazione

$$\int_a^x F'(x)dx=F(x)-F(a)=F(x),$$

per ogni x di (a, b). È così, per tutti gli x detti,

$$\int_a^x [F'(x) - f(x)]\, dx = 0,$$

donde segue, per il lemma dimostrato in a), che, in quasi-tutto (a, b), è $F'(x) = f(x)$. Dunque, *la funzione integrale della funzione $f(x)$, integrabile in (a, b), ammette in quasi-tutto tale intervallo, questa funzione come derivata* ([1]).

§ 4. Integrazione per parti e per sostituzione.

61. - Integrazione per parti.

Se, nell' intervallo (a, b), la funzione $f(x)$ è assolutamente continua e la funzione $g(x)$ è integrabile, posto $G(x) = \int_a^x g(x) dx +$ cost, è

$$\int_a^b f(x) g(x) dx = f(b) G(b) - f(a) G(a) - \int_a^b G(x) f'(x) dx,$$

intendendosi che sia $f'(x) = 0$ là dove la derivata della $f(x)$ non esiste finita ([2]).

Si ha, infatti, che il prodotto $f(x)G(x)$ è (n.° 16, f)) una funzione assolutamente continua, essendo tali la $f(x)$, per dato, e la $G(x)$, per la proposizione del n.° 57. Per i n.i 16 c), 45 d) e 59, esiste dunque, in quasi-tutto (a, b), la derivata del prodotto considerato, e si ha

$$f(x) G(x) = \int_a^x D\,[f(x) G(x)] dx.$$

Ora, avendosi, in quasi-tutto (a, b),

$$D[f(x)\, G(x)] = f'(x) G(x) + f(x)\, g(x),$$

([1]) H. Lebesgue, *Leçons sur l' intégration etc.*, pp. 124-125.

([2]) H. Lebesgue, *Sur les intégrales singuliers.* (Ann. de la Faculté de Toulouse, 3e S., I, pag. 46).

si ha pure

$$f(x)G(x) = \int_a^x f'(x)G(x)dx + \int_a^x f(x)g(x)dx,$$

donde la proposizione da dimostrarsi.

62. - Insiemi corrispondenti secondo una funzione assolutamente continua.

a) Sia $y = f(x)$ una funzione assolutamente continua, data nell'intervallo (a, b), ed E_x indichi un qualunque insieme di punti appartenenti a quest'intervallo. Detti c e d i valori rispettivamente minimo e massimo della $f(x)$ in (a, b), ad ogni punto x di (a, b) la $y = f(x)$ fa corrispondere un punto (ed uno solo) y di (c, d), e all'insieme E_x, un insieme E_y. Se E_x è chiuso, risulta chiuso anche E_y, per la continuità della funzione considerata. Dimostriamo, allora, che, *se E_x è un insieme chiuso di (a, b), tale che sia $m(E_x) > 0$ e che in ogni suo punto la derivata $f'(x)$ esista finita e maggiore di zero, allora è pure $m(E_y) > 0$.*

Dalle ipotesi fatte, si ha $\int_{E_x} f'(x)dx > 0$. Ed invero, posto $g(x) = f'(x)$ in E_x e $g(x) = 0$ nei punti rimanenti di (a, b), si ha $\int_{E_x} f'dx = \int_a^b g(x)dx$; e se fosse $\int_{E_x} f'dx = 0$, si avrebbe $\int_a^b g(x)dx = 0$ ed anche $\int_a^x g(x)dx = 0$, per ogni x di (a, b), per essere sempre $g(x) \geq 0$. Allora ne verrebbe, per il n.° 60, $g(x) = 0$ in quasi-tutto (a, b), contraddicendo al fatto che in E_x è $g = f' > 0$, con $m(E_x) > 0$.

Per l'integrabilità della $f'(x)$ in (a, b) e per la proposizione *c*) del n.° 52, si può rinchiudere E_x in un gruppo di un numero finito di intervalli $\varkappa$, non sovrapponentisi, in modo che sia

$$\int_{\Sigma\varkappa - E_x} |f'| \, dx < \frac{1}{2}\int_{E_x} f'dx.$$

Indichiamo con $\varkappa'$ lo pseudointervallo formato dai punti di $\varkappa$ che appartengono a E_x e da quelli nei quali la f' esiste ed è ≤ 0. È $\int\limits_{\Sigma\alpha'} f'dx > \frac{1}{2}\int\limits_{E_x} f'dx$. Sia α_1 il primo termine di $\Sigma\alpha$ per il quale è $\int\limits_{\alpha_1'} f'dx_1 > 0$, e indichiamo con $E_x(\alpha_1)$ la parte di E_x contenuta in α_1, e con $E_y(\alpha_1)$ la parte corrispondente di E_y. Sia poi $\{\delta_r\}$ un qualsiasi gruppo di un numero finito di intervalli, non nulli e non sovrapponentisi, di (c, d), racchiudenti tutti i punti di $E_y(\alpha_1)$ in modo che ogni punto di questo insieme sia *interno* ad un δ_r. Mostriamo che è $\Sigma\delta_r \geq \int\limits_{\alpha_1'} f'dx$. Consideriamo un $\delta_r \equiv (y_{r-1}, y_r)$. Per la continuità della $f(x)$, esiste al più un numero finito o un'infinità numerabile di archi della curva rappresentata, su α_1, dall'equazione $y = f(x)$, i quali sono contenuti nella striscia limitata dalle rette $y = y_{r-1}$, $y = y_r$ e hanno ambedue gli estremi sulla retta $y = y_{r-1}$ o sulla $y = y_r$, oppure un estremo sulla prima e l'altro sulla seconda, oppure (e questi non possono essere che due al più: il primo e l'ultimo) un estremo su una sola delle due rette dette e l'altro compreso fra esse. A questi archi corrisponde un'infinità numerabile, al più, di intervalli $e_r^{(s)}$ di α_1, non sovrapponentisi. Portiamo la nostra attenzione su $\sum\limits_s \int\limits_{e_r^{(s)}} f'dx$. Per quegli $e_r^{(s)}$ per i quali gli estremi dell'arco corrispondente sono ambedue su $y = y_{r-1}$ o ambedue su $y=y_r$, l'integrale della f' è, rispettivamente, uguale a $y_{r-1} - y_{r-1} = 0$ o $y_r - y_r = 0$. Per quegli altri, che sono in numero finito (per la continuità della $f(x)$), si ha immediatamente che la somma degli integrali della f' è data da $y'' - y'$, dove y' è l'ordinata del primo estremo del primo arco, e y'' quella del secondo estremo dell'ultimo arco. Si ha dunque

$$\delta_r = y_r - y_{r-1} \geq \sum_s \int\limits_{e_r^{(s)}} f'dx,$$

donde

$$\sum_r \delta_r \geq \sum_r \sum_s \int\limits_{e_r^{(s)}} f'dx.$$

Gli intervalli $e_r^{(s)}$ ($r = 1, 2, \ldots$; $s = 1, 2, \ldots$) sono tutti non sovrapponentisi e contengono tutti i punti di $E_x(\alpha_1)$. È perciò

$\sum_r \delta_r \geq \int_{\alpha_1'} f' dx$. Questa disuguaglianza, valida per ogni sistema $\{\delta_r\}$ racchiudente, nel modo detto, i punti di $E_y(\alpha_1)$, mostra ([1]) che è $m(E_y(\alpha_1)) \geq \int_{\alpha_1'} f' dx > 0$. Segue $m(E_y) > m(E_y(\alpha_1)) > 0$, e la proposizione è dimostrata.

b) Come conseguenza, si ha:

*Se ad un insieme E_x di (a, b) corrisponde, secondo **la** funzione assolutamente continua $y = f(x)$, uno pseudointervallo E_y di misura nulla, in quasi-tutto E_x è $f'(x) = 0$.*

Supponiamo, dapprima, che E_x sia uno pseudointervallo. Se la sua misura è nulla, la proposizione è evidente. Nell'altro caso, detti E_x' e E_x'' i componenti di E_x nei quali è rispettivamente $f'(x) > 0$ e $f'(x) < 0$, affinchè il teorema non sia vero è necessario che uno almeno di essi (entrambi pseudo-intervalli, per il n.° 43, *b*)) sia di misura maggiore di zero. Sia, per fissare le idee, $m(E_x') > 0$. Indichiamo con $\overline{E}_x'$ un componente chiuso di E_x', di misura > 0, e con $\overline{E}_y'$ la parte corrispondente di E_y. Per la proposizione sopra dimostrata, è $m(\overline{E}_y') > 0$, e questo contraddice all' ipotesi fatta, che cioè l' insieme E_y, il quale contiene $\overline{E}_y'$, sia di misura nulla.

Supponiamo ora che E_x non sia uno pseudointervallo. Poichè, per ipotesi, E_y è uno pseudointervallo di misura nulla, esiste almeno una legge che faccia corrispondere, ad ogni intero positivo n, una successione $D^{(n)}$ di intervalli, non nulli e non sovrapponentisi, ricoprenti interamente E_y, per la quale sia $m(D^{(n)}) < \frac{1}{n}$.

Scegliamo una di queste leggi. Ogni successione $D^{(n)}$ è uno pseudointervallo; l' insieme dei punti comuni a tutti questi pseudointervalli l' indicheremo con $\mathcal{E}_y$. Per la proposizione del n.° 41, *h*), $\mathcal{E}_y$ è uno pseudointervallo; esso poi, per il modo nel quale è stato ottenuto, contiene interamente lo pseudointervallo E_y ed ha, come questo, misura nulla. Ad ogni punto y di (c, d), la $y = f(x)$ fa corrispondere uno o più punti x (anche infiniti) di (a, b); ad ogni intervallo, uno pseudointervallo (n.° 43, *b*)), e perciò ad ogni $D^{(n)}$, pure uno pseudo-

---

([1]) Cfr. Nota ([1]) a pag. 118.

intervallo (n.° 41, *d*)), che indicheremo con $D_x^{(n)}$; e poichè ogni $D^{(n)}$ contiene E_y, così ogni $D_x^{(n)}$ contiene certamente E_x. Indicando con $\mathcal{E}_x$ lo pseudointervallo formato dai punti comuni a tutti questi $D_x^{(n)}$, si ha che tale insieme contiene E_x ed ha per corrispondente l'insieme $\mathcal{E}_y$. E siccome $\mathcal{E}_x$ e $\mathcal{E}_y$ si trovano nelle condizioni del caso già trattato, ne viene che, in quasi-tutto $\mathcal{E}_x$, è $f'(x)=0$. A fortiori, è $f'(x)=0$ in quasi-tutto E_x.

63. - Integrazione per sostituzione. Teorema di De la Vallée Poussin (1).

Sia $\varphi(t)$ *una funzione assolutamente continua nell'intervallo* (t_0, t_1), *in ogni punto del quale soddisfi alla doppia disuguaglianza* $a \leq \varphi(t) \leq b$; *sia poi* $f(x)$ *una funzione integrabile in* (a, b). *Se il prodotto* $f(\varphi(t))\varphi'(t)$ — *nel quale si pone* $\varphi'(t)=0$ *là dove la derivata della* $\varphi(t)$ *non esiste finita* — *è integrabile in* (t_0, t_1), *posto* $\varphi(t_0)=x_0$ e $\varphi(t_1)=x_1$, *è*

$$\int_{x_0}^{x_1} f(x)dx = \int_{t_0}^{t_1} f[\varphi(t)]\varphi'(t)dt.$$

Supponiamo, dapprima, la $f(x)$ limitata. Allora, posto

$$F(x) \equiv \int_a^x f(x)dx \quad \text{e} \quad F[\varphi(t)] \equiv \Phi(t),$$

la $\Phi(t)$ risulta funzione assolutamente continua nell'intervallo (t_0, t_1). Ed infatti, qualunque siano x' e x'' di (a, b), è

$$F(x'') - F(x') = \int_{x'}^{x''} f(x)dx = (x''-x')\theta,$$

con $|\theta|$ non superiore al limite superiore di $|f(x)|$ in (a, b), e la $F(x)$ è, pertanto, nell'intervallo detto, a rapporto incre-

(1) Ch. J. De la Vallée Poussin, *Cours d'Analyse*, T. I (3e édit.) p. 283, e *Sur l'intégrale de Lebesgue*, (Transactions of the American Mathematical Society, vol. 16 (1915), pp. 465-468). Nell'ipotesi che la $\varphi(t)$ sia non decrescente o non crescente, il teorema trovasi già in H. Lebesgue, *Sur les intégrales singulières* (Annales de la Faculté de Toulouse, 3e S., I, p. 44).

mentale limitato. Segue allora (n.° 16, g), Osserv.), dall'assoluta continuità della $\varphi(t)$, quella della $\Phi(t)$; e segue anche (n.° 59)

$$(1) \qquad \int_{x_0}^{x_1} f(x)dx = F(x_1) - F(x_0) = \Phi(t_1) - \Phi(t_0) = \int_{t_0}^{t_1} \Phi'(t)dt.$$

Indichiamo con e_t l'insieme dei punti di (t_0, t_1) nei quali esistono, finite, ambedue le derivate $\Phi'(t)$ e $\varphi'(t)$. È e_t uno pseudointervallo e la sua misura è $t_1 - t_0$. Diciamo poi e'_t il componente di e_t nel quale è $\varphi'(t) \neq 0$; E_x l'insieme di (a, b) nel quale la derivata $F'(x)$ non esiste finita ed uguale a $f(x)$; E_t l'insieme dei punti di (t_0, t_1) corrispondenti secondo la $x = \varphi(t)$ ad E_x. Per il n.° 60, E_x è uno pseudointervallo, ed è $m(E_x) = 0$; per il n.° precedente, è perciò, in quasi-tutto E_t, $\varphi'(t) = 0$. Dunque i punti comuni a e'_t e a E_t formano uno pseudointervallo di misura nulla, e, in quasi-tutto e'_t, è

$$(2) \qquad \Phi'(t) = F'[\varphi(t)]\varphi'(t) = f[\varphi(t)]\varphi'(t).$$

Nei punti di e_t esterni ad e'_t, nei quali si ha dunque $\varphi'(t) = 0$, si ha pure $\Phi'(t) = 0$. Ed infatti, avendosi

$$\frac{\Phi(t+h) - \Phi(t)}{h} = \frac{1}{h}\int_{\varphi(t)}^{\varphi(t+h)} f dx = \frac{\varphi(t+h) - \varphi(t)}{h} \cdot \theta(t, h),$$

con $|\theta(t, h)|$ minore o uguale al limite superiore di $|f|$ in (a, b), si ha per $h = 0$, se è $\varphi'(t) = 0$, $\Phi'(t) = 0$. Si può dire, quindi, che l'uguaglianza (2) ha luogo anche nei punti di e_t esterni a e'_t. Tale uguaglianza, valendo così in quasi-tutto (t_0, t_1), dà, unita alla (1), la formula da dimostrarsi.

Osserviamo, prima di proseguire, che, nel caso sin qui considerato, l'integrabilità della $f[\varphi(t)]\varphi'(t)$ è una conseguenza della (2).

Liberiamoci ora dall'ipotesi che la $f(x)$ sia limitata.

Poniamo $f_n(x) = f(x)$ dove è $|f(x)| \leq n$, e $f_n(x) = 0$ negli altri punti di (a, b). La $f_n(x)$ risulta quasi-continua e limitata in (a, b), e ad essa si applica quanto abbiamo già stabilito: è dunque

$$\int_{x_0}^{x_1} f_n(x)dx = \int_{t_0}^{t_1} f_n[\varphi(t)]\varphi'(t)dt.$$

Avendosi, in tutto (t_0, t_1), $|f_n[\varphi(t)]\varphi'(t)| \leq |f[\varphi(t)]\varphi'(t)|$, ed essendosi supposta integrabile la $f[\varphi(t)]\varphi'(t)$, per le proposizioni dei n.^{i} 45, *b*) e 54, *c*), abbiamo, per $n \to \infty$,

$$\int_{t_0}^{t_1} f_n[\varphi(t)]\varphi'(t)dt \to \int_{t_0}^{t_1} f[\varphi(t)]\varphi'(t)dt.$$

Essendo, d'altra parte,

$$\int_{x_0}^{x_1} f_n(x)dx \to \int_{x_0}^{x_1} f(x)dx,$$

si ha ancora la formula da dimostrarsi.

b) Nel teorema precedente è *superfluo supporre l'integrabilità del prodotto $f[\varphi(t)]\varphi'(t)$ se la $f(x)$ è limitata, oppure se la $\varphi(t)$ è sempre non decrescente o sempre non crescente.* Per quanto riguarda il caso della $f(x)$ limitata, ciò è già stato osservato più sopra; supponiamo perciò la $\varphi(t)$ sempre non decrescente (crescente). La funzione $\Phi(t) \equiv F[\varphi(t)]$ risulta assolutamente continua, per la proposizione del n.° 16, *g*), essendo $F(x)$ e $\varphi(t)$ ambedue assolutamente continue, e valgono, pertanto, le uguaglianze (1) e (2). Nei punti di e_t esterni a e'_t, avendosi $\varphi'(t) = 0$, è $f[\varphi(t)]\varphi'(t) = 0$ e quindi

$$|f[\varphi(t)]\varphi'(t)| \leq |\Phi'(t)|, \tag{3}$$

e questa disuguaglianza, in forza della (2), vale così in quasi-tutto e_t e, pertanto, in quasi-tutto (t_0, t_1). Verificandosi poi la (2) in quasi-tutto e'_t, la $f[\varphi(t)]\varphi'(t)$ è in e'_t quasi-continua, come la $\Phi'(t)$ (n.° 45, *d*)); in quasi-tutto il complementare di e'_t, rispetto a (t_0, t_1), è poi $f[\varphi(t)]\varphi'(t) = 0$, e perciò fuori di e'_t la $f[\varphi(t)]\varphi'(t)$ è ancora quasi-continua. La stessa funzione risulta, pertanto, quasi-continua in tutto (t_0, t_1) (n.° 47, *b*)). Dalla (3) segue allora (n.° 52, *h*)) l'integrabilità della $|f[\varphi(t)]\varphi'(t)|$ e quindi anche della $f[\varphi(t)]\varphi'(t)$.

§ 5. Calcolo della lunghezza di una curva.

64. - Derivata della lunghezza dell'arco di curva.

Consideriamo la curva continua e rettificabile $\mathcal{C}$, definita dalle equazioni

$$x = x(t), \quad y = y(t), \quad (a, b).$$

Per la supposta rettificabilità, le $x(t)$ e $y(t)$ sono funzioni a variazione limitata in (a, b) (n.° 8). Indicando con $s(t)$ la lunghezza dell'arco di $\mathcal{C}$ corrispondente all'intervallo (a, t), la $s(t)$, come funzione non mai decrescente, è anch'essa a variazione limitata in (a, b). Esistono perciò (n.° 45, *d*)), in quasi-tutto (a, b), le derivate $x'(t)$, $y'(t)$, $s'(t)$, ed esse sono integrabili (n.° 58). Di più, la $s'(t)$, ove esiste, è ≥ 0.

Dal teorema del n.° 12, [1] abbiamo che, ad eccezione al più di uno pseudoarco di $\mathcal{C}$ — che indicheremo con Ω_s — di misura nulla, in ogni altro punto P è

$$(1) \qquad \lim_{P' \to P} \frac{PP'}{\widehat{PP'}} = 1,$$

dove P' è un altro punto, variabile anch'esso sulla $\mathcal{C}$. Sia Ω_t l'insieme di (a, b) corrispondente a Ω_s secondo la corrispondenza determinata dalla funzione $s = s(t)$ fra i punti di (a, b) e quelli di $(0, L)$, dove L indica la lunghezza della curva $\mathcal{C}$. Per tale corrispondenza, ad ogni punto t di (a, b) corrisponde un punto ed uno solo s di $(0, L)$, mentre, ad ogni s di $(0, L)$, corrisponde o un punto t, oppure un intero intervallo di (a, b).

Supposto $a < b$, ad ogni intervallo (s_1, s_2) di $(0, L)$ corrisponde poi sempre un intervallo (t_1, t_2) di (a, b), ed è (n.° 58) $s_2 - s_1 \geq \int_{t_1}^{t_2} s'(t)ds$, perchè qui è sempre $|s'(t)| = s'(t)$ e la variazione totale della $s(t)$ in (t_1, t_2) è precisamente data da $s(t_2) - s(t_1) = s_2 - s_1$. Ad ogni successione di archi di C, ricoprenti interamente Ω_s, corrisponde una successione di intervalli di (a, b): $\delta_1, \delta_2, \ldots, \delta_r, \ldots$, ricoprenti interamente Ω_t, e si ha, se σ è la somma delle lunghezze degli archi detti,

$$\sigma \geq \sum_r \int_{\delta_r} s'(t)dt.$$

Si scelga arbitrariamente un numero positivo ε e si prenda come successione di archi di $\mathcal{C}$, ricoprenti Ω_s, l'ultima successione considerata al n.° 12. Poi si costruisca una seconda successione sostituendo ad ε, $\frac{\varepsilon}{2}$; e così, sostituendo ad ε,

[1] V. anche la Nota [1] della pag. 140.

via via $\frac{\varepsilon}{2^2}, \ldots, \frac{\varepsilon}{2^p}, \ldots$, si costruiranno delle successioni di archi in numero infinito. Quella, $(p+1)^{esima}$, corrispondente a $\frac{\varepsilon}{2^p}$ avrà per somma delle lunghezze dei suoi archi $\sigma_{p+1} < \frac{\varepsilon}{2^p}$; onde $\sigma_{p+1} \to 0$, per $p \to \infty$. Corrispondentemente alla $(p+1)^{esima}$ successione di archi, avremo la successione $\delta_1^{(p+1)}, \delta_2^{(p+1)}, \ldots, \delta_r^{(p+1)}, \ldots$ di intervalli di (a, b), ricoprenti Ω_t e formanti uno pseudointervallo $E^{(p+1)}$. Indichiamo con E_t l'insieme dei punti comuni a tutti questi pseudointervalli. E_t è anche esso uno pseudointervallo (n.° 41, *h*)) e contiene Ω_t, ed è

$$\sigma_{p+1} \geq \sum_r \int_{\delta_r^{(p+1)}} s'(t)dt \geq \int_{E_t} s'(t)dt .$$

Essendo $\sigma_{p+1} \to 0$, è

$$\int_{E_t} s'(t)dt = 0 .$$

Dunque, in quasi-tutto E_t e quindi anche in quasi-tutto Ω_t, è $s'(t) = 0$ (n.° 60, *a*)). Ciò osservato, sia t un punto di (a, b) non appartenente all'insieme $\Omega_t + I$, dove I è lo pseudointervallo, di misura nulla, nel quale una almeno delle derivate $x'(t)$, $y'(t)$, $s'(t)$ non esiste finita. Sia poi t_1 un altro punto qualsiasi di (a, b). Detti P e P_1 i punti corrispondenti di $\mathfrak{C}$, è

$$[x(t_1) - x(t)]^2 + [y(t_1) - y(t)]^2 = \overline{PP_1}^2$$

e vale l'uguaglianza

$$\left(\frac{x(t_1) - x(t)}{t_1 - t}\right)^2 + \left(\frac{y(t_1) - y(t)}{t_1 - t}\right)^2 = \left(\frac{PP_1}{s_1 - s}\right)^2 \left(\frac{s(t_1) - s(t)}{t_1 - t}\right)^2 , \tag{2}$$

nel secondo membro della quale si porrà lo zero qualora sia $s_1 = s$, vale a dire P_1 coincidente con P. Passando al limite per $t_1 \to t$, si ha, per la (1),

$$x'^2(t) + y'^2(t) = s'^2(t) .$$

Se poi t appartenesse a Ω_t, pure essendo sempre esterno a I, si avrebbe, in virtù della (2),

$$x'^2(t) + y'^2(t) \leq s'^2(t) .$$

E poichè, in quasi-tutto Ω_t, è $s'(t)=0$, la precedente uguaglianza risulta verificata anche in quasi-tutto Ω_t. Concludendo (1):

Se la curva continua $\mathcal{C}$ *è rettificabile, cioè se le coordinate del suo punto corrente,* $x(t)$ *e* $y(t)$*, sono a variazione limitata, è, in quasi-tutto* (a, b),

$$x'^2(t)+y'^2(t)=s'^2(t).$$

Inoltre, per ogni t per il quale esistano finite le x', y', s', *è sempre verificata la disuguaglianza*

$$x'^2(t)+y'^2(t)\leq s'^2(t).$$

65. - Lunghezza di un arco di curva.

Supposto $a<b$, avendosi, per il n.° 58, $s(t)\geq\int_a^t s'(t)dt$, dalla proposizione del n.° precedente si ricava

$$s(t)\geq\int_a^t\sqrt{x'^2(t)+y'^2(t)}\,dt.$$

Supponiamo ora che le $x(t)$, $y(t)$, siano, in (a, b), assolutamente continue. Per la proposizione del n.° 17, risulta assolutamente continua anche la $s(t)$ e si ha (n.° 59) $s(t)=\int_a^t s'(t)dt$, onde (n.° preced.)

$$s(t)=\int_a^t\sqrt{x'^2(t)+y'^2(t)}\,dt.$$

Viceversa, se tale uguaglianza vale per ogni t di (a, b), per il che è necessario e sufficiente che valga per $t=b$, come risulta dalla disuguaglianza scritta più sopra, la $s(t)$ è assolu-

(1) Cfr. L. Tonelli, *Sul differenziale dell'arco di curva.* (Rend. R. Acc. dei Lincei, 1906 (1° sem.)). La stessa formula era già stata dimostrata dal Lebesgue (*Leçons sur l'intégration etc.*, p. 126) nel caso delle $x(t)$, $y(t)$ a rapporto incrementale limitato.

tamente continua (n.° 57), e tali devono essere perciò anche le $x(t)$, $y(t)$, per la proposizione del n.° 17, già ricordata. Si ha così il teorema:

Condizione necessaria e sufficiente affinchè si abbia, per ogni t di (a, b) (od anche solo per t = b) — supposto $a < b$ —

$$(1) \qquad s(t) = \int_a^t \sqrt{x'^2 + y'^2}\, dt,$$

è che le x(t), y(t) siano funzioni assolutamente continue [2].

§ 6. Successioni convergenti.

66. - Teorema sui moduli delle derivate [3].

Se la successione $W_1, W_2, \ldots, W_n, \ldots$ ***di insiemi di funzioni, date, ciascuna, in un proprio intervallo ed ivi continue e a variazione limitata, converge uniformemente verso una funzione*** $F(x)$, ***definita in un intervallo*** (a, b) ***ed ivi assolutamente continua; se, inoltre, la successione*** $L_1, L_2, \ldots, L_n, \ldots$, ***degli insiemi*** L_n ***formati con le lunghezze*** l_n ***delle curve*** $y = f_n(x)$, (a_n, b_n) — ***dove*** $f_n(x)$ ***è una qualsiasi funzione di*** W_n — ***converge verso la lunghezza L della curva*** $y = F(x)$, (a, b); ***allora, preso ad arbitrio un numero positivo*** ε, ***è sempre possibile di determinarne un altro*** δ, ***e con esso un intero positivo*** $\bar{n}$, ***in modo che sia***

$$\int_E |f_n'(x)|\, dx < \varepsilon,$$

in ogni pseudointervallo E di (a_n, b_n), ***di misura minore di*** δ, ***e per qualunque*** $n > \bar{n}$.

Siccome è

$$|f_n'| < \sqrt{1 + f_n'^2},$$

---

(1) Questo teorema fu dato, nella forma del testo, in L. Tonelli, *Sulla rettificazione delle curve.* (Atti della R. Accad. delle Scienze di Torino 1907-908). Cfr. anche L. Tonelli, *Sulla lunghezza di una curva.* (idem, 1911-12).

Una condizione sufficiente per la validità della formula (1) era già stata data, in forma meno generale, da H. Lebesgue, *Leçons sur l'intégration etc.*, p. 125.

(2) Cfr. L. Tonelli, *Successioni di curve e derivazione per serie.* (Rend. R. Accad. dei Lincei, 1916 (1° sem.), pp. 86-88).

e perciò

$$\int_E |f_n'| \, dx \leq \int_E \sqrt{1+f_n'^2}\, dx \text{ (}^1\text{)},$$

risulta subito che basta dimostrare la proprietà indicata per l'integrale di $\sqrt{1+f_n'^2}$.

Fissato un numero positivo η, determiniamo $\delta > 0$ in modo che, per ogni pseudointervallo $\mathcal{E}$ di (a, b), tale che sia $m(\mathcal{E}) < \delta$, si abbia (n.° 52, *c*))

$$(1) \qquad \int_{\mathcal{E}} \sqrt{1+F'^2}\, dx < \eta.$$

In virtù del teorema del n.° 28, l'insieme W'_n, delle derivate f_n', converge approssimativamente verso la $F'(x)$; ed avendosi, nei punti comuni ai due intervalli (a_n, b_n) e (a, b), ove esistono finite ambedue le f_n' e F',

$$\left| \sqrt{1+f_n'^2} - \sqrt{1+F'^2} \right| \leq |f_n' - F'|,$$

anche l'insieme U_n delle $\sqrt{1+f_n'^2}$ converge approssimativamente verso $\sqrt{1+F'^2}$. Indicando, pertanto, con I_n lo pseudointervallo dei punti, di uno almeno dei due intervalli (a_n, b_n) e (a, b), in cui non esistono finite ambedue le f_n' e F' o non è

$$\left| \sqrt{1+f_n'^2} - \sqrt{1+F'^2} \right| \leq \eta,$$

si ha, per ogni n maggiore di un certo n_1, $m(I_n) < \delta$.

Sia ora E un qualunque pseudointervallo di (a_n, b_n). Posto $\bar{E} \equiv E - EI_n$, si ha

$$\int_E \sqrt{1+f_n'^2}\, dx \geq \int_{\bar{E}} \sqrt{1+f_n'^2}\, dx = \int_{\bar{E}} \sqrt{1+F'^2}\, dx +$$

$$+ \left\{ \int_{\bar{E}} \sqrt{1+f_n'^2}\, dx - \int_{\bar{E}} \sqrt{1+F'^2}\, dx \right\} \geq \int_{\bar{E}} \sqrt{1+F'^2}\, dx - \eta m(\bar{E})$$

---

(1) L'integrabilità della $|f_n'|$ è stata provata al n.° 58; quella della $\sqrt{1+f_n'^2}$ risulta da quanto si è detto al n.° 67, od anche dalla disuguaglianza $\sqrt{1+f_n'^2} \leq 1 + |f_n'|$.

ed anche, se $E(a, b)$ è l'insieme dei punti di E che appartengono ad (a, b),

$$\geq \int_{E(a,b)} \sqrt{1+F'^2}\,dx - \int_{E(a,b)-\bar{E}} \sqrt{1+F'^2}\,dx - \eta m(\bar{E}).$$

Siccome $\bar{E}$ è contenuto in (a, b) e $E(a, b) - \bar{E}$ è contenuto in I_n, supponendo $n > n_1$, si ha

$$m(\bar{E}) \leq b - a, \quad m[E(a, b) - \bar{E}] \leq m(I_n) < \delta,$$

e perciò, per la (1),

$$\int_E \sqrt{1+f_n'^2}\,dx \geq \int_{E(a,b)} \sqrt{1+F'^2}\,dx - \eta(1 + b - a);$$

e supposto $\eta < \dfrac{\varepsilon}{4(1+b-a)}$,

$$\int_E \sqrt{1+f_n'^2}\,dx \geq \int_{E(a,b)} \sqrt{1+F'^2}\,dx - \frac{\varepsilon}{4}. \tag{2}$$

Dopo ciò, scegliamo un intero $\bar{n}$ maggiore di n_1 e tale che, per ogni $n > \bar{n}$, sia $l_n < L + \dfrac{\varepsilon}{4}$.

Avendosi, per l'assoluta continuità della $F(x)$, (n.° 65)

$$L = \int_a^b \sqrt{1+F'^2}\,dx,$$

ed anche

$$l_n \geq \int_{a_n}^{b_n} \sqrt{1+f_n'^2}\,dx,$$

indicando con C_n il complementare di E rispetto ad (a_n, b_n), possiamo scrivere

$$\int_E \sqrt{1+f_n'^2}\,dx + \int_{C_n} \sqrt{1+f_n'^2}\,dx \leq l_n < L + \frac{\varepsilon}{4} = \int_a^b \sqrt{1+F'^2}\,dx + \frac{\varepsilon}{4},$$

e applicando la (2) a C_n,

$$\int_E \sqrt{1+f_n'^2}\,dx - \frac{\varepsilon}{4} \leq \int_a^b \sqrt{1+F'^2}\,dx - \int_{C_n(a,\,b)} \sqrt{1+F'^2}\,dx + \frac{\varepsilon}{4}.$$

Osserviamo qui che i punti di (a, b) che non fanno parte di $C_n(a, b)$ appartengono o a $E(a, b)$ oppure agli intervalli di (a, b) esterni a (a_n, b_n). Questi ultimi sono contenuti in I_n e danno, per la (1) (essendo $m(I_n) < \delta$), all'integrale di $\sqrt{1+F'^2}$ un valore $< \eta < \frac{\varepsilon}{4}$.

La disuguaglianza precedente può dunque scriversi

$$\int_E \sqrt{1+f_n'^2}\,dx < \int_{E(a,\,b)} \sqrt{1+F'^2}\,dx + \frac{3}{4}\varepsilon,$$

e ne viene, se è $m(E) < \delta$, per la (1),

$$\int_E \sqrt{1+f_n'^2}\,dx < \varepsilon,$$

qualunque sia n, purchè maggiore di $\bar{n}$, e qualunque sia la f_n di W_n.

67. - Teorema sul limite di $\int_{a_n'}^{b_n'} |f_n'(x) - F'(x)|\,dx$.

a) Se la successione $W_1, W_2, \ldots, W_n, \ldots$, *di insiemi di funzioni, date, ciascuna, in un proprio intervallo ed ivi continue ed a variazione limitata, converge uniformemente verso una funzione* $F(x)$, *definita in un intervallo* (a, b) *ed ivi assolutamente continua; se, inoltre, la successione* $L_1, L_2, \ldots L_n, \ldots$, *degli insiemi* L_n *formati con le lunghezze* l_n *delle curve* $y = f_n(x)$, (a_n, b_n) — *dove* $f_n(x)$ *è una qualsiasi funzione di* W_n — *converge verso la lunghezza* L *della curva* $y = F(x)$, (a, b), *è, per* $n \to \infty$,

$$\left| \int_{a_n'}^{b_n'} |f_n'(x) - F'(x)|\,dx \right| \to 0,$$

dove (a_n', b_n') *indica l'intervallo che contiene* (a, b) *e* (a_n, b_n), *e nel quale le* f_n' *e* F' *si pongono uguali a zero quando non* *esistono finite, e dove il primo membro della formula scritta rappresenta l'insieme dei valori, dell'integrale in esso indicato, relativamente a tutte le funzioni f_n di W_n.*

Per la proposizione del n.° precedente, preso ad arbitrio un $\varepsilon > 0$, possiamo determinare un $\delta > 0$ e un indice $\bar{n}$ in modo che sia, per ogni $n > \bar{n}$ e per ogni pseudointervallo E di (a_n, b_n), di misura $< \delta$,

$$(1) \qquad \int_E |f_n'(x)|\, dx < \varepsilon.$$

Possiamo poi, in virtù della proposizione $c)$ del n.° 52, supporre il δ tale che, nella parte $E(a, b)$, di ciascuno degli pseudointervalli detti, contenuta in (a, b), sia anche

$$(2) \qquad \int_{E(a,b)} |F'(x)|\, dx < \varepsilon.$$

Dalla convergenza approssimativa della successione degli insiemi delle f_n' verso la F' — assicurata dalla proposizione del n.° 28 — possiamo, infine, in corrispondenza di ε e δ determinare un indice $n_1 > \bar{n}$ tale che, per ogni $n > n_1$ e per ciascuna f_n di W_n, lo pseudointervallo E_n dei punti, di uno almeno dei due intervalli (a_n, b_n) e (a, b), in cui non esistono finite entrambe le f_n' e F' o non è $|f_n' - F'| < \varepsilon$, sia di misura minore di δ. Indicato allora con E_n' lo pseudointervallo dei punti di (a_n', b_n') che non appartengono ad E_n, abbiamo

$$\int_{a_n'}^{b_n'} |f_n' - F'|\, dx = \int_{E_n'} |f_n' - F'|\, dx + \int_{E_n} |f_n' - F'|\, dx,$$

e per le (1) e (2),

$$\int_{a_n'}^{b_n'} |f_n' - F'|\, dx < \varepsilon\,(b - a + \delta) + 2\,\varepsilon,$$

ciò che prova la proposizione enunciata.

$b)$ Dalla proposizione ora dimostrata segue, come corollario:

Se $F(x)$ è una funzione assolutamente continua, in tutto l'intervallo (a_0, b_0), e λ è un numero positivo arbitrario, si *possono determinare altri due numeri positivi ρ e δ in modo che ogni funzione $f(x)$, definita in un intervallo (a, b) e ivi continua e a variazione limitata, appartenente propriamente all'intorno (ρ) della $F(x)$ e soddisfacente alla disuguaglianza*

$$(1) \qquad \int_{a'}^{b'} |f'(x) - F'(x)|\, dx \geq \lambda,$$

— dove (a', b') indica l'intervallo che contiene (a_0, b_0) e (a, b), (e nel quale le f' e F' si pongono uguali a zero dove non esistono finite) — verifichi anche l'altra disuguaglianza

$$(2) \qquad l - L > \delta,$$

l e L essendo le lunghezze delle curve $y = f(x)$, (a, b) e $y = F(x)$, (a_0, b_0), rispettivamente.

Per ogni intero, positivo, n, indichiamo con W_n la totalità delle funzioni $f_n(x)$, continue e a variazione limitata nei rispettivi intervalli (a_n, b_n) di definizione, appartenenti propriamente all'intorno $\left(\frac{1}{n}\right)$ della $F(x)$ e soddisfacenti alle disuguaglianze

$$|l_n - L| \leq \frac{1}{n},$$

$$(3) \qquad \int_{a_n'}^{b_n'} |f_n'(x) - F'(x)|\, dx \geq \lambda.$$

Supposto che, per ogni n, W_n contenga qualche elemento, si ha la successione

$$W_1, W_2, \dots, W_n, \dots,$$

di insiemi di funzioni, convergente uniformemente verso la funzione F, e la corrispondente successione $L_1, L_2, \dots, L_n, \dots,$ degli insiemi delle lunghezze l_n, convergente verso L. Per quanto abbiamo detto in a), abbiamo dunque che la successione degli insiemi di integrali

$$\left\{ \int_{a_n'}^{b_n'} |f_n' - F'|\, dx \right\} (n = 1, 2, \dots)$$

converge allo zero, ciò che contraddice alla (3). Risulta dunque che, per un certo valore n', $W_{n'}$ non contiene elementi, vale a dire, tutte le funzioni $f(x)$ continue e a variazione limitata, appartenenti propriamente all'intorno $\left(\frac{1}{n'}\right)$ della $F(x)$ e soddisfacenti alla (1), soddisfano anche alla

$$|l - L| > \frac{1}{n'}.$$

68. - I° Teorema sul limite delle lunghezze.

La proposizione dimostrata in *a*) al n.° precedente ammette la seguente reciproca:

a) *Se la successione* $W_1, W_2, \ldots\, W_n, \ldots$, *di insiemi di funzioni, date, ciascuna, in un proprio intervallo, ed ivi assolutamente continue* [1], *converge uniformemente verso una funzione* $F(x)$, *definita in un intervallo* (a, b) *e ivi assolutamente continua; se è, inoltre, per* $n \to \infty$,

$$\left\{\int_{a_n'}^{b_n'} |f_n'(x) - F'(x)|\, dx\right\} \to 0,$$

dove $f_n(x)$, (a_n, b_n) *è una qualsiasi funzione di* W_n, *e* (a_n', b_n') *è l'intervallo che contiene* (a_n, b_n) *e* (a, b) *e nel quale le* f_n' *e* F' *si pongono uguali allo zero quando non esistono finite;*

la successione $L_1, L_2, \ldots, L_n, \ldots$, *degli insiemi* L_n *formati con le lunghezze* l_n *delle curve* $y = f_n(x)$, (a_n, b_n), *tende, per* $n \to \infty$, *alla lunghezza* L *della curva* $y = F(x)$, (a, b).

È, infatti, per il n.° 65,

$$l_n = \int_{a_n}^{b_n} \sqrt{1 + f_n'^2}\, dx, \qquad L = \int_a^b \sqrt{1 + F'^2}\, dx,$$

---

(1) Si noti che, mentre nella proposizione del n.° preced. abbiamo supposto la f_n soltanto continua e a variazione limitata, qui invece la ammettiamo assolutamente continua. Mancando l'assoluta continuità della f_n, il teorema attuale può cadere in difetto, come è facile verificare.

e perciò

$$|l_n - L| = \left|\int_{a_n'}^{b_n'}[\sqrt{1+f_n'^2} - \sqrt{1+F'^2}]dx\right| \leq$$

$$\leq \int_{a_n'}^{b_n'}|\sqrt{1+f_n'^2} - \sqrt{1+F'^2}|\,dx < \int_{a_n'}^{b_n'}|f_n' - F'|\,dx,$$

ciò che prova la proposizione enunciata.

b) Dal precedente teorema, con ragionamento analogo a quello usato al n.° 67, *b*), si ottiene:

Se $F(x)$ è una funzione assolutamente continua in tutto l'intervallo (a_0, b_0), e se δ è un numero positivo arbitrario, è sempre possibile determinare altri due numeri positivi ρ e λ in modo che, ogni funzione $f(x)$, definita in un intervallo (a, b) ed ivi assolutamente continua, appartenente propriamente all'intorno (ρ) della $F(x)$ e soddisfacente alla disuguaglianza

$$l - L > \delta,$$

— dove l e L sono le lunghezze delle curve $y = f(x)$, (a, b) e $y = F(x)$, (a_0, b_0), rispettivamente — verifichi anche l'altra disuguaglianza

$$\int_{a'}^{b'}|f'(x) - F'(x)|\,dx > \lambda,$$

dove (a', b') ha il solito significato.

69. - II° Teorema sul limite delle lunghezze.

Conservando le notazioni del n.° 29, abbiamo la seguente proposizione, che è precisamente la reciproca di quella contenuta nel n.° detto:

Se la successione $W_1, W_2, \ldots, W_n, \ldots$, di insiemi di curve continue (n.° 2) *e rettificabili, tende uniformemente ad una curva continua e rettificabile $\mathcal{C}$, non ridotta ad un sol punto; se inoltre, la successione $T_1, T_2, \ldots, T_n, \ldots$, degli insiemi T_n formati con le tangenti t_n* (*considerate solamente là dove esistono*) *alle curve $\mathcal{C}_n$ — $\mathcal{C}_n$ essendo una qualsiasi curva dell'insieme W_n — tende approssimativamente alla tangente t della $\mathcal{C}$,* *e ciò secondo la corrispondenza fissata, fra le $\mathcal{C}_n$ e la $\mathcal{C}$, dalla uguaglianza $s_n = \frac{l_n}{L} s$; allora la successione $L_1, L_2, \ldots, L_n, \ldots$, degli insiemi L_n formati con le lunghezze l_n delle $\mathcal{C}_n$, converge verso la lunghezza L della curva $\mathcal{C}$.*

Siano P_0 e P_1 due punti della curva $\mathcal{C}$ aventi ascisse minima e massima, rispettivamente. Supponiamo distinte queste due ascisse; qualora non fosse possibile soddisfare a questa condizione, sostituiremmo le ascisse con le ordinate. Indichiamo con s_0 e s_1, rispettivamente, i valori della lunghezza dell'arco s corrispondenti ai due punti P_0 e P_1. Conservando, come si è già detto, le notazioni adottate al n.° 29, abbiamo

$$x_n\left(s_1 \frac{l_n}{L}\right) - x_n\left(s_0 \frac{l_n}{L}\right) = f_n(s_1) - f_n(s_0) = \int_{s_0}^{s_1} f_n'(s) ds = \frac{l_n}{L} \int_{s_0}^{s_1} \cos \alpha_n ds,$$

e poichè, come abbiamo mostrato al n.° citato, dalla tendenza approssimativa della tangente t_n alla t segue che i coseni $\cos \alpha_n$ convergono approssimativamente a $\cos \alpha$, gli integrali

$$\int_{s_0}^{s_1} \cos \alpha_n ds\,,$$

per il teorema d'integrazione per serie (n.° 54, *b*)), tendono a

$$\int_{s_0}^{s_1} \cos \alpha ds = x(s_1) - x(s_0).$$

Segue da ciò che, se il rapporto $\frac{l_n}{L}$ non si mantenesse, per tutti gli n da un certo $\bar{n}$ in poi, distinto da 1 soltanto per quanto poco si vuole, dovendo esso, per ogni n da un certo valore in poi, restare superiore di $1 - \varepsilon$, con ε positivo, preso piccolo a piacere (ciò perchè la $W_1, W_2, \ldots$ converge uniformemente alla $\mathcal{C}$ (1)), la differenza

$$x_n\left(s_1 \frac{l_n}{L}\right) - x_n\left(s_0 \frac{l_n}{L}\right)$$

(1) Ed infatti, se, per infiniti valori di n esistessero curve $\mathcal{C}_n$ aventi lunghezza $l_n < L(1 - \varepsilon)$, la lunghezza della $\mathcal{C}$ dovrebbe essere $\leq L(1 - \varepsilon)$, per la proposizione del n.° 19, *e*).

per certe curve $\mathcal{C}_n$ — e ciò per infiniti valori di n — si manterrebbe superiore a $x(s_1) - x(s_0)$ di una quantità $\delta > 0$. Ora ciò è impossibile, perchè la differenza $x(s_1) - x(s_0)$ rappresenta il massimo valore che può avere la differenza fra le ascisse di due punti qualsiasi della curva $\mathcal{C}$ e perchè la successione degli insiemi W_n converge uniformemente alla $\mathcal{C}$.

§ 7. Integrali curvilinei.

70. - L'integrale curvilineo $\int_{\mathcal{C}} Pdx + Qdy$.

Sia A un insieme di punti del piano (x, y), e consideriamo, definite in questo insieme, due funzioni $P(x, y)$ e $Q(x, y)$. Ammettiamo che queste funzioni siano continue nell'insieme A, ammettiamo cioè che se (x_0, y_0) è un punto qualsiasi del nostro insieme, preso ad arbitrio un numero positivo $\varepsilon > 0$, sia possibile di determinarne un altro ρ in modo che ogni altro punto (x, y) di A, distante da (x_0, y_0) per meno di ρ, verifichi le due disuguaglianze

$$|P(x_0, y_0) - P(x, y)| < \varepsilon,$$
$$|Q(x_0, y_0) - Q(x, y)| < \varepsilon.$$

Consideriamo ora una curva continua e rettificabile $\mathcal{C}$, i cui punti appartengano tutti all'insieme A, e detti $M^{(0)}$ e $M^{(1)}$ i suoi estremi, primo e secondo, (coincidenti se la curva fosse chiusa), dividiamola in un numero qualunque n di parti, mediante i punti $M^{(0)} \equiv M_0 < M_1 < M_2 < \ldots < M_n \equiv M^{(1)}$. Scelto comunque, sull'arco $\mathcal{C}(M_i, M_{i+1})$, un punto (ξ_i, η_i) e, detta x_i l'ascissa di M_i, formiamo la somma

$$\sum_{i=0}^{n-1} P(\xi_i, \eta_i)(x_{i+1} - x_i).$$

Dimostreremo che, al tendere a zero di tutti gli archi $\mathcal{C}(M_i, M_{i+1})$, in cui la $\mathcal{C}$ è stata divisa, la somma precedente si avvicina quanto si vuole ad un valore determinato e unico, indipendente dal modo col quale vengono scelti i punti (ξ_i, η_i) ed anche da quello col quale i vari archi $\mathcal{C}(M_i, M_{i+1})$ vengono fatti tendere allo zero; con maggior precisione, faremo vedere che esiste un numero finito, che indicheremo con la scrittura

$$\int_{\mathfrak{C}} P(x, y)dx$$

e che chiameremo *integrale curvilineo di Pdx lungo la curva* $\mathfrak{C}$, il quale gode di questa proprietà: scelto comunque un numero positivo η, è possibile determinarne un altro δ tale che, se le lunghezze degli archi $\mathfrak{C}(M_i, M_{i+1})$ sono tutte minori di δ, sia

$$\left| \int_{\mathfrak{C}} P(x, y)dx - \sum_{i=0}^{n-1} P(\xi_i, \eta_i)(x_{i+1} - x_i) \right| < \eta,$$

e ciò in qualsiasi modo sia preso il punto (ξ_i, η_i) nell'arco $\mathfrak{C}(M_i, M_{i+1})$.

Per la dimostrazione di quanto abbiamo affermato, consideriamo la rappresentazione analitica della curva $\mathfrak{C}$ in funzione del suo arco, o più generalmente, una sua rappresentazione analitica qualunque

$$x = x(t), \quad y = y(t), \quad (t^{(0)}, t^{(1)}),$$

per la quale le funzioni $x(t)$ e $y(t)$ risultino, nell'intervallo $(t^{(0)}, t^{(1)})$, assolutamente continue. Per questa condizione, esiste (n.° 45, *d*)), in quasi-tutto l'intervallo detto, la derivata finita $x'(t)$ ed è (n.° 59)

$$\int_{t}^{t'} x'(t)dt = x(t') - x(t).$$

Inoltre, è integrabile (n.° 53, *c*)), in tutto $(t^{(0)}, t^{(1)})$, la funzione $P[x(t), y(t)]\, x'(t)$, vale a dire, esiste finito l'integrale

$$\int_{t^{(0)}}^{t^{(1)}} P(x, y)x'dt.$$

Detta L la lunghezza della curva $\mathfrak{C}$, prendiamo $\varepsilon = \frac{\eta}{L}$ e determiniamo, in corrispondenza di questo ε, un numero δ in modo che, se (x, y) e (x', y') sono due punti qualsiasi della curva $\mathfrak{C}$, appartenenti ad un arco di lunghezza minore di δ, si abbia $| P(x, y) - P(x', y') | < \varepsilon$. Ciò è possibile perchè, se $x = x_0(s)$,

$y = y_0(s)$, $(0, L)$ è la rappresentazione della $\mathcal{C}$ in funzione della lunghezza dell'arco s, la funzione $P(x_0(s), y_0(s))$ della variabile s è continua nell'intervallo $(0, L)$ e quindi anche uniformemente continua. Consideriamo una qualsiasi divisione della curva $\mathcal{C}$ in archi $\mathcal{C}(M_i, M_{i+1})$, tutti di lunghezza inferiore a δ, e scegliamo comunque (ξ_i, η_i) in $\mathcal{C}(M_i, M_{i+1})$. È allora

$$\sum_{i=0}^{n-1} P(\xi_i, \eta_i)(x_{i+1} - x_i) - \int_{t^{(0)}}^{t^{(1)}} P(x, y)x'dt = \sum_{i=0}^{n-1} \int_{t_i}^{t_{i+1}} [P(\xi_i, \eta_i) - P(x, y)]x'dt,$$

dove abbiamo indicato con t_i, il valore di t o il minore dei valori di t che corrispondono al punto M_i (considerato come punto della $\mathcal{C}$, non come punto del piano (xy)); ed essendo

$$|P(\xi_i, \eta_i) - P(x, y)| < \varepsilon,$$

per (x, y) sull'arco $\mathcal{C}(M_i, M_{i+1})$, è

$$\left| \sum_{i=0}^{n-1} P(\xi_i, \eta_i)(x_{i+1} - x_i) - \int_{t^{(0)}}^{t^{(1)}} P(x, y)x'dt \right| < \varepsilon \left| \int_{t^{(0)}}^{t^{(1)}} x'dt \right| < \varepsilon L = \eta,$$

per il n.° 65. La nostra affermazione è così dimostrata, ed è dimostrata, nello stesso tempo, anche l'uguaglianza

$$\int_{\mathcal{C}} P(x, y)dx = \int_{t^{(0)}}^{t^{(1)}} P(x, y)x'dt,$$

la quale riduce il calcolo dell'integrale curvilineo di Pdx a quello della funzione $P[x(t), y(t)]x'(t)$ nell'intervallo $(t^{(0)}, t^{(1)})$.

Analogamente si definisce l'integrale curvilineo di Qdy:

$$\int_{\mathcal{C}} Q(x, y)dy.$$

La somma dei due integrali così definiti si rappresenta con la scrittura

$$\int_{\mathcal{C}} Pdx + Qdy$$

e si chiama *integrale curvilineo di* $Pdx + Qdy$ *lungo la curva* $\mathcal{C}$.

Da quanto si è detto sopra, risulta stabilita la proposizione: *se*

$$x = x(t), \quad y = y(t), \quad (t^{(0)}, t^{(1)}),$$

è una rappresentazione analitica della curva $\mathfrak{C}$, *con* $x(t)$ *e* $y(t)$ *funzioni assolutamente continue in tutto l'intervallo* $(t^{(0)}, t^{(1)})$, *è*

$$\int_{\mathfrak{C}} Pdx + Qdy = \int_{t^{(0)}}^{t^{(1)}} [P(x(t), y(t))\,x'(t) + Q(x(t)), y(t))y'(t)]dt.$$

Il secondo degli integrali che qui figurano si scrive anche, più semplicemente,

$$\int_{\mathfrak{C}} (Px' + Qy')dt.$$

71. - Teorema di indipendenza.

Diremo che $Pdx + Qdy$ è, in un punto M di A, il *differenziale totale rispetto ad* A di una funzione [1] $F(x, y)$, definita in ogni punto del nostro insieme, se, dette x e y le coordinate di M, e x_1 e y_1 quelle di un altro punto qualunque M_1 di A, e posto

$$\rho = \sqrt{(x - x_1)^2 + (y - y_1)^2},$$

è sempre

$$(1) \quad F(x_1, y_1) - F(x, y) = P(x, y)(x_1 - x) + Q(x, y)(y_1 - y) + \varepsilon\rho,$$

dove ε è infinitesimo con ρ, vale a dire, preso comunque un $\sigma > 0$, è possibile determinare un $\delta > 0$ in modo che, quando sia $\rho < \delta$, sia anche $|\varepsilon| < \sigma$.

Premessa questa definizione, dimostriamo il seguente teorema:

Se $P(x, y)$ *e* $Q(x, y)$ *sono funzioni continue nell'insieme* A *e se, in tutti i punti di* A, *l'espressione* $Pdx + Qdy$ *è il differenziale totale, rispetto ad* A, *di una funzione* $F(x, y)$, *l'integrale*

$$\int_{\mathfrak{C}} Pdx + Qdy,$$

[1] Rammentiamo che noi parliamo sempre di funzioni ad *un* valore.

esteso ad una qualsiasi curva continua e rettificabile $\mathcal{C}$, tutta costituita di punti di A, è indipendente dalla forma della $\mathcal{C}$ e dipende soltanto dagli estremi di tale curva [1].

Sia $\mathcal{C}$ una curva continua e rettificabile, costituita tutta di punti di A, e indichiamone con x_0, y_0 le coordinate del primo estremo, con x_1, y_1 quelle del secondo estremo. Considerate le equazioni parametriche della curva in funzione della lunghezza dell'arco

$$x = x(s), \quad y = y(s), \quad (0 \, , L),$$

dove L rappresenta la lunghezza di tutta la curva, è (n.° 70)

$$(2) \qquad \int_{\mathcal{C}} P dx + Q dy = \int_0^L (Px' + Qy') ds .$$

In quasi-tutto $(0, L)$ esistono le derivate $x'(s)$, $y'(s)$; affermiamo che, in quasi-tutto $(0, L)$, esiste la derivata di $F(x(s), y(s))$ ed è

$$(3) \qquad \frac{dF}{ds} = P[x(s), \; y(s)]x'(s) + Q[x(s), \; y(s)]y'(s).$$

Ed infatti, da (1) si ricava

$$\frac{F[x(s_1), \; y(s_1)] - F[x(s), \; y(s)]}{s_1 - s} = P[x(s), \; y(s)] \frac{x(s_1) - x(s)}{s_1 - s} +$$
$$+ Q[x(s), \; y(s)] \frac{y(s_1) - y(s)}{s_1 - s} + \varepsilon \frac{\rho}{s_1 - s},$$

dove è $\rho < |s_1 - s|$; dunque, se in s esistono le $x'(s)$ e $y'(s)$, esiste anche la $\dfrac{dF}{ds}$ e vale la (3). Inoltre, se con Π indichiamo il massimo modulo delle funzioni P e Q sulla curva $\mathcal{C}$, l'ultima uguaglianza scritta dà, per $|s_1 - s| < \delta$, dove il δ è quello di cui si è parlato più sopra,

$$(4) \qquad \left| \frac{F[x(s_1), \; y(s_1)] - F[x(s), \; y(s)]}{s_1 - s} \right| < 2\Pi + \sigma.$$

---

[1] Cfr. Ch. J. De la Vallée Poussin, *Cours d'Analyse.* Tome II, (2e édition) 1912, pag. 92. La dimostrazione del De la Vallée Poussin presuppone che nella curva $\mathcal{C}$ si possa inscrivere una poligonale di lati comunque piccoli e tutta appartenente all'insieme A.

Questa disuguaglianza risulta verificata per ogni s e per ogni s_1 soddisfacente alla $|s_1 - s| < \delta$, dove però il numero δ varia al variare di s. Posto, per semplicità, $F[x(s), y(s)] \equiv \Phi(s)$, affermiamo che, qualunque siano s e s_1 di $(0, L)$, è sempre

$$(5) \qquad \left| \frac{\Phi(s_1) - \Phi(s)}{s_1 - s} \right| \leq 2\Pi + \sigma.$$

Sia $\bar{s} > s$ e supponiamo che si abbia

$$(6) \qquad \left| \frac{\Phi(\bar{s}) - \Phi(s)}{\bar{s} - s} \right| > 2\Pi + \sigma.$$

Poichè, per ogni $s_1 \neq s$, la funzione di s_1 data da $\dfrac{\Phi(s_1) - \Phi(s)}{s_1 - s}$ è continua, esiste un valore s_1', definito come la massima radice dell'equazione

$$(7) \qquad \left| \frac{\Phi(s_1') - \Phi(s)}{s_1' - s} \right| = 2\Pi + \sigma,$$

contenuta nell'intervallo $(s, \bar{s})$, nel quale intervallo, per s_1 sufficientemente vicino ad s, vale la (4). Scegliamo un valore s_1'', fra s_1' e $\bar{s}$, abbastanza vicino ad s_1' perchè valga la (4) per $s = s_1'$ e $s_1 = s_1''$, ossia

$$(8) \qquad \left| \frac{\Phi(s_1'') - \Phi(s_1')}{s_1'' - s_1'} \right| < 2\Pi + \sigma.$$

Per essere $s_1' < s_1'' < \bar{s}$, dalla definizione di s_1' scende

$$(9) \qquad \left| \frac{\Phi(s_1'') - \Phi(s)}{s_1'' - s} \right| > 2\Pi + \sigma.$$

Ora si ha

$$|\Phi(s_1'') - \Phi(s)| \leq |\Phi(s_1'') - \Phi(s_1')| + |\Phi(s_1') - \Phi(s)|,$$

e per le (7) e (8),

$$|\Phi(s_1'') - \Phi(s)| < (2\Pi + \sigma)(s_1'' - s),$$

la quale contraddice alla (9).

È così dimostrata la disuguaglianza (5), e si ha che la $F[x(s), y(s)]$, essendo a rapporto incrementale limitato, è (n.° 16, *e*)), una funzione assolutamente continua in tutto l'intervallo $(0, L)$. Si ha perciò (n.° 59), da (2) e (3),

$$\int_{\mathfrak{C}} Pdx + Qdy = \int_0^L \frac{dF}{ds}\, ds = F(x_1, y_1) - F(x_0, y_0),$$

ciò che dimostra la nostra proposizione.

Resta anche dimostrato che *l'integrale di* $Pdx + Qdy$ *è uguale alla differenza dei valori che la funzione* F *assume negli estremi della curva d'integrazione.*

Scende pure che:

sotto le stesse ipotesi del teorema precedente, l'integrale di $Pdx + Qdy$ *esteso ad una qualunque curva, continua, rettificabile e chiusa, e tutta costituita di punti di* A, *è sempre nullo.*

Questa proposizione è anzi perfettamente equivalente al teorema dato più sopra.

PARTE SECONDA

FUNZIONI DI LINEE

A) Forma parametrica

Capitolo V.

GLI INTEGRALI IN FORMA PARAMETRICA

§ 1. Definizioni e proposizioni preliminari.

72. - Il campo A.

a) Sia A un insieme di punti, del piano (x, y), tale che i suoi elementi appartenenti ad un qualsiasi cerchio, dello stesso piano, costituiscano sempre un insieme *chiuso*. L'insieme A lo diremo *campo* A.

Costituiscono, evidentemente, dei *campi* A: l'insieme di tutti i punti del piano (x, y); l'insieme di tutti i punti, dello stesso piano, per i quali è $y \geq 0$; l'insieme dei punti appartenenti ad un quadrato o ad un poligono o ad un cerchio ecc., dello stesso piano.

Un punto P lo diremo *interno* al campo A se esisterà un cerchio, avente il centro in tal punto, tutto costituito di punti di A.

Chiameremo *frontiera* del campo A l'insieme dei punti di A *non interni* al campo stesso. È evidente che la parte di frontiera contenuta in un qualsiasi cerchio è sempre un insieme chiuso.

b) Diremo che il campo A soddisfa:

— alla *condiz.* α), se, presi un numero $\lambda > 0$, qualsiasi, ed un qualsiasi punto M di A, si può sempre determinare un cerchio di centro M in modo che ogni suo punto appartenente ad A possa congiungersi con M mediante una curva continua e rettificabile del campo A, di lunghezza minore di λ;

— alla *condiz.* β), se è possibile di determinare un numero $\rho > 0$ in modo che ogni poligonale chiusa, senza punti multipli, di A, avente la massima corda minore di ρ, non racchiuda che punti di A;
— alla *condiz.* γ), se, considerata una qualunque curva $\mathcal{C}$, continua e rettificabile (n.i 2 e 8) di A, e fissato comunque un suo intorno (ρ), si può sempre trovare una poligonale, ordinatamente appartenente a tale intorno, avente lunghezza diversa da quella della curva di quanto poco si vuole, e tutta costituita di punti *interni* al campo A.

I campi degli esempi più sopra addotti soddisfano tutti a tutte le condizioni ora indicate; ad esse soddisfa anche un campo A la cui frontiera sia costituita di un numero finito di curve continue senza punti comuni, ciascuna delle quali sia priva di punti multipli e risulti formata da un numero finito di archi dotati ovunque di tangente variabile in modo continuo.

Diremo, infine, che il campo A soddisfa:
— alla *condiz.* δ), se la parte della sua frontiera contenuta in ogni porzione limitata del piano (x, y) è costituita di un numero finito di curve continue, senza punti multipli, aventi a due a due al più un numero finito di punti comuni, ciascuna delle quali risulti composta di un numero finito di archi a tangente variabile in modo continuo;
— alla *condiz.* ε), se è soddisfatta la *condiz.* δ) e, di più, la frontiera del campo, oltre ad eventuali segmenti rettilinei paralleli all'asse delle y, in numero finito, ha, al più, un numero, pure finito, di punti con tangente parallela allo stesso asse.

73. - Le curve $\mathcal{C}$ ordinarie.

Diremo che la curva continua $\mathcal{C}$ (n.° 2):

$$x = \varphi(t), \quad y = \psi(t), \quad (t_0, t_1),$$

è una *curva $\mathcal{C}$ ordinaria* se: 1°) tutti i suoi punti appartengono al campo A; 2°) è rettificabile (n.° 8).

Diremo poi che la curva $\mathcal{C}$ ordinaria è di *classe 1* se ha ovunque tangente e se tale tangente varia con continuità su tutta la curva stessa; in caso contrario, diremo che la curva è di *classe 0*. Diremo, infine, che la curva ordinaria $\mathcal{C}$ è di *classe 2* se è già di *classe 1* e se ha, in ogni suo punto, curvatura finita.

La curvatura, che si indica con $\frac{1}{r}$, è la derivata, $\frac{d\theta}{ds}$, dell'angolo di direzione della curva rispetto alla lunghezza s dell'arco. Se, in punto P di una curva continua, rettificabile, di classe 1, la curvatura esiste finita, esistono finite anche le derivate seconde delle coordinate di P rispetto ad s:

$$x''(s) = -\sin\theta \frac{d\theta}{ds}, \quad y''(s) = \cos\theta \frac{d\theta}{ds};$$

e se la curvatura è continua, anche le $x''(s)$ e $y''(s)$ sono continue. Viceversa, se in P esistono finite le $x''(s)$ e $y''(s)$, esiste finita anche la curvatura, ed è

$$\frac{1}{r} = \frac{d\theta}{ds} = y''x' - x''y' \text{ [1]};$$

e se le $x''(s)$ e $y''(s)$ sono continue, è continua anche la curvatura.

74. - La funzione $F(x, y, x', y')$.

a) Sia $F(x, y, x', y')$ una funzione (reale e ad un valore) la quale, per ogni punto (x, y) del campo A e per qualsiasi coppia (x', y') di numeri (reali) non ambedue nulli, risulti:

1°) definita e continua [2], insieme con le sue derivate parziali dei primi due ordini, rispetto a x' e y';

2°) ***positivamente omogenea*** [3] ***di grado 1***, rispetto alle x' e y', vale a dire, soddisfacente alla uguaglianza

$$F(x, y, kx', ky') = kF(x, y, x', y'),$$

per ogni $k > 0$.

---

[1] Ed infatti, se in P è $\operatorname{tg}\theta \neq \infty$, da $\operatorname{tg}\theta = y' : x'$ si ricava che esiste finita la derivata di $\operatorname{tg}\theta$, rispetto ad s, e quindi, per essere

$$\frac{\operatorname{tg}\theta_1 - \operatorname{tg}\theta}{s_1 - s} = \frac{\operatorname{tg}\theta_1 - \operatorname{tg}\theta}{\theta_1 - \theta} \cdot \frac{\theta_1 - \theta}{s_1 - s},$$

e

$$\frac{\operatorname{tg}\theta_1 - \operatorname{tg}\theta}{\theta_1 - \theta} \to \frac{1}{x'^2},$$

per $\theta_1 \to \theta$, che esiste finita la $\frac{d\theta}{ds}$, uguale a $y''x' - x''y'$. Se poi è $\operatorname{tg}\theta = \infty$, lo stesso risultato si ottiene da $\operatorname{cotg}\theta = x' : y'$.

[2] La continuità si intenderà sempre rispetto al complesso delle variabili x, y, x', y'.

[3] Questa denominazione è stata introdotta da O. Bolza, *Lectures on the Calculus of Variations*, The University of Chicago Press., 1904, pag. 119; *Vorlesungen über Variationsrechnung*, B. G. Teubner, Leipzig, 1908, pagina 194).

Porremo poi $F(x, y, x', y') = 0$ in ogni punto (x, y) di A, per $x' = y' = 0$. Con ciò, in virtù di 2°), la F risulta continua anche in ogni punto $(x, y, 0, 0)$, dove (x, y) è scelto comunque in A.

Sono, ad esempio, funzioni soddisfacenti alle condizioni ora poste le

$$\sqrt{x'^2 + y'^2}\,, \quad (x^2 + y^2)\,[\sqrt{x'^2 + y'^2} - x']\,.$$

Nel seguito, diremo che la coppia (x', y') è *normalizzata* se vale l'uguaglianza

$$x'^2 + y'^2 = 1.$$

b) Consideriamo due curve $\mathcal{C}_1$ e $\mathcal{C}$ ordinarie (n.° 73), e sia

$$\begin{array}{lll} \mathcal{C}: & x = \varphi(t), \quad y = \psi(t) & \\ & & (t_0,\ t_1) \\ \mathcal{C}_1: & x = \varphi_1(t), \quad y = \psi_1(t) & \end{array}$$

una loro rappresentazione analitica simultanea. Sappiamo, che, in quasi-tutto (t_0, t_1), esistono finite le derivate $\varphi'(t)$, $\psi'(t)$ (n.[i] 8, 13 e 45, *d*)) e che, posto $\varphi'(t) = 0$ dove la $\varphi(t)$ non ammette derivata finita, e fatto altrettanto per la $\psi'(t)$, le due funzioni $\varphi'(t)$ e $\psi'(t)$ risultano (n.° 46) quasi-continue in (t_0, t_1). Possiamo, dunque, fissare una legge secondo la quale, ad ogni intero positivo n, corrispondano due insiemi chiusi $E_{\varphi'^{(n)}}$, $E_{\psi'^{(n)}}$, dell'intervallo (t_0, t_1), ambedue di misura $> |t_1 - t_0| - \frac{1}{n}$, nei quali le φ' e ψ', rispettivamente, siano continue.

Indichiamo con Ω lo pseudointervallo dei punti di (t_0, t_1) in cui è $\varphi'(t) = \psi'(t) = 0$ e con Ω_r quello in cui vale la

$$\frac{1}{r} \leq \varphi'^2(t) + \psi'^2(t) \leq r\,, \tag{1}$$

r essendo un qualsiasi numero intero, positivo. Scegliamo (n.° 43, *c*)) una legge secondo la quale, ad ogni r e ad ogni intero positivo n, corrisponda un insieme chiuso $C_r^{(n)}$ di Ω_r, di misura $> m(\Omega_r) - \frac{1}{n}$, e chiamiamo poi $E_r^{(n)}$ l'insieme costituito da tutti i punti comuni a $E_{\varphi'^{(n)}}$, $E_{\psi'^{(n)}}$, $C_r^{(n)}$.

Tale insieme è *chiuso*, perchè ogni suo punto di accumulazione, risultando punto di accumulazione di ciascuno dei tre insiemi detti, appartiene necessariamente ad essi; di più, la sua misura è $> m(\Omega_r) - \frac{3}{n}$. In $E_r^{(n)}$ le $\varphi'(t)$ e $\psi'(t)$ risultano poi continue e soddisfacenti alla (1).

Formiamo ora la funzione di t

$$F[\varphi_1(t),\ \psi_1(t),\ \varphi'(t),\ \psi'(t)]. \tag{2}$$

Per le ipotesi fatte sulla $F(x, y, x', y')$, questa funzione (e così anche le sue derivate parziali ammesse in *a*)) è continua per ogni (x, y) appartenente alla curva $\mathcal{C}_1$ e per ogni (x', y') soddisfacente alla disuguaglianza $x'^2 + y'^2 \neq 0$. La (2) è dunque una funzione continua nell'insieme $E_r^{(n)}$; e poichè è

$$m(E_r^{(n)}) > m(\Omega_r) - \frac{3}{n},$$

essa è quasi-continua nello pseudointervallo Ω_r, e quindi anche (n.° 47, *c*)) nello pseudointervallo Ω' costituito di tutti i punti appartenenti a tutti gli Ω_r $(r = 1, 2, \ldots)$.

D'altra parte, essendo, nello pseudointervallo Ω, sempre $F = 0$, la (2) è, anche in Ω, una funzione quasi-continua. In virtù della proposizione del n.° 47, *b*), *la* (2) *è dunque quasi-continua nello pseudointervallo* $\Omega + \Omega'$, *vale a dire, in* (t_0, t_1).

Osserviamo che questo risultato è valido anche se è $\varphi_1(t) \equiv \varphi(t)$, $\psi_1(t) \equiv \psi(t)$.

Convenendo di porre uguali a zero le derivate della F considerate in *a*), quando si abbia $x' = y' = 0$, *il risultato precedente vale senz'altro anche per le derivate parziali dei primi due ordini della* F, *rispetto alle* x' e y', *quando in esse si faccia*

$$x = \varphi_1(t), \quad y = \psi_1(t), \quad x' = \varphi'(t), \quad y' = \psi'(t).$$

75. - La funzione $F_1(x, y, x', y')$.

a) Dalla uguaglianza (n.° precedente, *a*))

$$F(x, y, kx', ky') = kF(x, y, x', y')$$

si ha, derivando rispetto a k e ponendo poi $k = 1$,

$$x'F_{x'} + y'F_{y'} = F \ [1];$$

[1] Con $F_{x'}$, $F_{y'}$, indichiamo le derivate parziali della F rispetto alle x', y', rispettivamente.

e derivando ancora rispetto a x' e y', separatamente,

$$x' F_{x'x'} + y' F_{y'x'} = 0,$$
$$x' F_{x'y'} + y' F_{y'y'} = 0.$$

Per x' e y' ambedue diversi da zero, si ha perciò

$$\frac{F_{x'x'}}{y'^2} = -\frac{F_{x'y'}}{x'y'} = \frac{F_{y'y'}}{x'^2}.$$

Se x' e y' non sono ambedue nulli, uno almeno dei rapporti che qui figurano si presenta col denominatore diverso da zero; se dunque definiamo la funzione $F_1(x, y, x', y')$ ponendo, in ogni punto (x, y) di A e per tutte le coppie (x', y') di numeri non ambedue nulli,

$$F_1 = \frac{F_{x'x'}}{y'^2} = -\frac{F_{x'y'}}{x'y'} = \frac{F_{y'y'}}{x'^2},$$

questa funzione F_1 risulterà continua per tutte le quaterne (x, y, x', y'), con (x, y) e (x', y') scelti come ora si è indicato.

Se è per es.: $F(x, y, x', y') = \varphi(x, y)\sqrt{x'^2 + y'^2}$, si ha,

$$F_1(x, y, x', y') = \frac{\varphi(x, y)}{(x'^2 + y'^2)^{\frac{3}{2}}}.$$

Osserviamo che, dalla definizione posta, risulta essere la F_1, rispetto alle x' e y', positivamente omogenea, di grado -3.

b) La funzione F_1, che fu considerata per la prima volta da Weierstrass (¹), ha la proprietà di essere invariante per ogni trasformazione di coordinate individuata dalle equazioni

$$x = \Phi(u, v), \qquad y = \Psi(u, v),$$
$$x' = \Phi_u u' + \Phi_v v', \quad y' = \Psi_u u' + \Psi_v v',$$

con Φ e Ψ funzioni definite e continue, insieme con le loro derivate parziali dei primi due ordini, in un certo campo $\mathfrak{A}$, nel quale sia sempre

$$D = \begin{vmatrix} \Phi_u, & \Phi_v \\ \Psi_u, & \Psi_v \end{vmatrix} \neq 0.$$

Ed infatti, sostituendo in F, si ha

$$F(x, y, x', y') = F(\Phi, \Psi, \Phi_u u' + \Phi_v v', \Psi_u u' + \Psi_v v'),$$

(¹) Vorlesungen über Variationsrechnung, (1865-1890).

la quale è una funzione di u, v, u', v', che indicheremo con $G(u, v, u', v')$, e che soddisfa alle stesse condizioni di continuità e derivabilità poste per la F, essendo, inoltre, anche positivamente omogenea, di grado 1, rispetto alle u', v'. È, allora,

$$G_{u'} = F_{x'}\Phi_u + F_{y'}\Psi_u$$

$$G_{u'u'} = F_{x'x'}\Phi_u^2 + 2F_{x'y'}\Phi_u\Psi_u + F_{y'y'}\Psi_u^2 = F_1(y'^2\Phi_u^2 - 2x'y'\Phi_u\Psi_u + x'^2\Psi_u^2) =$$
$$= F_1(y'\Phi_u - x'\Psi_u)^2,$$

donde, essendo

$$v' = \frac{y'\Phi_u - x'\Psi_u}{D},$$

$$G_1 = \frac{G_{u'u'}}{v'^2} = D^2 \cdot F_1 .$$

c) Convenendo di porre uguale a zero la F_1 quando si abbia $x' = y' = 0$, e considerate le curve ordinarie $\mathcal{C}$ e $\mathcal{C}_1$ del n.° 74, *b*), la funzione di t

$$(1) \qquad F_1[\varphi_1(t), \quad \psi_1(t), \quad \varphi'(t), \quad \psi'(t)]$$

risulta quasi-continua nell'intervallo (t_0, t_1). Ed infatti, fissato un qualsiasi intero positivo r, la (1) del n.° 74 consente di dividere l'insieme $E_r^{(n)}$, considerato allo stesso n.° [*b*)], in due insiemi, $E_{r,1}^{(n)}$ e $E_{r,2}^{(n)}$, essendo il primo quello dei punti nei quali si ha sempre $\varphi'(t) \geq \sqrt{\frac{1}{2r}}$, e il secondo quello ove è $\varphi'(t) < \sqrt{\frac{1}{2r}}$ e quindi $\psi'(t) > \sqrt{\frac{1}{2r}}$. Il primo risulta chiuso, e in esso, essendo $F_1 = \frac{F_{y'y'}}{x'^2}$, la (1) è funzione continua. Il secondo, differenza fra due insiemi chiusi, è uno pseudointervallo di misura uguale a $m(E_r^{(n)}) - m(E_{r,1}^{(n)})$. Detto $C_{r,2}^{(n)}$ il suo componente chiuso, secondo una qualsiasi delle leggi di cui alla definizione di pseudointervallo (n.° 40), è

$$m(C_{r,2}^{(n)}) > m(E_r^{(n)}) - m(E_{r,1}^{(n)}) - \frac{1}{n},$$

e in esso, essendo $F_1 = \frac{F_{x'x'}}{y'^2}$, la (1) è pure continua. La (1), risultando così continua nell'insieme chiuso $E_{r,1}^{(n)} + C_{r,2}^{(n)}$, la cui misura è maggiore di

$$m(E_r^{(n)}) - \frac{1}{n} > m(\Omega_r) - \frac{4}{n},$$

dove Ω_r è lo pseudointervallo di (t_0, t_1) in cui vale la (1) del n.° 74, risulta quasi-continua in tutto Ω_r e quindi anche in (t_0, t_1).

76. - Formula di Schwarz.

Sia (x, y) un punto qualunque del campo A e θ_0 indichi la misura di un angolo qualsiasi. Abbiamo, per l'omogeneità della funzione F,

$$F(x, y, \cos\theta, \operatorname{sen}\theta) = \cos\theta\, F_{x'}(x, y, \cos\theta, \operatorname{sen}\theta) + \\ + \operatorname{sen}\theta\, F_{y'}(x, y, \cos\theta, \operatorname{sen}\theta),$$

e quindi, togliendo da ambo i membri di questa uguaglianza l'espressione $\cos\theta\, F_{x'}(x, y, \cos\theta_0, \operatorname{sen}\theta_0) + \operatorname{sen}\theta\, F_{y'}(x, y, \cos\theta_0, \operatorname{sen}\theta_0)$,

$$\begin{aligned}
&F(x, y, \cos\theta, \operatorname{sen}\theta) - \\
&- [\cos\theta F_{x'}(x, y, \cos\theta_0, \operatorname{sen}\theta_0) + \operatorname{sen}\theta F_{y'}(x, y, \cos\theta_0, \operatorname{sen}\theta_0)] \\
&= \cos\theta [F_{x'}(x, y, \cos\theta, \operatorname{sen}\theta) - F_{x'}(x, y, \cos\theta_0, \operatorname{sen}\theta_0)] \\
&+ \operatorname{sen}\theta [F_{y'}(x, y, \cos\theta, \operatorname{sen}\theta) - F_{y'}(x, y, \cos\theta_0, \operatorname{sen}\theta_0)] \\
&= \cos\theta \int_{\theta_0}^{\theta} \frac{d}{d\alpha} F_{x'}(x, y, \cos\alpha, \operatorname{sen}\alpha)\, d\alpha + \operatorname{sen}\theta \int_{\theta_0}^{\theta} \frac{d}{d\alpha} F_{y'}(x, y, \cos\alpha, \operatorname{sen}\alpha)\, d\alpha \\
&= \cos\theta \int_{\theta_0}^{\theta} [-F_{x'x'}(x, y, \cos\alpha, \operatorname{sen}\alpha) \operatorname{sen}\alpha + F_{x'y'}(x, y, \cos\alpha, \operatorname{sen}\alpha) \cos\alpha]\, d\alpha \\
&+ \operatorname{sen}\theta \int_{\theta_0}^{\theta} [-F_{y'x'}(x, y, \cos\alpha, \operatorname{sen}\alpha) \operatorname{sen}\alpha + F_{y'y'}(x, y, \cos\alpha, \operatorname{sen}\alpha) \cos\alpha]\, d\alpha.
\end{aligned}$$

Introducendo qui la funzione F_1 (n.° prec. *a*)) e riunendo tutto in un solo integrale,

$$\begin{aligned}
&F(x, y, \cos\theta, \operatorname{sen}\theta) - \\
&\quad - [\cos\theta F_{x'}(x, y, \cos\theta_0, \operatorname{sen}\theta_0) + \operatorname{sen}\theta F_{y'}(x, y, \cos\theta_0, \operatorname{sen}\theta_0)] \\
&\quad = \int_{\theta_0}^{\theta} [-\cos\theta \operatorname{sen}\alpha + \operatorname{sen}\theta \cos\alpha] F_1(x, y, \cos\alpha, \operatorname{sen}\alpha)\, d\alpha,
\end{aligned}$$

ed infine

$$
\begin{aligned}
&F(x, y, \cos\theta, \operatorname{sen}\theta) = \\
&\quad = [\cos\theta\, F_{x'}(x, y, \cos\theta_0, \operatorname{sen}\theta_0) + \operatorname{sen}\theta\, F_{y'}(x, y, \cos\theta_0, \operatorname{sen}\theta_0)] \\
(1)\qquad &\quad + \int_{\theta_0}^{\theta} F_1(x, y, \cos\alpha, \operatorname{sen}\alpha) \operatorname{sen}(\theta - \alpha)\, d\alpha,
\end{aligned}
$$

che è la formula a cui volevamo giungere [1].

77. - **La funzione** $\mathcal{E}(x, y; x', y'; \bar{x}', \bar{y}')$.

a) Porremo, con Weierstrass,

$$
\begin{aligned}
&\mathcal{E}(x, y; x', y'; \bar{x}', \bar{y}') \equiv \\
&\equiv F(x, y, \bar{x}', \bar{y}') - [\bar{x}' F_{x'}(x, y, x', y') + \bar{y}' F_{y'}(x, y, x', y')]
\end{aligned}
$$

Questa funzione $\mathcal{E}$ risulta così, per ogni punto (x, y) del campo A, per ogni coppia (x', y') di numeri non ambedue nulli, e per ogni coppia $(\bar{x}', \bar{y}')$ pure di numeri non ambedue nulli, finita e continua, insieme con le sue derivate parziali del primo ordine rispetto alle x', y', e del primo e secondo ordine rispetto alle $\bar{x}'$, $\bar{y}'$. Essa è, inoltre, positivamente omogenea di grado zero rispetto alle x', y', e positivamente omogenea di grado 1 rispetto alle $\bar{x}'$, $\bar{y}'$. Osserviamo, infine, che, avendo convenuto di porre uguali a zero, per $x' = y' = 0$, tanto la funzione F quanto le sue derivate parziali considerate al n.° 74, *a*), la $\mathcal{E}$ risulta definita anche per $x' = y' = 0$ e, in tal caso, uguale a $F(x, y, \bar{x}', \bar{y}')$; ed essa risulta pure definita per $\bar{x}' = \bar{y}' = 0$, e uguale a zero.

La funzione qui definita, conosciuta ordinariamente sotto il nome di *funzione di Weierstrass*, è un invariante assoluto per ogni trasformazione di coordinate individuata dalle equazioni

$$
\begin{aligned}
x &= \Phi(u, v), & y &= \Psi(u, v), \\
x' &= \Phi_u u' + \Phi_v v', & y' &= \Psi_u u' + \Psi_v v'. \\
\bar{x}' &= \Phi_u \bar{u}' + \Phi_v \bar{v}', & \bar{y}' &= \Psi_u \bar{u}' + \Psi_v \bar{v}',
\end{aligned}
$$

con Φ e Ψ definiti come al n.° 75, e soddisfacenti alla $D \neq 0$. Ed infatti,

---

[1] Cfr. Bolza, *Lectures on the Calculus of Variations*, pag. 141.

posto anche qui

$$F(\Phi,\ \Psi,\ \Phi_u u' + \Phi_v v',\ \Psi_u u' + \Psi_v v') = G(u,\ v,\ u',\ v'),$$

si ottiene, per derivazione rispetto ad u' e v',

$$F_{x'} \cdot \Phi_u + F_{y'} \cdot \Psi_u = G_{u'},$$
$$F_{x'} \cdot \Phi_v + F_{y'} \cdot \Psi_v = G_{v'},$$

donde, moltiplicando la prima uguaglianza per $\bar{u}'$ e la seconda per $\bar{v}'$ e sommando,

$$\bar{x}' F_{x'}(x,\ y,\ x',\ y') + \bar{y}' F_{y'}(x,\ y,\ x',\ y') = \bar{u}' G_{u'}(u,\ v,\ u',\ v') + \bar{v}' G_{v'}(u,\ v,\ u',\ v');$$

eseguendo il cambiamento di variabili indicato, si ha dunque

$$\mathcal{E}(x,\ y;\ x',\ y';\ \bar{x}',\ \bar{y}') = G(u,\ v,\ u',\ v') -$$
$$- [\bar{u}' G_{u'}(u,\ v,\ u',\ v') + \bar{v}' G_{v'}(u,\ v,\ u',\ v')],$$

e il secondo membro di questa uguaglianza non è che la funzione $\mathcal{E}$ relativa alla $G(u,\ v,\ u',\ v')$.

b) La formula di Schwarz, del n.° preced., permette di esprimere la funzione $\mathcal{E}$ mediante la F_1; tale formula dà, infatti, immediatamente,

$$\mathcal{E}(x,\ y;\ \cos\theta,\ \operatorname{sen}\theta;\ \cos\tilde{\theta},\ \operatorname{sen}\tilde{\theta}) =$$

(1)
$$= \int_{\theta}^{\tilde{\theta}} F_1(x,\ y,\ \cos\alpha,\ \operatorname{sen}\alpha) \operatorname{sen}(\tilde{\theta} - \alpha) d\alpha,$$

ed anche, tenendo conto dell'omogeneità della $\mathcal{E}$ rispetto a x' e y' e rispetto a $\bar{x}'$ e $\bar{y}'$,

$$\mathcal{E}(x,\ y;\ x',\ y';\ \bar{x}',\ \bar{y}') =$$

(1')
$$= \sqrt{\bar{x}'^2 + \bar{y}'^2} \int_{\theta}^{\tilde{\theta}} F_1(x,\ y,\ \cos\alpha,\ \operatorname{sen}\alpha) \operatorname{sen}(\tilde{\theta} - \alpha) d\alpha,$$

dove, ammettendo che x' e y' non siano ambedue nulli, e così pure $\bar{x}'$ e $\bar{y}'$, si è posto

$$\frac{x'}{\sqrt{x'^2 + y'^2}} = \cos\theta, \qquad \frac{y'}{\sqrt{x'^2 + y'^2}} = \operatorname{sen}\theta,$$
$$\frac{\bar{x}'}{\sqrt{\bar{x}'^2 + \bar{y}'^2}} = \cos\tilde{\theta}, \qquad \frac{\bar{y}'}{\sqrt{\bar{x}'^2 + \bar{y}'^2}} = \operatorname{sen}\tilde{\theta}.$$

La (1) permette pure di esprimere la F_1 per mezzo della $\mathcal{E}$: ed infatti, se è $\theta - \pi \leq \tilde{\theta} \leq \theta + \pi$, sen $(\tilde{\theta} - \alpha)$, per tutti i valori di α compresi fra θ e $\tilde{\theta}$, ha sempre lo stesso segno, quello stesso della differenza $\tilde{\theta} - \theta$; applicando dunque il teorema della media nella forma generale del n.° 53, *c*), abbiamo, dalla (1),

$$\mathcal{E}(x, y; \cos\theta, \operatorname{sen}\theta; \cos\tilde{\theta}, \operatorname{sen}\tilde{\theta}) = [1 - \cos(\tilde{\theta} - \theta)] F_1(x, y, \cos\bar{\theta}\ \operatorname{sen}\bar{\theta}),$$

essendo $\bar{\theta}$ un valore conveniente, compreso fra θ e $\tilde{\theta}$. Di qui si ricava

$$(2) \qquad F_1(x, y, \cos\theta, \operatorname{sen}\theta) = \lim_{\tilde{\theta} \to \theta} \frac{\mathcal{E}(x, y; \cos\theta, \operatorname{sen}\theta; \cos\tilde{\theta}, \operatorname{sen}\tilde{\theta})}{1 - \cos(\tilde{\theta} - \theta)},$$

e, osservando che la $F_1(x, y, x', y')$ è, rispetto alle x' e y', una funzione positivamente omogenea di grado -3, si ha anche l'espressione generale di tale funzione mediante la $\mathcal{E}$.

Ritornando alla formula (1) e rilevando che nel suo primo membro nessun cambiamento si produce aggiungendo a $\tilde{\theta}$ un multiplo intero, positivo o negativo, di 2π, possiamo senz'altro ritenere che il $\tilde{\theta}$ soddisfi alle disuguaglianze $\theta - \pi \leq \tilde{\theta} \leq \theta + \pi$, e dedurre che, se in un punto (x, y) del campo A è sempre $F_1(x, y, \cos\alpha, \operatorname{sen}\alpha) \geq 0$ (≤ 0), è anche sempre $\mathcal{E}(x, y; \cos\theta, \operatorname{sen}\theta; \cos\tilde{\theta}, \operatorname{sen}\tilde{\theta}) \geq 0$ (≤ 0), qualunque siano θ e $\tilde{\theta}$. Viceversa, se questa seconda disuguaglianza è sempre soddisfatta, lo è anche la prima, in virtù della (2).

Di più, se in un punto (x, y) del campo A, per un certo θ e per tutti i $\tilde{\theta}$ sufficientemente prossimi a θ, è $F_1(x, y, \cos\tilde{\theta}, \operatorname{sen}\tilde{\theta}) \geq 0$ (≤ 0), è, sempre per la (1), $\mathcal{E}(x, y; \cos\theta, \operatorname{sen}\theta; \cos\tilde{\theta}, \operatorname{sen}\tilde{\theta}) \geq 0$ (≤ 0), per tutti gli stessi $\tilde{\theta}$; e viceversa, se questa seconda disuguaglianza è verificata, sempre per tutti i $\tilde{\theta}$ sufficientemente prossimi a θ, è pure, per la (2), $F_1(x, y, \cos\theta, \operatorname{sen}\theta) \geq 0$ (≤ 0).

Se in un punto (x, y) di A è, per tutti i θ,

$$F_1(x, y, \cos\theta, \operatorname{sen}\theta) = 0,$$

dalla (1′) segue

$$F(x, y, x', y') = x'P + y'Q,$$

con P e Q indipendenti da x' e y'. Viceversa, se vale questa uguaglianza, vale anche la $F_1(x, y, \cos\theta, \operatorname{sen}\theta) = 0$, qualunque sia θ.

78. - **La figurativa.**

a) Sia (x, y) un punto qualsiasi del campo A, e consideriamo una terna di assi cartesiani ortogonali (x', y', u). Diremo ***figurativa*** [1] della funzione $F(x, y, x', y')$, relativa al punto (x, y) di A, la superficie definita, rispetto agli assi ora indicati, dall'equazione

$$u = F(x, y, x', y').$$

Siccome la F è una funzione positivamente omogenea di grado 1, rispetto alle x' e y', la ***figurativa*** è una falda di superficie conica avente il vertice nell'origine degli assi.

Se è per es.: $F(x, y, x', y') \equiv \varphi(x, y)\sqrt{x'^2 + y'^2}$, la figurativa è una falda di un cono di rotazione, avente per asse l'asse delle u.

b) Se $(\bar{x}', \bar{y}')$ è una coppia di numeri non ambedue nulli, il piano tangente alla figurativa, nel punto corrispondente a $(\bar{x}', \bar{y}')$, è dato dall'equazione

$$u = x' F_{x'}(x, y, \bar{x}', \bar{y}') + y' F_{y'}(x, y, \bar{x}', \bar{y}'), \tag{1}$$

e la differenza fra la u della figurativa, in corrispondenza di (x', y'), e la u del piano tangente è espressa da

$$F(x, y, x', y') - [x' F_{x'}(x, y, \bar{x}', \bar{y}') + y' F_{y'}(x, y, \bar{x}', \bar{y}')] = \mathcal{E}(x, y; \bar{x}', \bar{y}'; x', y');$$

si ha così un significato geometrico molto semplice per la funzione $\mathcal{E}$.

Ne viene che, se per tutte le coppie (x', y') è $\mathcal{E}(x, y; \bar{x}', \bar{y}'; x', y') \geq 0$ (≤ 0), la figurativa non scende (sale) mai al disotto (disopra) del suo piano tangente (1), e viceversa; e che, se, per tutte le coppie (x', y') sufficientemente prossime a $(\bar{x}', \bar{y}')$, è $\mathcal{E}(x, y; \bar{x}'; \bar{y}'; x', y') \geq 0$ (≤ 0), la figurativa, nel suo punto corrispondente a $(\bar{x}', \bar{y}')$, volge la concavità verso la direzione positiva (negativa) dell'asse delle u, e viceversa.

Per la relazione, messa in evidenza al n.° precedente, fra le funzioni $\mathcal{E}$ e F_1, possiamo anche aggiungere che, se la figurativa in un suo punto volge la concavità verso la dire-

---

[1] Cfr. J. Hadamard, *Leçons sur le Calcul des Variations*, Tome 1er. (Paris, Gauthier-Villars, 1910), pag. 90.

zione positiva (negativa) dell'asse delle u, in quel punto è $F_1 \geq 0 \ (\leq 0)$; viceversa, se in un punto della figurativa è $F_1 > 0 \ (< 0)$, la figurativa stessa in quel punto volge la sua concavità verso la direzione positiva (negativa) dell'asse delle u, e questa conclusione vale anche se nel punto considerato è $F_1 = 0$, purchè per tutte le coppie (x', y') di un certo suo intorno sia sempre $F_1 \geq 0 \ (\leq 0)$.

Se la figurativa volge sempre la sua concavità verso la direzione positiva (negativa) dell'asse delle u, dovrà essere sempre $F_1 \geq 0 \ (\leq 0)$; e viceversa.

Così, per esempio, se si ha $F(x, y, x', y') \equiv \varphi(x, y)\sqrt{x'^2 + y'^2}$ e in un punto (x, y) del campo A è $\varphi(x, y) > 0$, la figurativa relativa a quel punto volge sempre la sua concavità verso la direzione positiva dell'asse delle u, e la funzione $F_1 \equiv \dfrac{\varphi(x, y)}{(x'^2 + y'^2)^{\frac{3}{2}}}$ è maggiore di zero.

Se in un punto (x, y) del campo A è $F_1 = 0$, per tutte le coppie (x', y'), in quel punto la figurativa è un piano.

79. - Lemma fondamentale.

Sia $f(x)$ una funzione data in un intervallo (a, b), e ivi quasi-continua (n.° 42) e in valore assoluto sempre inferiore ad un numero M. Fissati due numeri positivi D e α, e preso ad arbitrio un $\varepsilon > 0$, è sempre possibile di determinare un altro numero $\eta > 0$, tale che sia

$$(1) \qquad \left| \sum_r \int_{a_r}^{b_r} y'(x) f(x) dx \right| < \varepsilon + M \sum_r \left| y(b_r) - y(a_r) \right|,$$

per ogni sistema di intervalli (a_r, b_r), non sovrapponentisi, di (a, b) e per ogni funzione $y(x)$, assolutamente continua e soddisfacente, in tutti questi intervalli, alle disuguaglianze

$$|y(x)| \leq \eta, \qquad \sum_r \int_{a_r}^{b_r} |y'|^{1+\alpha} dx \leq D \ (^1).$$

(1) L. Tonelli, *Sur une méthode directe du Calcul des Variations.* [Rend. Circ. Matem. di Palermo, t. XXXIX (1° sem. 1915)], pp. 241-243; *La semicontinuità nel Calcolo delle Variazioni.* [Idem, t. XLIV (1920)], pp. 173-174.

a) Supporremo, dapprima, che, invece dell'ultima disuguaglianza scritta, sia verificata, in quasi-tutto (a, b), la

$$|y'(x)| \leq D \quad (2)$$ [1].

Osserviamo, innanzi tutto, che, se inscriviamo nella curva rappresentatrice di una funzione continua di una variabile una poligonale avente gli stessi estremi ed i cui vertici abbiano ascisse crescenti, al tendere a zero del massimo lato di questa poligonale, la funzione che definisce la poligonale stessa converge uniformemente alla funzione continua iniziale. Costruiamo, allora, la funzione continua $f^{(n)}(x)$ definita al n.° 43, *a*), la quale coincide con la $f(x)$ nell'insieme chiuso $E^{(n)}$ di (a, b) (definito secondo una qualsiasi delle leggi indicate al n.° 42), e scegliamo l'indice n in modo che sia

$$m(E^{(n)}) > (b - a) - \frac{\varepsilon}{8DM}. \quad (3)$$

Inscriviamo poi nella curva $y = f^{(n)}(x)$, (a, b), una poligonale, avente gli stessi estremi, i cui vertici abbiano ascisse crescenti, in modo che, detta $y = \varphi(x)$ la sua funzione rappresentatrice, si abbia, in tutto l'intervallo (a, b),

$$|f^{(n)}(x) - \varphi(x)| < \frac{\varepsilon}{4D(b - a)}. \quad (4)$$

Per le costruzioni fatte, è, in tutto (a, b),

$$|f^{(n)}(x)| < M,$$
$$|\varphi(x)| < M,$$

e, nell'insieme chiuso $E^{(n)}$,

$$|f(x) - \varphi(x)| < \frac{\varepsilon}{4D(b - a)}. \quad (5)$$

Ciò premesso, osserviamo che, se negli intervalli (a_r, b_r)

[1] Per gli integrali in forma parametrica, applicheremo il presente lemma soltanto sotto questa condizione più restrittiva; la forma generale servirà per gli integrali in forma ordinaria.

vale la (2), si ha

$$\sum_r \int_{a_r}^{b_r} |y'|\,|f-\varphi|\,dx \leq D\sum_r \int_{a_r}^{b_r} |f-\varphi|\,dx \leq D\int_{E^{(n)}} |f-\varphi|\,dx + D\int_{E_1^{(n)}} |f-\varphi|\,dx,$$

— dove $E_1^{(n)}$ indica il complementare di $E^{(n)}$ rispetto ad (a, b) — donde, per quanto precede, risultando la misura di $E_1^{(n)}$ minore di $\frac{\varepsilon}{8DM}$,

$$\sum_r \int_{a_r}^{b_r} |y'|\,|f-\varphi|\,dx < \frac{\varepsilon}{4} + \frac{\varepsilon}{4} = \frac{\varepsilon}{2}.$$

Possiamo scrivere, pertanto,

$$\left|\sum_r \int_{a_r}^{b_r} y'(x)f(x)dx\right| \leq \sum_r \left|\int_{a_r}^{b_r} y'(f-\varphi)dx\right| + \left|\sum_r \int_{a_r}^{b_r} y'\varphi dx\right| <$$

$$< \frac{\varepsilon}{2} + \left|\sum_r \int_{a_r}^{b_r} y'\varphi dx\right|.$$

Trasformiamo, con un' integrazione per parti (n.° 61), l'integrale di $y' \cdot \varphi$:

$$\int_{a_r}^{b_r} y'\varphi dx = [y(b_r) - y(a_r)]\varphi(b_r) - \int_{a_r}^{b_r} [y(x) - y(a_r)]\varphi' dx.$$

Se, dunque, in tutti gli intervalli (a_r, b_r) è $|y(x)| \leq \eta$, e se Φ indica il massimo modulo di φ' in tutto (a, b), abbiamo

$$\left|\sum_r \int_{a_r}^{b_r} y'\varphi dx\right| < M\sum_r \left|y(b_r) - y(a_r)\right| + 2\eta\Phi(b-a),$$

e, di conseguenza, la (1), se è

$$\eta < \frac{\varepsilon}{4\Phi(b-a)}.$$

b) Veniamo ora al caso generale, in cui cioè, invece

della (2), è verificata la

$$\sum_r \int_{a_r}^{b_r} |y'|^{1+\alpha} dx \leq D. \tag{6}$$

Nella dimostrazione data in *a*), sostituiamo le disuguaglianze (3) e (4) con

$$m(E^{(n)}) > (b-a) - \left(\frac{\varepsilon}{8D^{\frac{1}{1+\alpha}} M} \right)^{\frac{1+\alpha}{\alpha}}$$

e

$$|f^{(n)}(x) - \varphi(x)| < \frac{\varepsilon}{4D^{\frac{1}{1+\alpha}}(b-a)^{\frac{\alpha}{1+\alpha}}},$$

dopo di che avremo, nell'insieme $E^{(n)}$, invece della (5),

$$|f(x) - \varphi(x)| < \frac{\varepsilon}{4D^{\frac{1}{1+\alpha}}(b-a)^{\frac{\alpha}{1+\alpha}}}.$$

Osserviamo poi che, per la disuguaglianza di Schwarz generalizzata (n.° 56), è

$$\int_{a_r}^{b_r} |y'| |f-\varphi| dx \leq \left[\int_{a_r}^{b_r} |y'|^{1+\alpha} dx \right]^{\frac{1}{1+\alpha}} \cdot \left[\int_{a_r}^{b_r} |f-\varphi|^{\frac{1+\alpha}{\alpha}} dx \right]^{\frac{\alpha}{1+\alpha}},$$

ed anche, per la disuguaglianza (1) del n.° 56,

$$\sum_r \int_{a_r}^{b_r} |y'| |f-\varphi| dx \leq \left[\sum_r \int_{a_r}^{b_r} |y'|^{1+\alpha} dx \right]^{\frac{1}{1+\alpha}} \cdot \left[\sum_r \int_{a_r}^{b_r} |f-\varphi|^{\frac{1+\alpha}{\alpha}} dx \right]^{\frac{\alpha}{1+\alpha}}.$$

Se dunque è soddisfatta la (6), è

$$\sum_r \int_{a_r}^{b_r} |y'| |f-\varphi| dx \leq D^{\frac{1}{1+\alpha}} \cdot \left[\int_a^b |f-\varphi|^{\frac{1+\alpha}{\alpha}} dx \right]^{\frac{\alpha}{1+\alpha}} =$$

$$= D^{\frac{1}{1+\alpha}} \left[\int_{E^{(n)}} |f-\varphi|^{\frac{1+\alpha}{\alpha}} dx + \int_{E_1^{(n)}} |f-\varphi|^{\frac{1+\alpha}{\alpha}} dx \right]^{\frac{\alpha}{1+\alpha}},$$

e, per le disuguaglianze sopra scritte e le $|f| < M$, $|\varphi| < M$,

$$\sum_r \int_{a_r}^{b_r} |y'| |f - \varphi| dx < D^{\frac{1}{1+\alpha}} \left[\left(\frac{\varepsilon}{4D^{\frac{1}{1+\alpha}}} \right)^{\frac{1+\alpha}{\alpha}} + \left(\frac{\varepsilon}{4D^{\frac{1}{1+\alpha}}} \right)^{\frac{1+\alpha}{\alpha}} \right]^{\frac{\alpha}{1+\alpha}} < \frac{\varepsilon}{2}.$$

Proseguendo ora il ragionamento come si è fatto in *a*), si ha senz'altro la (1).

§ 2. L'INTEGRALE $\mathfrak{I}_{\mathfrak{C}}$.

80. - L'integrale $\mathfrak{I}_{\mathfrak{C}}$.

a) Considerata una curva $\mathfrak{C}$ ordinaria (n.° 73) e preso come parametro la lunghezza s dell'arco che, dal primo punto della curva, va al punto corrente, le sue equazioni diventano

$$x = x(s), \quad y = y(s), \quad (0, L),$$

dove L indica la lunghezza di tutta la curva. Sappiamo (n.^{i} 15 e 45 *d*)) che, in quasi-tutto l'intervallo $(0, L)$, le due derivate $x'(s)$ e $y'(s)$ esistono e soddisfano all'equazione

$$x'^2(s) + y'^2(s) = 1.$$

Formiamo la funzione di s

$$F[x(s),\ y(s),\ x'(s),\ y'(s)], \tag{1}$$

intendendo di porre $x' = 0$ dove la derivata $x'(s)$ manca, e di fare altrettanto per y'. Abbiamo così una funzione di s definita in tutto l'intervallo $(0, L)$, la quale, per quanto si è mostrato in n.° 74, *b*), è quasi-continua.

Osserviamo, inoltre, che, essendo sempre $|x'(s)| \leq 1$ e $|y'(x)| \leq 1$, dalla continuità della funzione $F(x, y, x', y')$, per tutti i punti (x, y) di A e per ogni coppia (x', y'), risulta l'esistenza di almeno un numero positivo M per il quale si abbia

$$|F[x(s),\ y(s),\ x'(s),\ y'(s)]| \leq M,$$

in tutto l'intervallo $(0, L)$. Basterà, infatti, prendere per M il massimo della $F(x, y, x', y')$, per ogni (x, y) appartenente alla curva $\mathfrak{C}$ e per tutti gli x' e y' non superiori, in modulo, all'unità.

La funzione (1), risultando limitata e quasi-continua in tutto l'intervallo $(0, L)$, ammette nello stesso intervallo l'integrale, definito al n.° 48,

$$\int_0^L F|x(s),\ y(s),\ x'(s),\ y'(s)|ds,$$

che indicheremo con le scritture

$$\int_{\mathfrak{C}} F(x,\ y,\ x',\ y')ds, \quad \int_{\mathfrak{C}} F ds,$$

ed anche, semplicemente, con $\mathfrak{I}_{\mathfrak{C}}$.

Questo integrale, fissata che sia la forma della funzione F, dipende unicamente dalla curva $\mathfrak{C}$, su cui l'integrazione è eseguita, ed ha un valore determinato e finito per ogni curva $\mathfrak{C}$ ordinaria. Esso è perciò *una funzione della curva ordinaria* $\mathfrak{C}$; dicesi anche che è *una funzione di linea.*

Il concetto di *funzione di linea* è dovuto a V. Volterra [1].

Ad esempio, se consideriamo la lunghezza della curva ordinaria $\mathfrak{C}$, l'area della superficie generata dalla rotazione della curva attorno all'asse delle x, il volume racchiuso da tale superficie e dai cerchi descritti dalle ordinate dei punti estremi della curva, ecc., abbiamo gli integrali

$$\int_{\mathfrak{C}} \sqrt{x'^2 + y'^2}\, ds, \quad 2\pi \int_{\mathfrak{C}} y \sqrt{x'^2 + y'^2}\, ds, \quad \pi \int_{\mathfrak{C}} y^2 x' ds, \text{ ecc.}$$

e tutti questi integrali sono altrettante funzioni della curva $\mathfrak{C}$.

È chiaro che, se la curva è chiusa, la lunghezza s degli archi si può contare a partire da un'origine arbitrariamente scelta sulla curva stessa senza alterare il valore di $\mathfrak{I}_{\mathfrak{C}}$.

L'integrale $\mathfrak{I}_{\mathfrak{C}}$ dicesi *integrale in forma parametrica*, per distinguerlo dall'integrale *in forma ordinaria*, che verrà definito al Cap. IX.

---

(1) V. Volterra, *Sopra le funzioni che dipendono da altre funzioni* (Rend. R. Accad. dei Lincei, 2° sem. 1887); *Sopra le funzioni dipendenti da linee* (Ibid.). Cfr. anche V. Volterra, *Leçons sur les fonctions de lignes*, (Paris, Gauthier-Villars, 1913).

b) Importa sapere se, per il calcolo di $\mathfrak{J}_{\mathfrak{C}}$, occorre necessariamente far uso della rappresentazione analitica della curva in funzione della lunghezza dell'arco, oppure se ci si può servire anche di altre rappresentazioni. Sussiste, a questo proposito, il

TEOREMA. — *Se*

$$x = x_1(t), \quad y = y_1(t), \quad (t_0, t_1),$$

*sono le equazioni parametriche della curva $\mathfrak{C}$ ordinaria, in funzione di un parametro qualunque; se le funzioni $x_1(t)$ e $y_1(t)$ sono **assolutamente continue** nell'intervallo (t_0, t_1), ed è $t_0 < t_1$; si ha*

$$\mathfrak{J}_{\mathfrak{C}} = \int_{t_0}^{t_1} F[x_1(t), y_1(t), x_1'(t), y_1'(t)]dt, \tag{2}$$

dove al posto di x_1' e y_1' si sostituisce lo zero qualora queste derivate non esistano.

Per quanto si è dimostrato al n.° 17, dalla supposta assoluta continuità delle funzioni $x_1(t)$ e $y_1(t)$, segue l'assoluta continuità della funzione $s(t)$, intendendo che $s(t)$ rappresenti la lunghezza dell'arco della curva $\mathfrak{C}$ corrispondente all'intervallo (t_0, t). Applicando, allora, il teorema d'integrazione per sostituzione (n.° 63), abbiamo

$$\begin{aligned} &\int_0^L F[x(s), y(s), x'(s), y'(s)]ds = \\ &= \int_{t_0}^{t_1} F(x[s(t)], y[s(t)], x'[s(t)], y'[s(t)])\, s'(t)dt. \end{aligned} \tag{3}$$

Per trasformare il secondo di questi integrali, osserviamo che è

$$x[s(t)] \equiv x_1(t), \quad y[s(t)] \equiv y_1(t),$$

e che, ad eccezione, al più, di uno pseudointervallo di misura nulla E_t, appartenente all'intervallo (t_0, t_1), esistono finite tutte e tre le derivate $x_1'(t)$, $y_1'(t)$, $s'(t)$. Inoltre, se t non appartiene a E_t, e in esso è $s'(t) = 0$, avendosi

$$\frac{x_1(t+h) - x_1(t)}{h} = \frac{x_1(t+h) - x_1(t)}{s(t+h) - s(t)} \cdot \frac{s(t+h) - s(t)}{h} \tag{4}$$

o, semplicemente,

$$\frac{x_1(t+h)-x_1(t)}{h}=0,$$

a seconda che è $s(t+h)-s(t)>0$ oppure $=0$, ed essendo, nel primo caso,

$$\left|\frac{x_1(t+h)-x_1(t)}{s(t+h)-s(t)}\right|<1,$$

è $x_1'(t)=0$; ed analogamente, $y_1'(t)=0$; ed è perciò

$$(5)\quad F(x[s(t)], y[s(t)], x'[s(t)], y'[s(t)])s'(t)=F[x_1(t), y_1(t), x_1'(t), y_1'(t)],$$

perchè i due membri sono ambedue nulli. Se poi t non appartiene a E_t, ma in esso è $s'(t)>0$, avendosi, per h sufficientemente piccolo, la (4), si ha l'esistenza del limite

$$\lim_{h\to 0}\frac{x_1(t+h)-x_1(t)}{s(t+h)-s(t)}=\lim_{h\to 0}\frac{x[s(t+h)]-x[s(t)]}{s(t+h)-s(t)}=x'(s)$$

e l'uguaglianza

$$x_1'(t)=x'[s(t)]\cdot s'(t);$$

analogamente, per gli stessi valori di t, si ha l'esistenza della $y'(s)$ e l'uguaglianza

$$y_1'(t)=y'[s(t)]s'(t),$$

e quindi la validità della (5), per l'omogeneità della funzione F rispetto alle variabili x', y'. Valendo così la (5) in quasi-tutto (t_0, t_1), segue dalla (3)

$$\mathfrak{J}_{\mathfrak{C}}=\int_{t_0}^{t_1}F[x_1(t), y_1(t), x_1'(t), y_1'(t)]dt,$$

come precisamente si voleva [1].

---

[1] Se fosse $t_0>t_1$, si avrebbe

$$\mathfrak{J}_{\mathfrak{C}}=-\int_{t_0}^{t_1}F[x_1(t), y_1(t), -x_1'(t), -y_1'(t)]dt,$$

perchè, nel 2° membro della (5), dovrebbe porsi $-F(x_1, y_1, -x_1', -y_1')$, essendo, sempre, ove la $s'(t)$ esiste, $s'(t)\leq 0$.

c) È opportuno rilevare che, se le funzioni $x_1(t)$, $y_1(t)$ non sono ambedue assolutamente continue, l'uguaglianza precedente può non sussistere.

Si costruisca, infatti, sull'intervallo $(0, L)$ l'insieme Ω, simile all'insieme di Cantor, dato al n.° 31, ed i cui punti hanno una distanza t, dal primo estremo dell'intervallo, espressa dalla formula

$$t = L\left(\frac{a_1}{3} + \frac{a_2}{3^2} + \frac{a_3}{3^3} + \dots\right),$$

dove i numeri a possono assumere solo i valori 0 e 2. Si definisca poi, per ogni valore di t dell'intervallo $(0, L)$, la funzione $s(t,)$ponendo

$$s\left(L\left[\frac{a_1}{3} + \frac{a_2}{3^2} + \frac{a_3}{3^3} + \dots\right]\right) = \frac{L}{2}\left[\frac{a_1}{2} + \frac{a_2}{2^2} + \frac{a_3}{2^3} + \dots\right]$$

e facendo assumere ad essa, in ciascun intervallo contiguo a Ω, il valore che ha negli estremi dell'intervallo stesso ([1]). È dunque, in ogni intervallo contiguo ad Ω, esclusi, al più, gli estremi degli intervalli medesimi, $s'(t) = 0$; e siccome la somma delle lunghezze di questi intervalli è uguale ad L, si ha che, in quasi-tutto $(0, L)$, è $s'(t) = 0$. È poi $s(0) = 0$, $s(L) = L$; e risulta subito che la $s(t)$ è continua, non decrescente, ma non assolutamente continua, perchè, se fosse

$$s(L) - s(0) = \int_0^L s'(t)\,dt,$$

dovrebbe essere $L = 0$. Ciò posto, consideriamo la rappresentazione analitica della curva $\mathfrak{C}$ ordinaria:

$$x = x(s(t)) \equiv x_1(t), \quad y = y(s(t)) \equiv y_1(t), \quad (0, L).$$

Ripetendo un ragionamento fatto più sopra, si vede che, se per un valore di t esistono le derivate $x_1'(t)$, $y_1'(t)$, $s'(t)$ ed è $s'(t) = 0$, è anche $x_1'(t) = y_1'(t) = 0$.

([1]) Se il primo estremo dell'intervallo è

$$t = L\left(\frac{a_1}{3} + \frac{a_2}{3^2} + \dots + \frac{a_{n-1}}{3^{n-1}} + \frac{0}{3^n} + \frac{2}{3^{n+1}} + \frac{2}{3^{n+2}} + \dots\right),$$

il secondo è

$$t = L\left(\frac{a_1}{3} + \frac{a_2}{3^2} + \dots + \frac{a_{n-1}}{3^{n-1}} + \frac{2}{3^n}\right),$$

e nell'uno e nell'altro è

$$s(t) = \frac{L}{2}\left(\frac{a_1}{2} + \frac{a_2}{2^2} + \dots + \frac{a_{n-1}}{2^{n-1}} + \frac{2}{2^n}\right).$$

Risulta perciò che, in quasi-tutto $(0, L)$, è $x_1' = y_1' = 0$. L'integrale

$$\int_0^L F[x_1(t),\ y_1(t),\ x_1'(t),\ y_1'(t)]\,dt$$

esiste dunque ed è uguale allo zero. Ora è chiaro che $\mathfrak{I}_{\mathfrak{C}}$ non sarà sempre nullo [1].

In particolare, $\mathfrak{I}_{\mathfrak{C}}$ non sarà nullo se, in un punto (x_0, y_0) interno al campo A e per una coppia (x_0', y_0') di numeri non ambedue nulli, è $F(x_0, y_0, x_0', y_0') \neq 0$ e si sceglie come curva $\mathfrak{C}$ un segmento rettilineo, tutto composto di punti di A, avente il primo estremo in (x_0, y_0), con angolo di direzione θ definito dalle

$$\frac{x_0'}{\sqrt{x_0'^2 + y_0'^2}} = \cos\theta, \qquad \frac{y_0'}{\sqrt{x_0'^2 + y_0'^2}} = \operatorname{sen}\theta,$$

e sufficientemente piccolo perchè sopra di esso sia sempre $F(x, y, x_0', y_0') \neq 0$. Se ne conclude, pertanto, che:

se esiste almeno un punto interno al campo A in cui non sia sempre, per tutte le coppie (x', y'), $F = 0$, l'assoluta continuità delle funzioni $x_1(t)$ e $y_1(t)$, che rappresentano le coordinate di una qualunque curva $\mathfrak{C}$ ordinaria, è necessaria perchè, in tutti i casi, valga la (2).

d) Per stabilire il teorema dato in *b*), abbiamo fatto uso della omogeneità della funzione F rispetto alle variabili x', y'; ora vogliamo mostrare che tale omogeneità è *necessaria* affinchè quel teorema valga per qualunque curva $\mathfrak{C}$ ordinaria. Più precisamente, dimostreremo che:

se la funzione F soddisfa alla condizione 1°) *posta al* n.° 74, *a*), *e se, qualunque sia la curva $\mathfrak{C}$ ordinaria, vale sempre la* (2), *quando $x_1(t)$ e $y_1(t)$ siano funzioni assolutamente continue e sia $t_0 < t_1$, allora la funzione F deve essere positivamente omogenea, di grado 1, rispetto alle*

---

[1] Si può dimostrare che, qualunque sia la rappresentazione analitica che si sceglie per la curva, l'integrale

$$\int_{t_0}^{t_1} F[x_1(t),\ y_1(t),\ x_1'(t),\ y_1'(t)]\,dt$$

esiste sempre; si può dimostrare, inoltre, se la funzione F è sempre diversa da zero, che si può fare assumere all'integrale scritto, cambiando opportunamente la rappresentazione analitica, qualsiasi valore compreso fra 0 e $\mathfrak{I}_{\mathfrak{C}}$, e che l'assoluta continuità delle $x_1(t)$, $y_1(t)$ è condizione, non solo sufficiente, ma anche necessaria perchè esso integrale abbia il valore $\mathfrak{I}_{\mathfrak{C}}$, quando sia $t_0 < t_1$. Cfr. L. Tonelli, *Sugli integrali curvilinei.* (Rend. Acc. dei Lincei, 1° sem. 1911; pp. 229-235).

x' e y', in ogni punto (x, y) interno al campo A e in ogni punto di accumulazione di punti interni ad A.

Per la continuità della funzione F, basta dimostrare quanto si è affermato soltanto per un punto $(\bar{x}, \bar{y})$ interno al campo A. Considerata una qualsiasi coppia $(\bar{x}', \bar{y}')$ di numeri non ambedue nulli, indichiamo con l un segmento rettilineo avente il primo estremo in $(\bar{x}, \bar{y})$, tutto costituito di punti di A e tale che il suo angolo di direzione θ sia definito dalle

$$\frac{\bar{x}'}{\sqrt{\bar{x}'^2 + \bar{y}'^2}} = \cos\theta, \quad \frac{\bar{y}'}{\sqrt{\bar{x}'^2 + \bar{y}'^2}} = \operatorname{sen}\theta.$$

Se indichiamo con l anche la lunghezza di tale segmento, abbiamo la rappresentazione analitica del segmento medesimo:

$$x = x_1(t) \equiv \bar{x} + t\cdot\bar{x}', \quad y = y_1(t) \equiv \bar{y} + t\cdot\bar{y}', \quad \left(0, \frac{l}{\sqrt{\bar{x}'^2 + \bar{y}'^2}} = t_1\right),$$

e, per la (2), è

$$\mathfrak{I}_l = \int_0^{t_1} F[x_1(t), y_1(t), x_1'(t), y_1'(t)]\,dt.$$

Se ora indichiamo con k un qualunque numero positivo e poniamo

$$x = x_2(\tau) \equiv \bar{x} + k\bar{x}'\tau, \quad y = y_2(\tau) \equiv \bar{y} + k\bar{y}'\tau,$$

sempre per la (2) avremo

$$\mathfrak{I}_l = \int_0^{\frac{1}{k}t_1} F[x_2(\tau), y_2(\tau), x_2'(\tau), y_2'(\tau)]\,d\tau,$$

e perciò

$$\int_0^{t_1} F[x_1(t), y_1(t), x_1'(t), y_1'(t)]\,dt = \int_0^{\frac{1}{k}t_1} F[x_2(\tau), y_2(\tau), x_2'(\tau), y_2'(\tau)]\,d\tau.$$

E siccome questa uguaglianza deve valere anche se a t_1 si sostituisce un qualunque t dell'intervallo $(0, t_1)$, dovrà essere, per ciascuno di tali t,

$$F[x_1(t), y_1(t), x_1'(t), y_1'(t)] = \frac{1}{k} F\left[x_2\left(\frac{1}{k}t\right), y_2\left(\frac{1}{k}t\right), x_2'\left(\frac{1}{k}t\right), y_2'\left(\frac{1}{k}t\right)\right]$$

e, per $t = 0$,

$$F(\bar{x}, \bar{y}, \bar{x}', \bar{y}') = \frac{1}{k} F(\bar{x}, \bar{y}, k\bar{x}', k\bar{y}').$$

Poichè k è un numero positivo qualunque e $(\bar{x}', \bar{y}')$ è una qualunque coppia di numeri non ambedue nulli, l'uguaglianza ora scritta prova che la F è, nel punto $(\bar{x}, \bar{y})$, positivamente omogenea, di grado 1, rispetto alle x', y'.

Con ciò è posta in evidenza la ragione della condizione 2°) ammessa al n.° 74, *a*), nella definizione della funzione F.

81. - Varie specie di integrali $\mathfrak{J}_{\mathfrak{C}}$.

Diremo che l'integrale $\mathfrak{J}_{\mathfrak{C}}$ è:

— *regolare*, se la funzione F_1, definita al n.° 75, è, per tutti i punti (x, y) del campo A e per tutte le coppie (x', y') di numeri non ambedue nulli, sempre maggiore di zero (***regolare positivo***), oppure sempre minore di zero (***regolare negativo***);

— *quasi-regolare*, se la F_1 è, per tutte le stesse quaterne (x, y, x', y'), sempre ≥ 0 (***quasi-regolare positivo***), oppure sempre ≤ 0 (***quasi-regolare negativo***);

— *quasi-regolare normale*, se, essendo $\mathfrak{J}_{\mathfrak{C}}$ *quasi-regolare*, in ciascun punto (x, y) del campo A i valori di θ che annullano la funzione $F_1(x, y, \cos\theta, \operatorname{sen}\theta)$ non riempiono, nell'intervallo $(0, 2\pi)$, nessun intervallo parziale;

— *quasi-regolare seminormale*, se, essendo $\mathfrak{J}_{\mathfrak{C}}$ *quasi-regolare*, in nessun punto (x, y) del campo A è $F_1(x, y, \cos\theta, \operatorname{sen}\theta) = 0$ per tutti i valori di θ;

— *definito* (1), se la funzione F, per tutti i punti (x, y) del campo A e per tutte le coppie (x', y') di numeri non ambedue nulli, è sempre maggiore di zero (***definito positivo***), oppure sempre minore di zero (***definito negativo***);

— *semidefinito*, se la F, per tutte le quaterne (x, y, x', y') ora indicate, è sempre ≥ 0 (***semidefinito positivo***), oppure sempre ≤ 0 (***semidefinito negativo***).

Esempi — 1°) Sia $F \equiv \sqrt{x'^2 + y'^2}$. È allora

$$F_1 \equiv \frac{1}{(x'^2 + y'^2)^{\frac{3}{2}}}$$

e l'integrale $\mathfrak{J}_{\mathfrak{C}}$ risulta sempre, qualunque sia il campo A, regolare positivo ed anche definito positivo.

2°) Sia $F \equiv \sqrt{x'^2 + y'^2} - x'$. L'integrale $\mathfrak{J}_{\mathfrak{C}}$ risulta sempre regolare positivo e semidefinito positivo.

(1) Non si confonda con l'*integrale definito*, nel senso di integrale esteso ad un dato campo.

3°) Sia $F \equiv (x^2 + y^2)\sqrt{x'^2 + y'^2}$ e il campo A coincida con tutto il piano (x, y). L'integrale $\mathfrak{J}_{\mathcal{C}}$ risulta quasi-regolare positivo e semidefinito positivo; non è però nè quasi-regolare normale e neppure quasi-regolare seminormale, perchè per $x = 0$, $y = 0$ è sempre, per tutti gli x' e y', $F_1(0, 0, x', y') = 0$.

4°) Sia $F \equiv 2\sqrt{x'^2 + y'^2} - \sqrt{2x'^2 + y'^2}$. È

$$F_1 = \frac{2}{(x'^2 + y'^2)^{\frac{3}{2}}} - \frac{2}{(2x'^2 + y'^2)^{\frac{3}{2}}}$$

ed è perciò $F_1 = 0$ per $x' = 0$, $F_1 > 0$ per $x' \neq 0$. Dunque, qualunque sia il campo A, $\mathfrak{J}_{\mathcal{C}}$ è quasi-regolare positivo normale ed anche definito positivo.

5°) Sia $F \equiv \frac{3}{2}\sqrt{x'^2 + y'^2} - \sqrt{2x'^2 + y'^2}$. È

$$F_1 = \frac{3}{2(x'^2 + y'^2)^{\frac{3}{2}}} - \frac{2}{(2x'^2 + y'^2)^{\frac{3}{2}}},$$

ed è perciò, per $x' = 0$ e $y' = 1$, $F_1 < 0$, e per $x' = 1$, $y' = 0$, $F_1 > 0$. Dunque, qualunque sia il campo A, $\mathfrak{J}_{\mathcal{C}}$ non è nè regolare nè quasi-regolare: è, invece, definito positivo.

6°) Sia $F \equiv x' + 2y'$. È $F_1 \equiv 0$, e $\mathfrak{J}_{\mathcal{C}}$ è tanto quasi-regolare positivo quanto quasi-regolare negativo; non è però nè quasi-regolare normale, nè seminormale. Non è neppure nè definito, nè semidefinito.

Osserviamo che, se l'integrale $\mathfrak{J}_{\mathcal{C}}$ è regolare positivo o semplicemente quasi-regolare positivo, la figurativa della funzione F volge sempre la sua concavità verso la direzione positiva dell'asse delle u. Se poi $\mathfrak{J}_{\mathcal{C}}$ è regolare o quasi-regolare normale, ogni piano tangente alla figurativa ha in comune con questa figurativa soltanto una semiretta. Ed infatti, nel caso attuale, dalla formula (1) del n.° 77, risulta

$$\mathcal{E}(x, y; \cos\theta, \operatorname{sen}\theta; \cos\tilde{\theta}, \operatorname{sen}\tilde{\theta}) > 0,$$

se θ e $\tilde{\theta}$ sono distinti e non differiscono fra loro per un multiplo intero di 2π, il che porta a quanto abbiamo affermato, per il significato geometrico della funzione $\mathcal{E}$, posto in luce al n.° 78, *b*).

82. - Semicontinuità e continuità.

a) Si dirà che l'integrale $\mathfrak{J}_{\mathcal{C}}$ è una funzione *semicontinua inferiormente (superiormente) sulla curva* $\mathcal{C}_0$ *ordinaria* se, preso ad arbitrio un numero $\varepsilon > 0$, è sempre possibile di determinarne un altro $\rho > 0$, tale che la disuguaglianza

$$\mathfrak{I}_{\mathfrak{C}} > \mathfrak{I}_{\mathfrak{C}_0} - \varepsilon \qquad (< \mathfrak{I}_{\mathfrak{C}_0} + \varepsilon)$$

sia verificata per tutte le curve $\mathfrak{C}$ ordinarie che appartengono ordinatamente all'intorno (ρ) della $\mathfrak{C}_0$ (n.° 18, *c*)).

Quando $\mathfrak{I}_{\mathfrak{C}}$ risulta semicontinuo inferiormente (superiormente) su ogni curva $\mathfrak{C}$ ordinaria, si dirà semplicemente che tale integrale è *una funzione semicontinua inferiormente (superiormente).*

Il concetto di *semicontinuità* fu posto da BAIRE, per le funzioni di una o più variabili numeriche (in numero finito) [1].

Un esempio di integrale $\mathfrak{I}_{\mathfrak{C}}$ semicontinuo inferiormente è dato da

$$\mathfrak{I}_{\mathfrak{C}} = \int_{\mathfrak{C}} \sqrt{x'^2 + y'^2}\, ds, \tag{1}$$

il cui valore rappresenta la lunghezza della $\mathfrak{C}$. Ed infatti, se $\mathfrak{C}_0$ è una qualsiasi curva ordinaria e se, preso $\varepsilon > 0$, per qualunque $\rho > 0$ esistesse sempre almeno una curva ordinaria $\mathfrak{C}$ tale che

$$\int_{\mathfrak{C}} \sqrt{x'^2 + y'^2}\, ds \leq \int_{\mathfrak{C}_0} \sqrt{x'^2 + y'^2}\, ds - \varepsilon,$$

anche la lunghezza della $\mathfrak{C}_0$ dovrebbe essere minore o uguale al secondo membro di questa disuguaglianza (n.° 19, *e*)), ciò che è impossibile.

b) Si dirà che l'integrale $\mathfrak{I}_{\mathfrak{C}}$ ammette sulla curva $\mathfrak{C}_0$ ordinaria, *aperta e priva di punti multipli, la semicontinuità inferiore (superiore) completa* se, preso ad arbitrio un numero $\varepsilon > 0$, è sempre possibile di determinarne un altro $\rho > 0$, tale che la disuguaglianza

$$\mathfrak{I}_{\mathfrak{C}} > \mathfrak{I}_{\mathfrak{C}_0} - \varepsilon \qquad (< \mathfrak{I}_{\mathfrak{C}_0} + \varepsilon)$$

sia verificata per tutte le curve $\mathfrak{C}$ ordinarie che appartengono propriamente (n.° 18, *c*)) all'intorno (ρ) della $\mathfrak{C}_0$.

---

[1] R. BAIRE, *Leçons sur les fonctions discontinues.* (Paris, Gauthier-Villars, 1905), p. 71.

È evidente che l'integrale (1), rappresentando la lunghezza della curva $\mathcal{C}$, ammette la semicontinuità inferiore completa su ogni curva ordinaria.

Risulta senz'altro che, se su una curva $\mathcal{C}$ ordinaria, aperta e priva di punti multipli, l'integrale $\mathfrak{I}_{\mathcal{C}}$ ammette la semicontinuità inferiore (superiore) completa, esso ammette su $\mathcal{C}$ anche la semicontinuità inferiore (superiore) semplice, definita in *a*).

c) Si dirà, infine, che l'integrale $\mathfrak{I}_{\mathcal{C}}$ è una funzione *continua* sulla curva $\mathcal{C}_0$ ordinaria, se, preso ad arbitrio $\varepsilon > 0$, è sempre possibile di determinare un $\rho > 0$, tale che si abbia

$$|\mathfrak{I}_{\mathcal{C}} - \mathfrak{I}_{\mathcal{C}_0}| < \varepsilon,$$

per tutte le curve $\mathcal{C}$ ordinarie che appartengono ordinatamente all'intorno (ρ) della $\mathcal{C}_0$. Se, in questa definizione, si sostituiscono le curve $\mathcal{C}$ ora indicate con quelle ordinarie che appartengono propriamente all'intorno (ρ) della $\mathcal{C}_0$, si ha sulla $\mathcal{C}_0$ la *continuità completa*.

L'integrale

$$\mathfrak{I}_{\mathcal{C}} = \int_{\mathcal{C}} x^2 x' ds$$

è — come si verifica facilmente — una funzione continua su ogni curva $\mathcal{C}$ ordinaria, e, su ogni curva ordinaria aperta e priva di punti multipli, ammette anche la continuità completa.

L'integrale (1), invece, non è una funzione continua.

La continuità (semplice o completa) porta la semicontinuità inferiore e quella superiore (semplice o completa, rispettivamente); viceversa, la coesistenza delle due semicontinuità porta la continuità.

83. - **Teorema di convergenza** [1].

Se W_n è un insieme di curve $\mathcal{C}_n$ ordinarie e la successione $W_1, W_2, \ldots, W_n, \ldots$ tende uniformemente ad una curva $\mathcal{C}$ ordi-

---

[1] L. Tonelli, *Successioni di curve e derivazione per serie* (Rend. R. Accad. dei Lincei, vol. XXV (1° sem. 1916), pp. 22-30), n. 6.

naria; se, inoltre, la successione $\{L_1\}, \{L_2\}, \ldots, \{L_n\}, \ldots$, *degli insiemi* $\{L_n\}$, *formati con le lunghezze* L_n *delle* $\mathcal{C}_n$, *converge verso la lunghezza* L *della curva* $\mathcal{C}$; *allora la successione*

$$\{\mathfrak{J}_{\mathcal{C}_1}\}, \{\mathfrak{J}_{\mathcal{C}_2}\}, \ldots, \{\mathfrak{J}_{\mathcal{C}_n}\}, \ldots,$$

degli insiemi $\{\mathfrak{J}_{\mathcal{C}_n}\}$, *formati con gli integrali* $\mathfrak{J}_{\mathcal{C}_n}$, *converge verso* $\mathfrak{J}_{\mathcal{C}}$.

Consideriamo una $\mathcal{C}_n$ qualunque e indichiamo con s_n e s le lunghezze degli archi delle $\mathcal{C}_n$ e $\mathcal{C}$, rispettivamente, contate a partire dai primi estremi delle curve stesse, o da punti corrispondentisi, secondo una qualunque delle leggi di cui al n.° 20. Avremo le due rappresentazioni analitiche

$$x = x_n(s_n), \quad y = y_n(s_n), \quad (0, L_n),$$
$$x = x(s), \quad y = y(s), \quad (0, L),$$

e, facendo la trasformazione $s_n = \frac{L_n}{L} s$, avremo la rappresentazione analitica simultanea

$$\left.\begin{array}{ll} x = f_n(s), & y = g_n(s), \\ x = x(s), & y = y(s), \end{array}\right. (0, L).$$

Per quanto si è dimostrato al n.° 29, *b*) e *c*), detti $\{f_n\}$, $\{g_n\}$, $\{f_n'\}$, $\{g_n'\}$ gli insiemi di tutte le f_n, g_n, f'_n, g'_n, rispettivamente, le successioni

$$\{f_1\}, \{f_2\}, \ldots, \{f_n\}, \ldots$$
$$\{g_1\}, \{g_2\}, \ldots, \{g_n\}, \ldots$$

convergono, nell'intervallo $(0, L)$, uniformemente alle funzioni $x(s)$, $y(s)$, rispettivamente, e le

$$\{f_1'\}, \{f_2'\}, \ldots, \{f_n'\}, \ldots$$
$$\{g_1'\}, \{g_2'\}, \ldots, \{g_n'\}, \ldots$$

convergono approssimativamente alle derivate $x'(s)$, $y'(s)$. Inoltre, essendo i rapporti incrementali delle f_n e g_n sempre inferiori in modulo a $\frac{L_n}{L}$, per ogni n maggiore di un certo $\bar{n}$ gli stessi rapporti, e quindi anche le derivate f_n', g_n', risultano tutti inferiori in modulo a 2. Le funzioni f_n, g_n risultano poi anche assolutamente continue.

Ciò premesso, abbiamo (n.° 80, *b*))

$$\mathfrak{J}_{\mathfrak{C}_n} = \int_0^L F[f_n(s),\ g_n(s),\ f_n'(s),\ g_n'(s)]ds,$$

e siccome $F(x, y, x', y')$ è funzione continua del punto (x, y, x', y'), detto Φ_n l'insieme di tutte le funzioni $F[f_n(s), g_n(s), f_n'(s), g_n'(s)]$ corrispondenti a tutte le $\mathfrak{C}_n$ di W_n, la successione dei Φ_n converge approssimativamente alla $F[x(s),\ y(s),\ x'(s),\ y'(s)]$; e restando tutte le funzioni di Φ_n, per ogni $n > \bar{n}$, inferiori ad un numero fisso, $\{\mathfrak{J}_{\mathfrak{C}_n}\}$ converge a $\mathfrak{J}_{\mathfrak{C}}$, per il teorema d'integrazione per serie del n.° 54, *b*).

Osservazione I. — Da quanto si è ora detto e in virtù della dimostrazione del teorema di integrazione per serie qui applicato, risulta anche che, indicati con $\mathfrak{C}(s)$, $\mathfrak{C}_n(s)$ gli archi delle curve $\mathfrak{C}$, $\mathfrak{C}_n$, rispettivamente, corrispondenti all'intervallo $(0, s)$ di $(0, L)$, e con $\{\mathfrak{J}_{\mathfrak{C}_{n[s]}}\}$ l'insieme degli integrali $\mathfrak{J}_{\mathfrak{C}_{[s]}}$, questo insieme converge, per $n \to \infty$, verso $\mathfrak{J}_{\mathfrak{C}_{[s]}}$, *uniformemente* per tutti gli s di $(0, L)$.

Osservazione II. — Ciò che si è stabilito in questo n.° è indipendente dalla ipotesi ammessa al n.° 74, *a*), sulla esistenza e la continuità delle derivate parziali dei primi due ordini della F, rispetto alle x' e y'.

CAPITOLO VI.

CONDIZIONI NECESSARIE PER LA SEMICONTINUITÀ [1].

§ 1. LA SEMICONTINUITÀ IN TUTTO IL CAMPO.

84. - **Prima condizione necessaria.**

Avvertiamo, una volta per tutte, che ci occuperemo sempre soltanto delle condizioni per la semicontinuità inferiore, quelle relative alla semicontinuità superiore ottenendosi immediatamente dalle prime col cambiare il senso delle disuguaglianze che in esse figurano.

Condizione necessaria affinchè l'integrale $\mathfrak{I}_{\mathcal{C}}$ sia una funzione semicontinua inferiormente, è che si abbia

$$(1) \qquad F_1(x, y, x', y') \geq 0,$$

per ogni coppia (x', y') normalizzata [2], *in tutti i punti (x, y) interni al campo A e in quelli di accumulazione di tali punti.*

Supponiamo che esistano un punto (x_0, y_0), interno al campo A, ed un angolo θ_0 tali da rendere soddisfatta la disuguaglianza

$$F_1(x_0, y_0, \cos\theta_0, \operatorname{sen}\theta_0) < 0.$$

Per la continuità della funzione F_1 rispetto all'insieme delle quattro variabili x, y, x', y', considerato un numero posi-

---

(1) L. TONELLI, *La semicontinuità nel Calcolo delle Variazioni, loc. cit.*, cap. I, §§ 6 e 7.

(2) Cfr. n.° 74, *a*).

tivo η, comunque scelto, purchè soddisfacente alla disuguaglianza

$$F_1(x_0, y_0, \cos\theta_0, \operatorname{sen}\theta_0) < -\eta,$$

è possibile di determinarne un altro, pure positivo, δ, in modo che sia

$$F_1(x, y, \cos\theta, \operatorname{sen}\theta) < -\eta \tag{2}$$

ogni qualvolta risultino soddisfatte le disuguaglianze

$$|x - x_0| \leq \delta, \quad |y - y_0| \leq \delta, \quad |\theta - \theta_0| \leq \delta.$$

Si intende che δ dovrà essere tale che i punti (x, y), soddisfacenti alle due prime disuguaglianze, risultino tutti appartenenti al campo A.

Per il punto $(x_0, y_0) \equiv P_0$, si conduca un segmento rettilineo P_0P_1, di lunghezza $l \leq \delta$, che abbia θ_0 come angolo di direzione; si scelga poi un angolo positivo $\alpha < \frac{\pi}{4}$, soddisfacente alla disuguaglianza $\alpha < \delta$. Dopo ciò, si divida il segmento P_0P_1 in n parti uguali e su ciascuna di esse, presa come base, e sempre dalla stessa parte di P_0P_1, si costruisca il triangolo isoscele avente gli angoli alla base uguali ad α.

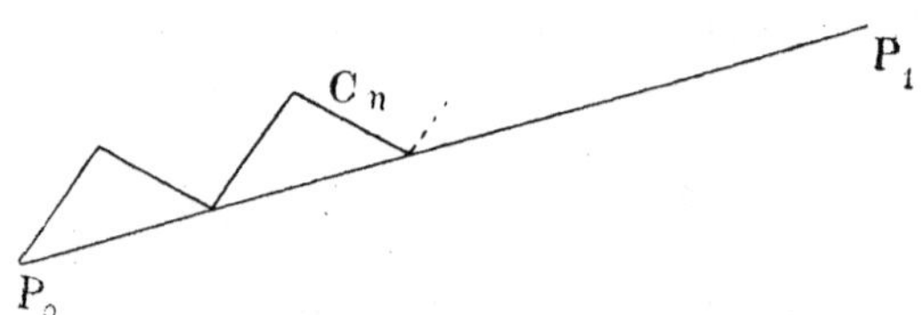

L'insieme di tutte le basi di questi triangoli darà allora il segmento P_0P_1, l'insieme invece di tutti gli altri lati (fra loro uguali) darà una curva, che si indicherà con $\mathcal{C}_n$, formata di $2n$ segmenti rettilinei e con gli estremi in P_0 e P_1.

Preso un punto qualunque M di $\mathcal{C}_n$, si indichi con P la sua proiezione ortogonale su P_0P_1, e con s la lunghezza del segmento P_0P. Scegliendo s come parametro di una rappresentazione analitica simultanea delle curve P_0P_1 e $\mathcal{C}_n$, la quale faccia corrispondere P ad M, si avrà, per P_0P_1, il sistema di equazioni

$$x = x(s), \quad y = y(s), \quad (0, l),$$

e per $\mathfrak{C}_n$,

$$x = x_n(s), \quad y = y_n(s), \quad (0,\ l);$$

e sarà, indicando con s_n la lunghezza dell'arco di $\mathfrak{C}_n$ corrispondente all'intervallo $(0,\ s)$,

$$(3)\quad \begin{cases} x'(s) = \cos\theta_0, \quad y' = \operatorname{sen}\theta_0, \\ x_n'(s) = \dfrac{dx_n}{ds_n}\cdot\dfrac{ds_n}{ds} = \dfrac{\cos(\theta_0 \pm \alpha)}{\cos\alpha},\ y_n'(s) = \dfrac{\operatorname{sen}(\theta_0 \pm \alpha)}{\cos\alpha}. \end{cases}$$

Si consideri la differenza

$$\Delta\mathfrak{J} = \int_{\mathfrak{C}_n} F ds_n - \int_{P_0P_1} F ds = \int_0^l [F(x_n,\ y_n,\ x_n',\ y_n') - F(x,\ y,\ x',\ y')]\, ds.$$

Essa può scriversi

$$\Delta\mathfrak{J} = \int_0^l [F(x_n,\ y_n,\ x_n',\ y_n') - F(x,\ y,\ x_n',\ y_n')]\, ds$$

$$+ \int_0^l [F(x,\ y,\ x_n',\ y_n') - F(x,\ y,\ x',\ y')]\, ds.$$

Ma per la formula di Schwarz (n.° 76) è, tenendo conto delle (3),

$$F(x,\ y,\ x_n',\ y_n') = F\left(x,\ y,\ \frac{\cos(\theta_0 \pm \alpha)}{\cos\alpha},\ \frac{\operatorname{sen}(\theta_0 \pm \alpha)}{\cos\alpha}\right)$$

$$= \frac{1}{\cos\alpha} F[x,\ y, \cos(\theta_0 \pm \alpha), \operatorname{sen}(\theta_0 \pm \alpha)]$$

$$= \frac{1}{\cos\alpha}\Big[\cos(\theta_0 \pm \alpha) F_{x'}(x,\ y, \cos\theta_0, \operatorname{sen}\theta_0) +$$

$$+ \operatorname{sen}(\theta_0 \pm \alpha) F_{y'}(x,\ y, \cos\theta_0, \operatorname{sen}\theta_0)$$

$$+ \int_{\theta_0}^{\theta_0 \pm \alpha} F_1(x,\ y, \cos\tau, \operatorname{sen}\tau) \operatorname{sen}(\theta_0 \pm \alpha - \tau) d\tau\Big]$$

$$= x_n' F_{x'}(x,\ y,\ x',\ y') + y_n' F_{y'}(x,\ y,\ x',\ y')$$

$$+ \frac{1}{\cos\alpha}\int_{\theta_0}^{\theta_0 \pm \alpha} F_1(x,\ y, \cos\tau, \operatorname{sen}\tau) \operatorname{sen}(\theta_0 \pm \alpha - \tau) d\tau.$$

Sostituendo nell'espressione di $\Delta\mathfrak{J}$, si ha, per essere $F(x, y, x', y') = x'F_{x'}(x, y, x', y') + y'F_{y'}(x, y, x', y')$,

$$\Delta\mathfrak{J} = \int_0^l [F(x_n, y_n, x_n', y_n') - F(x, y, x_n', y_n')]ds$$

$$+ \int_0^l [(x_n' - x')F_{x'}(x, y, x', y') + (y_n' - y')F_{y'}(x, y, x', y')]ds$$

$$+ \frac{1}{\cos\alpha}\int_0^l ds \int_0^{\theta_0 \pm \alpha} F_1(x, y, \cos\tau, \operatorname{sen}\tau) \operatorname{sen}(\theta_0 \pm \alpha - \tau)d\tau .$$

Osservando ora che, per la (2), è

$$\int_{\theta_0}^{\theta_0 \pm \alpha} F_1(x, y, \cos\tau, \operatorname{sen}\tau) \operatorname{sen}(\theta_0 \pm \alpha - \tau)d\tau$$

$$< -\eta \int_{\theta_0}^{\theta_0 \pm \alpha} \operatorname{sen}(\theta_0 \pm \alpha - \tau)d\tau = -\eta(1 - \cos\alpha),$$

si ottiene

$$\Delta\mathfrak{J} < \int_0^l [F(x_n, y_n, x_n', y_n') - F(x, y, x_n', y_n')]ds$$

$$+ \int_0^l [(x_n' - x')F_{x'}(x, y, x', y') + (y_n' - y')F_{y'}(x, y, x', y')]ds$$

$$- \eta l(1 - \cos\alpha).$$

Ora, siccome, per $n \to \infty$, $x_n(s)$ e $y_n(s)$ tendono uniformemente, in tutto l'intervallo $(0, l)$, a $x(s)$ e $y(s)$, rispettivamente, ed è sempre $x_n'^2 + y_n'^2 = \frac{1}{\cos^2\alpha}$, dalla continuità della funzione F segue che, preso ad arbitrio un $\sigma > 0$, per n sufficientemente grande il primo integrale del secondo membro della precedente disuguaglianza risulta minore di σ. Ugualmente minore di σ risulta, per n sufficientemente grande, il secondo integrale, in forza del lemma del n.° 79. Si può quindi concludere che, per ogni n maggiore di un certo $\bar{n}$, è

$$\Delta\mathfrak{J} = \int_{\mathfrak{C}_n} F ds_n - \int_{P_0P_1} F ds < -\frac{\eta l(1 - \cos\alpha)}{2}.$$

E siccome, per $n \to \infty$, la curva $\mathcal{C}_n$ converge uniformemente verso il segmento P_0P_1, resta dimostrato che l'integrale della F sul segmento P_0P_1 non è funzione semicontinua inferiormente. Ciò prova che, in ogni punto *interno* al campo A, deve essere verificata la (1) se si vuole aver sempre la semicontinuità inferiore di $\mathfrak{J}_{\mathcal{C}}$ su qualsiasi curva $\mathcal{C}$ ordinaria.

La (1), essendo verificata in ogni punto *interno*, deve poi essere soddisfatta anche in ogni punto della *frontiera* di A che sia punto di accumulazione di punti *interni*: ciò che è immediata conseguenza della continuità della F_1.

85. - Seconda condizione necessaria.

a) *Condizione necessaria affinchè l'integrale $\mathfrak{J}_{\mathcal{C}}$ sia una funzione semicontinua inferiormente, è che ogni punto del campo A sia centro di almeno un cerchio tale che l'integrale $\mathfrak{J}$, esteso ad una qualsiasi curva ordinaria e chiusa, tutta appartenente al cerchio stesso, risulti sempre maggiore o uguale a zero.*

Supponiamo che esista, nel campo A, un punto P_0 tale che, comunque si scelga un numero $\rho > 0$, sempre esista nel cerchio (P_0, ρ) almeno una curva $\mathcal{C}$ ordinaria e chiusa, soddisfacente alla disuguaglianza $\mathfrak{J}_{\mathcal{C}} < 0$. Sulla curva $\mathcal{C}_0$, ordinaria, che coincide col punto P_0, non vi può allora essere la semicontinuità inferiore dell'integrale $\mathfrak{J}$. Scelto, infatti, un qualsiasi $\varepsilon > 0$ e preso comunque un $\rho > 0$, sia $\mathcal{C}_1$ una curva ordinaria, tutta contenuta nel cerchio $P_0, \rho)$ e tale che sia $\mathfrak{J}_{\mathcal{C}_1} < 0$. La curva ordinaria $\mathcal{C}_n$, composta di n archi consecutivi uguali a $\mathcal{C}_1$, dà all'integrale $\mathfrak{J}$ il valore

$$\mathfrak{J}_{\mathcal{C}_n} = n\mathfrak{J}_{\mathcal{C}_1},$$

e, per n sufficientemente grande, è

$$\mathfrak{J}_{\mathcal{C}_n} < -\varepsilon.$$

Essendo, d'altra parte, $\mathfrak{J}_{\mathcal{C}_0} = 0$, è

$$\mathfrak{J}_{\mathcal{C}_n} < \mathfrak{J}_{\mathcal{C}_0} - \varepsilon,$$

e siccome la $\mathcal{C}_n$ appartiene ordinatamente all'intorno (ρ) della $\mathcal{C}_0$ e ρ è un numero positivo qualunque, $\mathfrak{J}_{\mathcal{C}}$ non è una funzione semicontinua inferiormente sulla $\mathcal{C}_0$.

b) Una conseguenza della proposizione ora dimostrata è la seguente.

Supposto che, in tutto il campo A e per tutte le coppie (x', y') di numeri non ambedue nulli, esistano finite e continue le derivate parziali del primo ordine, rispetto a x e y, delle derivate parziali $F_{x'}$, $F_{y'}$, $F_{x'x'}$, $F_{x'y'}$, $F_{y'y'}$, *condizione necessaria affinchè l' integrale* $\mathfrak{I}_{\mathcal{C}}$ *sia una funzione semicontinua inferiormente, è che, in ogni punto* (x_0, y_0), *interno al campo* A, *in cui si abbia* $F_1(x_0, y_0, x', y') = 0$ *per tutte le possibili coppie* (x', y'), *risulti soddisfatta la uguaglianza*

$$(1) \qquad F_{x'y}(x_0, y_0, \cos\theta, \operatorname{sen}\theta) = F_{y'x}(x_0, y_0, \cos\theta, \operatorname{sen}\theta),$$

per tutti i valori di θ.

Supposto $\mathfrak{I}_{\mathcal{C}}$ funzione semicontinua inferiormente, consideriamo uno dei punti (x_0, y_0) ora indicati, e ammettiamo che esista un θ_0 tale che sia

$$(2) \qquad F_{x'y}(x_0, y_0, \cos\theta_0, \operatorname{sen}\theta_0) \neq F_{y'x}(x_0, y_0, \cos\theta_0, \operatorname{sen}\theta_0).$$

Indichiamo con γ un cerchio del piano (x, y), avente (x_0, y_0) sulla circonferenza, e tale che tutti i suoi punti siano interni al campo A. La sua circonferenza la indicheremo con γ'; il suo raggio, con r.

Detto M il modulo della differenza $F_{x'y}(x_0, y_0, \cos\theta_0, \operatorname{sen}\theta_0) - F_{y'x}(x_0, y_0, \cos\theta_0, \operatorname{sen}\theta_0)$, indichiamo con δ un numero positivo, scelto in modo che, in tutto il cerchio del piano (x, y), di centro (x_0, y_0) e raggio δ, sia

$$|F_{x'y}(x, y, \cos\theta_0, \operatorname{sen}\theta_0) - F_{y'x}(x, y, \cos\theta_0, \operatorname{sen}\theta_0)| \geq \frac{M}{2}.$$

Intenderemo che sia $r \leq \frac{\delta}{2}$. Sceglieremo anche l' ordine dei punti (*verso*) sulla circonferenza γ' in modo che risulti negativo l' integrale

$$\int_{\gamma'} [x' F_{x'}(x, y, \cos\theta_0, \operatorname{sen}\theta_0) + y' F_{y'}(x, y, \cos\theta_0, \operatorname{sen}\theta_0)] ds,$$

che, per il n.° 70, è uguale a

$$\int_{\gamma'} F_{x'}(x, y, \cos\theta_0, \operatorname{sen}\theta_0)\, dx + F_{y'}(x, y, \cos\theta_0, \operatorname{sen}\theta_0) dy;$$

ed il cui valore assoluto, per il teorema di Green, è dato perciò da

$$\left|\iint_{\gamma'} [F_{x'y}(x, y, \cos\theta_0, \operatorname{sen}\theta_0) - F_{y'x}(x, y, \cos\theta_0, \operatorname{sen}\theta_0)]dxdy\right|$$

Sarà allora, per la precedente disuguaglianza,

$$\int_{\gamma'} [x' F_{x'}(x, y, \cos\theta_0, \operatorname{sen}\theta_0) + y' F_{y'}(x, y, \cos\theta_0, \operatorname{sen}\theta_0)]\, ds \leq -\frac{M}{2}\pi r^2.$$

Ciò premesso, consideriamo l'integrale

$$\int_{\gamma'} F(x, y, x', y')ds.$$

Applicando la formula di Schwarz (n.° 76), abbiamo

$$\int_{\gamma'} Fds = \int_{\gamma'} [x'F_{x'}(x, y, \cos\theta_0, \operatorname{sen}\theta_0) + y'F_{y'}(x, y, \cos\theta_0, \operatorname{sen}\theta_0)]\,ds$$

$$+ \int_{\gamma'} ds \int_{\theta_0}^{\theta} F_1(x, y, \cos\alpha, \operatorname{sen}\alpha)\operatorname{sen}(\theta - \alpha)d\alpha,$$

dove θ risulta definito dalle $x'(s) = \cos\theta$, $y'(s) = \operatorname{sen}\theta$, ed è preso in modo che $\operatorname{sen}(\theta - \alpha)$ abbia segno costante in tutto l'intervallo (θ_0, θ) [1]. Per l'ultima disuguaglianza scritta, abbiamo

$$\int_{\gamma'} Fds \leq -\frac{M}{2}\pi r^2 + \int_{\gamma'} ds \int_{\theta_0}^{\theta} F_1(x, y, \cos\alpha, \operatorname{sen}\alpha)\operatorname{sen}(\theta - \alpha)d\alpha,$$

ed anche, indicando con $F_1(r)$ il massimo valore di $F_1(x, y, \cos\alpha, \operatorname{sen}\alpha)$ nel cerchio γ e per ogni α (massimo che è ≥ 0, per il n.° 84),

$$\int_{\gamma'} Fds \leq -\frac{M}{2}\pi r^2 + 4\pi r F_1(r)$$

$$= \frac{\pi}{2} r^2 \left(-M + 16\frac{F_1(r)}{2r}\right).$$

[1] Ciò si può sempre ottenere, aumentando, ove occorra, θ di $\pm 2\pi$.

Se indichiamo con λ la distanza del punto (x_0, y_0) dal punto del cerchio γ in cui F_1 assume il valore $F_1(r)$, abbiamo

$$\frac{F_1(r)}{2r} \leq \frac{F_1(r)}{\lambda};$$

e siccome in (x_0, y_0) la funzione F_1 è identicamente nulla, mentre negli altri punti è sempre $F_1 \geq 0$ (n.° 84), in (x_0, y_0) tale funzione ha un minimo ed è, per $\lambda \to 0$,

$$\frac{F_1(r)}{\lambda} \to 0.$$

Dunque, per ogni r minore di un certo r_1, è

$$\int_{\gamma'} F ds < -\frac{\pi}{4} M r^2 < 0,$$

e questa disuguaglianza prova, in virtù di *a*), che $\mathfrak{J}_{\mathfrak{C}}$ non può essere una funzione semicontinua inferiormente su ogni curva ordinaria, contro il supposto.

Se ne conclude che non può sussistere la (2).

c) Dalla proposizione ora dimostrata, scende, in particolare [1]:

Se $P(x, y)$ e $Q(x, y)$ sono due funzioni continue nel campo A, insieme con le due derivate $\frac{\partial P}{\partial y}$, $\frac{\partial Q}{\partial x}$, condizione necessaria affinchè l'integrale

$$(3) \qquad \int_{\mathfrak{C}} [x' P(x, y) + y' Q(x, y)] ds$$

sia una funzione semicontinua inferiormente, è che, in ogni punto interno o di accumulazione di punti interni al campo, sia $\frac{\partial P}{\partial y} = \frac{\partial Q}{\partial x}$.

Possiamo anche aggiungere, per il caso particolare ora contemplato, che:

Se $P(x, y)$ e $Q(x, y)$ sono funzioni continue nel campo A, condizione necessaria affinchè l'integrale (3) sia una funzione

---

[1] Si noti che nella dimostrazione precedente non sono intervenute affatto le derivate parziali $F_{x'x}$, $F_{y'y}$.

semicontinua inferiormente, è che, ad ogni punto interno al campo, corrispondano un intorno ed una funzione $\Phi(x, y)$, differenziabile in tutto tale intorno e in esso sempre soddisfacente alla uguaglianza $d\Phi = Pdx + Qdy$.

Ed invero, come risulta dalla proposizione *a*), per la semicontinuità è necessario che, per ogni punto interno al campo, si possa sempre determinare un cerchio, avente quel punto come centro e tutto costituito di punti interni ad A, in modo che l'integrale di $Pdx + Qdy$, esteso ad una qualunque curva continua, rettificabile e chiusa, tutta contenuta in esso, sia sempre nullo [1]. Ma se ciò è, nel cerchio detto l'integrale di $Pdx + Qdy$ non dipende che dai limiti d'integrazione, ed esiste una funzione $\Phi(x, y)$ di cui la somma scritta è il differenziale totale in tutto il cerchio.

Così, per esempio, l'integrale

$$\int_{\mathfrak{C}} ydx - xdy$$

non è una funzione semicontinua inferiormente.

86. - Relazione fra le condizioni necessarie.

a) Vogliamo mostrare che, *se, in un punto $P_0 \equiv (x_0, y_0)$ del campo A, è*

$$F_1(x_0, y_0, x', y') \geq 0,$$

per ogni coppia (x', y') normalizzata, senza che per tali coppie sia sempre $F_1(x_0, y_0, x', y') = 0$, in P_0 è anche verificata la seconda condizione necessaria per la semicontinuità inferiore di $\mathfrak{J}_{\mathfrak{C}}$.

Premettiamo che, per le ipotesi fatte, si possono scegliere tre costanti p_0, q_0, e r_0, delle quali l'ultima positiva, in modo che la funzione

$$\overline{F}(x, y, x', y') \equiv F(x, y, x', y') + p_0x' + q_0y'$$

---

[1] Tale integrale non può mai essere positivo (negativo) se si tratta della semicontinuità inferiore (superiore) perchè, se su una delle curve dette esso fosse > 0 (< 0), sulla curva che si ottiene da questa invertendo l'ordine dei punti, l'integrale risulterebbe < 0 (> 0).

sia maggiore di zero in tutti i punti di A che appartengono al cerchio (P_0, r_0) e per tutte le coppie (x', y') di numeri non ambedue nulli. Ed infatti, considerata la figurativa della funzione F, relativa al punto P_0, e scelta una coppia normalizzata $(\bar{x}', \bar{y}')$, tale che sia

$$F_1(x_0, y_0, \bar{x}', \bar{y}') > 0, \quad F(x_0, y_0, \bar{x}', \bar{y}') \neq 0 \text{ (}^1\text{)},$$

l'equazione del piano tangente alla figurativa, nel punto corrispondente a $(\bar{x}', \bar{y}')$, è

$$(1) \qquad u = x' F_{x'}(x_0, y_0, \bar{x}', \bar{y}') + y' F_{y'}(x_0, y_0, \bar{x}', \bar{y}'),$$

e tale piano tocca la figurativa stessa soltanto lungo la generatrice corrispondente a $(\bar{x}', \bar{y}')$, come risulta dalla formula (1') del n.° 77. Se ora consideriamo il piano

$$u = x'(1-\lambda) F_{x'}(x_0, y_0, \bar{x}', \bar{y}') + y'(1-\lambda) F_{y'}(x_0, y_0, \bar{x}', \bar{y}'),$$

che taglia quello (1) sul piano $u = 0$, e supponiamo λ sufficientemente piccolo e positivo o negativo a seconda che è $F(x_0, y_0, \bar{x}', \bar{y}') > 0$ oppure < 0, risulta soddisfatta la disuguaglianza

$$(2) \qquad \begin{aligned} F(x_0, y_0, x', y') - [x'(1-\lambda) F_{x'}(x_0, y_0, \bar{x}', \bar{y}') + \\ + y'(1-\lambda) F_{y'}(x_0, y_0, \bar{x}', \bar{y}')] > 0, \end{aligned}$$

per tutte le coppie (x', y') di numeri non ambedue nulli. Ponendo dunque

$$\begin{aligned} p_0 &= -(1-\lambda) F_{x'}(x_0, y_0, \bar{x}', \bar{y}'), \\ q_0 &= -(1-\lambda) F_{y'}(x_0, y_0, \bar{x}', \bar{y}'), \end{aligned}$$

con λ scelto come si è detto, è evidente che, per la continuità della F, in tutti i punti (x, y) del cerchio (P_0, r_0), se r_0 è convenientemente piccolo, è sempre $\bar{F} > 0$ per tutte le coppie (x', y') normalizzate e quindi anche (in virtù dell'omogeneità della F

(1) L'esistenza di una tale coppia $(\bar{x}', \bar{y}')$ è provata dal fatto che, se una coppia normalizzata soddisfacesse alla prima delle disuguaglianze scritte e annullasse la F, esisterebbero delle coppie normalizzate ad essa vicine, tali da dare alla F un valore positivo, come risulta dalla formula di Schwarz (n.° 76).

rispetto a x' e y') per tutte le coppie (x', y') di numeri non ambedue nulli.

Dopo ciò, abbiamo, su ogni curva $\mathfrak{C}$ ordinaria e chiusa, tutta appartenente al cerchio (P_0, r_0),

$$\int_{\mathfrak{C}} F(x, y, x', y')ds > 0 \text{ (}^1\text{)},$$

e perciò

$$\mathfrak{I}_{\mathfrak{C}} + \int_{\mathfrak{C}} p_0 dx + q_0 dy > 0.$$

Ed essendo

$$\int_{\mathfrak{C}} p_0 dx + q_0 dy = 0,$$

risulta

$$\mathfrak{I}_{\mathfrak{C}} > 0,$$

il che prova quanto fu affermato.

b) Se, in un punto $P_0 \equiv (x_0, y_0)$ del campo A, è $F_1(x_0, y_0, x', y') = 0$, per tutte le coppie normalizzate (x', y'), non scende senz'altro che in P_0 sia verificata la seconda condizione necessaria per la semicontinuità inferiore di $\mathfrak{I}_{\mathfrak{C}}$; e ciò è vero anche nel caso che, in tutto un intorno del punto P_0, sia sempre $F_1(x, y, x', y') \geq 0$, per tutte le coppie (x', y') normalizzate, e che in P_0 valga la (1) del n.° 75 e cioè la

$$F_{x'y}(x_0, y_0, \cos\theta, \operatorname{sen}\theta) = F_{y'x}(x_0, y_0, \cos\theta, \operatorname{sen}\theta), \tag{3}$$

per tutti i valori di θ. Per convincercene, consideriamo la funzione

$$F(x, y, x', y') = x^2[\sqrt{x'^2 + y'^2} + 3(x' + y')],$$

definita in tutto il piano (x, y). È sempre, per ogni coppia (x', y') di numeri non ambedue nulli,

$$F_1 = \frac{x^2}{(x'^2 + y'^2)^{\frac{3}{2}}} \geq 0,$$

e, per tutte le stesse coppie, è $F_1 = 0$: se $x = 0$. È poi

$$F_{x'y} = 0, \quad F_{y'x} = 2x \left\{ \frac{y'}{\sqrt{x'^2 + y'^2}} + 3 \right\},$$

e in ogni punto (x_0, y_0) dell'asse delle y vale perciò la (3). Preso comunque un numero $\delta > 0$, e indicata con $\mathfrak{C}_\delta$ la curva, ordinaria e chiusa,

---

(1) L'uguaglianza si verifica soltanto se la curva $\mathfrak{C}$ è ridotta ad un punto.

composta dei segmenti rettilinei che congiungono successivamente i punti del piano (x, y): (δ, δ), $(-2\delta, \delta)$, $(-2\delta, -\delta)$, $(\delta, -\delta)$, (δ, δ), abbiamo

$$\int_{\mathfrak{C}_\delta} x^2[\sqrt{x'^2+y'^2}+3(x'+y')]\,ds = 2\int_{\delta}^{-2\delta} x^2dx + 8\delta^2\int_{\delta}^{-\delta} dy + 4\int_{-2\delta}^{\delta} x^2dx + 4\delta^2\int_{-\delta}^{\delta} dy$$
$$= -2\delta^3 < 0.$$

E siccome la curva $\mathfrak{C}_\delta$ è tutta contenuta nel cerchio, del piano (x, y), di centro $(0, 0)$ e raggio 3δ, e δ può prendersi piccolo a piacere, ne risulta che la seconda condizione, per la semicontinuità di $\mathfrak{J}_\mathfrak{C}$, non è verificata nel punto $(0, 0)$.

Altrettanto accade se è

$$F = \left(x^2 + \frac{1}{4}y^2\right)[\sqrt{x'^2+y'^2} + 3(x'+y')]:$$

qui è $F_1 > 0$, per tutte le coppie (x', y') di numeri non ambedue nulli e per tutti i punti del piano (x, y) distinti da $(0, 0)$, e in questo punto è sempre $F_1 = 0$. Inoltre, in $(0, 0)$, è anche verificata la (3).

87. - Condizioni necessarie per la continuità.

Da quanto si è dimostrato ai n.[i] 84 e 85, risulta la seguente proposizione:

Affinchè l'integrale $\mathfrak{J}_\mathfrak{C}$ sia una funzione continua, è necessario:

1) *che in ogni punto interno al campo A e in quelli di accumulazione di tali punti, la funzione $F(x, y, x', y')$ abbia la forma*

$$P(x, y)x' + Q(x, y)y';$$

2) *che ogni punto del campo A sia centro di almeno un cerchio tale che l'integrale $\mathfrak{J}$, esteso ad una qualsiasi curva ordinaria e chiusa, tutta appartenente al cerchio stesso, risulti sempre nullo.*

Qualora le funzioni $P(x, y)$ e $Q(x, y)$ ammettano, in tutti i punti in cui sono definite, le derivate parziali $\frac{\partial P}{\partial y}$ e $\frac{\partial Q}{\partial x}$ finite e continue, dalla condizione 2) scende la

2') *che, in ogni punto interno al campo A e in quelli di accumulazione di tali punti, sia*

$$\frac{\partial P}{\partial y} = \frac{\partial Q}{\partial x}.$$

§ 2. La semicontinuità su una data curva.

88. - **Prima condizione necessaria, per le curve ordinarie di classe 1.**

a) Condizione necessaria affinchè su una data curva $\mathcal{C}_0$ *ordinaria, di classe 1, completamente interna al campo A* [1], *l'integrale* $\mathfrak{J}_{\mathcal{C}}$ *sia una funzione semicontinua inferiormente, è che, in ogni punto* (x_0, y_0) *della curva, si abbia*

$$(1)\qquad F_1(x_0, y_0, \cos\theta_0, \operatorname{sen}\theta_0) \geq 0,$$

dove θ_0 *indica l'angolo di direzione* [2] *della curva stessa nel punto* (x_0, y_0).

Supponiamo che, in un punto (x_0, y_0) della $\mathcal{C}_0$, sia $F_1(x_0, y_0, \cos\theta_0, \operatorname{sen}\theta_0) < 0$. Indicato, come al n.° 84, con η un numero positivo soddisfacente alla disuguaglianza

$$F_1(x_0, y_0, \cos\theta_0, \operatorname{sen}\theta_0) < -\eta,$$

sia δ un altro numero positivo, tale che il punto (x, y) appartenga ad A e risulti

$$F_1(x, y, \cos\omega, \operatorname{sen}\omega) < -\eta,$$

ogni qualvolta si abbia

$$|x - x_0| \leq 2\delta, \qquad |y - y_0| \leq 2\delta, \qquad |\omega - \theta_0| \leq 2\delta.$$

Si indichi, anche qui, con α un angolo positivo, minore di δ e di $\frac{\pi}{4}$.

Ciò premesso, si consideri un arco γ, della curva $\mathcal{C}_0$, che abbia come primo estremo il punto (x_0, y_0), lunghezza uguale o minore di δ e sia tale che il suo angolo di direzione θ, in un punto qualunque, soddisfi sempre alla

$$|\theta - \theta_0| < \delta.$$

Indichiamo con P_0 e P_1 gli estremi di quest'arco, e con la stessa lettera γ anche la sua lunghezza. Inscriviamo in γ

---

[1] Vale a dire, tale che ogni suo punto sia interno al campo A.

[2] Cfr. n.° 10.

una poligonale Π, completamente interna al campo A, avente gli estremi in P_0 e P_1 ed i vertici susseguentisi nello stesso ordine tanto su γ quanto su Π. Siano $l_0, l_1, l_2, \ldots, l_r$ i lati successivi di questa poligonale, e consideriamone uno qualunque l_p. Se indichiamo con x_p, y_p le coordinate del primo estremo di l_p e con ω_p l'angolo di direzione di questo lato, poichè ogni lato di Π è parallelo ad una tangente almeno dell'arco di γ che ne congiunge gli estremi, la disuguaglianza

$$F_1(x, y, \cos\omega, \operatorname{sen}\omega) < -\eta$$

risulta verificata tosto che sia

$$|x - x_p| \leq \delta, \qquad |y - y_p| \leq \delta, \qquad |\omega - \omega_p| < \delta.$$

E siccome la lunghezza di l_p, che indicheremo ugualmente con l_p, è $< \gamma < \delta$, per quanto si è dimostrato al n.° 84, possiamo asserire che, comunque piccolo si fissi un intorno di l_p, è sempre possibile di costruire una poligonale Π_p, completamente interna al campo A, avente gli estremi comuni con l_p, appartenente ordinatamente a tale intorno e soddisfacente alla disuguaglianza

$$\int_{\Pi_p} F ds - \int_{l_p} F ds < -\frac{\eta l_p(1 - \cos\alpha)}{2}.$$

Siccome l_p è uno qualunque dei lati della poligonale Π, abbiamo che, fissato ad arbitrio un intorno di Π, è sempre possibile costruire un'altra poligonale Γ, appartenente ordinatamente a tale intorno, completamente interna ad A, e soddisfacente alla disuguaglianza

$$\int_{\Gamma} F ds - \int_{\Pi} F ds < -\frac{\eta \Pi(1 - \cos\alpha)}{2},$$

dove abbiamo indicato con Π anche la lunghezza della poligonale.

Ora, potendosi determinare la poligonale Π in modo che essa appartenga ordinatamente ad un intorno comunque piccolo di γ, e poichè al tendere a zero di questo intorno la lunghezza Π tende a quella γ, l'integrale della F esteso a Π tende a quello della stessa funzione esteso a γ (n.° 83), e possiamo concludere che, fissato ad arbitrio un intorno di γ, è sempre possibile determinare una poligonale Γ, appartenente ordinatamente a tale intorno, completamente interna ad A, (avente anche i medesimi estremi di γ) e tale da rendere soddisfatta la disuguaglianza

$$\int_\Gamma F ds - \int_\gamma F ds < -\frac{\eta\gamma(1-\cos\alpha)}{4}.$$

Ciò prova che sulla curva $\mathcal{C}_0$, ammessa l'ipotesi dell'esistenza del punto (x_0, y_0), indicato in principio, non può sussistere la semicontinuità inferiore dell'integrale $\mathfrak{I}_\mathcal{C}$.

b) *La proposizione dimostrata in a) vale anche se la curva $\mathcal{C}_0$ ordinaria, di classe 1, non è completamente interna al campo A, purchè essa non abbia nessun arco parziale tutto costituito di punti della frontiera del campo.*

Osserviamo, in primo luogo, che, se P_0 è un punto di $\mathcal{C}_0$ interno al campo A, si può assegnare un arco della curva, contenente P_0 e tutto completamente interno al campo, sul quale perciò deve essere sempre soddisfatta la (1) ([1]). Dunque la (1) è soddisfatta in ogni punto di $\mathcal{C}_0$ interno al campo, e conseguentemente (per la continuità della funzione F_1 e per essere la $\mathcal{C}_0$ di classe 1) anche in ogni punto di accumulazione di questi punti interni.

Ma se nessun arco parziale della $\mathcal{C}_0$ risulta tutto costituito di punti della frontiera del campo, ogni punto della curva è sempre punto di accumulazione di punti della curva stessa interni al campo, e quanto abbiamo affermato risulta pienamente provato.

In particolare, la proposizione *a*) vale su ogni curva $\mathcal{C}_0$ ordinaria, di classe 1, che abbia sulla frontiera del campo solo un numero finito o un'infinità numerabile di punti.

c) *Se il campo A soddisfa alla condizione γ) del n.° 72, la proposizione data in a) vale per tutte le curve ordinarie $\mathcal{C}_0$, di classe 1.*

Ciò verrà dimostrato, in forma più generale, al n.° 90, *c*).

([1]) È evidente che, se $\mathfrak{I}_\mathcal{C}$ deve essere una funzione semicontinua inferiormente sulla curva $\mathcal{C}_0$, deve esserlo anche su ogni arco parziale di tale curva, completamente interno al campo.

89. - Seconda condizione necessaria, per le curve ordinarie di classe 1.

a) Consideriamo un punto $P_0 \equiv (x_0, y_0)$, *interno* al campo A, e *supponiamo che esistano due angoli* θ_0 *e* θ *tali da rendere soddisfatta la disuguaglianza*

$$\mathcal{E}(x_0, y_0; \cos\theta_0, \operatorname{sen}\theta_0; \cos\theta, \operatorname{sen}\theta) < 0,$$

essendo la $\mathcal{E}$ la funzione definita al n.° 77.

Per la continuità di questa funzione, rispetto alle variabili da cui dipende, preso un numero positivo γ_1, soddisfacente alla disuguaglianza

$$\mathcal{E}(x_0, y_0; \cos\theta_0, \operatorname{sen}\theta_0; \cos\theta, \operatorname{sen}\theta) < -\gamma_1,$$

è possibile determinarne un'altro δ, pure positivo, tale che tutti i punti (x, y) che soddisfano alle condizioni

$$|x - x_0| < \delta, \quad |y - y_0| \leq \delta,$$

risultino *interni* al campo A e verifichino la disuguaglianza

$$E(x, y; \cos\theta_0, \operatorname{sen}\theta_0; \cos\theta, \operatorname{sen}\theta) < -\gamma_1. \tag{1}$$

Premesso ciò, conduciamo per P_0 un segmento rettilineo P_0P_1, di lunghezza $l < \frac{\delta}{2}$, avente θ_0 per angolo di direzione, e dividiamolo in n parti uguali, mediante i punti

$$P_{n,0} \equiv P_0, \quad P_{n,1}, \quad P_{n,2}, \ldots, \quad P_{n,n} \equiv P_1.$$

Per ciascun punto $P_{n,r}$ $(r = 0, 1, \ldots, n-1)$ conduciamo un segmento $P_{n,r}Q_{n,r}$, avente θ per angolo di direzione, di lunghezza l_n' minore di $\frac{l}{2n}$ ed anche di $\frac{\gamma_1 l}{12nM}$, dove con M abbiamo indicato il massimo modulo di $F_1(x, y, \cos\theta, \operatorname{sen}\theta)$ sul segmento P_0P_1, per tutti i possibili valori di θ. Conduciamo poi gli n segmenti $Q_{n,r}P_{n,r+1}$ e indichiamo con $\mathcal{C}_n$ la spezzata $P_{n,0}Q_{n,0}P_{n,1}Q_{n,1} \ldots P_{n,n}$ così risultante, la quale risulta completamente interna al campo A. Facciamo corrispondere, ad ogni punto $N_{n,r}$ del segmento $P_{n,r}Q_{n,r}$, il punto $N'_{n,r}$ di $P_{n,r}P_{n,r+1}$, tale che la lunghezza di $P_{n,r}N'_{n,r}$ sia uguale a quella di $P_{n,r}N_{n,r}$. Detto $Q'_{n,r}$ il punto corrispondente di $Q_{n,r}$, facciano corrispondere, ad ogni punto $N_{n,r}$ di $Q_{n,r}P_{n,r+1}$, il punto $N'_{n,r}$ di $Q'_{n,r}P_{n,r+1}$, tale che il rapporto delle lunghezze

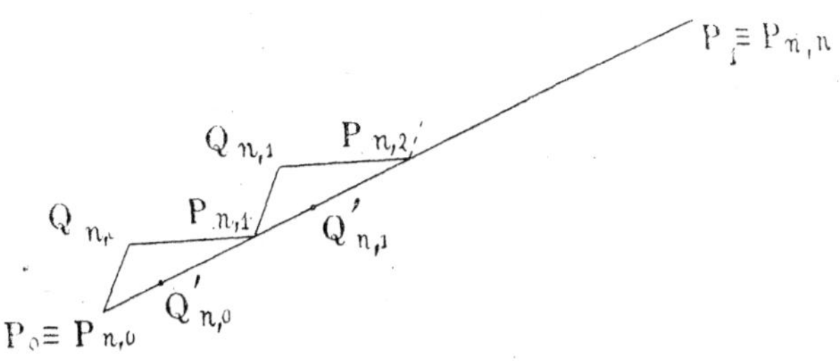

di $Q_{n,r}N_{n,r}$ e $Q'_{n,r}N'_{n,r}$ sia uguale a quello delle lunghezze di $Q_{n,r}P_{n,r+1}$ e $Q'_{n,r}P_{n,r+1}$. Questo rapporto, che indicheremo con R, risulta compreso fra 1 e $\dfrac{\frac{1}{n}l + l_n'}{\frac{1}{n}l - l_n'}$, ossia fra 1 e 3.

Scegliamo la lunghezza s del segmento $P_0N'_{n,r}$ come parametro di una rappresentazione analitica simultanea del segmento P_0P_1 e della spezzata $\mathcal{C}_n$, la quale conservi la corrispondenza ora indicata. Avremo, per P_0P_1, le equazioni

$$x = x(s), \quad y = y(s), \quad (0, l),$$

e per $\mathcal{C}_n$,

$$x = x_n(s), \quad y = y_n(s), \quad (0, l);$$

ed avremo anche, indicando con s_n la lunghezza dell'arco di $\mathcal{C}_n$ corrispondente all'intervallo $(0, s)$,

$$(2) \qquad \begin{cases} x'(s) = \cos\theta_0, \quad y'(s) = \operatorname{sen}\theta_0, \\ x_n'(s) = \dfrac{dx_n}{ds_n}\cdot\dfrac{ds_n}{ds} = \cos\bar\theta, \quad y_n'(s) = \operatorname{sen}\theta, \end{cases}$$

se il punto di $\mathcal{C}_n$ corrispondente a s appartiene ad un segmento $P_{n,r}Q_{n,r}$ e, in caso contrario,

$$(2') \qquad x_n'(s) = R\cos\bar\theta', \quad y_n'(s) = R\operatorname{sen}\bar\theta',$$

dove con θ' indichiamo l'angolo di direzione del segmento $Q_{n,r}P_{n,r+1}$. Osserviamo, prima di proseguire, che, per le costruzioni fatte, risulta soddisfatta la disuguaglianza $|\theta' - \theta_0| < \frac{\pi}{2}$, oppure la $2\pi - \frac{\pi}{2} < |\theta' - \theta_0| < 2\pi$.

Consideriamo ora la differenza

$$\Delta\mathfrak{J} = \int_{\mathfrak{C}_n} F ds_n - \int_{P_0 P_1} F ds = \int_0^l [F(x_n, y_n, x_n', y_n') - F(x, y, x', y')] ds.$$

Essa può scriversi

$$\Delta\mathfrak{J} = \int_0^l [F(x_n, y_n, x_n', y_n') - F(x, y, x_n', y_n')] ds$$
$$+ \int_0^l [F(x, y, x_n', y_n') - F(x, y, x', y')] ds,$$

ed anche, ricordando la omogeneità della $F(x, y, x', y')$ rispetto alle x' e y', e la definizione della funzione $\mathcal{E}$,

$$(3)\quad \Delta\mathfrak{J} = \int_0^l [F(x_n, y_n, x_n', y_n') - F(x, y, x_n', y_n')] ds$$
$$+ \int_0^l [(x_n' - x') F_{x'}(x, y, x', y') + (y_n' - y') F_{y'}(x, y, x', y')] ds$$
$$+ \int_0^l \mathcal{E}(x, y; x', y'; x_n', y_n') ds.$$

Indicando con $s_{n,r}$ la lunghezza del segmento $P_0 P_{n,r}$ e con $s'_{n,r}$ quella di $P_0 Q'_{n,r}$, possiamo scrivere

$$\int_0^l \mathcal{E}(x, y; x', y'; x_n', y_n') ds = \sum_{r=0}^{n-1} \int_{s_{n,r}}^{s'_{n,r}} \mathcal{E}(x, y; x', y'; x_n', y_n') ds$$
$$+ \sum_{r=0}^{n-1} \int_{s'_{n,r}}^{s_{n,r+1}} \mathcal{E}(x, y; x', y'; x_n', y_n') ds,$$

e rammentando le (2) e (2'),

$$= \sum_{r=0}^{n-1} \int_{s_{n,r}}^{s'_{n,r}} \mathcal{E}(x, y; \cos\theta_0, \operatorname{sen}\theta_0; \cos\theta, \operatorname{sen}\theta)ds$$

$$+ R \sum_{r=0}^{n-1} \int_{s'_{n,r}}^{s_{n,r+1}} \mathcal{E}(x, y; \cos\theta_0, \operatorname{sen}\theta_0; \cos\bar\theta', \operatorname{sen}\bar\theta')ds,$$

ed anche, per la (1) e per essere $R < 3$,

$$\int_0^l \mathcal{E}(x, y; x', y'; x_n', y_n')ds < -\gamma n l_n'$$

$$+ 3 \sum_{r=0}^{n-1} \int_{s'_{n,r}}^{s_{n,r+1}} \mathcal{E}(x, y; \cos\theta_0, \operatorname{sen}\theta_0; \cos\bar\theta', \operatorname{sen}\bar\theta')ds.$$

Inoltre, dalla formula di Schwarz del n.° 76, si ricava

$$\mathcal{E}(x, y; \cos\theta_0, \operatorname{sen}\theta; \cos\bar\theta', \operatorname{sen}\bar\theta')$$

$$= \int_{\theta_0}^{\bar\theta'} F_1(x, y, \cos\alpha, \operatorname{sen}\alpha) \operatorname{sen}(\bar\theta' - \alpha)d\alpha,$$

e per essere $|F_1(x, y, \cos\alpha, \operatorname{sen}\alpha)| \leq M$,

$$\mathcal{E}(x, y; \cos\theta_0, \operatorname{sen}\theta_0; \cos\bar\theta', \operatorname{sen}\bar\theta') \leq M[1 - \cos(\bar\theta' - \theta_0)] \text{ [1]}.$$

Ma dal triangolo $P_{n,r}Q_{n,r}P_{n,r+1}$ si trae, per la relazione dei seni,

$$\frac{l_n'}{\operatorname{sen}|\bar\theta' - \theta_0|} = \frac{l_n''}{\operatorname{sen}|\gamma - \theta_0|},$$

dove si è indicata con l_n'' la lunghezza del lato $Q_{n,r}P_{n,r+1}$, e perciò

$$\operatorname{sen}^2(\bar\theta' - \theta_0) \leq \left(\frac{l_n'}{\frac{l}{n} - l_n'}\right)^2,$$

---

(1) Se $\bar\theta'$ non fosse compreso fra $\theta_0 - \pi$ e $\theta_0 + \pi$, ci si ridurrebbe a questo caso aggiungendo a $\bar\theta'$ un multiplo intero, positivo o negativo, di 2π.

essendo $l_n'' > \frac{1}{n} l - l_n'$. Si ha dunque, per essere, come già abbiamo osservato, $|\theta' - \theta_0| < \frac{\pi}{2}$, oppure $2\pi - \frac{\pi}{2} < |\theta' - \theta_0| < 2\pi$, e quindi

$$1 - \cos(\theta' - \theta_0) < \operatorname{sen}^2(\theta' - \theta_0), \ [1]$$

$$1 - \cos(\theta' - \theta_0) < \left(\frac{l_n'}{\frac{l}{n} - l_n'}\right)^2,$$

$$\mathcal{E}(x, y; \cos\theta_0, \operatorname{sen}\theta_0; \cos\theta', \operatorname{sen}\theta') < M\left(\frac{l_n'}{\frac{l}{n} - l_n'}\right)^2,$$

$$\int_0^l \mathcal{E}(x, y; x', y'; x_n', y_n')ds < -\eta n l_n' + 3n\left(\frac{l}{n} - l'_n\right)M\left(\frac{l_n'}{\frac{l}{n} - l_n'}\right)^2.$$

Essendo poi $l_n' < \frac{l}{2n}$, il secondo membro di questa disuguaglianza è minore di

$$n l_n'\left(-\eta + \frac{6Mnl_n'}{l}\right),$$

ed essendo anche $l_n' < \frac{\eta l}{12nM}$, questa espressione è minore di

$$n l_n'\left(-\eta + \frac{\eta}{2}\right) = -\frac{\eta l \lambda}{2},$$

dove λ indica il valore del rapporto $\frac{l_n'}{\frac{1}{n} l}$, valore che conserveremo inalterato al variare di n.

È dunque

$$\int_0^l \mathcal{E}(x, y; x', y'; x_n', y_n')ds < -\frac{\eta l \lambda}{2}.$$

Circa gli altri integrali che figurano nel secondo membro di (3), possiamo affermare che, per $n \to \infty$ — tendendo x_n e y_n

[1] È infatti $\operatorname{sen}^2(\theta' - \theta_0) = 1 - \cos^2(\theta' - \theta_0)$ e $0 < \cos(\theta' - \theta_0) < 1$.

uniformemente, in tutto l'intervallo $(0, l)$, a $x(s)$ e $y(s)$, rispettivamente, ed essendo sempre $1 \leq x_n'^2 + y_n'^2 < 3$ — per la continuità della funzione F l'integrale

$$\int_0^l [F(x_n, y_n, x_n', y_n') - F(x, y, x_n', y_n')] ds$$

tende a zero, e che a zero tende anche

$$\int_0^l [(x_n' - x')F_{x'}(x, y, x', y') + (y_n' - y')F_{y'}(x, y, x', y')] ds,$$

in forza del lemma del n.° 79.

Resta così provato che, per ogni n maggiore di un certo $\bar{n}$, è

$$\Delta\mathfrak{J} < -\frac{\eta l \lambda}{4}; \tag{4}$$

e siccome, preso comunque un numero $\rho > 0$, si può determinare sempre un n per il quale la spezzata $\mathfrak{C}_n$ appartenga ordinatamente all'intorno (ρ) del segmento P_0P_1, resta anche provato che, su questo segmento, l'integrale della F non può essere una funzione semicontinua inferiormente, se è verificata l'ipotesi formulata al principio di questo n.°.

b) Con un ragionamento perfettamento simile a quello del n.° precedente, deduciamo ora, dal risultato più sopra ottenuto, che:

Condizione necessaria affinchè su una data curva $\mathfrak{C}_0$ ordinaria, di classe 1, completamente interna al campo A, l'integrale $\mathfrak{J}_\mathfrak{C}$ sia una funzione semicontinua inferiormente, è che, in ogni punto (x_0, y_0) della curva, si abbia, per tutti i possibili valori di θ,

$$\mathcal{E}(x_0, y_0;\ \cos\theta_0,\ \operatorname{sen}\theta_0;\ \cos\theta,\ \operatorname{sen}\theta) \geq 0,$$

dove θ_0 indica l'angolo di direzione della curva stessa, nel punto (x_0, y_0).

c) Anche per la proposizione data or ora vale quanto si è detto al n.° preced. in *b*) e *c*).

90. - Prima condizione necessaria, per le curve ordinarie.

a) *Condizione necessaria affinchè, su una data curva $\mathfrak{C}_0$ ordinaria, completamente interna al campo A, l'integrale $\mathfrak{J}_\mathfrak{C}$*

sia una funzione semicontinua inferiormente, è che sia uno pseudoarco (¹) *di misura nulla l'insieme dei punti* (x_0, y_0) *di* $\mathfrak{C}_0$ *nei quali esiste la tangente alla curva ed è*

$$(1) \qquad F_1(x_0,\ y_0,\ \cos\theta_0,\ \operatorname{sen}\theta_0) < 0,$$

θ_0 *essendo l'angolo di direzione della curva stessa in* (x_0, y_0).

Considerata la rappresentazione analitica della $\mathfrak{C}_0$ in funzione della lunghezza s dell'arco:

$$x = x_0(s), \quad y = y_0(s), \quad (0,\ L_0),$$

donde, in quasi-tutto $(0, L_0)$,

$$x_0'(s) = \cos\theta_0, \quad y_0'(s) = \operatorname{sen}\theta_0,$$

la $F_1(x_0, y_0, \cos\theta_0, \operatorname{sen}\theta_0)$, considerata come funzione di s, risulta quasi-continua in $(0, L_0)$, vale a dire, su tutta la curva $\mathfrak{C}_0$ (n.° **75**, *c*)), e l'insieme dei punti della $\mathfrak{C}_0$ nei quali la tangente esiste e vale la (1) è uno pseudoarco. Supponiamo che tale pseudoarco abbia una misura non nulla, 2μ. Possiamo trovare un $\eta > 0$ e un gruppo chiuso E, composto di punti di questo pseudoarco, che abbia una misura maggiore di μ e in ogni punto del quale sia $F_1(x_0, y_0, \cos\theta_0, \operatorname{sen}\theta_0) < -\frac{3}{2}\eta$ (²). Per la continuità della F_1, possiamo poi determinare un numero positivo δ in modo che, se (x, y) è un punto del campo A, risulti soddisfatta la disuguaglianza $F_1(x, y, \cos\omega, \operatorname{sen}\omega) < -\eta$ ogni qualvolta sia

$$|x - \bar{x}_0| < 3\delta, \quad |y - \bar{y}_0| \leq 3\delta, \quad |\omega - \theta_0| < 2\delta,$$

(¹) Se, nella definizione di *pseudointervallo*, sostituiamo alla retta su cui esso si trova, una curva continua, rettificabile, ed ai segmenti di retta gli archi di curva, abbiamo ciò che chiamiamo *pseudoarco*.

(²) Ed infatti, se n è un intero positivo, detto E_n lo pseudoarco nel quale è $F_1(x_0, y_0, \cos\theta_0, \operatorname{sen}\theta_0) < -\frac{1}{n}$, ed E_∞ quello nel quale è $F_1(x_0, y_0, \cos\theta_0, \operatorname{sen}\theta_0) < 0$, risulta che E_n è contenuto in E_{n+1} e che E_∞ è l'insieme dei punti che appartengono ad almeno un E_n. Per la proposizione del n.° 41, *i*), è allora $m(E_n) \to m(E_\infty)$ e, per $\bar{n}$ sufficientemente grande, $m(E_{\bar{n}}) > \mu$. In ogni componente chiuso E di $E_{\bar{n}}$, di misura $> \mu$, è dunque $F_1(x_0, y_0, \cos\theta_0, \operatorname{sen}\theta_0) < -\frac{1}{\bar{n}}$.

e ciò per tutti i punti $(\bar{x}_0, \bar{y}_0)$ di E. Si indichi, anche qui, con α un angolo positivo, minore di δ e di $\frac{\pi}{4}$.

Dividiamo la curva $\mathfrak{C}_0$ in n archi, tutti della stessa lunghezza $\frac{L_0}{n}$, e congiungiamo gli estremi di ogni arco con un segmento rettilineo. Avremo così una poligonale Π_n, inscritta in $\mathfrak{C}_0$; e intenderemo che n sia sufficientemente grande perchè questa poligonale risulti completamente interna al campo A. Detta L_n la lunghezza della Π_n, risulta che, per $n \to \infty$, la Π_n converge uniformemente alla $\mathfrak{C}_0$, e L_n tende a L_0.

Fatto corrispondere ad ogni punto P di $\mathfrak{C}_0$, individuato dal valore s del parametro, il punto P_n di Π_n, individuato dal valore del parametro corrispondente $s_n = \frac{L_n}{L_0} s$, abbiamo che, preso ad arbitrio un $\varepsilon > 0$, possiamo determinare (n.i 29, a) e b), e 83) un indice $\bar{n}$ tale che, per ogni $n > \bar{n}$:

1°) la distanza fra due punti corrispondenti qualsiasi, P e P_n, sia sempre minore di δ;

2°) si abbia

$$\left| \int_{\Pi_n} F ds - \int_{\mathfrak{C}_0} F ds \right| < \varepsilon;$$

3°) l'insieme E_n dei punti $\bar{P}_n$ di Π_n, corrispondenti ai punti $\bar{P}$ di E ed in cui è $|\theta_n - \theta_0| < \delta$ oppure $2\pi - \delta < |\theta_n - \theta_0| \leq 2\pi$ — dove θ_n è l'angolo di direzione del lato di Π_n a cui $\bar{P}_n$ appartiene — risulti uno pseudoarco di misura maggiore di μ.

Sia $n > \bar{n}$ e E_n' un insieme chiuso qualsiasi, contenuto in E_n, di misura maggiore di μ. Se $\bar{P}_n'$ è un punto qualunque di E_n', possiamo determinare il massimo segmento che lo contiene, che ha gli estremi distanti da esso non più di $\frac{\delta}{2}$ e che appartiene completamente al lato di Π_n di cui fa parte il punto $\bar{P}_n'$ stesso. Fra i segmenti così determinati, possiamo sceglierne un numero finito che ricoprano tutto l'insieme E_n'; e ordinatili a piacere, possiamo sopprimere, in ciascuno di essi, quelle parti che eventualmente appartenessero a segmenti, dello stesso gruppo, di indice minore. Otteniamo così dei segmenti non sovrapponentisi $l_n^{(1)}, l_n^{(2)}, \ldots, l_n^{(m_n)}$, appartenenti a Π_n, ognuno di ampiezza $\leq \delta$, e tali che, se $P_n^{(r)} \equiv (x_n^{(r)}, y_n^{(r)})$ indica il primo estremo di $l_n^{(r)}$, risulta

$$F_1(x, y, \cos\omega, \operatorname{sen}\omega) < -\eta,$$

tutte le volte che è

$$|x - x_n^{(r)}| \leq \delta, \quad |y - y_n^{(r)}| \leq \delta, \quad |\omega - \theta_n^{(r)}| \leq \delta,$$

dove $\theta_n^{(r)}$ è l'angolo di direzione di $l_n^{(r)}$.

Per quanto si è dimostrato al n.° 84, possiamo allora affermare che, comunque piccolo si fissi un intorno dei segmenti $l_n^{(r)}$, è sempre possibile costruire, per ciascuno di essi, una poligonale $p_n^{(r)}$, avente gli estremi comuni con $l_n^{(r)}$, appartenente ordinatamente all'intorno fissato e soddisfacente alla disuguaglianza

$$\int_{p_n^{(r)}} F ds - \int_{l_n^{(r)}} F ds < -\frac{\eta l_n^{(r)}(1 - \cos\alpha)}{2}.$$

Considerando, perciò, la poligonale $\overline{\Pi}_n$ che coincide con Π_n fuori dei segmenti $l_n^{(r)}$, e che viene completata dalle poligonali $p_n^{(r)}$, abbiamo

$$\int_{\overline{\Pi}_n} F ds - \int_{\Pi_n} F ds < -\frac{\eta\mu(1 - \cos\alpha)}{2},$$

perchè la somma delle lunghezze dei segmenti $l_n^{(r)}$, che ricoprono interamente l'insieme E_n', è certamente non inferiore alla misura di tale insieme. Scelto dunque il numero ε (introdotto più sopra) minore di $\frac{\eta\mu(1 - \cos\alpha)}{4}$, abbiamo, per la condizione 2ª),

$$\int_{\overline{\Pi}_n} F ds - \int_{\mathcal{C}_0} F ds < -\frac{\eta\mu(1 - \cos\alpha)}{4}.$$

Siccome $\overline{\Pi}_n$ può esser scelto in modo da appartenere ad un intorno di Π_n prefissato ad arbitrio, e Π_n, a sua volta, per n sufficientemente grande, appartiene ad un intorno qualsiasi di $\mathcal{C}_0$, abbiamo che, comunque si fissi un intorno di $\mathcal{C}_0$, possiamo sempre costruire una poligonale Π_n che appartenga ordinatamente ad esso e che renda soddisfatta l'ultima disuguaglianza scritta. Ciò dimostra la nostra proposizione.

Osservazione. — È importante rilevare che la poligonale Π_n ha gli stessi estremi della curva $\mathcal{C}_0$.

b) *La proposizione dimostrata in a) vale anche se la curva $\mathcal{C}_0$ ordinaria non è completamente interna al campo A, purchè i punti che essa ha sulla frontiera del campo costituiscano uno pseudoarco di misura nulla.* Osserviamo, infatti, che i punti della $\mathcal{C}_0$ che si trovano sulla frontiera del campo costituiscono sempre un insieme chiuso; se perciò tale insieme è uno pseudoarco di misura nulla, la somma delle lunghezze degli archi della $\mathcal{C}_0$ ad esso contigui è uguale alla lunghezza di tutta la curva. Ora, ogni arco della $\mathcal{C}_0$ che ha soltanto gli estremi sulla frontiera del campo soddisfa evidentemente alla condizione stabilita in *a*), perchè tale condizione vale su ogni parte dell'arco considerato la quale sia completamente interna ad A. Ne segue che la stessa condizione, essendo verificata su ciascuno degli archi di $\mathcal{C}_0$ contigui all'insieme sopra indicato — archi che costituiscono, al più, una infinità numerabile — risulta verificata anche su tutta la $\mathcal{C}_0$.

c) *Se il campo A soddisfa alla condizione γ) del n.° 72, la proposizione data in a) vale per tutte le curve ordinarie $\mathcal{C}_0$.* È, infatti, evidente che, nella dimostrazione data in *a*), può sostituirsi, alla poligonale Π_n, una qualsiasi altra poligonale che appartenga ordinatamente all'intorno (ε) della curva $\mathcal{C}_0$, che sia completamente interna al campo A ed abbia lunghezza sufficientemente prossima a quella di questa curva, perchè anche quest'altra poligonale viene così a soddisfare alle condizioni 1ª), 2ª), 3ª), imposte alla Π_n. Si osservi, inoltre, che, nella medesima dimostrazione, l'ipotesi che la curva $\mathcal{C}_0$ sia completamente interna al campo A è stata sfruttata soltanto per asserire che è completamente interna al campo A la poligonale Π_n. L'ipotesi, fatta in *a*) sulla $\mathcal{C}_0$, risulta dunque superflua se il campo A soddisfa alla condizione γ) del n.° 72, la quale permette precisamente di asserire che è sempre possibile di sostituire, nella dimostrazione data in *a*), la poligonale Π_n con un'altra poligonale avente i caratteri più sopra indicati e completamente interna al campo.

91. - Seconda condizione necessaria, per le curve ordinarie.

a) Sfruttando la disuguaglianza (4) ottenuta al n.° 89 e ragionando come si è fatto al n.° precedente, si ottiene:

Condizione necessaria affinchè su una curva $\mathcal{C}_0$ ordinaria, completamente interna al campo A, l'integrale $\mathcal{I}_{\mathcal{C}}$ sia una funzione semicontinua inferiormente, è che sia uno pseudoarco di misura nulla l'insieme dei punti (x_0, y_0) di $\mathcal{C}_0$ nei quali esiste la tangente alla curva e non è verificata, per tutti i possibili valori di θ, la disuguaglianza

$$(1)\qquad \mathcal{E}(x_0, y_0; \cos\theta_0, \operatorname{sen}\theta_0; \cos\theta, \operatorname{sen}\theta) \geq 0,$$

dove θ_0 indica l'angolo di direzione della curva stessa in (x_0, y_0).

Per eliminare ogni difficoltà relativa all'applicazione, al caso attuale, del ragionamento del n.° 90, mostriamo che l'insieme E_0 dei punti (x_0, y_0), indicati nell'enunciato, costituisce effettivamente uno pseudoarco.

Considerato un qualsiasi valore θ_1 dell'intervallo $(0, 2\pi)$, l'insieme dei punti (x_0, y_0) della $\mathcal{C}_0$ in cui esiste la tangente alla curva e vale la

$$\mathcal{E}(x_0, y_0; \cos\theta_0, \operatorname{sen}\theta_0; \cos\theta_1, \operatorname{sen}\theta_1) < 0$$

è uno pseudoarco E_1, perchè, detta

$$x = x_0(s), \quad y = y_0(s), \quad (0, L_0),$$

la rappresentazione analitica della $\mathcal{C}_0$ in funzione della lunghezza s dell'arco, in quasi-tutta la curva è

$$x_0'(s) = \cos\theta_0, \quad y_0'(s) = \operatorname{sen}\theta_0,$$

e la funzione

$$\mathcal{E}(x_0, y_0; \cos\theta_0, \operatorname{sen}\theta_0; \cos\theta_1, \operatorname{sen}\theta_1) =$$
$$= F(x_0, y_0, \cos\theta_1, \operatorname{sen}\theta_1) - [\cos\theta_1 \, F_{x'}(x_0, y_0, \cos\theta_0, \operatorname{sen}\theta_0) +$$
$$+ \operatorname{sen}\theta_1 \, F_{y'}(x_0, y_0, \cos\theta_0, \operatorname{sen}\theta_0)]$$

è (n.° 74, *b*)) quasi-continua rispetto alla variabile s.

Al variare di θ_1, varierà, in generale, lo pseudoarco E_1 corrispondente; e se indichiamo con

$$\theta_1, \theta_2, \theta_3, \ldots, \theta_n, \ldots$$

l'insieme dei valori razionali di θ appartenenti all'intervallo $(0, 2\pi)$, disposti in successione secondo una legge qualsiasi, avremo, in corrispondenza di questi θ, la successione degli pseudoarchi

$$E_1,\ E_2,\ E_3, \dots,\ E_n, \dots .$$

Diciamo $\overline{E}$ l'insieme dei punti della curva $\mathcal{C}_0$ che appartengono ad almeno uno di questi E_n. Per le proposizioni del n.° 41, $\overline{E}$ è uno pseudoarco. Affermiamo che è $\overline{E} \equiv E_0$. Per il modo con cui è stato definito, $\overline{E}$ fa parte di E_0; basterà dunque mostrare che, se (x_0, y_0) è un punto di E_0, esso appartiene anche a $\overline{E}$. Dovendo essere, per (x_0, y_0),

$$\mathcal{E}(x_0, y_0;\ \cos\theta_0,\ \operatorname{sen}\theta_0;\ \cos\theta,\ \operatorname{sen}\theta) < 0$$

per almeno un valore di θ dell'intervallo $(0, 2\pi)$, tale disuguaglianza (per la continuità della funzione $\mathcal{E}$ rispetto a θ) sarà verificata per tutti i valori di θ di un intervallo parziale di $(0, 2\pi)$ e quindi per infiniti valori razionali di θ. Il punto (x_0, y_0) appartiene perciò ad infiniti pseudoarchi E_n e, di conseguenza, ad $\overline{E}$.

b) Quanto si è detto al n.° precedente, in *b*) e *c*), vale interamente anche per la proposizione data qui.

92. - Terza condizione, per le curve ordinarie.

a) ***Condizione necessaria affinchè su una curva $\mathcal{C}_0$ ordinaria l'integrale $\mathfrak{I}_{\mathcal{C}}$ sia una funzione semicontinua inferiormente, è che ogni punto della curva, interno al campo A, sia centro di almeno un cerchio tale che l'integrale $\mathfrak{I}$, esteso ad una qualsiasi curva ordinaria e chiusa, tutta appartenente al cerchio stesso, risulti sempre maggiore o uguale a zero.***

Sia infatti P_0 un punto della curva $\mathcal{C}_0$, interno al campo A e tale che, nel cerchio (P_0, ρ), qualunque sia ρ, esista sempre almeno una curva $\mathcal{C}_1$, ordinaria e chiusa, soddisfacente alla $\mathfrak{I}_{\mathcal{C}_1} < 0$. Detta $\mathcal{C}_n$ la curva composta di n archi consecutivi, uguali a $\mathcal{C}_1$, e $\mathcal{C}'_n$ quella composta dell'arco della $\mathcal{C}_0$ che precede il punto P_0, del segmento rettilineo che congiunge P_0 al primo estremo (comunque scelto) di $\mathcal{C}_n$ [1], della curva $\mathcal{C}_n$, del segmento rettilineo che congiunge il secondo estremo della $\mathcal{C}_n$

[1] Si suppone ρ sufficientemente piccolo perchè tale segmento risulti tutto costituito di punti del campo A.

al punto P_0 e dell'arco della $\mathfrak{C}_0$ che segue P_0, si ha, per $n \to \infty$,

$$\mathfrak{J}_{\mathfrak{C}_n} \to -\infty,$$

e quindi, per n sufficientemente grande,

$$\mathfrak{J}_{\mathfrak{C}'_n} < \mathfrak{J}_{\mathfrak{C}_0} - 1.$$

Poichè ρ è qualunque, la curva $\mathfrak{C}'_n$ si può far appartenere ordinatamente ad un intorno comunque piccolo della $\mathfrak{C}_0$; la disuguaglianza precedente prova dunque che, nell'ipotesi fatta dell'esistenza del punto P_0, $\mathfrak{J}_{\mathfrak{C}}$ non è semicontinuo inferiormente sulla $\mathfrak{C}_0$.

b) *Se il campo A soddisfa alla condizione* α) *del n.° 72, la condizione stabilita in a) deve essere verificata per tutti i punti della curva* $\mathfrak{C}_0$. Se, infatti, il punto P_0 fosse sulla frontiera del campo, nella costruzione della curva $\mathfrak{C}'_n$, fatta più sopra, non vi sarebbe che da sostituire i due segmenti rettilinei indicati con due curve continue e rettificabili del campo A, aventi gli stessi estremi di tali segmenti e di lunghezza inferiore ad un numero fisso prestabilito; e l'esistenza di queste curve è assicurata dalla condizione α) del n.° 72.

c) Il ragionamento fatto al n.° 85, *b*) prova che, se esistono, in tutto il campo A e per tutte le coppie (x', y') di numeri non ambedue nulli, finite e continue le derivate parziali del primo ordine, rispetto a x e y, delle $F_{x'}$, $F_{y'}$, $F_{x'x'}$, $F_{y'y'}$, $F_{x'y'}$, *condizione necessaria affinchè sulla curva ordinaria* $\mathfrak{C}_0$ *l'integrale* $\mathfrak{J}_{\mathfrak{C}}$ *sia una funzione semicontinua inferiormente, è che, in ogni punto* (x_0, y_0) *della* $\mathfrak{C}_0$, *interno al campo A e tale che in esso sia* $F_1(x_0, y_0, x', y') = 0$, *per tutte le possibili coppie* (x', y'), *risulti soddisfatta la*

$$F_{x'y}(x_0, y_0, \cos\theta, \operatorname{sen}\theta) = F_{y'x}(x_0, y_0, \cos\theta, \operatorname{sen}\theta),$$

per tutti i valori di θ.

93. - Condizioni per la continuità su una data curva ordinaria.

Affinchè su una data curva ordinaria si abbia la continuità per l'integrale $\mathfrak{J}_{\mathfrak{C}}$, occorre evidentemente che su essa si abbiano contemporaneamente la semicontinuità inferiore e quella superiore. Dalla proposizione del n.° 91, segue, allora, che, se $\mathfrak{C}_0$

è una curva ordinaria, completamente interna al campo A, in quasi-tutta la curva deve essere

$$\mathcal{E}(x_0, y_0; \cos\theta_0, \operatorname{sen}\theta_0; \cos\theta, \operatorname{sen}\theta) = 0,$$

per tutti i possibili valori di θ, intendendosi che θ_0 rappresenti l'angolo di direzione della curva in (x_0, y_0); la F deve perciò avere, in quasi-tutta la $\mathcal{C}_0$, la forma

$$P(x_0, y_0)x' + Q(x_0, y_0)y', \tag{1}$$

per tutte le coppie (x', y'). E tale forma, per la continuità della funzione F, deve, di conseguenza, aversi su *tutta* la curva $\mathcal{C}_0$.

A questo risultato si giunge anche se la curva $\mathcal{C}_0$ non è completamente interna al campo A, purchè essa non abbia archi completamente costituiti di punti della frontiera del campo. E lo stesso risultato vale per tutte le curve ordinarie, se il campo A soddisfa alla condizione γ) del n.° 72.

Riassumendo e tenendo conto di quanto si è stabilito al n.° precedente, abbiamo:

Affinchè, su una data curva ordinaria $\mathcal{C}_0$, l'integrale $\mathfrak{I}_{\mathcal{C}}$ sia una funzione continua, è necessario:

1) *che la funzione F abbia la forma* (1) *in tutti i punti della curva $\mathcal{C}_0$, se questa curva non ha nessun arco tutto costituito di punti della frontiera del campo, oppure se il campo soddisfa alla condiz. γ) del n.° 72;*

2) *che ogni punto della curva, interno al campo A (o anche sulla frontiera di tale campo, se è soddisfatta la condiz. α) del n.° 72), sia centro di almeno un cerchio tale che l'integrale $\mathfrak{I}$, esteso ad una qualsiasi curva ordinaria e chiusa, tutta appartenente al cerchio stesso, risulti sempre uguale a zero.*

Capitolo VII.

CONDIZIONI SUFFICIENTI PER LA SEMICONTINUITÀ

§ 1. La semicontinuità in tutto il campo: *a) Gli integrali quasi-regolari definiti.*

94. - Osservazione sugli integrali quasi-regolari semidefiniti. Dimostriamo che, *se l'integrale $\mathfrak{J}_{\mathfrak{C}}$ è quasi-regolare semidefinito, deve sempre aversi, in tutto il campo A,*

$$F_1 \geq 0, \quad F \geq 0,$$

oppure sempre

$$F_1 \leq 0, \quad F \leq 0 \text{ (}^1\text{)}.$$

Supponiamo che $\mathfrak{J}_{\mathfrak{C}}$ sia quasi-regolare positivo, vale a dire, che sia sempre $F_1 \geq 0$. Allora, per quanto si è detto al n.° 78, la *figurativa* della funzione F, relativa ad un qualunque punto (x, y) del campo A, non scende mai al disotto di un suo piano tangente qualsiasi; e se esiste un piano tangente che non abbia per equazione $u = 0$, in alcuni punti di tale piano è $u \geq 0$ e quindi $F > 0$. Se poi tutti i piani tangenti avessero per equazione $u = 0$, si avrebbe sempre $F = 0$.

95. - Prima condizione sufficiente.

Come già abbiamo fatto per le condizioni necessarie, ci occuperemo sempre soltanto delle condizioni sufficienti per

(1) Cfr. A. Kneser, *Lehrbuch der Variationsrechnung.* (Braunschweig, Friedrich Vieweg, 1900), pag. 53.

la semicontinuità inferiore, dalle quali si ottengono immediatamente quelle relative alla semicontinuità superiore [1].

a) Ciò premesso, dimostriamo che:

l'integrale $\mathfrak{I}_{\mathcal{C}}$ *quasi-regolare definito positivo è una funzione semicontinua inferiormente* [2].

Considerata una curva ordinaria $\mathcal{C}_0$ e preso su di essa, come origine degli archi, il primo estremo od un punto arbitrariamente scelto, nel caso si tratti di una curva chiusa, sia

$$x = x_0(s), \quad y = y_0(s), \quad (0, \ L_0),$$

la sua rappresentazione analitica in funzione della lunghezza s dell'arco. Dividiamo la $\mathcal{C}_0$ in n parti, tutte di uguale lunghezza, $\frac{1}{n} L_0$, mediante i punti $P_0^{(0)}$, $P_1^{(0)}$, $P_2^{(0)}$,...., $P_n^{(0)}$, susseguentisi sulla curva nell'ordine fissato dalla curva stessa, e in modo che $P_0^{(0)}$ coincida con l'origine degli archi. Siano

$$s_0 = 0 < s_1 < s_2 < \ldots. < s_n = L_0,$$

i valori di s corrispondenti a tali punti. Sarà

$$s_{i+1} - s_i = \frac{1}{n} L_0 \qquad (i = 0, 1, 2, \ldots, n-1).$$

Indichiamo con ρ un numero positivo minore di $\frac{1}{n^2}$ e tale che ogni curva, appartenente ordinatamente all'intorno (ρ) di uno qualunque degli archi $\mathcal{C}_0(P_i^{(0)}, \ P_{i+1}^{(0)})$ di $\mathcal{C}_0$, abbia lunghezza superiore a $\frac{1}{2n} L_0$; e consideriamo una qualunque curva $\mathcal{C}$ ordinaria la quale appartenga ordinatamente all' in-

---

(1) Cfr. n.° 84.

(2) Cfr. L. TONELLI, *Sui massimi e minimi assoluti del Calcolo delle Variazioni.* [Rend. Circ. Matem., Palermo, t. XXXII (2° sem. 1911)]; *Sul caso regolare nel Calcolo delle Variazioni* [idem., t. XXXV (1° sem. 1913)]; *La semicontinuità nel Calcolo delle Variazioni* [idem, t. XLIV (1920)]; ed anche, quando si considerino soltanto curve composte di un numero finito di archi a tangente variabile in modo continuo, E. GOURSAT, *Sur quelques fonctions de lignes semicontinues* [Bulletin de la Société Math. de France, t. XLIII (1915)]. Per il caso in cui sia $F = \varphi(x, y)\sqrt{x'^2 + y'^2}$, vedi H. LEBESGUE, *Intégrale, longueur, aire* (Annali di Matematica Pura e Applicata, 1902).

torno (ρ) della $\dot{\mathcal{C}}_0$. Tra le corrispondenze Ω (n.° 18, *b*)) esistenti fra i punti della $\mathcal{C}$ e della $\mathcal{C}_0$, e tali che la distanza fra i punti corrispondenti risulti sempre non maggiore di ρ, scegliamone una e indichiamo con $P_0, P_1, \dots, P_n$, i punti della $\mathcal{C}$ che vengono così a corrispondere ordinatamente ai punti $P_0^{(0)}, P_1^{(0)}, \dots, P_n^{(0)}$, della $\mathcal{C}_0$. Per togliere ogni ambiguità, intenderemo che, se, in base alla corrispondenza s elta, a $P_r^{(0)}$ venissero a corrispondere sulla $\mathcal{C}$ più punti, P_r sia il primo di essi, per $r < n$, e l'ultimo di essi, per $r = n$. L'arco $\mathcal{C}(P_i, P_{i+1})$ appartiene allora ordinatamente all'intorno (ρ) dell'arco $\mathcal{C}_0(P_i^{(0)}, P_{i+1}^{(0)})$, e, per l'ipotesi fatta sopra sul numero ρ, la lunghezza del primo risulta superiore a $\frac{1}{2n} L_0$, cioè alla metà di quella del secondo. Contiamo le lunghezze degli archi della $\mathcal{C}$ a partire dal punto P_0 e indichiamole genericamente con la lettera σ; chiamiamo poi $\sigma_1, \sigma_2, \dots, \sigma_n$, le lunghezze degli archi $\mathcal{C}(P_0, P_1)$, $\mathcal{C}(P_0, P_2), \dots$, $\mathcal{C}(P_0, P_n)$. Per quanto si è detto or ora, è

$$\text{(1)} \qquad \sigma_{i+1} - \sigma_i > \frac{s_{i+1} - s_i}{2} \qquad (i = 0, 1, \dots, n-1) \text{ [1]}.$$

Confrontiamo i valori dei due integrali

$$\text{(2)} \qquad \mathfrak{J}_{\mathcal{C}_0(P_i^{(0)}, P_{i+1}^{(0)})}, \qquad \mathfrak{J}_{\mathcal{C}(P_i, P_{i+1})}.$$

A tal uopo, considerato un qualsiasi cerchio del piano (x, y), contenente la curva $\mathcal{C}_0$ ed almeno tutti i punti dello stesso piano distanti da essa di non più di ρ [2], indichiamo con m e M rispettivamente il minimo e il massimo della funzione F nell'insieme (chiuso) dei punti di A che appartengono al detto cerchio e per tutte le coppie (x', y') normalizzate. Per essere $\mathfrak{J}_{\mathcal{C}}$ un integrale definito positivo, è $m > 0$.

Avendosi poi

$$\mathfrak{J}_{\mathcal{C}_0(P_i^{(0)}, P_{i+1}^{(0)})} \leq M(s_{i+1} - s_i),$$
$$\mathfrak{J}_{\mathcal{C}(P_i, P_{i+1})} \geq m(\sigma_{i+1} - \sigma_i),$$

---

[1] Poniamo $\sigma_0 = 0$.

[2] Intendiamo per distanza di un punto da una curva il minimo delle distanze del punto stesso dai punti della curva.

si ha che, se è

$$\sigma_{i+1} - \sigma_i \geq \frac{M}{m}(s_{i+1} - s_i),$$

è senz'altro,

(3) $$\mathfrak{I}_{\mathcal{C}(P_i,\, P_{i+1})} > \mathfrak{I}_{\mathcal{C}_0(P_i^{(0)},\, P_{i+1}^{(0)})}.$$

Consideriamo il caso in cui si abbia

(4) $$\sigma_{i+1} - \sigma_i < \frac{M}{m}(s_{i+1} - s_i).$$

Poniamo, fra i due archi $\mathcal{C}_0(P_i^{(0)}, P_{i+1}^{(0)})$, $\mathcal{C}(P_i, P_{i+1})$, una nuova corrispondenza Ω, definita dalla relazione lineare

$$\sigma = \sigma_i + \frac{\sigma_{i+1} - \sigma_i}{s_{i+1} - s_i}(s - s_i).$$

Abbiamo, per la (1) e la (4),

(5) $$\frac{1}{2} < \frac{\sigma_{i+1} - \sigma_i}{s_{i+1} - s_i} < \frac{M}{m}.$$

Scegliendo s come parametro di una rappresentazione analitica simultanea degli archi $\mathcal{C}_0(P_i^{(0)}, P_{i+1}^{(0)})$, $\mathcal{C}(P_i, P_{i+1})$, si avranno, per il primo, le equazioni

$$x = x_0(s), \quad y = y_0(s), \quad (s_i\,,\ s_{i+1}),$$

e, per il secondo,

$$x = x(s), \quad y = y(s), \quad (s_i\,,\ s_{i+1});$$

e sarà, in quasi-tutto l'intervallo $(s_i\,,\ s_{i+1})$,

(6) $$\begin{cases} |x_0'(s)| \leq 1, & |y_0'(s)| \leq 1, \\ |x'(s)| < \dfrac{M}{m}, & |y'(s)| < \dfrac{M}{m}. \end{cases}$$

Detti poi $P^{(0)}$ e P i punti di $\mathcal{C}_0$ e $\mathcal{C}$ corrispondenti ad uno stesso valore s qualsiasi di (s_i, s_{i+1}), e $P_{(0)}$ il punto di $\mathcal{C}_0$ corrispondente a P nella prima corrispondenza considerata fra $\mathcal{C}_0$ e $\mathcal{C}$, la distanza fra $P_{(0)}$ e P risulta non maggiore di $\rho < \frac{1}{n^2}$ e quella fra $P_{(0)}$ e $P^{(0)}$ minore di $\frac{L_0}{n}$ (perchè questi due punti appartengono ad uno stesso arco di $\mathfrak{C}_0$ di lunghezza uguale a $\left.\frac{L_0}{n}\right)$. La distanza fra $P^{(0)}$ e P è dunque minore di $\frac{1+L_0}{n}$ e si ha

$$(7) \qquad |x(s)-x_0(s)|<\frac{1+L_0}{n}, \quad |y(s)-y_0(s)|<\frac{1+L_0}{n},$$

per tutti gli s di (s_i, s_{i+1}). Di più, è

$$(8) \qquad \begin{cases} |x(s_i)-x_0(s_i)|\leq\rho, & |y(s_i)-y_0(s_i)|\leq\rho, \\ |x(s_{i+1})-x_0(s_{i+1})|\leq\rho, & |y(s_{i+1})-y_0(s_{i+1})|\leq\rho, \end{cases}$$

perchè i punti $P_i^{(0)}$, P_i distano fra loro per non più di ρ, e ugualmente $P_{i+1}^{(0)}$, P_{i+1}.

Consideriamo la differenza fra gli integrali (2) e scriviamola nel seguente modo

$$D_i=\mathfrak{J}_{\mathfrak{C}(P_i,\, P_{i+1})}-\mathfrak{J}_{\mathfrak{C}_0(P_i^{(0)},\, P_{i+1}^{(0)})}=$$

$$=\int_{s_i}^{s_{i+1}}[F(x(s),\, y(s),\, x'(s),\, y'(s))-F(x_0(s),\, y_0(s),\, x_0'(s),\, y_0'(s))]ds=$$

$$=\int_{s_i}^{s_{i+1}}[F(x,\, y,\, x',\, y')-F(x_0,\, y_0,\, x',\, y')]ds+$$

$$+\int_{s_i}^{s_{i+1}}[F(x_0,\, y_0,\, x',\, y')-F(x_0,\, y_0,\, x_0',\, y_0')]ds \text{ (1)}.$$

Osserviamo qui che, avendosi

$$x'(s)=\frac{dx}{d\sigma}\cdot\frac{\sigma_{i+1}-\sigma_i}{s_{i+1}-s_i}, \quad y'(s)=\frac{dy}{d\sigma}\cdot\frac{\sigma_{i+1}-\sigma_i}{s_{i+1}-s_i},$$

è, per la (5), in quasi-tutto (s_i, s_{i+1}),

$$\frac{1}{4}<x'^2(s)+y'^2(s)<\left(\frac{M}{m}\right)^2.$$

Preso dunque ad arbitrio un numero positivo ε, possiamo, per la continuità della funzione F, determinarne un altro δ

---

(1) L'integrabilità della $F(x_0, y_0, x', y')$ risulta dall'essere questa funzione quasi-continua in (s_i, s_{i+1}), per quanto si è dimostrato al n.° 74, *b*), e limitata, per le (6).

tale che, essendo (x_0, y_0) un qualsiasi punto di $\mathfrak{C}_0$ e (x, y) un altro punto qualunque di A, tale però da avere una distanza da (x_0, y_0) non superiore a δ, ed essendo verificata la doppia disuguaglianza

$$\frac{1}{4} \leq x'^2 + y'^2 \leq \left(\frac{M}{m}\right)^2,$$

si abbia

$$| F(x, y, x', y') - F(x_0, y_0, x', y') | < \varepsilon.$$

Ne viene perciò che, per ogni n tale che sia

$$(9) \qquad \frac{1 + L_0}{n} < \frac{1}{2}\delta,$$

è, in forza delle (7),

$$(10) \qquad \int_{s_i}^{s_{i+1}} [F(x, y, x', y') - F(x_0, y_0, x', y')]ds > -\varepsilon(s_{i+1} - s_i).$$

Ricordando la definizione della funzione $\mathcal{E}$ (n.° 77), si ha poi

$$\begin{aligned} F(x_0, y_0, x', y') &- F(x_0, y_0, x_0', y_0') \\ &= F(x_0, y_0, x', y') - [x' F_{x'}(x_0, y_0, x_0', y_0') + y' F_{y'}(x_0, y_0, x_0', y_0')] \\ &\quad + (x' - x_0')F_{x'}(x_0, y_0, x_0', y_0') + (y' - y_0')F_{y'}(x_0, y_0, x_0', y_0') \\ &= \mathcal{E}(x_0, y_0; x_0', y_0'; x', y') + (x' - x_0')F_{x'}(x_0, y_0, x_0', y_0') + \\ &\quad + (y' - y_0')F_{y'}(x_0, y_0, x_0', y_0'), \end{aligned}$$

dove, per essere $\mathfrak{I}_{\mathfrak{C}}$ un integrale quasi-regolare positivo, è (n.° 77, *b*))

$$(11) \qquad \mathcal{E}(x_0, y_0; x_0', y_0'; x', y') \geq 0.$$

Ne viene dunque, tenendo conto della (10),

$$\begin{aligned} D_i > -\varepsilon(s_{i+1} - s_i) + \int_{s_i}^{s_{i+1}} &[(x' - x_0')F_{x'}(x_0, y_0, x_0', y_0') \\ &+ (y' - y_0')F_{y'}(x_0, y_0, x_0', y_0')]ds \ (^1). \end{aligned}$$

---

(1) Le due derivate $F_{x'}$ e $F_{y'}$, che qui figurano, sono quasi-continue (n.° 74, *b*)) e limitate; l'espressione sotto il segno di integrale è, pertanto, effettivamente integrabile.

Sommando ora rispetto all'indice i e tenendo conto della disuguaglianza (3), valida quando non sia soddisfatta la (4), abbiamo

$$\mathfrak{I}_{\mathfrak{C}} - \mathfrak{I}_{\mathfrak{C}_0} = \sum_i D_i > -\varepsilon L_0$$

$$+ \sum_i{}' \int_{s_i}^{s_{i+1}} [(x' - x_0')F_{x'}(x_0, y_0, x_0', y_0') + (y' - y_0')F_{y'}(x_0, y_0, x_0', y_0')]ds,$$

intendendo che la sommatoria $\sum\limits_i{}'$ sia estesa solamente a quegli archi per i quali vale la (4).

Questa sommatoria può essere decomposta nelle due

$$\sum_i{}' \int_{s_i}^{s_{i+1}} (x' - x_0')F_{x'}(x_0, y_0, x_0', y_0')ds, \qquad \sum_i{}' \int_{s_i}^{s_{i+1}} (y' - y'_0)F_{y'}(x_0, y_0, x_0', y_0')ds,$$

a ciascuna delle quali può applicarsi il lemma del n.° 79. Ed infatti, le funzioni $F_{x'}(x_0, y_0, x_0', y_0')$, $F_{y'}(x_0, y_0, x_0', y_0')$ sono integrabili e sempre inferiori, in modulo, ad un numero fisso M_1; gli intervalli (s_i, s_{i+1}) non si sovrappongono e appartengono a $(0, L_0)$; le funzioni $x(s) - x_0(s)$, $y(s) - y_0(s)$ sono assolutamente continue e soddisfano, negli intervalli (s_i, s_{i+1}) che figurano nelle Σ', alle disuguaglianze (7) ed alle (6), e quindi anche alle

$$|x' - x_0'| < 1 + \frac{M}{m}, \quad |y' - y_0'| < 1 + \frac{M}{m}.$$

Prendendo dunque l'intero n soddisfacente alla (9) e sufficientemente grande, abbiamo, per il lemma ricordato,

$$\left| \sum_i{}' \int_{s_i}^{s_{i+1}} (x' - x_0')F_{x'}(x_0, y_0, x_0', y_0')\,ds \right| <$$

$$< \varepsilon + M_1 \sum_i{}' |x(s_{i+1}) - x_0(s_{i+1}) - x(s_i) + x_0(s_i)|$$

$$\left| \sum_i{}' \int_{s_i}^{s_{i+1}} (y' - y_0')F_{y'}(x_0, y_0, x_0', y_0')\,ds \right| <$$

$$< \varepsilon + M_1 \sum{}' |y(s_{i+1}) - y_0(s_{i+1}) - y(s_i) + y_0(s_i)| \; ,$$

e tenendo conto delle disuguaglianze (8) e della condizione $\rho < \frac{1}{n^2}$,

$$\left| \sum_i' \int_{s_i}^{s_{i-1}} [(x' - x_0')F_{x'} + (y' - y_0')F_{y'}] ds \right| < 2\varepsilon + 4M_1 \rho n < 2\varepsilon + \frac{4M_1}{n},$$

e se n è sufficientemente grande,

$$< 3\varepsilon.$$

È dunque, per n abbastanza grande,

$$\mathfrak{I}_{\mathfrak{C}} - \mathfrak{I}_{\mathfrak{C}_0} > -\varepsilon (L_0 + 3).$$

Siccome ε è stato scelto ad arbitrio e questa disuguaglianza vale per tutte le curve $\mathfrak{C}$ dell'intorno (ρ) della $\mathfrak{C}_0$, intorno scelto nel modo indicato, la semicontinuità inferiore di $\mathfrak{I}_{\mathfrak{C}}$ sulla $\mathfrak{C}_0$ è dimostrata.

b) In virtù della proposizione dimostrata in *a*), sono funzioni semicontinue inferiormente gli integrali

$$\int_{\mathfrak{C}} \sqrt{x'^2 + y'^2}\, ds, \quad \int_{\mathfrak{C}} \left[\sqrt{x'^2 + y'^2} + \frac{y^2 x'}{1 + x^2 + y^2} \right] ds, \quad \int_{\mathfrak{C}} \varphi(x, y) \sqrt{x'^2 + y'^2}\, ds,$$

con $\varphi(x, y) > 0$ in tutto il campo A.

c) È opportuno rilevare che, nella dimostrazione esposta in *a*), l'ipotesi che l'integrale $\mathfrak{I}_{\mathfrak{C}}$ sia quasi-regolare positivo è stata sfruttata soltanto, a traverso la disuguaglianza (11); e poichè in tutta la dimostrazione non si è mai fatto uso delle derivate $F_{x'x'}$, $F_{x'y'}$, $F_{y'y'}$, possiamo affermare *la semicontinuità inferiore dell'integrale* $\mathfrak{I}_{\mathfrak{C}}$, *sotto le ipotesi che esso sia definito positivo e che la figurativa (n.° 78) della funzione F rivolga sempre la sua concavità verso la direzione positiva dell'asse delle u, e ciò anche se la funzione F non ammette le derivate parziali del secondo ordine rispetto alle x' e y'.*

§ 2. La semicontinuità in tutto il campo: *b) Gli integrali quasi-regolari* (¹).

96. - Seconda condizione sufficiente.

L'integrale $\mathfrak{J}_{\mathfrak{C}}$ quasi-regolare positivo seminormale è una funzione semicontinua inferiormente.

Premettiamo che, preso comunque un punto $P_0 \equiv (x_0, y_0)$ del campo A, si possono sempre scegliere, secondo quanto si è detto al n.° 86, *a*), tre costanti p_0, q_0 e r_0, delle quali l'ultima positiva, in modo che la funzione

$$\overline{F}(x, y, x', y') \equiv F(x, y, x', y') + p_0 x' + q_0 y',$$

sia maggiore di zero in tutti i punti del campo A che appartengono al cerchio (P_0, r_0) e per tutte le coppie (x', y') di numeri non ambedue nulli.

Essendo poi $\overline{F}_1 \equiv F_1$, è anche, contemporaneamente,

$$\overline{F}_1 \geq 0.$$

Poichè la scelta della coppia $(\bar{x}', \bar{y}')$, considerata nella costruzione del n.° 86, *a*) ricordato, può esser fatta in infiniti modi, converremo, nel seguito, di scegliere per $(\bar{x}', \bar{y}')$ la coppia normalizzata in cui la $F_1(x_0, y_0, x', y')$ è massima, e qualora di tali coppie ve ne fossero diverse, di prendere fra esse quella per la quale l'angolo θ, compreso fra 0 e 2π e determinato dalle uguaglianze $\cos\theta = x'$, $\operatorname{sen}\theta = y'$, è minimo.

Fissata così la coppia $(\bar{x}', \bar{y}')$ e considerati tutti i valori del λ della costruzione detta, che hanno il segno là indicato e sono in modulo ≤ 1, e per i quali la disuguaglianza (2) del n.° citato è sempre soddisfatta per tutti gli x', y' ammessi, sceglieremo fra essi quello il cui modulo è uguale alla metà del limite superiore dei moduli dei valori medesimi. Ciò fatto, prendiamo r_0 uguale alla metà del limite superiore di tutti i raggi dei cerchi del piano (x, y) aventi tutti il centro in P_0 e

(¹) L. Tonelli, *La semicontinuità nel Calcolo delle Variazioni*. Cap. I, § 4; e *Sul caso regolare nel Calcolo delle Variazioni*.

internamente ai quali [1] è sempre soddisfatta la disuguaglianza $\overline{F} < 0$, per tutte le coppie (x', y') di numeri non ambedue nulli. Con questa determinazione di r_0, avremo $\overline{F} > 0$ per tutte le coppie (x', y') ora indicate e in tutti i punti (x, y) interni al cerchio $(P_0, 2r_0)$.

Possiamo, dopo ciò, procedere senz'altro alla dimostrazione della proposizione enunciata al principio di questo n.°.

Sia $\mathfrak{C}_0$ una curva ordinaria, e considerato un suo punto qualsiasi P_0, indichiamo con α_0 il massimo arco della $\mathfrak{C}_0$ che contiene il punto P_0 e che risulta costituito tutto di punti appartenenti al cerchio (P_0, r_0), in cui r_0 è il raggio determinato poco sopra. La funzione F, che abbiamo già definita, soddisfa alle disuguaglianze $\overline{F} > 0$ e $F_1 > 0$ in tutta la parte del campo A interna al cerchio $(P_0, 2r_0)$ e per tutte le possibili coppie di numeri x', y' non ambedue nulli. Pertanto, in forza della proposizione del n.° 95, il suo integrale è, sull'arco α_0, una funzione semicontinua inferiormente, e preso un $\varepsilon > 0$ ad arbitrio, è possibile determinare un numero ρ_0, maggiore di zero e minore di r_0, e tale che, per ogni arco α di curva ordinaria, appartenente ordinatamente all'intorno (ρ_0) di α_0, sia

$$\int_{\alpha} F ds > \int_{\alpha_0} F ds - \varepsilon .$$

Rammentando la definizione della F, possiamo scrivere, come conseguenza di questa disuguaglianza,

$$\int_{\alpha} F ds > \int_{\alpha_0} F ds - \varepsilon + \left[\int_{\alpha_0} (p_0 x' + q_0 y') ds - \int_{\alpha} (p_0 x' + q_0 y') ds \right] .$$

La differenza nella parentesi che qui figura è uguale (essendo p_0 e q_0 due costanti) a

$$\int_{P_0^{(0)} P^{(0)}} (p_0 x' + q_0 y') ds + \int_{P^{(1)} P_0^{(1)}} (p_0 x' + q_0 y') ds ,$$

[1] Naturalmente non si terrà alcun conto di quei punti che eventualmente non appartenessero al campo A.

dove $P_0^{(0)}$ e $P_0^{(1)}$ indicano i due estremi di α_0, e $P^{(0)}$ e $P^{(1)}$ quelli corrispondenti di α; e questa somma tende a zero con ρ_0. Perciò, se si prende ρ_0 sufficientemente piccolo, si ha

$$\int_{\alpha} F d\sigma > \int_{\alpha_0} F ds - 2\varepsilon,$$

la quale disuguaglianza prova che sull'arco α_0 è una funzione semicontinua inferiormente anche l'integrale della F.

Possiamo dunque affermare che ogni punto P_0 della curva $\mathcal{C}_0$ appartiene (come punto *interno*, fatta eccezione per gli estremi della curva) ad un arco α_0, della curva stessa, sul quale l'integrale della F è una funzione semicontinua inferiormente. Per il teorema del n.° 33, fra gli archi α_0, corrispondenti a tutti i punti della $\mathcal{C}_0$, è possibile di sceglierne un numero finito $\alpha_0^{(1)}, \alpha_0^{(2)}, \ldots, \alpha_0^{(n)}$, in modo che ogni punto della curva appartenga ad almeno uno di essi. E sopprimendo in ciascuno di questi archi quelle parti che risultassero ricoprire archi dello stesso gruppo e di indice inferiore, si verrà ad ottenere una divisione della curva $\mathcal{C}_0$ in parti consecutive $\beta_0^{(1)}, \beta_0^{(2)}, \ldots, \beta_0^{(m)}$, su ciascuna delle quali l'integrale della F sarà una funzione semicontinua inferiormente.

Se allora si considera una qualunque curva $\mathcal{C}$ ordinaria, appartenente ordinatamente ad un intorno (ρ) della $\mathcal{C}_0$, e, scelta una delle corrispondenze Ω (n.° 18, *b*)), intercedenti fra la $\mathcal{C}_0$ e la $\mathcal{C}$, in modo che la distanza fra i punti corrispondenti risulti sempre minore di ρ, si indicano con $\beta^{(1)}, \beta^{(2)}, \ldots, \beta^{(m)}$ gli archi della $\mathcal{C}$ che in essa corrispondono a $\beta_0^{(1)}, \beta_0^{(2)}, \ldots, \beta_0^{(m)}$ [1], si ha che, per ogni ρ sufficientemente piccolo, è

$$\mathfrak{I}_{\beta^{(r)}} > \mathfrak{I}_{\beta_0^{(r)}} - \frac{\varepsilon}{m} \qquad (r = 1, 2, \ldots, m)$$

e quindi

$$\mathfrak{I}_{\mathcal{C}} > \mathfrak{I}_{\mathcal{C}_0} - \varepsilon.$$

Ciò dimostra la semicontinuità dell'integrale $\mathfrak{I}_{\mathcal{C}}$.

---

[1] Per togliere ogni ambiguità, intenderemo che, se, in base alla corrispondenza Ω, ad un estremo di un $\beta_0^{(r)}$ venissero a corrispondere, sulla $\mathcal{C}$, più punti, l'estremo corrispondente di $\beta^{(r)}$ sia il primo di essi, se non si tratta del secondo estremo di $\beta_0^{(m)}$, l'ultimo, invece, in caso contrario.

OSSERVAZIONE. — Conformemente a quanto è stato detto al n.° precedente in c), possiamo osservare che la proposizione qui stabilita vale, indipendentemente dall'esistenza delle derivate parziali seconde della F rispetto alle x' e y', sotto la sola condizione che la figurativa (n.° 78) della F rivolga sempre la sua concavità verso la direzione positiva dell'asse delle u, senza che essa si riduca mai ad un piano.

97. - Gli integrali regolari.

Un caso particolare della proposizione or ora provata è il seguente:

L'integrale $\mathfrak{I}_{\mathfrak{C}}$ regolare positivo è una funzione semicontinua inferiormente.

Sono, pertanto, funzioni semicontinue inferiormente tutti gli integrali della forma

$$\mathfrak{I}_{\mathfrak{C}} = \int_{\mathfrak{C}} [\varphi(x, y)\sqrt{x'^2 + y'^2} + p(x, y)x' + q(x, y)y']ds,$$

con $\varphi(x, y) > 0$ in tutto il campo A.

98. - Terza condizione sufficiente.

Nell'enunciato del n.° 96, la condizione che l'integrale $\mathfrak{I}_{\mathfrak{C}}$ sia seminormale porta ad escludere che, in qualche punto del campo A, la $F_1(x, y, x', y')$ possa essere identicamente nulla per tutte le possibili coppie (x', y'). Dobbiamo ora esaminare il caso in cui si presentano i punti, che chiameremo *eccezionali*, nei quali è precisamente $F_1(x, y, x', y') = 0$ per *tutte* le coppie (x', y').

Dimostriamo, in primo luogo, che:

Se $\mathfrak{I}_{\mathfrak{C}}$ è un integrale quasi-regolare positivo e se, per ogni punto eccezionale del campo A, esiste un intorno in cui la F soddisfa sempre alla disuguaglianza $F \geq 0$, l'integrale $\mathfrak{I}_{\mathfrak{C}}$ è una funzione semicontinua inferiormente.

Cominciamo con l'osservare che, se $(\bar{x}, \bar{y})$ è un punto *eccezionale* di A, è (n.° 77, b))

$$F(\bar{x}, \bar{y}, x', y') \equiv px' + qy',$$

con p e q costanti, e che, dall'ipotesi fatta sul segno della F in un intorno di $(\bar{x}, \bar{y})$ segue $p = q = 0$ e quindi $F(\bar{x}, \bar{y}, x', y') \equiv 0$, perchè, se p e q non fossero entrambi nulli, la $F(\bar{x}, \bar{y}, x', y')$ potrebbe assumere valori negativi. Premesso ciò, consideriamo una qualsiasi curva $\mathfrak{C}_0$ ordinaria e indichiamo con E l'insieme dei suoi punti *eccezionali*. Dalla continuità della F_1, segue subito che l'insieme E è *chiuso*. Perciò, se, ad ogni punto di E, facciamo corrispondere il limite superiore r dei raggi dei cerchi che hanno il centro in quel punto e dentro i quali, nei punti di A, resta sempre verificata la $F \geq 0$, questi r ammettono in E un minimo non nullo, vale a dire, esiste un $r_0 > 0$ tale che sia sempre $r \geq r_0$. Di più, sempre per essere E chiuso, possiamo determinare su $\mathfrak{C}_0$ un numero finito di archi $\alpha_1, \alpha_2, \ldots, \alpha_n$, senza punti comuni, tali da rinchiudere tutti i punti di E, così che questi punti risultino *interni* ad essi ([1]), e da avere una lunghezza complessiva, che indicheremo con $\sum_{s=1}^{n} \alpha_s$, non superiore a $m(E) + \varepsilon$, dove $m(E)$ rappresenta la misura dello pseudoarco E ed ε è un numero positivo, prefissato ad arbitrio, ma $< \frac{r_0}{2}$.

Abbiamo, allora, se M indica il massimo modulo di $F(x, y, x', y')$ sulla $\mathfrak{C}_0$, e per essere, in E, $F = 0$,

$$\left| \sum_{s=1}^{n} \mathfrak{I}_{\alpha_s} \right| < M\varepsilon. \tag{1}$$

Abbiamo, inoltre, che i punti degli archi α_s non appartenenti ad E distano da qualche punto di E di non più di $\varepsilon < \frac{r_0}{2}$, e che, perciò, tutti i punti degli α_s sono centri di cerchi, di raggio $\frac{r_0}{2}$, nell'interno dei quali è sempre $F \geq 0$.

Siano ora $\beta_1, \beta_2, \ldots, \beta_m$ gli archi della $\mathfrak{C}_0$ che si ottengono da essa sopprimendo i punti interni agli α_s, nonchè il primo estremo di α_1 e il secondo di α_n, qualora tali estremi siano anche estremi della curva $\mathfrak{C}_0$. Sugli archi β non esiste nessun punto *eccezionale* e possiamo quindi determinare un

[1] Deve essere fatta eccezione per i punti *eccezionali* che coincidessero con gli estremi della curva $\mathfrak{C}_0$. Se un estremo della $\mathfrak{C}_0$ fosse un punto *eccezionale*, esso, anzichè essere *interno* ad un α, sarebbe un estremo di tale arco.

numero $r_1 > 0$ in modo che non esista nessun punto *eccezionale* distante dagli archi β per meno di r_1. Sopra questi archi β l'integrale della F è, pertanto, per la proposizione del n.° 96, una funzione semicontinua inferiormente, e possiamo determinare un numero positivo ρ in guisa che, se β'_s è una qualsiasi curva ordinaria, appartenente ordinatamente all'intorno (ρ) di β_s, si abbia

$$\mathfrak{J}_{\beta_s'} > \mathfrak{J}_{\beta_s} - \frac{\varepsilon}{m}.$$

Se dunque indichiamo con ρ_0 un numero positivo, minore di $\frac{r_0}{2}$ e di ρ, e consideriamo una qualsiasi curva $\mathfrak{C}'$ ordinaria, appartenente ordinatamente all'intorno (ρ_0) della $\mathfrak{C}_0$, abbiamo, dopo aver decomposto la $\mathfrak{C}'$ negli archi α'_s e β'_s corrispondenti agli α_s e β_s secondo una qualunque delle corrispondenze che, fra essa curva e la $\mathfrak{C}_0$, si possono porre secondo la definizione di curva appartenente ordinatamente all'intorno (ρ_0) della $\mathfrak{C}_0$,

$$\mathfrak{J}_{\mathfrak{C}'} = \sum_1^n \mathfrak{J}_{\alpha'_s} + \sum_1^m \mathfrak{J}_{\beta'_s} > \sum_1^m \mathfrak{J}_{\beta_s} - \varepsilon,$$

perchè sugli archi α'_s è sempre $F \geq 0$. Tenendo conto della (1), abbiamo anche

$$\mathfrak{J}_{\mathfrak{C}'} > \sum_1^m \mathfrak{J}_{\beta_s} + \sum_1^n \mathfrak{J}_{\alpha_s} - \varepsilon(1 + M),$$

ossia

$$\mathfrak{J}_{\mathfrak{C}'} > \mathfrak{J}_{\mathfrak{C}_0} - \varepsilon(1 + M).$$

Siccome M è indipendente da ε, ed ε può esser preso piccolo a piacere, questa disuguaglianza prova la semicontinuità dell'integrale $\mathfrak{J}$.

Un esempio, in cui le condizioni del teorema ora dimostrato si trovano verificate, è dato dalla funzione

$$F(x, y, x', y') \equiv x^2(1-x)^2 \sqrt{x'^2 + y'^2} + x^3(1-x)^3 y'.$$

Qui è sempre $F_1 \geq 0$, con $F_1 \equiv 0$ per $x = 0$ e per $x = 1$; e se δ è positivo e sufficientemente piccolo, è $F \geq 0$ per tutti gli x soddisfacenti alla $|x| < \delta$ oppure alla $|1 - x| < \delta$.

99. - Gli integrali quasi-regolari semidefiniti.

Come caso particolare notevole della proposizione precedente, si ha:

L'integrale $\mathfrak{J}_{\mathfrak{C}}$ quasi-regolare semidefinito positivo è una funzione semicontinua inferiormente.

Più particolarmente ancora, si ha:

L'integrale $\mathfrak{J}_{\mathfrak{C}}$ è una funzione semicontinua inferiormente se è

$$F(x, y, x', y') \equiv g(x, y)\sqrt{x'^2 + y'^2}$$

con $g(x, y)$ funzione continua e sempre ≥ 0 nel campo A (¹); *ed anche, se è*

$$F(x, y, x', y') \equiv g(x, y)G(x, y, x', y'),$$

con $g(x, y)$ funzione continua e sempre ≥ 0 nel campo A, e $G(x, y, x', y')$ funzione soddisfacente alle condizioni ammesse, per la F, al n.° 74 ed alle disuguaglianze $G_1 \geq 0$, $G \geq 0$, pure in tutto il campo A (²).

Sono, pertanto, funzioni semicontinue inferiormente, qualunque sia il campo A, gli integrali

$$\int_{\mathfrak{C}} (x^2 + y^2)\sqrt{x'^2 + y'^2}\,ds, \qquad \int_{\mathfrak{C}} (x^2 + y^2)[\sqrt{x'^2 + y'^2} - x']\,ds.$$

Osservazione. — Anche le proposizioni stabilite in questo e nel n.° precedente valgono indipendentemente dalla esistenza delle derivate parziali seconde della F, sotto le sole condizioni: *a*) che la figurativa (n.° 78) della F rivolga sempre la sua concavità verso la direzione positiva dell'asse delle u; *b*) che sia sempre $F \geq 0$ in tutto il campo A, oppure soltanto negli intorni dei punti di tal campo nei quali la figurativa si riduce ad un piano.

(¹) Cfr. H. Lebesgue, *Intégrale, longueur, aire* (Annali di Matematica Pura e Applicata, 1902), n.° 93.

(²) Con G_1 indichiamo la funzione corrispondente alla F_1.

100. - Quarta condizione sufficiente (il caso lineare). La continuità.

Proseguendo nell'analisi del caso in cui esistono punti *eccezionali*, supponiamo che tali siano *tutti* i punti del campo A, vale a dire, che sia sempre, in tutto A e per tutte le coppie (x', y'), $F_1 = 0$. Ciò equivale a supporre che sia (n.° 77, *b*))

$$F(x, y, x', y') \equiv x'P(x, y) + y'Q(x, y).$$

A seconda delle ipotesi che si fanno sulle funzioni $P(x, y)$ e $Q(x, y)$, la condizione sufficiente per la semicontinuità — condizione che, nel caso attuale, coincide con quella della continuità — prende le varie forme che ora esporremo.

a) *Se $P(x, y)$ e $Q(x, y)$ sono funzioni continue in tutto il campo A, ed esiste una funzione* [1] *$\Phi(x, y)$ differenziabile, in tutti i punti di A, rispetto al campo A stesso* [2], *e tale che il suo differenziale totale sia $Pdx + Qdy$, l'integrale*

$$(1) \qquad \int_{\mathfrak{C}} [x'P(x, y) + y'Q(x, y)]ds = \int_{\mathfrak{C}} Pdx + Qdy \quad [3]$$

è una funzione continua.

Sia $\mathfrak{C}_0$ una curva ordinaria e $\mathfrak{C}$ sia un'altra qualsiasi curva, pure ordinaria, che appartenga ordinatamente ad un intorno (ρ) di $\mathfrak{C}_0$, arbitrariamente fissato. Indicate con $x_0^{(0)}$ e $y_0^{(0)}$ le coordinate del primo estremo di $\mathfrak{C}_0$, e con $x_0^{(1)}$ e $y_0^{(1)}$ quelle del secondo estremo, e detti $x^{(0)}$ e $y^{(0)}$, $x^{(1)}$ e $y^{(1)}$, gli elementi corrispondenti della $\mathfrak{C}$, abbiamo (n.° 71)

$$\int_{\mathfrak{C}_0} Pdx + Qdy = \Phi(x_0^{(1)}, y_0^{(1)}) - \Phi(x_0^{(0)}, y_0^{(0)}),$$

$$\int_{\mathfrak{C}} Pdx + Qdy = \Phi(x^{(1)}, y^{(1)}) - \Phi(x^{(0)}, y^{(0)}).$$

Dalla continuità della funzione $\Phi(x, y)$, conseguenza della

---

(1) Si ricordi che noi consideriamo sempre funzioni ad *un* valore.

(2) Cfr. n.° 71.

(3) Cfr. il n.° 70.

sua differenziabilità, scende dunque, per ρ sufficientemente piccolo,

$$\left| \int_{\mathcal{C}} Pdx + Qdy - \int_{\mathcal{C}_0} Pdx + Qdy \right| < \varepsilon,$$

con ε numero positivo, prefissabile ad arbitrio.

b) Se $P(x, y)$ e $Q(x, y)$ sono funzioni continue in tutto il campo A, e se, per ciascun punto di A, esistono un intorno ed una funzione $\Phi(x, y)$, in modo che, in tutti i punti dell'intorno che appartengono ad A, la $\Phi(x, y)$ sia differenziabile rispetto ad A, ed abbia per differenziale totale $Pdx + Qdy$, l'integrale (1) *è una funzione continua.*

Sia $\mathcal{C}_0$ una curva ordinaria ed M_0 un suo punto qualunque. Per le ipotesi fatte, esistono un numero positivo r ed una funzione $\Phi(x, y)$, differenziabile rispetto ad A, della quale $Pdx + Qdy$ è il differenziale totale in tutti i punti di A che fanno parte del cerchio (M_0, r). Sia α_0 il massimo arco di $\mathcal{C}_0$ che contiene M_0 e appartiene tutto al cerchio $\left(M_0, \frac{r}{2}\right)$. Per il teorema *a*), più sopra dimostrato, l'integrale (1) risulta una funzione continua sull'arco α_0; si ha dunque che ogni punto M_0 di $\mathcal{C}_0$ appartiene (come punto *interno*, fatta eccezione per gli estremi della curva) ad un arco α_0, della curva stessa, sul quale l'integrale di $Pdx + Qdy$ è una funzione continua. Procedendo allora come si è già fatto al n.° 96, si stabilisce senz'altro la nostra proposizione.

È evidente che, se le condizioni poste nell'enunciato valgono solo per i *punti interni* al campo, la continuità di (1) resta stabilita soltanto sulle curve completamente interne ad A.

c) Se P e Q sono funzioni continue, insieme con le due derivate parziali $\frac{\partial P}{\partial y}$ e $\frac{\partial Q}{\partial x}$, in tutti i punti interni al campo A, e se, in tutti gli stessi punti, risulta soddisfatta l'uguaglianza

$$\frac{\partial P}{\partial y} = \frac{\partial Q}{\partial x}, \tag{2}$$

l'integrale (1) *è una funzione continua su ogni curva $\mathcal{C}_0$ ordinaria, completamente interna al campo A.*

Se $M_0 \equiv (x_0, y_0)$ è un punto interno al campo A, esiste un numero positivo r tale che il cerchio (M_0, r) sia costituito tutto di punti interni al nostro campo. Per la continuità delle P, Q, $\frac{\partial P}{\partial y}$, $\frac{\partial Q}{\partial x}$ e la validità della (2) in tutti i punti di tal cerchio, in tutti questi stessi punti l'espressione $Pdx + Qdy$ è il differenziale totale della funzione

$$\Phi(x, y) = \int_{x_0}^{x} P(x, y)dx + \int_{y_0}^{y} Q(x_0, y)dy.$$

Da quanto si è detto in *b*), segue dunque la proposizione enunciata.

OSSERVAZIONE. — La continuità dell'integrale (1), stabilita, sotto le condizioni enunciate in *c*), per le curve ordinarie *completamente interne* al campo A, può essere estesa a *tutte le curve ordinarie* con l'aggiunta di qualche condizione complementare, relativa alle funzioni P e Q oppure al campo stesso. Più precisamente, si può affermare che:

« supposte verificate le condizioni dell'enunciato *c*), e ammessa la continuità delle P e Q in tutti i punti del campo A, *l'integrale* (1) *è una funzione continua su ogni curva di* A *se*:

1) le funzioni P e Q possono definirsi in un nuovo campo A', tale che ogni punto di A risulti *interno* ad esso, e in modo che in A' le due funzioni godano delle stesse proprietà ammesse per il campo A e coincidano, in quest'ultimo campo, con le funzioni date;

2) oppure, se il campo A soddisfa alle condizioni α), β), γ) del n.° 72 ».

Quanto abbiamo affermato è evidente nel caso della condizione 1). Per quanto riguarda la condizione 2), basta notare che, dalle ipotesi ammesse, scende l'annullamento dell'integrale di $Pdx + Qdy$ lungo ogni poligonale chiusa, senza punti multipli, completamente interna ad A e avente la massima corda inferiore al numero ρ indicato nella condiz. β) del n.° 72, e quindi anche l'annullamento dello stesso integrale preso lungo ogni poligonale, come la precedente, avente o no punti multipli, oppure (per il teorema del n.° 83) lungo ogni curva continua, rettificabile, chiusa, appartenente ad A e avente la massima corda minore di ρ. Dopo ciò, risulta facilmente che ogni punto M_0, di una qualsiasi curva $\mathfrak{C}_0$ ordinaria, appartiene (come punto *interno*, fatta eccezione per gli estremi della curva) ad un arco α_0 della curva stessa, sul quale l'integrale di $Pdx + Qdy$ è una funzione continua, e quindi che il medesimo integrale è una funzione continua anche su tutta la curva $\mathfrak{C}_0$.

Se P e Q sono delle costanti, è sicuramente verificata la condizione 1).

101. - Quinta condizione sufficiente.

a) Da quanto si è stabilito al n.° precedente, possiamo dedurre:

Se $\mathfrak{J}_{\mathfrak{C}}$ è un integrale quasi-regolare positivo, ed è possibile di determinare due funzioni $P(x, y)$ e $Q(x, y)$, continue e tali che, in tutti i punti del campo A, l'espressione $Pdx + Qdy$ sia il differenziale totale, rispetto ad A, di una funzione $\Phi(x, y)$ e si abbia sempre

$$F(x, y, x', y') + [x'P(x, y) + y'Q(x, y)] \geq 0, \tag{1}$$

l'integrale $\mathfrak{J}_{\mathfrak{C}}$ risulta una funzione semicontinua inferiormente.

Posto, infatti

$$\overline{F} \equiv F + [x'P + y'Q],$$

è sempre $\overline{F}_1 \equiv F_1 \geq 0$ e, per la (1), anche $\overline{F} \geq 0$. Dal teorema del n.° 99 segue dunque la semicontinuità inferiore dell'integrale della $\overline{F}$; vale a dire, scelta una curva ordinaria $\mathfrak{C}_0$ e preso ad arbitrio un $\varepsilon > 0$, è possibile di determinare un $\rho > 0$, tale che, se $\mathfrak{C}$ è una qualsiasi curva ordinaria, appartenente ordinatamente all'intorno (ρ) della $\mathfrak{C}_0$, si abbia

$$\int_{\mathfrak{C}} \overline{F} ds > \int_{\mathfrak{C}_0} \overline{F} ds - \varepsilon,$$

ossia

$$\mathfrak{J}_{\mathfrak{C}} > \mathfrak{J}_{\mathfrak{C}_0} - \varepsilon + \left[\int_{\mathfrak{C}_0} [x'P + y'Q]\, ds - \int_{\mathfrak{C}} [x'P + y'Q]\, ds \right].$$

Ma, per le condizioni alle quali soddisfano le P e Q, e per il n.° preced. *a*), l'integrale della funzione $x'P + y'Q$ è una funzione continua, e la differenza, contenuta nella parentesi scritta or ora, può rendersi minore di ε, per ρ sufficientemente piccolo. Risulta così

$$\mathfrak{J}_{\mathfrak{C}} > \mathfrak{J}_{\mathfrak{C}_0} - 2\varepsilon,$$

ciò che prova la proposizione enunciata.

b) Sfruttando, invece della proposizione *a*) del n.° precedente, quella *c*), abbiamo che:

Se $\mathfrak{J}_{\mathcal{C}}$ è un integrale quasi-regolare positivo ed è possibile di determinare due funzioni $P(x, y)$ e $Q(x, y)$, continue, insieme con le due derivate parziali $\frac{\partial P}{\partial y}$ e $\frac{\partial Q}{\partial x}$, in tutto il campo A, e in esso sempre soddisfacenti alla uguaglianza

$$\frac{\partial P}{\partial y} = \frac{\partial Q}{\partial x},$$

e tali, inoltre, che nello stesso campo sia sempre

$$F(x, y, x', y') + [x'P(x, y) + y'Q(x, y)] \geq 0,$$

l'integrale $\mathfrak{J}_{\mathcal{C}}$ risulta una funzione semicontinua inferiormente su ogni curva $\mathcal{C}_0$ ordinaria, completamente interna al campo A; e lo è poi anche su ogni curva ordinaria, se è verificata una qualsiasi delle due condizioni 1) *e* 2) *enunciate nell'osservazione del n.° precedente.*

c) I due teoremi sopra stabiliti, conservano la loro piena validità anche se la determinazione delle funzioni P e Q, nel modo indicato, è possibile, anzichè in tutto il campo, soltanto in un intorno, comunque piccolo, di ciascun punto *eccezionale.* Più precisamente, è sufficiente — ferma restando l'ipotesi che $\mathfrak{J}_{\mathcal{C}}$ sia un integrale quasi-regolare positivo — che ad ogni punto *eccezionale* M_0 possano farsi corrispondere un numero positivo ρ_0 e due funzioni $P_0(x, y)$ e $Q_0(x, y)$ aventi, in tutto il cerchio (M_0, ρ_0), le proprietà indicate in uno dei due teoremi dati in *a*) e *b*). Per assicurarsi di ciò, basta ragionare come si è fatto alla fine del n.° 96, osservando che, considerata una curva ordinaria $\mathcal{C}_0$ e un suo punto M_0 qualunque, se questo è *eccezionale*, appartiene ad un arco della $\mathcal{C}_0$ su cui l'integrale $\mathfrak{J}$ è semicontinuo inferiormente in forza delle due proposizioni precedenti, e se M_0 non è eccezionale, l'esistenza di un simile arco è garantita dal n.° 96 stesso.

Un esempio, relativo al caso qui considerato, è il seguente. Sia

$$F \equiv y^2(1 - y^2)^2 \sqrt{x'^2 + y'^2} + \frac{1}{10}\left[\frac{1}{2} - (1 - y^2)^2\right][1 + (1 - y^2)^2]x'.$$

Per questa funzione è sempre

$$F_1 \equiv \frac{y^2(1-y^2)^2}{(x'^2+y'^2)^{\frac{3}{2}}} \geq 0,$$

con $F_1 = 0$ per $y = 0$ e $y = \pm 1$. Per ε sufficientemente piccolo, si ha $F + \frac{1}{10} x' \geq 0$, quando sia $|y| < \varepsilon$; $F - \frac{1}{20} x' \geq 0$, quando sia $|1 - y^2| < \varepsilon$.

d) Dalla proposizione dimostrata in *b*), scende come corollario:

Se $\mathfrak{I}_{\mathfrak{C}}$ è un integrale quasi-regolare positivo e se esiste una coppia (x_0', y_0') di numeri non ambedue nulli, soddisfacenti, in tutto il campo A, alla uguaglianza

$$F_{x'y}(x, y, x_0', y_0') = F_{y'x}(x, y, x_0', y_0'),$$

l'integrale $\mathfrak{I}_{\mathfrak{C}}$ è una funzione semicontinua inferiormente su ogni curva $\mathfrak{C}_0$ ordinaria, completamente interna al campo A; e lo è poi anche su ogni curva ordinaria, se è verificata una qualsiasi delle due condizioni 1) e 2) *enunciate nell'osservazione del n.° precedente.*

E infatti, per la formula di Schwarz del n.° 76, è

$$F(x, y, x', y') = [x'F_{x'}(x, y, x_0', y_0') + y'F_{y'}(x, y, x_0', y_0')]$$
$$+ \sqrt{x'^2 + y'^2} \int_{\theta_0}^{\theta} F_1(x, y, \cos\alpha, \operatorname{sen}\alpha) \operatorname{sen}(\theta - \alpha) d\alpha,$$

dove θ_0 e θ sono determinati dalle equazioni

$$\cos\theta_0 = \frac{x_0'}{\sqrt{x_0'^2 + y_0'^2}}, \quad \operatorname{sen}\theta_0 = \frac{y_0'}{\sqrt{x_0'^2 + y_0'^2}},$$
$$\cos\theta = \frac{x'}{\sqrt{x'^2 + y'^2}}, \quad \operatorname{sen}\theta = \frac{y'}{\sqrt{x'^2 + y'^2}}.$$

Prendendo θ soddisfacente anche alle disuguaglianze $\theta_0 - \pi \leq \theta \leq \theta_0 + \pi$, è allora, per essere sempre $F_1 \geq 0$,

$$F(x, y, x', y') - [x'F_{x'}(x, y, x_0', y_0') + y'F_{y'}(x, y, x_0', y_0')] \geq 0$$

in tutto il campo A, e si può applicare il teorema b), facendo

$$P(x, y) \equiv - F_{x'}(x, y, x_0', y_0'),$$
$$Q(x, y) \equiv - F_{y'}(x, y, x_0', y_0').$$

Le condizioni qui poste risultano verificate se è

$$F(x, y, x', y') \equiv (x+y)^2(\sqrt{x'^2+y'^2} - 2x' - y').$$

Nell'origine del piano (x, y) è $F_1 \equiv 0$; in ogni altro punto è $F_1 > 0$, per ogni coppia (x', y') di numeri non ambedue nulli. Per $x' = 1$, $y' = 0$ è, in tutto il piano (x, y),

$$F_{x'y} = F_{y'x} = -2(x+y).$$

102. - Un caso particolare notevole.

Da quanto si è stabilito al n.° precedente, può dedursi una particolare condizione sufficiente per la semicontinuità di $\mathfrak{I}_{\mathfrak{C}}$ nel caso che si abbia la funzione F della forma

$$F \equiv \varphi(hx + ky) G(x, y, x', y').$$

Si supponga che:

1) $\varphi(z)$ sia una funzione *non negativa*, continua, insieme con la sua prima derivata, in tutto un intervallo contenente tutti i valori di z definiti dall'uguaglianza $z = hx + ky$, dove h e k sono due costanti assegnate e (x, y) è un punto qualsiasi del campo A;

2) $G(x, y, x', y')$ sia una funzione soddisfacente alle condizioni poste al n.° 74, per la F, e alla disuguaglianza $G_1(x, y, x', y') \geq 0$ [1], in tutto il campo A, senza che in nessun punto di esso sia mai $G_1 \equiv 0$ per tutte le possibili coppie (x', y');

3) si abbia, in ogni punto di A dove è $\varphi(hx + ky) = 0$, $G > 0$ per quelle coppie (x', y') di numeri non ambedue nulli che verificano l'uguaglianza $hx' + ky' = 0$.

Sotto queste ipotesi, l'integrale

$$\int_{\mathfrak{C}} \varphi(hx + ky) G(x, y, x', y')\, ds \tag{1}$$

è una funzione semicontinua inferiormente.

Per provarlo, cominciamo col dimostrare che, se (x_0, y_0) è un punto di A in cui è $\varphi(hx_0 + ky_0) = 0$, è possibile determinare un numero p_0 in guisa che si abbia

$$G(x_0, y_0, x', y') + p_0(hx' + ky') > 0,$$

[1] Con G_1 indichiamo la funzione corrispondente a F_1.

per tutte le coppie (x', y') di numeri non ambedue nulli. Per la condizione posta sulla G_1, la figurativa (n.° 78) della funzione G risulta concava verso la direzione positiva dell'asse delle u e tocca un suo qualunque piano tangente in tutti i punti di una sua generatrice o di un'infinità di generatrici riempienti un angolo minore di π; e poichè la retta $hx' + ky' = 0$ del piano (x', y'), in forza della condizione 3), risulta esterna alla figurativa, si potranno condurre per essa due piani tangenti a tale superficie. L'equazione di uno di questi piani potrà scriversi

$$u = p(hx' + ky'),$$

con p costante, diverso da zero, e si avrà sempre

$$G(x_0, y_0, x', y') - p(hx' + ky') \geq 0.$$

Inoltre, per la proprietà già indicata della retta $hx' + ky' = 0$, le generatrici di contatto della figurativa e del piano tangente sopra scritto si troveranno, su questo stesso piano, tutte dalla medesima parte della retta detta e potrà scegliersi un numero λ sufficientemente piccolo, e positivo o negativo a seconda che sulle generatrici di contatto è $G > 0$ oppure $G < 0$, in maniera che si abbia

$$G(x_0, y_0, x', y') - p(1 - \lambda)(hx' + ky') > 0,$$

per tutte le possibili coppie (x', y') di numeri non ambedue nulli. Prendendo dunque $p_0 = -p(1 - \lambda)$ si ha quanto più sopra si è affermato. Ed è evidente che si può, in infiniti modi, fissare un criterio per scegliere un valore di p_0 fra gli infiniti valori che esso ammette [1].

Per la continuità della funzione G, possiamo aggiungere che, in corrispondenza del punto (x_0, y_0), è possibile determinare un numero positivo ρ_0 così che, in tutto il cerchio di centro (x_0, y_0) e raggio ρ_0, si abbia

$$G(x, y, x', y') + p_0(hx' + ky') > 0,$$

per tutte le coppie (x', y') normalizzate e quindi anche (per l'omogeneità della G rispetto a x' e y') per tutte le coppie (x', y') di numeri non ambedue nulli. Nello stesso cerchio è allora

$$\varphi(hx + ky)G(x, y, x', y') + \varphi(hx + ky)p_0(hx' + ky') \geq 0,$$

e siccome, se $\Phi(z)$ è una qualunque primitiva della funzione $\varphi(z)$, il differenziale totale, rispetto al campo A, della funzione $p_0\Phi(hx + ky)$ è, in tutti i punti di A, $\varphi(hx + ky)p_0(hdx + kdy)$, la semicontinuità dell'integrale (1) segue senz'altro da quanto si è stabilito al n.° precedente.

OSSERVAZIONE — È utile osservare che, se la funzione G è indipendente da x e y, alla condizione 3) della proposizione dimostrata ora può sostituirsi quest'altra, che sia cioè $G \geq 0$ per quelle coppie (x', y') di nu-

---

(1) Cfr. n.° 96.

meri che verificano l'uguaglianza $hx' + ky' = 0$. Ed invero, si potrà, sotto questa condizione, determinare un numero p tale che si abbia

$$G(x', y') + p(hx' + ky') \geq 0,$$

per tutti i possibili valori di x', y', e quindi si potrà ancora soddisfare alle condizioni dell'enunciato del n.° precedente, a).

Sia, per esempio,

$$F \equiv (x + y)^2(\sqrt{5x'^2 + 4y'^2} - 3x').$$

È qui

$$\varphi(hx + ky) \equiv (x + y)^2, \quad G \equiv \sqrt{5x'^2 + 4y'^2} - 3x',$$

e perciò

$$G_1 \equiv \frac{4}{\sqrt{5x'^2 + 4y'^2}} > 0.$$

Se è $x' + y' = 0$, è $G = 0$ per $x' \geq 0$, $G = 6\,|x'|$ per $x' < 0$. Prendendo $p = \frac{4}{3}$, si ha sempre

$$G + p(x' + y') \equiv \sqrt{5x'^2 + 4y'^2} - \frac{5}{3}x' + \frac{4}{3}y' \geq 0.$$

103. - Sesta condizione sufficiente.

Se $\mathfrak{J}_{\mathfrak{C}}$ è un integrale quasi-regolare positivo e se ogni punto eccezionale, interno al campo A, è il centro di almeno un cerchio, tale che l'integrale $\mathfrak{J}$ esteso ad una qualsiasi curva ordinaria e chiusa, tutta contenuta in esso, risulti sempre maggiore o uguale a zero, allora $\mathfrak{J}_{\mathfrak{C}}$ è una funzione semicontinua inferiormente su ogni curva $\mathfrak{C}_0$ ordinaria, completamente interna al campo A.

Sia $\mathfrak{C}_0$ una qualsiasi curva ordinaria, completamente interna al campo A, e indichiamo con E l'insieme dei suoi punti *eccezionali*.

Come già abbiamo osservato al n.° 98, l'insieme E è *chiuso* e a ciascuno dei suoi punti corrispondono due costanti p e q per le quali si ha, in esso,

$$F(x, y, x', y') = px' + qy'. \tag{1}$$

Indichiamo con $2r$ il raggio del massimo cerchio avente il centro in un punto (x, y) di E e tale che in esso sussista quanto è detto nell'enunciato.

Per essere E chiuso, r ammette in tale insieme un minimo non nullo: sia esso r_0. È dunque, per ogni punto di E, $r \geq r_0$. Sempre per essere E chiuso, possiamo ricoprire completamente questo insieme con un numero finito di archi di $\mathfrak{C}_0$: $\alpha_1, \alpha_2, \ldots, \alpha_n$, tutti di lunghezza minore di $\frac{r_0}{2}$, tali da contenere i punti di E come punti *interni* ([1]), e tali anche che la somma delle loro lunghezze sia minore di $m(E)+\varepsilon$, dove $m(E)$ indica la misura dello pseudoarco E ed ε è un numero positivo, scelto ad arbitrio. Detto M il massimo modulo della funzione F in un intorno (ρ) della $\mathfrak{C}_0$ e per tutte le coppie (x', y') normalizzate, abbiamo

$$\left| \sum_1^n \int_{\alpha_r} F ds - \int_E F ds \right| < M\varepsilon,$$

ed anche, indicando con α_r^{-1} l'arco formato dai punti di α_r considerati nell'ordine contrario a quello secondo cui si presentano su α_r, e dando ad E^{-1} significato analogo,

$$\left| \sum_1^n \int_{\alpha_r^{-1}} F ds - \int_{E^{-1}} F ds \right| < M\varepsilon,$$

dalle quali disuguaglianze si ricava

$$\left| \sum_1^n \int_{\alpha_r} F ds + \sum_1^n \int_{\alpha_r^{-1}} F ds \right| < 2M\varepsilon + \left| \int_E F ds + \int_{E^{-1}} F ds \right|.$$

E poichè, in ciascun punto di E, la F ha la forma (1), la somma degli integrali estesi ad E e E^{-1} è nulla, e resta

$$\left| \sum_1^n \int_{\alpha_r} F ds + \sum_1^n \int_{\alpha_r^{-1}} F ds \right| < 2M\varepsilon. \tag{2}$$

Sia ora ρ_1 un numero positivo, minore del ρ introdotto sopra, minore anche di r_0, soddisfacente alla disuguaglianza

$$\rho_1 < \frac{\varepsilon}{n}$$

([1]) Fatta eccezione, al più, per gli estremi della $\mathfrak{C}_0$, se essi sono punti *eccezionali*.

e tale che tutti i punti del piano (x, y), appartenenti all'intorno (ρ_1) della $\mathfrak{C}_0$, appartengano al campo A; e consideriamo una curva ordinaria α_r' qualsiasi, appartenente ordinatamente all'intorno (ρ_1) dell'arco α_r. Congiungiamo gli estremi di α_r' con quelli corrispondenti di α_r, mediante due segmenti rettilinei. Questi due segmenti, con l'arco α_r' e con α_r^{-1}, costituiscono una curva chiusa, la quale risulta tutta contenuta nel cerchio di raggio $2r_0$ che ha il centro in uno qualunque dei punti di E contenuti in α_r (rammentiamo che α_r ha lunghezza $<\frac{r_0}{2}$ e che è $\rho_1 < r_0$). Essa dunque dà all'integrale $\mathfrak{J}$ un valore non negativo, ed è

$$(3) \qquad \mathfrak{J}_{\alpha_r'} + \mathfrak{J}_{\alpha_r^{-1}} > -2\rho_1 M.$$

Togliendo dalla curva $\mathfrak{C}_0$ i punti interni agli archi α_r (ed anche il primo estremo di α_1 e il secondo di α_n, se essi sono pure estremi della $\mathfrak{C}_0$) restano degli archi $\beta_s (s = 1, 2, \ldots, m)$, con $m \leq n + 1$, nessun punto dei quali è *eccezionale*. Possiamo dunque, per la proposizione del n.° 96, determinare un ρ_2, che prenderemo minore di ρ_1, in modo che, se β_s' è una qualsiasi curva ordinaria, appartenente ordinatamente all'intorno (ρ_2) di β_s, sia

$$(4) \qquad \mathfrak{J}_{\beta_s'} > \mathfrak{J}_{\beta_s} - \frac{\varepsilon}{m}.$$

Consideriamo, dopo ciò, una qualsiasi curva $\mathfrak{C}$ ordinaria, appartenente ordinatamente all'intorno (ρ_2) della $\mathfrak{C}_0$, e decomponiamola negli archi α_r' e β_s' corrispondenti agli α_r e β_s secondo una qualunque delle corrispondenze che fra essa e la $\mathfrak{C}_0$ si possono porre secondo la definizione di curva appartenente ordinatamente all'intorno (ρ_2) della $\mathfrak{C}_0$ (n.° 18, c)).

Avremo, per le (3) e (4),

$$\begin{aligned} \mathfrak{J}_{\mathfrak{C}} &= \sum_1^n \mathfrak{J}_{\alpha_r'} + \sum_1^m \mathfrak{J}_{\beta_s'} \\ &> -\sum_1^n \mathfrak{J}_{\alpha_r^{-1}} + \sum_1^m \mathfrak{J}_{\beta_s} - 2\rho_1 Mn - \varepsilon \\ &> -\left(\sum_1^n \mathfrak{J}_{\alpha_r^{-1}} + \sum_1^n \mathfrak{J}_{\alpha_r}\right) + \mathfrak{J}_{\mathfrak{C}_0} - 2\rho_1 Mn - \varepsilon, \end{aligned}$$

ed anche, per la (2) e la $\rho_1 < \frac{\varepsilon}{n}$,

$$\mathfrak{J}_{\mathfrak{C}} > \mathfrak{J}_{\mathfrak{C}_0} - 4M\varepsilon - \varepsilon.$$

Siccome ε è arbitrario, questa disuguaglianza dimostra la semicontinuità inferiore di $\mathfrak{J}_{\mathfrak{C}}$ sulla $\mathfrak{C}_0$.

104. - Condizione necessaria e sufficiente.

Se il campo A soddisfa alle condizioni α) e γ) del n.° 72, e se quanto abbiamo supposto nell'enunciato del n.° precedente, circa i punti *eccezionali interni* al campo, sussiste indidistintamente per *tutti* i punti *eccezionali*, il risultato or ora ottenuto non vale soltanto per le curve ordinarie, completamente interne al campo, ma si estende a *tutte* le curve ordinarie.

Osservando poi che, in virtù della condizione γ) del n.° 72, ogni punto del campo A è punto di accumulazione di punti interni al campo, e richiamando i risultati ottenuti ai n.[i] 84 e 85, possiamo concludere col seguente:

TEOREMA — *Se il campo A soddisfa alle condizioni α) e γ) del n.° 72, condizione necessaria e sufficiente affinchè l'integrale $\mathfrak{J}_{\mathfrak{C}}$ sia una funzione semicontinua inferiormente, è che l'integrale stesso sia quasi-regolare positivo, o che ogni punto eccezionale sia il centro di almeno un cerchio tale che l'integrale $\mathfrak{J}$, esteso ad una qualsiasi curva ordinaria e chiusa, tutta in esso contenuta, risulti sempre maggiore o uguale a zero.*

§ 3. La semicontinuità su una data curva. (1)

105. - Prime condizioni sufficienti.

Sino ad ora ci siamo sempre occupati di stabilire la semicontinuità di $\mathfrak{J}_{\mathfrak{C}}$ su *tutte* le curve $\mathfrak{C}$ ordinarie, oppure su tutte quelle completamente interne al campo. Ora dobbiamo portare la nostra attenzione al problema di assegnare le condizioni sufficienti affinchè, *data una curva* $\mathfrak{C}_0$ ordinaria, si possa

(1) Cfr. L. Tonelli, *La semicontinuità nel Calcolo delle Variazioni* (loc. cit.) Cap. I, § 5.

asserire che sopra di essa l'integrale $\mathfrak{I}_{\mathfrak{C}}$ è una funzione semicontinua. È ben evidente che tutti i teoremi dei §§ 1 e 2, di questo capitolo, danno senz'altro altrettante proposizioni per il caso attuale, quando si suppongano verificate, in tutto un intorno della curva considerata, le condizioni che in essi figurano. Alcune di queste proposizioni possono però enunciarsi supponendo le condizioni relative verificate *soltanto* sulla curva $\mathfrak{C}_0$, senza tener alcun conto di quanto avviene nell'intorno della curva medesima. Si ha così che:

l'integrale $\mathfrak{I}_{\mathfrak{C}}$ è, sulla data curva $\mathfrak{C}_0$ ordinaria, una funzione semicontinua inferiormente se, in ogni punto della $\mathfrak{C}_0$ e per ogni coppia (x', y') di numeri non ambedue nulli, è verificata una delle due condizioni seguenti:

1) $F_1 \geq 0$, $F > 0$;

2) $F_1 \geq 0$, *e nessun punto di $\mathfrak{C}_0$ è eccezionale.*

Consideriamo il primo caso. Essendo sempre, sulla $\mathfrak{C}_0$, $F > 0$, è possibile determinare un intorno (ρ) di essa in ogni cui punto, appartenente ad A, sia sempre $F > 0$, per tutte le coppie (x', y') di numeri non ambedue nulli. Sostituendo, allora, al campo A quella sua parte che appartiene all'intorno detto della $\mathfrak{C}_0$, si può ripetere interamente la dimostrazione del n.° 95, *a*).

Passando al secondo caso, si ha senz'altro che i ragionamenti del n.° 96 possono ripetersi con la sola avvertenza di limitare la costruzione della funzione $\overline{F}$, là fatta, soltanto ai punti P_0 della $\mathfrak{C}_0$ e di sfruttare poi il caso precedente.

Per quanto riguarda le proposizioni dei n.ⁱ 98 e 103, possiamo affermare che, per avere la semicontinuità inferiore sulla data curva $\mathfrak{C}_0$, basta supporre la disuguaglianza $F_1 \geq 0$ verificata soltanto nei punti della $\mathfrak{C}_0$ e le condizioni relative ai punti *eccezionali* valide anch'esse soltanto per i punti *eccezionali* della curva.

106. - Nuova condizione sufficiente.

a) *Data una curva $\mathfrak{C}_0$ ordinaria, se:*

1) *ad ogni punto (x_0, y_0) della $\mathfrak{C}_0$, corrisponde un valore $\theta^{(0)}$, soddisfacente alle disuguaglianze $0 \leq \theta^{(0)} < 2\pi$ e tale che sia*

$$\mathcal{E}(x_0, y_0;\quad \cos\theta^{(0)},\ \mathrm{sen}\,\theta^{(0)};\quad \cos\theta,\ \mathrm{sen}\,\theta) > 0,$$

per tutti i θ soddisfacenti alle $0 \leq \theta < 2\pi$, $\theta \neq \theta^{(0)}$;

2) *in quasi-tutta la* $\mathcal{C}_0$ *è, per tutti i valori di* θ,

$$\mathcal{E}(x_0, y_0;\ \cos\theta_0, \operatorname{sen}\theta_0;\ \cos\theta, \operatorname{sen}\theta) \geq 0,$$

θ_0 *essendo l'angolo di direzione della curva nel punto* (x_0, y_0);

allora l'integrale $\mathcal{I}_{\mathcal{C}}$ *è una funzione semicontinua inferiormente sulla curva* $\mathcal{C}_0$.

Sia $(\bar{x}_0, \bar{y}_0)$ un qualsiasi punto della curva $\mathcal{C}_0$. Posto

$$\bar{x}' = \cos\bar{\theta}^{(0)}, \quad \bar{y}' = \operatorname{sen}\bar{\theta}^{(0)},$$

dalla 1) segue

$$\mathcal{E}(\bar{x}_0, \bar{y}_0;\ \bar{x}', \bar{y}';\ x', y') > 0,$$

per tutte le coppie x', y' di numeri non ambedue nulli e non multipli, secondo uno stesso numero positivo, di $\bar{x}'$, $\bar{y}'$. Consideriamo la figurativa della funzione F, relativa al punto $(\bar{x}_0, \bar{y}_0)$,

$$u = F(\bar{x}_0, \bar{y}_0, x', y')$$

e il suo piano tangente

$$u_t = x' F_{x'}(\bar{x}_0, \bar{y}_0, \bar{x}', \bar{y}') + y' F_{y'}(\bar{x}_0, \bar{y}_0, \bar{x}', \bar{y}').$$

Per la disuguaglianza sopra scritta, si ha, in tutti i punti (x', y') già indicati,

$$u - u_t > 0,$$

e in tutti gli altri, in quelli cioè della generatrice della figurativa passante per $[\bar{x}', \bar{y}', u = F(\bar{x}_0, \bar{y}_0, \bar{x}', \bar{y}')]$,

$$u - u_t = 0.$$

Ed è evidente che, scegliendo un numero λ abbastanza piccolo, e positivo o negativo a seconda che sulla generatrice sopra indicata è $u > 0$ oppure $u < 0$, e ponendo

$$\bar{u} = x'(1-\lambda) F_{x'}(\bar{x}_0, \bar{y}_0, \bar{x}', \bar{y}') + y'(1-\lambda) F_{y'}(\bar{x}_0, \bar{y}_0, \bar{x}', \bar{y}'),$$

si ha

$$u - \bar{u} > 0,$$

in tutti i punti (x', y'), ad eccezione dell'origine $(0, 0)$. Per la continuità e l'omogeneità (rispetto a x', y') della F, risulta poi soddisfatta la disuguaglianza

$$F(x, y, x', y') - \bar{u} > 0,$$

in tutto un intorno del punto $(\bar{x}_0, \bar{y}_0)$ e per tutte le coppie (x', y') di numeri non ambedue nulli.

Indichiamo con $2\bar{\rho}$ il massimo raggio di un cerchio di centro $(\bar{x}_0, \bar{y}_0)$, tutto interno all'intorno detto, e con $\bar{\alpha}$ il massimo arco di $\mathcal{C}_0$ che contiene $(\bar{x}_0, \bar{y}_0)$ e che è contenuto nel cerchio di centro $(\bar{x}_0, \bar{y}_0)$ e raggio $\bar{\rho}$. Posto

$$\bar{F}(x, y, x', y') \equiv F(x, y, x', y') - \bar{n}$$

e indicata con $\bar{\mathcal{E}}$ la funzione $\mathcal{E}$ relativa alla $\bar{F}$, abbiamo, per la 2), in quasi-tutto l'arco $\bar{\alpha}$,

$$\bar{\mathcal{E}}(x_0, y_0;\ x_0', y_0';\ x', y') \geq 0,$$

intendendo che x_0', y_0' siano rispettivamente uguali a $\cos\theta_0$, $\operatorname{sen}\theta_0$, e che x', y' siano due qualunque numeri non equimultipli di x_0', y_0', secondo un numero positivo o nullo.

Possiamo, allora, ripetere per l'arco $\bar{\alpha}$ tutta la dimostrazione del n.° 95, e stabilire così, su tale arco, la semicontinuità inferiore dell'integrale della $\bar{F}$ e quindi di quello della F, essendo l'integrale della $\bar{n}$ una funzione continua (n.° 100). Un ragionamento analogo a quello fatto alla fine del n.° 96 ci porta poi a concludere che $\mathcal{I}_{\mathcal{C}}$ è, sulla $\mathcal{C}_0$, una funzione semicontinua inferiormente.

b) Osservazione I — Se è sempre, sulla $\mathcal{C}_0$, $F > 0$, per tutte le coppie (x', y') di numeri non ambedue nulli, il teorema precedente vale sotto la sola condizione 2). Rammentando i risultati del n.° 91, possiamo, perciò, affermare che:

Se è soddisfatta la condiz. γ) del n.° 72, e se $\mathcal{I}_{\mathcal{C}}$ è un integrale definito positivo, condizione necessaria e sufficiente affinchè, su una curva $\mathcal{C}_0$ ordinaria, tale integrale sia una funzione semicontinua inferiormente, è che in quasi-tutta la $\mathcal{C}_0$ sia, per tutti i valori di θ,

$$\mathcal{E}(x_0,\ y_0;\ \cos\theta_0,\ \operatorname{sen}\theta_0;\ \cos\theta, \operatorname{sen}\theta) \geq 0.$$

Osservazione II — Quanto si è detto in questo n.° è del tutto indipendente dall'ipotesi dell'esistenza delle derivate parziali $F_{x'x'}$, $F_{x'y'}$, $F_{y'y'}$.

107. - Osservazione su una condizione necessaria.

Nel n.° 90 abbiamo mostrato che, per la semicontinuità inferiore su una data curva $\mathcal{C}_0$ ordinaria, completamente interna al campo A (o no a seconda del campo stesso), è necessario sia verificata, in tutti i punti ove esiste la tangente alla curva, tranne al più in quelli di uno pseudoarco di misura nulla, la disuguaglianza

$$F_1(x_0, y_0, \cos\theta_0, \operatorname{sen}\theta_0) \geq 0,$$

dove θ_0 è l'angolo di direzione della curva medesima nel punto (x_0, y_0).

Possiamo qui mostrare, con un esempio, che lo pseudoarco di misura nulla, or ora eccettuato, può effettivamente esistere.

Sia

$$F = \frac{x'^2 + y'^2}{\sqrt{2(x'^2 + y'^2)} - x'}.$$

È

$$E(x, y; \cos\theta, \operatorname{sen}\theta; x', y') = \frac{x'^2 + y'^2}{\sqrt{2(x'^2 + y'^2)} - x'} - \frac{x'[\sqrt{2}\cos\theta + 1 - 2\cos^2\theta] + y'\operatorname{sen}\theta[\sqrt{2} - 2\cos\theta]}{(\sqrt{2} - \cos\theta)^2},$$

$$F_1(x, y, \cos\theta, \operatorname{sen}\theta) = \frac{\sqrt{2}(2\sqrt{2} - 3\cos\theta)}{(\sqrt{2} - \cos\theta)^3}.$$

Scegliamo, come curva $\mathcal{C}_0$, quella formata nel seguente modo. Sia $a_1, a_2, \ldots, a_n, \ldots$ la successione dei punti del segmento $(0, 1)$ definita da:

$$a_1 = 1,$$
$$a_{n+1} = \sqrt{4a_n + 1} - (a_n + 1).$$

Questa successione è decrescente e tendente a zero. Sopra ogni segmento (a_{n+1}, a_n) dell'asse delle x, preso come ipotenusa, costruiamo il triangolo rettangolo isòscele, con il vertice dell'angolo retto dalla parte delle y positive. L'insieme di tutti i cateti di questi triangoli costituirà la nostra curva $\mathcal{C}_0$, la quale unirà così il punto $(0, 0)$ al punto $(1, 0)$, avrà lunghezza uguale a $\sqrt{2}$ e risulterà composta di un'infinità numerabile di segmenti rettilinei paralleli alle bisettrici degli angoli degli assi x e y. Nel punto $(0, 0)$ la $\mathcal{C}_0$ ammette la tangente, e questa tangente è data dall'asse delle x. Infatti, nel vertice di $\mathcal{C}_0$ di ascissa $\frac{a_n + a_{n+1}}{2}$, l'ordinata è data da $\frac{a_n - a_{n+1}}{2}$ ed è, per la definizione delle a_n,

$$\frac{a_n - a_{n+1}}{2} = \left(\frac{a_n + a_{n+1}}{2}\right)^2;$$

tale vertice è perciò sulla parabola $y = x^2$. Nel punto $(0, 0)$ è $\theta_0 = 0$, onde

$$F_1(0, 0, \cos 0, \operatorname{sen} 0) = \frac{\sqrt{2}(2\sqrt{2} - 3)}{(\sqrt{2} - 1)^3} < 0.$$

D'altra parte, essendo, in tutti i punti di $\mathfrak{C}_0$ dove esiste la tangente, escluso il punto (0, 0), $\cos\theta_0 = \frac{1}{\sqrt{2}}$, $\operatorname{sen}\theta_0 = \pm\frac{1}{\sqrt{2}}$, si ha, in questi punti,

$$E(x_0, y_0; \cos\theta_0, \operatorname{sen}\theta_0; \cos\theta, \operatorname{sen}\theta) =$$
$$= \frac{1}{\sqrt{2} - \cos\theta} - 2\cos\theta = \frac{(\sqrt{2}\cos\theta - 1)^2}{\sqrt{2} - \cos\theta} \geq 0,$$

ed essendo sempre, per tutte le coppie (x', y') di numeri non ambedue nulli, $F > 0$, l'osservazione I, del n.° precedente, mostra che sulla $\mathfrak{C}_0$ l'integrale della F è semicontinuo inferiormente.

§ 4. La semicontinuità rispetto a classi particolari di curve [1].

108. - Classi di curve di lunghezza inferiore ad un numero fisso.

a) Da quanto abbiamo stabilito al Capitolo VI, risulta che l'essere l'integrale $\mathfrak{J}_{\mathfrak{C}}$ quasi-regolare positivo non è condizione sufficiente perchè l'integrale stesso sia una funzione semicontinua inferiormente. Per gli integrali quasi-regolari positivi si può però dimostrare una proposizione, di notevole importanza, la quale stabilisce una specie di semicontinuità inferiore limitata.

Data una classe $\{\mathfrak{C}\}$ di curve $\mathfrak{C}$ ordinarie, diremo che in essa l'integrale $\mathfrak{J}_{\mathfrak{C}}$ è una funzione semicontinua inferiormente se, presa comunque una curva $\mathfrak{C}_0$ della classe e scelto ad arbitrio un numero $\varepsilon > 0$, si può sempre determinare un altro numero $\rho > 0$, in modo che risulti

$$\mathfrak{J}_{\mathfrak{C}} > \mathfrak{J}_{\mathfrak{C}_0} - \varepsilon,$$

per tutte le curve $\mathfrak{C}$ di $\{\mathfrak{C}\}$, appartenenti ordinatamente all'intorno (ρ) della $\mathfrak{C}_0$.

Ciò posto, dimostriamo che:

Se $\mathfrak{J}_{\mathfrak{C}}$ è un integrale quasi-regolare positivo, preso ad arbitrio un numero positivo L, $\mathfrak{J}_{\mathfrak{C}}$ è una funzione semicontinua

---

(1) Cfr. L. Tonelli, *Sul caso regolare nel Calcolo delle Variazioni* (loc. cit.) n.° 10; *La semicontinuità nel Calcolo delle Variazioni* (loc. cit.) n.° 24.

inferiormente nella classe delle curve $\mathcal{C}$ ordinarie, di lunghezza non superiore ad L.

Scelto comunque un $\varepsilon > 0$, prendiamo

$$\eta = \frac{\varepsilon}{2L}$$

e consideriamo la funzione

$$\bar{F}(x, y, x', y') \equiv F(x, y, x', y') + \eta\sqrt{x'^2 + y'^2}.$$

Essa soddisfa, in ogni punto del campo A, alla disuguaglianza $\bar{F}_1 > 0$ — essendo sempre $F_1 \geq 0$ — per tutte le coppie (x', y') di numeri non ambedue nulli, e quindi, in forza del teorema del n.° 97, fissata una curva $\mathcal{C}_0$ ordinaria, di lunghezza non superiore ad L, possiamo determinare un numero $\rho > 0$, in modo che sia

$$\int_{\mathcal{C}} \bar{F} ds > \int_{\mathcal{C}_0} \bar{F} ds - \frac{\varepsilon}{2},$$

per tutte le curve $\mathcal{C}$ ordinarie, appartenenti ordinatamente all'intorno (ρ) della $\mathcal{C}_0$. Se ora consideriamo, fra le $\mathcal{C}$, soltanto quelle curve $\mathcal{C}'$ che hanno lunghezza non superiore ad L, possiamo dedurre dalla disuguaglianza precedente

$$\int_{\mathcal{C}'} F ds + \eta L > \int_{\mathcal{C}_0} F ds + \eta \int_{\mathcal{C}_0} ds - \frac{\varepsilon}{2},$$

e, per il modo nel quale è stato scelto il numero η,

$$\int_{\mathcal{C}'} F ds > \int_{\mathcal{C}_0} F ds - \varepsilon.$$

Ciò prova la proposizione enunciata.

b) Segue, immediatamente, il seguente corollario:

Se $P(x, y)$ e $Q(x, y)$ sono due funzioni continue nel campo A, preso ad arbitrio un numero positivo L, l'integrale

$$\int_{\mathcal{C}} [x' P(x, y) + y' Q(x, y)] ds$$

è una funzione continua nella classe delle curve $\mathcal{C}$ ordinarie che hanno lunghezza non superiore ad L.

c) Abbiamo anche:

Se L è un numero positivo e $\mathcal{C}_0$ è una curva ordinaria, di lunghezza non superiore ad L, e se, in ogni punto della $\mathcal{C}_0$, è $F_1 \geq 0$, per tutte le possibili coppie (x', y'), l'integrale $\mathfrak{I}_{\mathcal{C}}$ è, sulla $\mathcal{C}_0$ e relativamente alla classe delle curve $\mathcal{C}$ ordinarie di lunghezza non superiore ad L, una funzione semicontinua inferiormente.

Per provarlo, basta riprendere la funzione $\overline{F}$, definita in a), e applicare quanto si è stabilito al n.° 105.

§ 5. La semicontinuità completa (1).

109. - Prime condizioni sufficienti.

Se $\mathfrak{I}_{\mathcal{C}}$ è un integrale quasi-regolare semidefinito positivo, oppure quasi-regolare positivo seminormale, esso ammette la semicontinuità inferiore completa (2) su ogni curva ordinaria, aperta e priva di punti multipli, completamente interna al campo A.

a) Sia $\mathcal{C}_0$ una delle curve ora indicate. Per le proposizioni dei n.i 96 e 99, preso un numero $\varepsilon > 0$, possiamo determinarne un altro $\rho > 0$, in modo che ogni curva $\mathcal{C}'$ ordinaria, appartenente ordinatamente all'intorno (ρ) della $\mathcal{C}_0$, soddisfi alla disuguaglianza

(1) $$\mathfrak{I}_{\mathcal{C}'} > \mathfrak{I}_{\mathcal{C}_0} - \varepsilon.$$

Possiamo supporre ρ sufficientemente piccolo, in modo che i punti del piano (x, y) che appartengono all'intorno (ρ) della $\mathcal{C}_0$ siano tutti interni al campo A. Dividiamo la curva $\mathcal{C}_0$ in un numero finito di archi di uguale lunghezza, e la loro lunghezza comune sia minore di $\frac{\rho}{3}$. Indichiamo tali archi, nell'ordine in cui si presentano sulla $\mathcal{C}_0$, con $\alpha_0^{(1)}, \alpha_0^{(2)}, \ldots, \alpha_0^{(n)}$; i loro estremi siano $P_0, P_1, P_2, \ldots, P_n$. Circondiamo ciascuno di questi punti P_r con degli archi $\beta_0^{(r)}$ di $\mathcal{C}_0$, sufficientemente

(1) Cfr. L. Tonelli, *Sul caso regolare nel Calcolo delle Variazioni*, loc. cit., n.i 5-9.

(2) N.° 82, *b*).

piccoli, in modo che due qualunque di essi non abbiano punti comuni, e che le loro lunghezze risultino tutte minori di un numero positivo $\bar{\rho}$, minore di $\frac{\rho}{6}$, che sarà fissato in seguito (¹).

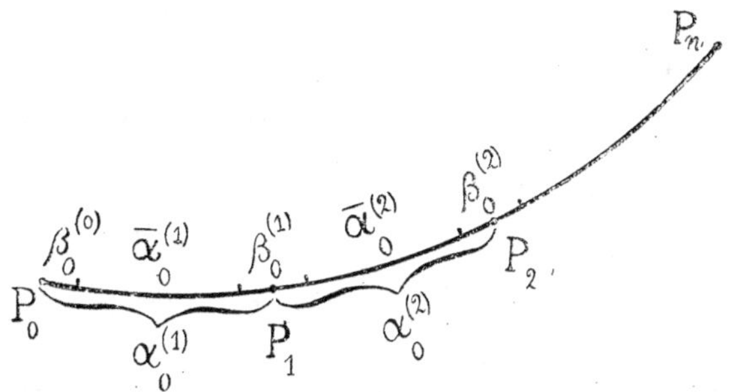

Indichiamo poi con $\bar{\alpha}_0^{(r)}$ la parte dell'arco $\alpha_0^{(r)}$ che non è interna ai due archi $\beta_0^{(r-1)}$, $\beta_0^{(r)}$.

Ciò posto, sia ρ_1 un numero positivo minore di $\bar{\rho}$ e minore anche della metà della minima distanza fra due qualunque archi $\beta_0^{(r)}$ e fra un qualunque $\bar{\alpha}_0^{(r)}$ e tutti gli altri $\bar{\alpha}_0^{(r)}$ e $\beta_0^{(r)}$ non ad esso adiacenti; e consideriamo una qualsiasi curva $\mathcal{C}$ ordinaria, appartenente propriamente all'intorno (ρ_1) della $\mathcal{C}_0$ (²). Sia Q_0 il primo estremo della $\mathcal{C}$, che deve necessariamente appartenere all'intorno (ρ_1) di $\beta_0^{(0)}$. Poichè tale intorno non può avere punti comuni con gli intorni (ρ_1) degli altri archi $\beta_0^{(r)}$ e $\bar{\alpha}_0^{(r)}$, ad eccezione di quello di $\bar{\alpha}_0^{(1)}$, e poichè il secondo estremo di $\mathcal{C}$ deve appartenere all'intorno (ρ_1) di P_n, ne viene che $\mathcal{C}$ deve avere punti nell'intorno (ρ_1) di $\bar{\alpha}_0^{(1)}$. Per ragione analoga, la $\mathcal{C}$ ha punti nell'intorno (ρ_1) di uno qualunque degli archi $\bar{\alpha}^{(r)}$, $\beta_0^{(r)}$. Sia Q_1 il primo punto della $\mathcal{C}$ appartenente all'intorno (ρ_1) di $\beta_0^{(1)}$. L'arco $\mathcal{C}(Q_0, Q_1)$ della $\mathcal{C}$ non può contenere che punti degli intorni (ρ_1) di $\beta_0^{(0)}$, $\bar{\alpha}_0^{(1)}$, $\beta_0^{(1)}$, perchè gli intorni (ρ_1) di tutti gli altri archi della $\mathcal{C}$ non hanno punti comuni con quelli di $\beta_0^{(0)}$ e $\bar{\alpha}_0^{(1)}$; e possiamo dire che $\mathcal{C}(Q_0, Q_1)$ appartiene all'intorno (ρ_1) dell'arco $\alpha_0^{(1)}$. Sia Q'_1 l'ultimo punto della $\mathcal{C}$ che appartiene all'intorno (ρ_1) di $\beta_0^{(1)}$, e indichiamo con Q_2 il primo punto della $\mathcal{C}$ che appartiene

(¹) Per gli archi $\beta_0^{(0)}$ e $\beta_0^{(n)}$, i punti P_0 e P_n saranno, rispettivamente, primo e secondo estremo.

(²) Cfr. n.° 18, *c*).

a quello di $\beta_0^{(2)}$ e che segue Q'_1 sulla $\mathfrak{C}$. L'arco $\mathfrak{C}(Q'_1, Q_2)$ ha tutti i suoi punti appartenenti all'intorno (ρ_1) di $\alpha_0^{(2)}$. E così si prosegua sino a giungere all'arco $\mathfrak{C}(Q'_{n-1}, Q_n)$, dove con Q_n indichiamo il secondo estremo della $\mathfrak{C}$; e questo arco appartiene completamente all'intorno (ρ_1) di $\alpha_0^{(n)}$.

Per la costruzione fatta, il segmento rettilineo $Q_r Q'_r$ ha tutti i suoi punti interni al cerchio $(P_r, 2\rho)$, e quindi all'altro $\left(P_r, \frac{\rho}{3}\right)$, e la curva composta dell'arco $\mathfrak{C}(Q'_{r-1}, Q_r)$ e di tale segmento appartiene interamente al cerchio $\left(P_r, 2\frac{\rho}{3}\right)$. Essa, dunque, appartiene ordinatamente all'intorno (ρ) di $\alpha_0^{(r)}$. Così anche appartiene ordinatamente all'intorno (ρ) di $\alpha_0^{(n)}$ l'arco $\mathfrak{C}(Q'_{n-1}, Q_n)$. Indichiamo con $\mathfrak{C}'$ la curva composta degli archi e segmenti rettilinei: $\mathfrak{C}(Q_0, Q_1)$, $Q_1 Q'_1$, $\mathfrak{C}(Q'_1, Q_2)$, $Q_2 Q'_2, \ldots$, $\mathfrak{C}(Q'_{n-1}, Q_n)$. Tale curva risulta appartenère ordinatamente all'intorno (ρ) della $\mathfrak{C}_0$, e soddisfa perciò alla (1). Segue, pertanto,

$$\sum_1^n \mathfrak{J}_{\mathfrak{C}(Q'_{r-1}, Q_r)} > \mathfrak{J}_{\mathfrak{C}_0} - \varepsilon - \sum_1^{n-1} \mathfrak{J}_{Q_r Q'_r} \text{ [1]}.$$

Detto M il massimo modulo della funzione F per tutti i punti (x, y) dell'intorno (ρ) della $\mathfrak{C}_0$ e per tutte le coppie (x', y') normalizzate, abbiamo

$$|\mathfrak{J}_{Q_r Q'_r}| < 4M\rho;$$

e supposto

$$\rho < \frac{\varepsilon}{4M(n-1)},$$

abbiamo anche

$$\left|\sum_1^{n-1} \mathfrak{J}_{Q_r Q'_r}\right| < \varepsilon,$$

(2)
$$\sum_1^n \mathfrak{J}_{\mathfrak{C}(Q'_{r-1}, Q_r)} > \mathfrak{J}_{\mathfrak{C}_0} - 2\varepsilon.$$

b) Nel caso che $\mathfrak{J}_{\mathfrak{C}}$ sia quasi-regolare semidefinito positivo, è

$$\mathfrak{J}_{\mathfrak{C}} \geq \sum_1^n \mathfrak{J}_{\mathfrak{C}(Q'_{r-1}, Q_r)},$$

---

(1) Qui è $Q'_0 \equiv Q_0$

e quindi

$$\mathfrak{J}_{\mathfrak{C}} > \mathfrak{J}_{\mathfrak{C}_0} - 2\varepsilon,$$

il che prova la semicontinuità inferiore completa di $\mathfrak{J}_{\mathfrak{C}}$ sulla $\mathfrak{C}_0$.

c) Supponiamo ora che $\mathfrak{J}_{\mathfrak{C}}$ sia quasi-regolare positivo seminormale.

Per quanto si è detto al n.° 86, *a*), possiamo supporre ρ tale che, per ognuno dei punti P_r, esista una coppia di numeri p_r e q_r per la quale sia

$$F^{(r)} \equiv F + [p_r x' + q_r y'] > 0,$$

in tutti i punti del cerchio (P_r, ρ) e per tutte le coppie (x', y') normalizzate.

Sia m_r il minimo (> 0) di $F^{(r)}$ nel campo detto, e m il minore di tutti questi m_r $(r = 0, 1, ..., n)$; sia poi μ il massimo modulo di tutti i p_r e q_r $(r = 0, 1, ..., n)$. Detta λ la minima distanza fra i punti P_r, supponiamo $\bar{\rho}$ minore anche di $\frac{1}{8}\lambda$ e di $\frac{\lambda m}{24\mu}$.

Ciò premesso, determiano una limitazione inferiore per $\mathfrak{J}_{\mathfrak{C}(Q_r, Q_r')}$.

Supponiamo, dapprima, che $\mathfrak{C}(Q_r, Q_r')$ non abbia punti nell'intorno (ρ_1) di $\beta_0^{(r+1)}$. Allora l'arco $\mathfrak{C}(Q_r, Q_r')$, non potendo avere punti neppure nell'intorno (ρ_1) di $\beta_0^{(r-1)}$, resta interamente negli intorni (ρ_1) di $\bar{\alpha}_0^{(r)}$, $\beta_0^{(r)}$, $\bar{\alpha}_0^{(r+1)}$, e quindi nel cerchio (P_r, ρ) ed è (la distanza fra Q_r e Q'_r non potendo essere superiore a $3\bar{\rho}$)

$$\mathfrak{J}_{\mathfrak{C}(Q_r, Q_r')} = \int_{\mathfrak{C}(Q_r, Q_r')} F^{(r)} ds - \int_{\mathfrak{C}(Q_r, Q_r')} (p_r x' + q_r y') ds > ml - 6\mu\bar{\rho}, \tag{3}$$

dove si è indicata con l la lunghezza dell'arco $\mathfrak{C}(Q_r, Q_r')$.

Supponiamo ora che $\mathfrak{C}(Q_r, Q_r')$ abbia punti nell'intorno (ρ_1) dell'arco β_0^{r+1}. Sia $r + \nu$ il massimo intero per il quale nell'intorno (ρ_1) dell'arco $\beta_0^{(r+\nu)}$ cade almeno un punto di $\mathfrak{C}(Q_r, Q_r')$, e sia M uno qualunque dei punti di questo arco appartenenti all'intorno detto di $\beta_0^{(r+\nu)}$. Indichiamo con M' il primo punto, dell'arco $\mathfrak{C}(Q_r, M)$, che si trova nell'intorno (ρ_1) di $\beta_0^{(r+\nu-1)}$ e per il quale l'arco $\mathcal{C}(M', M)$ non contiene punti dell'intorno (ρ_1) di $\beta_0^{(r+\nu-2)}$, e con M'' l'ultimo punto, dell'arco $\mathcal{C}(M, Q_r')$, che appartiene all'intorno (ρ_1) di $\beta_0^{(r+\nu-1)}$ e per il quale l'arco $\mathcal{C}(M, M'')$ non contiene punti dell'intorno (ρ_1) di $\beta_0^{(r+\nu-2)}$. L'arco $\mathcal{C}(M', M'')$ appartiene tutto agli intorni (ρ_1) di $\alpha_0^{(r+\nu-1)}$, $\alpha_0^{(r+\nu)}$, $\alpha_0^{(r+\nu+1)}$, e quindi al cerchio $(P_{r+\nu-1}, \rho)$, e si ha (la distanza fra M', M'' non potendo essere superiore a $3\bar\rho$)

$$(4) \qquad \mathfrak{J}_{\mathcal{C}(M', M'')} = \int_{\mathcal{C}(M', M'')} F^{(r+\nu-1)}\, ds - \int_{\mathcal{C}(M', M'')} [p_{r+\nu-1}\, x' + q_{r+\nu-1}\, y']\, ds$$
$$\geq ml - 6\mu\bar\rho,$$

dove l indica la lunghezza dell'arco $\mathcal{C}(M', M'')$. Ma poichè l'arco detto ha le sue parti $\mathcal{C}(M', M)$ e $\mathcal{C}(M, M'')$ ambedue superiori o uguali in lunghezza alla minima distanza fra gli intorni (ρ_1) degli archi $\beta_0^{(r+\nu-1)}$ e $\beta_0^{(r+\nu)}$, la quale è certamente $\geq \lambda - 4\bar\rho > \lambda - \frac{1}{2}\lambda$, è $l \geq \lambda$. È, pertanto, per essere $\bar\rho < \frac{\lambda m}{24\mu}$,

$$(5) \qquad \mathfrak{J}_{\mathcal{C}(M', M'')} > \frac{1}{2} lm > 0.$$

Sopprimiamo dall'arco $\mathcal{C}(Q_r, Q_r')$ l'arco $\mathcal{C}(M', M'')$ e tutti gli analoghi; resteranno degli archi, nessuno dei quali conterrà punti appartenenti all'intorno (ρ_1) di $\beta_0^{(r+\nu)}$, e vi sarà un numero pari di estremi di tali archi che risulteranno appartenenti all'intorno (ρ_1) di $\beta_0^{(r+\nu-1)}$. Siano N_1 e N_2 due di questi estremi, scelti in modo che N_1 sia il secondo estremo dell'arco a cui appartiene e N_2, invece, il primo. Se è $\nu > 1$, l'arco a cui appartiene N_1 contiene, per le costruzioni fatte, necessariamente almeno un punto dell'intorno (ρ_1) di $\beta_0^{(r+\nu-2)}$: indichiamo dunque con N_1' il primo punto di tale arco che si trova nell'intorno detto e per il quale $\mathcal{C}(N_1', N_1)$ non contiene punti dell'intorno (ρ_1) di $\beta_0^{(r+\nu-3)}$. Analogamente indichiamo con N_2' l'ultimo punto, dell'arco a cui appartiene N_2, che si trova nell'intorno (ρ_1) di $\beta_0^{(r+\nu-2)}$ e per il quale $\mathcal{C}(N_2, N_2')$ non contiene punti dell'intorno (ρ_1) di $\beta_0^{(r+\nu-3)}$. Gli archi $\mathcal{C}(N_1', N_1)$ e $\mathcal{C}(N_2, N_2')$ appartengono completamente agli intorni (ρ_1) di $\alpha_0^{(r+\nu-2)}$, $\alpha_0^{(r+\nu-1)}$ e $\alpha_0^{(r+\nu)}$, e quindi sono contenuti nel cerchio $(P_{r+\nu-2}, \rho)$ e si ha (osservando che la distanza fra N_1 e N_2 e quella fra N_1' e N_2' sono ambedue minori di $3\bar{\rho}$),

$$(6)\quad \mathfrak{I}_{\mathfrak{C}(N_1',N_1)} + \mathfrak{I}_{\mathfrak{C}(N_2,N_2')} = \int_{\mathfrak{C}(N_1',N_1)} F^{(r+\nu-2)}ds - \int_{\mathfrak{C}(N'_1,N_2)} [p_{r+\nu-2}x' + q_{r+\nu-2}y']ds$$

$$+ \int_{\mathfrak{C}(N_2,N_2')} F^{(r+\nu-2)}ds - \int_{\mathfrak{C}(N_2,N_2')} [p_{r+\nu-2}x' + q_{r+\nu-2}y']ds$$

$$> m(l_1 + l_2) - 12\mu\bar{\rho},$$

dove l_1 e l_2 indicano, rispettivamente, le lunghezze di $\mathfrak{C}(N_1',N_1)$ e $\mathfrak{C}(N_2, N_2')$; e, poichè è, evidentemente, $l_1 > \frac{\lambda}{2}$, $l_2 > \frac{\lambda}{2}$,

$$(7)\qquad \mathfrak{I}_{\mathfrak{C}(N_1',N_1)} + \mathfrak{I}_{\mathfrak{C}(N_2,N_2')} > \frac{1}{2} m (l_1 + l_2) > 0.$$

Sopprimiamo tutti gli archi analoghi a $\mathfrak{C}(N_1',N_1)$ e $\mathfrak{C}(N_2,N_2')$, e dagli archi restanti sopprimiamo poi tutte quelle parti che, a partire da essi e dall' intorno (ρ_1) di $\beta_0^{(r+\nu-1)}$, si costruiscono analogamente a $\mathfrak{C}(M', M'')$, parti che soddisfano tutte alla (5). Resteranno così su $\mathfrak{C}(Q_r, Q_r')$ degli archi nessuno dei quali conterrà punti dell' intorno (ρ_1) di $\beta_0^{(r+\nu-1)}$. Così proseguendo, si giungerà ad esaurire $\mathfrak{C}(Q_r, Q_r')$ ed a dimostrare la disuguaglianza

$$(8)\qquad \mathfrak{I}_{\mathfrak{C}(Q_r, Q_r')} > \frac{1}{2} ml' > 0,$$

dove l' indica la lunghezza di $\mathfrak{C}(Q_r, Q_r')$.

Da questa disuguaglianza e dalla (3), si ricava allora,

$$(9)\qquad \sum_1^{n-1} \mathfrak{I}_{\mathfrak{C}(Q_r, Q_r')} > \frac{1}{2} mL' - 6n\mu\bar{\rho},$$

dove L' indica la lunghezza complessiva di tutti gli archi $\mathfrak{C}(Q_r, Q_r')$, e, se si suppone

$$\bar{\rho} < \frac{\varepsilon}{6n\mu},$$

$$\sum_1^{n-1} \mathfrak{I}_{\mathfrak{C}(Q_r, Q_r')} > -\varepsilon.$$

Tenendo conto della (2), possiamo allora scrivere

$$\mathfrak{I}_{\mathfrak{C}} > \mathfrak{I}_{\mathfrak{C}_0} - 3\varepsilon,$$

e la semicontinuità inferiore completa dell'integrale $\mathfrak{I}$, sulla $\mathfrak{C}_0$, è provata.

110. - Estensione del risultato precedente.

Modificando leggermente il ragionamento del n.° precedente, si ha:

Se il campo A soddisfa alla condizione α) *del n.° 72 e se* $\mathfrak{I}_{\mathfrak{C}}$ *è un integrale quasi-regolare semidefinito positivo, oppure quasi-regolare positivo seminormale, lo stesso integrale ammette la semicontinuità inferiore completa su ogni curva ordinaria, aperta e priva di punti multipli.*

111. - Nuove condizioni sufficienti.

La proposizione dimostrata nel n.° 109 vale anche se, in luogo delle ipotesi là fatte sull'integrale $\mathfrak{I}_{\mathfrak{C}}$, *si ammettono quelle di uno qualunque dei teoremi dei n.i 98, 100, 101 e 102.* Ciò si prova modificando lievemente — il che non presenta alcuna difficoltà — la stessa dimostrazione data al n.° 109.

Altrettanto può affermarsi per la proposizione del n.° 110, purchè, quando si tratti delle condizioni poste ai n.i 100 *c*) e 101 *b*) e *d*), si ammetta che il campo *A* soddisfi alle condizioni α), β) e γ) del n.° 72.

112. - La semicontinuità completa su una data curva.

Ripetendo la dimostrazione data, al n.° 109, per il caso dell'integrale quasi-regolare positivo seminormale, si ha:

Se $\mathfrak{C}_0$ *è una data curva ordinaria, aperta, priva di punti multipli, completamente interna al campo A, e se su di essa sono verificate le condizioni 1) e 2) del teorema del n.° 106, a), l'integrale* $\mathfrak{I}_{\mathfrak{C}}$ *ammette sulla* $\mathfrak{C}_0$ *la semicontinuità inferiore completa.*

La condizione che la $\mathfrak{C}_0$ sia completamente interna al campo *A* può togliersi senz'altro se il campo soddisfa alla condizione α) del n.° 72.

113. - La semicontinuità completa rispetto a classi particolari di curve.

La dimostrazione data al n.° 108 *a*), quando si faccia uso del teorema del n.° 109, prova che:

preso ad arbitrio un numero positivo L, se $\mathfrak{C}_0$ è una curva ordinaria, di lunghezza non superiore a L, aperta, priva di punti multipli, completamente interna al campo A, sulla quale sia sempre $F_1 \geq 0$, per tutte le possibili coppie (x', y'), l'integrale $\mathfrak{I}_{\mathfrak{C}}$ ammette, sulla $\mathfrak{C}_0$ e relativamente alla classe delle curve $\mathfrak{C}$ ordinarie, di lunghezza non superiore a L, la semicontinuità inferiore completa.

Anche qui la condizione che la $\mathfrak{C}_0$ sia completamente interna al campo A risulta superflua se il campo soddisfa alla condizione α) del n.° 72.

Capitolo VIII.

ULTERIORI PROPRIETÀ DEGLI INTEGRALI $\mathfrak{J}_{\mathfrak{C}}$.

§ 1. Comportamento di $\mathfrak{J}_{\mathfrak{C}}$ in prossimità di una data curva.

114. - Teorema generale.

Intendendo sempre, in ciò che segue, di indicare con L la lunghezza della curva ordinaria $\mathfrak{C}$, abbiamo:

Considerata una curva ordinaria $\mathfrak{C}_0$ e scelto ad arbitrio un numero $\varepsilon > 0$, è sempre possibile di determinare altri due numeri positivi δ e ρ, in modo che, per ogni curva ordinaria $\mathfrak{C}$, appartenente ordinatamente all'intorno (ρ) della $\mathfrak{C}_0$ e soddisfacente alla disuguaglianza

(1) $$|L - L_0| < \delta,$$

si abbia

(2) $$|\mathfrak{J}_{\mathfrak{C}} - \mathfrak{J}_{\mathfrak{C}_0}| < \varepsilon.$$

Sia n un numero intero positivo qualunque e si indichi con W_n l'insieme di tutte le curve ordinarie $\mathfrak{C}$, appartenenti ordinatamente all'intorno $\left(\frac{1}{n}\right)$ della $\mathfrak{C}_0$ e soddisfacenti alla disuguaglianza

$$|L - L_0| < \frac{1}{n}.$$

La successione degli insiemi W_n: $W_1, W_2, \ldots, W_n, \ldots$ tende uniformemente alla curva $\mathfrak{C}_0$, e la successione corrispondente, degli insiemi delle lunghezze delle $\mathfrak{C}$, converge alla lunghezza L_0 della $\mathfrak{C}_0$.

Si può dunque, per il teorema di convergenza del n.° 83, determinare, in corrispondenza del numero ε, un intero $\bar{n}$ tale che, per ogni $n > \bar{n}$ e per tutte le $\mathcal{C}_n$ dell'insieme W_n, sia

$$\left| \mathfrak{J}_{\mathcal{C}_n} - \mathfrak{J}_{\mathcal{C}_0} \right| < \varepsilon .$$

La disuguaglianza (2) risulta così verificata da tutte le curve $\mathcal{C}$ ordinarie che soddisfano alla (1), nella quale si faccia $\delta = \frac{1}{\bar{n}}$, e che appartengono ordinatamente all'intorno (ρ) della $\mathcal{C}_0$, con $\rho = \frac{1}{\bar{n}}$. Il teorema è perciò dimostrato.

Osservazione. — Se la curva ordinaria $\mathcal{C}_0$ è aperta, in virtù dell'Osservaz. I del n.° 83 possiamo aggiungere che la determinazione dei numeri δ e ρ si può fare in modo che le curve $\mathcal{C}$, indicate nell'enunciato del teorema, soddisfino, non solo alla (2), ma anche alla

$$\left| \mathfrak{J}_{\mathcal{C}\left[\frac{L}{L_0} s\right]} - \mathfrak{J}_{\mathcal{C}_0[s]} \right| < \varepsilon,$$

e ciò per tutti gli s dell'intervallo $(0,\ L_0)$ (1).

115. - Teorema sugli integrali regolari.

A completare il teorema precedente, vale, per gli integrali regolari, la proposizione che segue:

Supposto l'integrale $\mathfrak{J}_{\mathcal{C}}$ regolare positivo, e considerata una curva $\mathcal{C}_0$ ordinaria, scelto ad arbitrio un numero positivo δ, è sempre possibile determinare altri due numeri positivi ε e ρ, in modo che, per ogni curva $\mathcal{C}$ ordinaria, appartenente ordinatamente all'intorno (ρ) della $\mathcal{C}_0$ e soddisfacente alla disuguaglianza

(1) $$L - L_0 \geq \delta,$$

si abbia

(2) $$\mathfrak{J}_{\mathcal{C}} - \mathfrak{J}_{\mathcal{C}_0} > \varepsilon$$ (2).

---

(1) Rammentiamo che $\mathcal{C}_0[s]$ indica l'arco di lunghezza s della $\mathcal{C}_0$ che ha il primo estremo nel primo estremo della curva; e analogamente $\mathcal{C}\left[\frac{L}{L_0} s\right]$.

(2) L. Tonelli, *Sul caso regolare nel Calcolo delle Variazioni*, loc. cit., n.° 17.

Sia m_1' un numero positivo minore del minimo m_1 della F_1, relativo a tutti i punti di A appartenenti ad un intorno arbitrario (ρ_1) della $\mathcal{C}_0$ e a tutte le coppie (x', y') normalizzate. La funzione

$$\overline{F}(x, y, x', y') \equiv F(x, y, x', y') - m_1' \cdot \sqrt{x'^2 + y'^2}$$

ha la funzione $\overline{F}_1$ corrispondente che soddisfa alla disuguaglianza

$$\overline{F}_1 > 0,$$

in tutto l'intorno (ρ_1) della $\mathcal{C}_0$ e per tutte le possibili coppie (x', y') di numeri non ambedue nulli, ed il suo integrale è perciò regolare. Dalla proposizione del n.° 97, scende quindi che, preso comunque un numero positivo $k < 1$, è possibile determinare un numero positivo $\rho < \rho_1$, in modo che ogni curva $\mathcal{C}$ ordinaria, appartenente ordinatamente all'intorno (ρ) della $\mathcal{C}_0$, verifichi la disuguaglianza

$$\int_{\mathcal{C}} \overline{F} ds > \int_{\mathcal{C}_0} \overline{F} ds - k m_1' \delta .$$

Tenendo presente la definizione della $\overline{F}$, si ha, allora,

$$\mathfrak{I}_{\mathcal{C}} > \mathfrak{I}_{\mathcal{C}_0} - k m_1' \delta + m_1' \left\{ \int_{\mathcal{C}} ds - \int_{\mathcal{C}_0} ds \right\},$$

e se la $\mathcal{C}$ soddisfa alla (1),

$$\mathfrak{I}_{\mathcal{C}} > \mathfrak{I}_{\mathcal{C}_0} + m_1' \delta (1 - k),$$

la quale dimostra la (2).

Osservazione I. — Dalla dimostrazione esposta, risulta che il numero ε della disuguaglianza (2) può prendersi uguale ad un numero positivo qualsiasi minore di $m_1 \delta$.

Osservazione II. — La proposizione qui dimostrata può esser messa sotto forma di reciproca di quella del n.° precedente. Essa è infatti, in virtù del n.° 97, equivalente a quest' altra:

Supposto l'integrale $\mathfrak{I}_{\mathcal{C}}$ regolare e considerata una curva $\mathcal{C}_0$ ordinaria, scelto ad arbitrio un numero positivo δ, è sempre possibile determinare altri due numeri positivi ε e ρ, *in modo* *che, per ogni curva* $\mathfrak{C}$ *ordinaria, appartenente ordinatamente all'intorno* (ρ) *della* $\mathfrak{C}_0$ *e soddisfacente alla disuguaglianza*

$$|\mathfrak{J}_{\mathfrak{C}} - \mathfrak{J}_{\mathfrak{C}_0}| < \varepsilon,$$

sia

$$|L - L_0| < \delta.$$

116. - I.° Lemma.

La proposizione data al n.° precedente, per gli integrali regolari, si può estendere anche a taluni integrali quasi-regolari. Per procedere però a tale estensione, ci occorrono due lemmi geometrici, che dimostreremo in questo e nel n.° seguente.

Se $\mathfrak{C}$ *è una curva ordinaria, presi ad arbitrio due numeri positivi* η *e* μ, *è sempre possibile di decomporla in un numero finito di parti, in modo che, eccettuatene alcune di lunghezza complessiva minore di* η, *ogni altra abbia lunghezza* $l \leq \mu$ *e soddisfi ad almeno una delle due disuguaglianze*

$$(1) \qquad |x_1 - x_0| > \frac{1}{4} l, \quad |y_1 - y_0| > \frac{1}{4} l,$$

dove (x_0, y_0) *e* (x_1, y_1) *sono i suoi estremi.*

Per dimostrarlo, scegliamo sulla $\mathfrak{C}$, come origine degli archi, il suo primo estremo, od un punto qualsiasi, nel caso si tratti di una curva chiusa, e sia

$$x = x(s), \qquad = y(s), \quad (0, L),$$

la rappresentazione analitica della curva in funzione della lunghezza s dell'arco. Le due funzioni $x(s)$ e $y(s)$ sono (n.[i] 8 e 45 *d*)) funzioni continue a variazione limitata, aventi, in quasi-tutto l'intervallo $(0, L)$, derivata, in modulo non superiore all'unità. Inoltre, (n.[i] 15 e 45 *d*)) è pure, in quasi-tutto l'intervallo detto,

$$(2) \qquad x'^2(s) + y'^2(s) = 1.$$

Preso dunque ad arbitrio un numero positivo η, possiamo trovare un insieme chiuso E' di punti dell'intervallo $(0, L)$, di misura $m(E) > L - \eta$, non contenente gli estremi O e L, e tale che, in ogni suo punto, esistano le due derivate $x'(s)$ e $y'(s)$ e valga la (2). Sia s un punto di E' e indichiamo con $\lambda(s)$ il massimo numero positivo, tale che, per ogni h soddisfacente alla $|h| \leq \lambda(s)$, $s+h$ appartenga all'intervallo $(0, L)$ e sia

$$(3) \qquad \left\{\frac{x(s+h)-x(s)}{h}\right\}^2+\left\{\frac{y(s+h)-y(s)}{h}\right\}^2 \geq \frac{1}{4}.$$

La funzione $\lambda(s)$, così definita in E', risulta sempre maggiore di zero. Detto r un intero positivo qualsiasi, indichiamo con e_r l'insieme dei punti di E' nei quali è $\lambda(s) \geq \frac{1}{r}$, insieme che risulta chiuso per la continuità, rispetto alla s, dell'espressione che figura al primo membro della disuguaglianza (3). L'insieme E' può considerarsi come quello dei punti che appartengono ad almeno un e_r, e siccome e_r è tutto contenuto in e_{r+1}, abbiamo (n.°41, *i*)) $m(e_r) \to m(E')$, e possiamo dunque determinare un r' in modo che risulti $m(e_{r'}) > L-\eta$. Sia E un componente chiuso di $e_{r'}$ di misura $> L-\eta$: in ogni punto s di E vale allora la disuguaglianza

$$\left[\frac{x(s+h)-x(s)}{h}\right]^2+\left[\frac{y(s+h)-y(s)}{h}\right]^2 \geq \frac{1}{4},$$

per ogni valore di h soddisfacente alla limitazione $|h| \leq \frac{1}{r'}$, e per gli stessi s e h vale perciò almeno una delle due disuguaglianze

$$(4) \qquad \left\{\begin{aligned} |x(s+h)-x(s)| &> \frac{|h|}{4}, \\ |y(s+h)-y(s)| &> \frac{|h|}{4}. \end{aligned}\right.$$

Dalla $m(E) > L-\eta$, segue poi, che la somma delle lunghezze di tutti gli intervalli ω di $(0, L)$, contigui all'insieme E, è minore di η.

Preso ora comunque un intero positivo n, maggiore di r', e tale che $nL > 1$, $n\mu > 1$, siano $\omega_1, \omega_2, \ldots, \omega_\nu$ gli intervalli ω, contigui ad E, di ampiezza non minore di $\frac{1}{2n}$: essi sono certamente in numero finito, essendo intervalli non sovrapponentisi. Soppressi da $(0, L)$ i punti interni a questi ν intervalli ω,

O ω_1 ω_2 L

restano altri intervalli Ω, in numero finito, in nessuno dei quali è contenuto un intervallo ω di ampiezza non minore di $\frac{1}{2n}$. Considerato uno di questi Ω, si determini, a partire dal suo primo estremo, il massimo intervallo, in esso contenuto, di ampiezza $\leq \frac{1}{n}$, il quale abbia il secondo estremo coincidente con L, o, in caso di impossibilità, appartenente all'insieme E. Se l'ampiezza di Ω è $\leq \frac{1}{n}$, questo massimo intervallo coincide con Ω stesso, e uno almeno dei suoi estremi appartiene ad E; in caso contrario, si fissi il punto di Ω distante $\frac{1}{n}$ dal suo primo estremo: se questo punto risulterà appartenere ad E, sarà il secondo estremo dell'intervallo da determinare, altrimenti apparterrà ad un ω, di ampiezza $< \frac{1}{2n}$, e il primo estremo di questo ω sarà il secondo estremo dell'intervallo cercato, il quale risulterà, così, di ampiezza $> \frac{1}{2n}$. A partire dal secondo estremo dell'intervallo così determinato, quando tale intervallo non coincida con Ω, si determini il massimo intervallo contenuto in Ω, di ampiezza $\leq \frac{1}{n}$, il quale abbia il secondo estremo concidente con L o, in caso di impossibilità, appartenente all'insieme E. E così si prosegua sino ad esaurire l'intervallo Ω, il quale, in tal modo, verrà spezzato in intervalli parziali, tutti, eccettuato al più l'ultimo, di ampiezza maggiore di $\frac{1}{2n}$, e quindi complessivamente in numero finito, e ciascuno di questi intervalli parziali, avendo ampiezza $\leq \frac{1}{n} < \frac{1}{r}$, e avendo almeno un estremo appartenente ad E, soddisferà, per le (4), ad almeno una delle disuguaglianze (1).

L'operazione ora eseguita si ripeta su tutti gli intervalli Ω: si avrà, alla fine, decomposto l'intervallo $(0, L)$ negli intervalli $\omega_1, \omega_2, \ldots, \omega_\nu$ e negli altri intervalli, che si indicheranno con $\bar{\omega}_1, \bar{\omega}_2, \ldots, \bar{\omega}_{\bar{\nu}}$; i primi aventi lunghezza complessiva minore di η, e i secondi aventi, ciascuno, lunghezza $\leq \frac{1}{n} < \mu$ e ciascuno soddisfacente ad almeno una delle disuguaglianze (1).

117. - II.° Lemma.

Se $\mathcal{C}_0$ è una curva ordinaria e h, H, p sono tre numeri positivi, tali che $h + 1 \leq H$, $p \leq \frac{h}{16H}$; se α_0 è un qualsiasi arco della $\mathcal{C}_0$ soddisfacente, coi suoi estremi $(x_0^{(0)}, y_0^{(0)})$, $(x_0^{(1)}, y_0^{(1)})$, e con la sua lunghezza l_0, ad almeno una delle disuguaglianze

$$(1) \qquad |x_0^{(1)} - x_0^{(0)}| > \frac{l_0}{4}, \quad |y_0^{(1)} - y_0^{(0)}| > \frac{l_0}{4},$$

ed α è un qualsiasi arco di curva ordinaria, appartenente ordinatamente all'intorno (ρ) di α_0, con

$$(2) \qquad \rho \leq \frac{hl_0}{16},$$

e soddisfacente con la sua lunghezza l alla disuguaglianza

$$(3) \qquad h + 1 \leq \frac{l}{l_0} \leq H;$$

ha misura maggiore di $\frac{1}{32H}(l - l_0)$ lo pseudointervallo dei punti di $(0, l_0)$ in cui è

$$(4) \qquad p \leq |\theta - \theta_0| \leq 2\pi - p,$$

θ_0 e θ essendo rispettivamente gli angoli di direzione delle tangenti agli archi α_0 e α (quando queste tangenti esistono) nei punti corrispondentisi secondo la relazione

$$(5) \qquad \sigma = \frac{l}{l_0} s,$$

ove s significa la lunghezza generica dell'arco α_0, a partire dal primo estremo dell'arco stesso, e σ ha analogo significato per α.

Siano,

$$x = x_0(s), \quad y = y_0(s), \quad (0, l_0),$$

le equazioni parametriche dell'arco α_0, in funzione di s, e

$$x = x(s), \quad y = y(s), \quad (0, l_0),$$

quelle di α, pure in funzione di s. Avremo, in quasi-tutto l'intervallo $(0, l_0)$,

$$x_0'(s) = \cos\theta_0, \qquad y_0'(s) = \operatorname{sen}\theta_0,$$

$$x'(s) = \frac{l}{l_0}\cos\theta, \quad y'(s) = \frac{l}{l_0}\operatorname{sen}\theta.$$

Supponiamo, per fissare le idee, che valga la prima delle disuguaglianze (1).

Potremo scrivere

$$x_0(l_0) - x_0(0) = \int_0^{l_0} x_0'(s)ds = \int_0^{l_0}\cos\theta_0\, ds,$$

$$x(l_0) - x(0) = \int_0^{l_0} x'(s)ds = \frac{l}{l_0}\int_0^{l_0}\cos\theta\, ds,$$

ed anche

$$[x(l_0) - x_0(l_0)] - [x(0) - x_0(0)] =$$
$$= \frac{l}{l_0}\int_0^{l_0}(\cos\theta - \cos\theta_0)ds + \frac{l - l_0}{l_0}[x_0(l_0) - x_0(0)],$$

e

$$\frac{l}{l_0}\int_0^{l_0}|\cos\theta - \cos\theta_0|\, ds \geq$$
$$\left|\frac{l - l_0}{l_0}|x_0(l_0) - x_0(0)| - |[x(l_0) - x_0(l_0)] - [x(0) - x_0(0)]|\right|.$$

Ma, in virtù delle (1) e (3), è

$$\frac{l - l_0}{l_0}|x_0(l_0) - x_0(0)| > \frac{hl_0}{4},$$

e, per essere α appartenente ordinatamente all' intorno (ρ) di α_0, e per la (2),

$$|[x(l_0) - x_0(l_0)] - [x(0) - x_0(0)]| \leq 2\rho < \frac{hl_0}{8}.$$

Ne viene dunque, tenendo presenti la $\frac{l}{l_0} \leq H$ e la prima delle (1),

$$\int_0^{l_0} |\cos\theta - \cos\theta_0| \, ds > \frac{1}{2H} \frac{l - l_0}{l_0} |x_0(l_0) - x_0(0)| > \frac{l - l_0}{8H}. \tag{6}$$

Lo pseudointervallo E, dei punti di $(0, l_0)$ in cui vale la (4), contiene quello E' dei punti in cui è

$$|\cos\theta - \cos\theta_0| \geq p \text{ (}^1\text{)},$$

e vale, perciò, la disuguaglianza

$$m(E) \geq m(E').$$

E siccome è

$$\int_0^{l_0} |\cos\theta - \cos\theta_0| \, ds \leq 2m(E') + pl_0,$$

donde, per la (6),

$$m(E') > \frac{l_0}{2}\left(\frac{l - l_0}{l_0} \cdot \frac{1}{8H} - p\right)$$

ed anche, per essere $\frac{l - l_0}{l_0} \geq h$, $p \leq \frac{h}{16H}$,

$$m(E') > \frac{1}{32H}(l - l_0),$$

è pure

$$m(E) > \frac{1}{32H} \cdot (l - l_0),$$

ciò che dimostra il lemma enunciato.

---

(1) Si rammenti che, per il teorema del valor medio, è sempre

$$\left|\frac{\cos\theta - \cos\theta_0}{\theta - \theta_0}\right| \leq 1.$$

118. - Estensione del teorema del n.° 115 agli integrali quasi-regolari normali definiti positivi.

Dimostriamo che il teorema del n.° 115 vale anche se l'integrale $\mathfrak{I}_{\mathfrak{C}}$, invece di supporlo regolare-positivo, lo si suppone quasi-regolare normale definito positivo.

Sia $\mathfrak{C}_0$ una curva ordinaria e, preso ad arbitrio un $\varepsilon > 0$, determiniamo un $\eta > 0$ in modo che, indicata con

$$x = x_0(s), \quad y = y_0(s), \quad (0, L_0),$$

la rappresentazione analitica della $\mathfrak{C}_0$ in funzione della lunghezza s dell'arco, risulti sempre minore di ε l'integrale della funzione $F[x_0(s), y_0(s), x_0'(s), y_0'(s)]$ esteso ad un qualsiasi pseudo-intervallo di $(0, L_0)$, di misura minore di η.

Preso poi ad arbitrio un numero intero positivo n, decomponiamo la curva $\mathfrak{C}_0$ in parti, nel modo indicato nel lemma del n.° 116, quando si prenda per η il numero sopra determinato e $\mu = \frac{1}{n}$. Degli intervalli in cui, in corrispondenza, risulta diviso $(0, L_0)$, siano $\omega_1, \omega_2, \ldots, \omega_\nu$ quelli di lunghezza complessiva minore di η, e $\bar{\omega}_1, \bar{\omega}_2, \ldots, \bar{\omega}_{\bar{\nu}}$ quelli aventi, ciascuno, lunghezza $\leq \mu = \frac{1}{n}$ e soddisfacenti ad almeno una delle disuguaglianze (1) del n.° 116.

Indichiamo con $s_0, s_1, \ldots, s_{\nu+\bar{\nu}}$ i valori di s che corrispondono ai punti di divisione di $(0, L_0)$ nelle parti ω e $\bar{\omega}$, e sia

$$s_0 = 0 < s_1 < s_2 < \ldots . < s_{\nu+\bar{\nu}} = L_0 ;$$

indichiamo poi con $P_0^{(0)}, P_1^{(0)}, P_2^{(0)}, \ldots, P^{(0)}_{\nu+\bar{\nu}}$ i punti della $\mathfrak{C}_0$ che corrispondono a questi valori di s e scegliamo un numero positivo ρ, minore di $\frac{1}{n(\nu+\bar{\nu})}$ e tale che ogni curva ordinaria, appartenente ordinatamente all'intorno (ρ) di uno qualunque degli archi $\mathfrak{C}_0\,(P_i^{(0)}, P_{i+1}^{(0)})$ della $\mathfrak{C}_0$, abbia lunghezza superiore alla metà di $s_{i+1} - s_i$.

Ciò fatto, consideriamo una qualunque curva $\mathfrak{C}$ ordinaria, la quale appartenga ordinatamente all'intorno (ρ) della $\mathfrak{C}_0$, e scelta una delle corrispondenze Ω (n.° 18, *b*)), intercedenti fra i punti della $\mathfrak{C}$ e della $\mathfrak{C}_0$, in modo che la distanza fra i punti corrispondenti risulti sempre non maggiore di ρ, siano P_0, P_1, ..., $P_{\nu+\bar{\nu}}$ i punti della $\mathfrak{C}$ che essa fa corrispondere a quelli $P_i^{(0)}$ della $\mathfrak{C}_0$. Per togliere ogni ambiguità, intenderemo che, se, in base alla corrispondenza scelta, a $P_r^{(0)}$ venissero a corrispondere sulla $\mathfrak{C}$ più punti, P_r sia il primo di essi, per $r < \nu + \bar{\nu}$, e l'ultimo di essi, per $r = \nu + \bar{\nu}$. L'arco $\mathfrak{C}(P_i, P_{i+1})$ viene così ad appartenere ordinatamente all'intorno (ρ) di $\mathfrak{C}_0(P_i^{(0)}, P_{i+1}^{(0)})$ e, per l'ipotesi fatta su ρ, la sua lunghezza risulta superiore alla metà di $s_{i+1} - s_i$. Indicando con σ la lunghezza di un arco qualsiasi della $\mathfrak{C}$, contata a partire dal punto P_0, e chiamando σ_1, σ_2, ..., le lunghezze degli archi $\mathfrak{C}(P_0, P_1)$, $\mathfrak{C}(P_0, P_2)$, ..., è, per quanto si è detto or ora,

(1)
$$\sigma_{i+1} - \sigma_i > \frac{s_{i+1} - s_i}{2}.$$

Analogamente a quanto si è fatto al n.° 95, confrontiamo i due integrali $\mathfrak{J}_{\mathfrak{C}_0(P_i^{(0)}, P_{i+1}^{(0)})}$ e $\mathfrak{J}_{\mathfrak{C}(P_i, P_{i+1})}$, e a tale scopo indichiamo, anche qui, con m e M rispettivamente il minimo e il massimo della funzione F nell'insieme chiuso dei punti di A che appartengono ad un cerchio del piano (x, y), comunque scelto, purchè contenente la curva $\mathfrak{C}_0$ ed almeno tutti i punti da essa distanti non più di ρ, e per tutte le coppie (x', y') normalizzate. Avendo qui supposto l'integrale $\mathfrak{J}_{\mathfrak{C}}$ definito positivo, è $m > 0$.

Posto

$$D_i = \mathfrak{J}_{\mathfrak{C}(P_i, P_{i+1})} - \mathfrak{J}_{\mathfrak{C}_0(P_i^{(0)}, P_{i+1}^{(0)})}$$

e

$$\delta_i = (\sigma_{i+1} - \sigma_i) - (s_{i+1} - s_i),$$

e detti D'_i e δ'_i rispettivamente gli elementi D_i e δ_i corrispondenti a quegli archi per i quali è

$$\sigma_{i+1} - \sigma_i \geq 2\frac{M}{m}(s_{i+1} - s_i),$$

abbiamo $\delta_i' > 0$, ed essendo

$$\mathfrak{J}_{\mathfrak{C}(P_i, P_{i+1})} \geq m(\sigma_{i+1} - \sigma_i), \quad \mathfrak{J}_{\mathfrak{C}(P_i^{(0)}, P_{i+1}^{(0)})} < M(s_{i+1} - s_i),$$

si ha, per tali archi,

$$\mathfrak{J}_{\mathfrak{C}(P_i, P_{i+1})} \geq 2\,\mathfrak{J}_{\mathfrak{C}_0(P_i^{(0)}, P_{i+1}^{(0)})}.$$

Da questa disuguaglianza e dall'altra $\mathfrak{J}_{\mathfrak{C}(P_i,\ P_{i+1})} > m\delta_i'$, scende, sommando,

$$\mathfrak{J}_{\mathfrak{C}(P_i,\ P_{i+1})} > \mathfrak{J}_{\mathfrak{C}_0(P_i^{(0)},\ P_{i+1}^{(0)})} + \frac{m}{2}\delta_i',$$

ed anche

$$D_i' > \frac{m}{2}\delta_i'. \tag{2}$$

Prendiamo ora in esame gli archi sui quali è

$$\sigma_{i+1} - \sigma_i < 2\frac{M}{m}(s_{i+1} - s_i), \tag{3}$$

e poniamo in essi, fra $\mathfrak{C}_0(P_i^{(0)},\ P_{i+1}^{(0)})$ e $\mathfrak{C}(P_i,\ P_{i+1})$, una nuova corrispondenza Ω, definita dalla relazione lineare

$$\sigma = \sigma_i + \frac{\sigma_{i+1} - \sigma_i}{s_{i+1} - s_i}(s - s_i).$$

Scegliendo s come parametro di una rappresentazione analitica simultanea degli archi $\mathfrak{C}_0(P_i^{(0)},\ P_{i+1}^{(0)})$ e $\mathfrak{C}(P_i,\ P_{i+1})$, si avranno, per il primo, le equazioni

$$x = x_0(s), \quad y = y_0(s), \quad (s_i,\ s_{i+1}),$$

e, per il secondo,

$$x = x(s), \quad y = y(s), \quad (s_i,\ s_{i+1}).$$

Fra gli archi che soddisfano alla (3), consideriamo, per ora, soltanto quelli che corrispondono agli intervalli $\bar{\omega}$ e indichiamo con D_i'' e δ_i'' gli elementi D_i e δ_i ad essi corrispondenti. Con le stesse considerazioni già svolte al n.° 95, abbiamo senz'altro, se il numero n è sufficientemente grande,

$$\begin{aligned} D_i'' > & -\varepsilon(s_{i+1} - s_i) + \int_{s_i}^{s_{i+1}} [(x' - x_0')F_{x'}(x_0, y_0, x_0', y_0') + \\ & + (y' - y_0')F_{y'}(x_0, y_0, x_0', y_0')]ds \\ & + \int_{s_i}^{s_{i+1}} \mathcal{E}(x_0,\ y_0;\ x_0',\ y_0';\ x',\ y')ds, \end{aligned} \tag{4}$$

ed anche, per essere $\mathfrak{J}$ un integrale quasi-regolare positivo e quindi $\mathcal{E} \geq 0$,

$$(5) \qquad D_i'' > -\varepsilon(s_{i+1}-s_i) + \int_{s_i}^{s_{i+1}} [(x'-x_0')F_{x'}(x_0, y_0, x_0', y_0') + \\ + (y'-y_0')F_{y'}(x_0, y_0, x_0', y_0')]ds.$$

Preso ad arbitrio un numero $\delta > 0$, distinguiamo gli archi, relativi ai D_i'', in due categorie, nella prima delle quali porremo quelli per i quali δ_i'', che, per maggior chiarezza, verrà indicato con $\bar{\delta}_i''$, soddisfa alla disuguaglianza

$$(6) \qquad \bar{\delta}_i'' \geq \frac{\delta}{2L_0}(s_{i+1}-s_i).$$

Indichiamo il D_i'' corrispondente con $\bar{D}_i''$.

Dalle (3) e (6), risulta, per gli archi ora considerati,

$$\frac{\delta}{2L_0} + 1 \leq \frac{\sigma_{i+1}-\sigma_i}{s_{i+1}-s_i} < 2\frac{M}{m};$$

e poichè tutte le differenze $\bar{D}_i''$ si riferiscono ad intervalli $\bar{\omega}$, possiamo applicare il lemma del n.° 117, facendovi

$$h = \frac{\delta}{2L_0} \text{ e } H = 2\frac{M}{m},$$

ed affermare che, se ρ è minore di $\dfrac{\delta}{32L_0}$ moltiplicato per la più piccola delle differenze $s_{i+1}-s_i$, relative a tutti i possibili valori di i, e se poniamo $p = \dfrac{\delta m}{64L_0M}$, lo pseudointervallo dei punti dell'intervallo (s_i, s_{i+1}), che si riferisce ad una qualunque delle differenze $\bar{D}_i''$, nei quali vale la

$$p \leq |\theta - \theta_0| \leq 2\pi - p,$$

ha misura maggiore di $\dfrac{m\bar{\delta}_i''}{64M}$.

Osserviamo ora che, per essere $\mathfrak{J}$ un integrale quasi-regolare positivo normale, la funzione $\mathcal{E}(x, y; \cos\bar{\theta}, \operatorname{sen}\bar{\theta}; \cos\theta, \operatorname{sen}\theta)$ è sempre maggiore di zero, in ogni punto (x, y)

del campo A, purchè la differenza $\bar{\theta} - \theta$ non sia nulla o uguale ad un multiplo intero di 2π. Se dunque indichiamo con q il minimo della funzione considerata, per ogni punto (x, y) della curva $\mathfrak{C}_0$ e per ogni coppia $\bar{\theta}$, θ, soddisfacente alla

$$p \leq \theta - \bar{\theta} \leq 2\pi - p,$$

risulta $q > 0$, e, in un intervallo (s_i, s_{i+1}) corrispondente ad un $\bar{\delta}_i''$, abbiamo, se ρ è preso come poco sopra si è detto,

$$\int_{s_i}^{s_{i+1}} \mathcal{E}(x_0, y_0; x_0', y_0'; x', y')ds$$

$$(7) \qquad = \frac{\sigma_{i+1} - \sigma_i}{s_{i+1} - s_i} \int_{s_i}^{s_{i+1}} \mathcal{E}(x_0, y_0; \cos\theta_0, \operatorname{sen}\theta_0; \cos\theta, \operatorname{sen}\theta)ds$$

$$> \frac{\sigma_{i+1} - \sigma_i}{s_{i+1} - s_i} \frac{m\bar{\delta}_i''}{64M} q > \frac{m\bar{\delta}_i''}{64M} q \text{ (}^1\text{)}.$$

Dalla (4) segue, perciò,

$$(8) \qquad \bar{D}_i'' > -\varepsilon(s_{i+1} - s_i) + \int_{s_i}^{s_{i+1}} [(x' - x_0')F_{x'}(x_0, y_0, x_0', y_0') + $$
$$+ (y' - y_0')F_{y'}(x_0, y_0, x_0', y_0')]ds + \frac{m\bar{\delta}_i''}{64M} q.$$

Restano a considerarsi le differenze D_i relative agli archi che soddisfano alla (3) e che corrispondono a intervalli ω. Indicheremo con D_i''' queste ultime differenze. Essendo, per ipotesi, $\mathfrak{J}$ un integrale definito positivo, possiamo scrivere

$$(9) \qquad D_i''' > -\int_{s_i}^{s_{i+1}} F(x_0, y_0, x_0', y_0')ds.$$

Per quelle poi fra queste D_i''' per le quali il corrispon-

---

(1) Perchè essendo $\bar{\delta}_i' > 0$ (per la (6)) è $\sigma_{i+1} - \sigma_i > s_{i+1} - s_i$.

dente δ_i''' è maggiore di zero, abbiamo, indicando questi D_i''' e δ_i''' con $\overline{D}_i'''$ e $\bar{\delta}_i'''$,

$$\overline{D}_i''' > m\bar{\delta}_i''' - \int_{s_i}^{s_{i+1}} F(x_0, y_0, x_0', y_0')ds.$$

Da questa disuguaglianza e dalle (2), (5), (8), (9), otteniamo

$$\begin{aligned}
\mathfrak{I}_{\mathfrak{C}} - \mathfrak{I}_{\mathfrak{C}_0} &= \Sigma D_i = \Sigma D_i' + \Sigma D_i'' + \Sigma D_i''' \\
&> \frac{m}{2}\Sigma\delta_i' + \frac{mq}{64M}\Sigma\bar{\delta}_i'' + m\Sigma\bar{\delta}_i''' \\
&\quad - \varepsilon\Sigma(s_{i+1} - s_i) + \Sigma'' \int_{s_i}^{s_{i+1}} [(x' - x_0')F_{x'}(x_0, y_0, x_0', y_0') + \\
&\qquad + (y' - y_0')F_{y'}(x_0, y_0, x_0', y_0')]ds \\
&\quad - \Sigma''' \int_{s_i}^{s_{i+1}} F(x_0, y_0, x_0', y_0')ds,
\end{aligned} \tag{10}$$

dove la Σ'' è estesa soltanto agli intervalli (s_i, s_{i+1}) che soddisfano alla (3) e che sono degli intervalli $\bar{\omega}$, e la Σ''' a quelli che soddisfano alla (3) e che sono degli ω.

Rammentando che la somma delle lunghezze degli intervalli ω è minore di η e che l'integrale della $F(x_0(s), y_0(s), x_0'(s), y_0'(s))$, esteso ad un qualsiasi pseudointervallo di misura minore di η, è minore di ε, si ha

$$-\Sigma''' \int_{s_i}^{s_{i+1}} F(x_0, y_0, x_0', y_0')\,ds > -\varepsilon.$$

Detto poi γ il minore dei due numeri $\frac{m}{2}, \frac{mq}{64M}$, si ha

$$\frac{m}{2}\Sigma\,\delta_i' + \frac{mq}{64M}\Sigma\bar{\delta}_i'' + m\Sigma\bar{\delta}_i''' \geq \gamma\left[\Sigma\delta_i' + \Sigma\bar{\delta}_i'' + \Sigma\bar{\delta}_i'''\right],$$

e qui deve osservarsi che i $\bar{\delta}_i''$ soddisfano tutti alla disuguaglianza (6) e che tutti gli altri δ_i che soddisfano alla

$$\delta_i > \frac{\delta}{2L_0}(s_{i+1} - s_i) \tag{11}$$

figurano sicuramente fra i δ_i' o fra i $\bar{\delta}_i'''$. Ma se ci limitiamo a considerare soltanto le curve $\mathfrak{C}$ che soddisfano alla disuguaglianza

$$L - L_0 \geq \delta, \tag{12}$$

essendo la somma dei δ_i che non soddisfano alla (11) minore di

$$\frac{\delta}{2L_0}\Sigma(s_{i+1} - s_i) \leq \frac{\delta}{2},$$

ed essendo

$$\Sigma\delta_i = \Sigma(\sigma_{i+1} - \sigma_i) - \Sigma(s_{i+1} - s_i) = L - L_0,$$

la somma dei δ_i che verificano la (11) è $> \frac{\delta}{2}$. È, pertanto, supposta la (12),

$$\Sigma\delta_i' + \Sigma\bar{\delta}_i'' + \Sigma\bar{\delta}_i''' \geq \frac{\delta}{2},$$

e le precedenti disuguaglianze danno

$$\mathfrak{J}_{\mathfrak{C}} - \mathfrak{J}_{\mathfrak{C}_0} > \frac{1}{2}\gamma\delta - \varepsilon(1 + L_0) + \Sigma''\int_{s_i}^{s_{i+1}}[(x' - x_0')F_{x'}(x_0, y_0, x_0', y_0') + \\ + (y' - y_0')F_{y'}(x_0, y_0, x_0', y_0')]ds. \tag{13}$$

Come al n.° 95, deduciamo infine che, per n sufficientemente grande, il modulo della sommatoria Σ'' è inferiore a 3ε, donde

$$\mathfrak{J}_{\mathfrak{C}} - \mathfrak{J}_{\mathfrak{C}_0} > \frac{1}{2}\gamma\delta - \varepsilon(4 + L_0).$$

Siccome ε è arbitrario, abbiamo pure, per n sufficientemente grande,

$$\mathfrak{J}_{\mathfrak{C}} - \mathfrak{J}_{\mathfrak{C}_0} > \frac{1}{4}\gamma\delta,$$

e questa disuguaglianza risulta soddisfatta per tutte le curve ordinarie $\mathfrak{C}$ che soddisfano alla (12) e che appartengono ordinatamente all'intorno (ρ) della $\mathfrak{C}_0$, essendo ρ convenientemente piccolo. La estensione voluta del teorema del n°. 115 è così ottenuta.

119. - Estensione del teorema del n.° 115 agli integrali quasi-regolari positivi normali.

La condizione, posta al n.° precedente, che $\mathfrak{J}$ sia un integrale definito, è superflua per la validità del teorema del n.° 115. Ed infatti, procedendo come già si è fatto al n.° 96, possiamo decomporre la curva ordinaria $\mathfrak{C}_0$ in un numero finito di archi $\alpha_1, \alpha_2, \ldots, \alpha_\nu$, per ciascuno dei quali esistono tre costanti, p_r, q_r, ρ_r, con $\rho_r > 0$, in modo che, posto

$$F^{(r)}(x, y, x', y') \equiv F(x, y, x', y') + p_r x' + q_r y',$$

si ha

$$F^{(r)}(x, y, x', y') > 0,$$

per ogni coppia (x', y') di numeri non ambedue nulli e in tutti i punti del campo A che appartengono all'intorno (ρ_r) di α_r. E poichè è, evidentemente, $F_1^{(r)} \equiv F_1$, la $F^{(r)}$ soddisfa, nell'intorno detto di α_r, alla condizione posta al n.° precedente per la F. Considerate allora le curve ordinarie β_r che superano in lunghezza α_r di almeno $\frac{\delta}{\nu}$, possiamo determinare (n.° 118) due costanti positive, c_r e ρ'_r, in modo che ogni curva ordinaria β_r, appartenente ordinatamente all'intorno (ρ_r') di α_r e soddisfacente alla disuguaglianza

$$\text{lungh. } \beta_r - \text{lungh. } \alpha_r \geq \frac{\delta}{\nu}, \tag{1}$$

renda soddisfatta la

$$\int_{\beta_r} F^{(r)} ds - \int_{\alpha_r} F^{(r)} ds > c_r. \tag{2}$$

Possiamo anche scegliere ρ_r' così piccolo che risulti (n.° 100)

$$\left| \int_{\beta_r} p_r dx + q_r dy - \int_{\alpha_r} p_r dx + q_r dy \right| < \frac{1}{2} c_r.$$

Segue allora, dalla (2), che, per ogni β_r appartenente ordinatamente all'intorno (ρ_r') di α_r e soddisfacente alla (1), è

$$\mathfrak{J}_{\beta_r} - \mathfrak{J}_{\alpha_r} > \frac{1}{2} c_r. \tag{3}$$

Sia $\bar{\rho}$ il minore di tutti i ρ_r' e $\bar{c}$ il più piccolo dei c_r, e determiniamo un $\bar{\bar{\rho}} > 0$ e $< \bar{\rho}$, in modo che ogni curva ordinaria β_r, appartenente ordinatamente all'intorno $(\bar{\bar{\rho}})$ di α_r, verifichi la disuguaglianza (n.° 96)

$$\mathfrak{I}_{\beta_r} - \mathfrak{I}_{\alpha_r} > -\frac{\bar{c}}{4\nu}, \tag{4}$$

e ciò per tutti i valori dell'indice r, da 1 a ν.

Dopo questo, sia $\mathfrak{C}$ una curva ordinaria, appartenente ordinatamente all'intorno $(\bar{\bar{\rho}})$ della $\mathfrak{C}_0$, la quale verifichi la disuguaglianza

$$L - L_0 \geq \delta.$$

Secondo una qualunque delle corrispondenze Ω (n.° 18, *b*)) che possono porsi, fra la $\mathfrak{C}$ e la $\mathfrak{C}_0$, in modo che la distanza fra i punti corrispondenti risulti sempre minore di $\bar{\bar{\rho}}$, si spezzi la $\mathfrak{C}$ in archi $\beta_1, \beta_2, \ldots, \beta_\nu$, appartenenti agli intorni $(\bar{\bar{\rho}})$ degli archi $\alpha_1, \alpha_2, \ldots, \alpha_\nu$, rispettivamente.

Per un valore $\bar{r}$, almeno, dell'indice r, è

$$\text{lungh. } \beta_{\bar{r}} - \text{lungh. } \alpha_{\bar{r}} > \frac{\delta}{\nu},$$

perchè, altrimenti, si avrebbe $L - L_0 < \delta$, contro l'ipotesi fatta; per questo valore $\bar{r}$ vale dunque la (3), mentre per tutti gli altri varrà sicuramente la (4). Segue perciò

$$\mathfrak{I}_{\mathfrak{C}} - \mathfrak{I}_{\mathfrak{C}_0} > \frac{1}{2}\bar{c} - \Sigma\frac{\bar{c}}{4\nu}$$

$$> \frac{1}{4}\bar{c},$$

come appunto volevamo.

120. - Ulteriore estensione del teorema del n.° 115.

Il teorema del n.° 115 è suscettibile di un'ulteriore estensione; possiamo, infatti, enunciare la seguente proposizione generale.

Se, data una curva ordinaria $\mathfrak{C}_0$,

1) *ad ogni suo punto* (x_0, y_0) *corrisponde un valore* $\theta^{(0)}$ *soddisfacente alle disuguaglianze* $0 \leq \theta^{(0)} < 2\pi$ *e tale che sia*

(1) $$\mathcal{E}(x_0, y_0; \cos\theta^{(0)}, \operatorname{sen}\theta^{(0)}; \cos\theta, \operatorname{sen}\theta) > 0,$$

per tutti i θ *soddisfacenti alle* $0 \leq \theta < 2\pi$, $\theta \neq \theta^{(0)}$;

2) *in quasi-tutta la* $\mathcal{C}_0$, *vale la* (1), *prendendo per* $\theta^{(0)}$ *l'angolo* θ_0 *di direzione della curva nel punto* (x_0, y_0);

scelto ad arbitrio un numero positivo δ, *è sempre possibile di determinarne altri due,* ε *e* ρ, *in modo che, per ogni curva* $\mathcal{C}$ *ordinaria, appartenente ordinatamente all'intorno* (ρ) *della* $\mathcal{C}_0$ *e soddisfacente alla disuguaglianza* $L - L_0 \geq \delta$, *si abbia*

$$\mathcal{I}_{\mathcal{C}} - \mathcal{I}_{\mathcal{C}_0} > \varepsilon \text{ (}^1\text{)}.$$

Si supponga, dapprima, che l'integrale $\mathcal{I}_{\mathcal{C}}$ sia definito positivo e si riprenda la dimostrazione del n.° 118. Conservando le notazioni di tale n.°, sia E un insieme chiuso di punti dell'intervallo $(0, L_0)$, di misura maggiore di $L_0 - \frac{\delta}{4} \cdot \frac{m}{64M}$, e tale che, in corrispondenza di ogni suo punto s, esista la tangente alla $\mathcal{C}_0$ e valga la (1) per $\theta^{(0)}$ coincidente con l'angolo di direzione θ_0 di tale tangente.

Si indichi poi con q_1 il minimo della funzione

$$\mathcal{E}(x_0, y_0; \cos\theta_0, \operatorname{sen}\theta_0; \cos\theta, \operatorname{sen}\theta)$$

relativamente a tutti i punti (x_0, y_0) della $\mathcal{C}_0$ che corrispondono ai punti di E, e, per ciascuno di essi, a tutti i θ che soddisfano alla $p \leq |\theta - \theta_0| \leq 2\pi - p$. Si indichi, infine, con q' un numero positivo minore di q_1 e di $32M$.

Dopo ciò, si osservi che, per quanto la disuguaglianza (7), del n.° 118, possa, nel caso attuale, non esser più valida, può però sempre scriversi l'altra

$$\int_{s_i}^{s_{i+1}} \mathcal{E}(x_0, y_0; x_0', y_0'; x', y')ds > \left(\frac{m\bar{\delta}_i''}{64M} - \bar{\lambda}_i''\right)q',$$

([1]) L. Tonelli, *Su due proposizioni di J. W. Lindeberg e E. E. Levi, nel Calcolo delle Variazioni.* Nota I. (Rend. R. Accad. dei Lincei, 1921, 1° sem., pp. 19-22).

dove $\bar{\lambda}_i''$ rappresenta la misura dello pseudointervallo dei punti di (s_i, s_{i+1}) che non appartengono all'insieme chiuso E. Si avrà perciò, in luogo della (8) del n.° detto, la

$$\bar{D}_i'' > -\varepsilon(s_{i+1} - s_i) + \int_{s_i}^{s_{i+1}} [(x' - x_0')F_{x'}(x_0, y_0, x_0', y_0') + $$
$$+ (y' - y_0')F_{y'}(x_0, y_0, x_0', y_0')]ds$$
$$+ \left(\frac{m\bar{\delta}_i''}{64M} - \bar{\lambda}_i''\right)q',$$

e nella (10), invece del termine

$$\frac{mq}{64M}\Sigma\bar{\delta}_i'',$$

dovrà porsi

$$\frac{mq'}{64M}\Sigma\bar{\delta}_i'' - q'\Sigma\bar{\lambda}_i''.$$

Rilevando ora che, essendo

$$m(E) > L_0 - \frac{\delta}{4}\frac{m}{64M},$$

è

$$\Sigma\bar{\lambda}_i'' < \frac{\delta}{4}\cdot\frac{m}{64M},$$

e che il minore, γ, dei due numeri $\frac{m}{2}$ e $\frac{mq'}{64M}$ è il secondo di essi (per aver scelto $q' < 32M$), si ha

$$\frac{m}{2}\Sigma\bar{\delta}_i' + \frac{mq'}{64M}\Sigma\bar{\delta}_i'' - q'\Sigma\bar{\lambda}_i'' + m\,\Sigma\bar{\delta}_i'''$$
$$> \gamma\left[\Sigma\bar{\delta}_i' + \Sigma\bar{\delta}_i'' + \Sigma\bar{\delta}_i''' - \frac{\delta}{4}\right].$$

Si avrà così, in luogo della (13) del n.° citato, la

$$\mathfrak{J}_{\mathfrak{C}} - \mathfrak{J}_{\mathfrak{C}_0} > \frac{1}{4}\gamma\delta - \varepsilon(1 + L_0) +$$

$$\Sigma'' \int_{s_i}^{s_{i+1}} [(x' - x_0')F_{x'}(x_0, y_0, x_0', y_0') + (y' - y_0')F_{y'}(x_0, y_0, x_0', y_0')]ds,$$

e la dimostrazione potrà compiersi senz'altro come al n.° detto.

Stabilita, in tal modo, la nostra proposizione nell'ipotesi dell'integrale $\mathfrak{J}$ definito positivo, si passerà al caso generale ragionando come al n.° 119 e tenendo presente quanto si è detto al n.° 106.

121. - Generalizzazione della proposizione del n.° 115.

Sia $G(x, y, x', y')$ una funzione definita in tutti i punti del campo A e per tutte le coppie (x', y'), e sottoposta alle stesse condizioni fissate per la $F(x, y, x', y')$ al n.° 74. Indicata con G_1 la funzione relativa alla G e analoga alla F_1 definita al n.° 75, si ha la seguente proposizione:

Se, data una curva ordinaria $\mathfrak{C}_0$, *esistono un intorno* (ρ) *di essa ed un numero positivo* m, *tali che, in ogni punto* (x, y) *di quest'intorno e per ogni coppia* (x', y'), *sia sempre*

$$F_1(x, y, x', y') \geq m G_1(x, y, x', y'), \tag{1}$$

senza però che in nessun punto (x, y) *l'uguaglianza sia verificata per tutte le possibili coppie* (x', y'), *scelto ad arbitrio un numero positivo* δ *è sempre possibile di determinarne altri due,* ε *e* ρ_1, *in modo che si abbia*

$$\mathfrak{J}_{\mathfrak{C}} - \mathfrak{J}_{\mathfrak{C}_0} \geq \varepsilon,$$

per ogni curva ordinaria $\mathfrak{C}$, *appartenente ordinatamente all'intorno* (ρ_1) *della* $\mathfrak{C}_0$ *e soddisfacente alla disuguaglianza*

$$\int_{\mathfrak{C}} G ds - \int_{\mathfrak{C}_0} G ds \geq \delta \text{ (1)}. \tag{2}$$

Consideriamo la funzione

$$\bar{F}(x, y, x', y') \equiv F(x, y, x', y') - mG(x, y, x', y').$$

La funzione $\bar{F}_1$ ad essa relativa, analoga alla F_1 definita al n.° 75, soddisfa, in tutto l'intorno (ρ) della $\mathfrak{C}_0$, alla $\bar{F}_1 \geq 0$, senza che in nessun punto sia mai $\bar{F}_1 \equiv 0$ per tutte le coppie (x', y'). L'integrale della $\bar{F}$ è dunque (n.° 96), sulla $\mathfrak{C}_0$, una funzione semicontinua inferiormente, e per ogni curva ordinaria $\mathfrak{C}$, appartenente ordinatamente ad un intorno (ρ_1) della $\mathfrak{C}_0$, è

$$\int_{\mathfrak{C}} \bar{F} ds > \int_{\mathfrak{C}_0} \bar{F} ds - \frac{m\delta}{2},$$

ossia, se la $\mathfrak{C}$ verifica la (2),

$$\mathfrak{J}_{\mathfrak{C}} - \mathfrak{J}_{\mathfrak{C}_0} > -\frac{m\delta}{2} + m\left(\int_{\mathfrak{C}} G ds - \int_{\mathfrak{C}_0} G ds\right) > \frac{m\delta}{2}.$$

---

(1) L. Tonelli, loc. cit. a piè di pag. 321.

Osservazione I — La condizione che, in nessun punto (x, y) dell'intorno (ρ) della $\mathfrak{C}_0$, nella (1) non possa aver luogo l'uguaglianza, per tutte le possibili coppie (x', y'), può essere sostituita dall'altra che, insieme con la (1), valga anche la

$$F(x, y, x', y') \geq m \cdot \mathfrak{H}(x, y, x', y').$$

Ciò in virtù del n.° 99.

Osservazione II — Anche la proposizione del n.° 120 ammette una generalizzazione analoga a quella qui data per la proposizione del n.° 115.

122. - Limite superiore di $\mathfrak{J}_{\mathfrak{C}}$ in prossimità di una data curva.

a) Considerata una curva $\mathfrak{C}_0$ ordinaria, tutte le curve $\mathfrak{C}$ ordinarie che appartengono ordinatamente ad un intorno qualsiasi (ρ) della $\mathfrak{C}_0$ e che hanno lunghezza inferiore ad un numero fisso danno ad $\mathfrak{J}_{\mathfrak{C}}$, un valore anch'esso, in modulo, inferiore ad un numero fisso. Ed infatti, se L è la lunghezza della $\mathfrak{C}$ e H è il massimo modulo della funzione F, in tutti i punti dell'intorno (ρ) della $\mathfrak{C}_0$ e per tutte le coppie (x', y') normalizzate, si ha

$$|\mathfrak{J}_{\mathfrak{C}}| \leq L \cdot H.$$

Viceversa, tutte le curve ordinarie $\mathfrak{C}$ che appartengono ordinatamente all'intorno (ρ) della $\mathfrak{C}_0$, e per le quali il modulo di $\mathfrak{J}_{\mathfrak{C}}$ resta inferiore ad un numero fisso, hanno anche lunghezza inferiore ad un numero fisso?

È evidente che sì, se è sempre $F(x, y, \cos\theta, \operatorname{sen}\theta)$ maggiore di un numero positivo.

Supponiamo l'integrale $\mathfrak{J}_{\mathfrak{C}}$ regolare e mostriamo che, se ρ è abbastanza piccolo, la risposta alla domanda posta è ancora affermativa.

Basta, evidentemente, considerare il caso degli integrali regolari positivi.

Indichiamo con Φ un numero positivo, maggiore di tutti gli $\mathfrak{J}_{\mathfrak{C}}$ considerati, e con m_1 il minimo della F_1 nell'intorno (ρ) della $\mathfrak{C}_0$ e per tutte le coppie (x', y') normalizzate. Per il teorema del n.° 115, tenendo conto anche dell'Osserv. I dello stesso n.°, possiamo determinare un numero positivo $\rho_1 \leq \rho$, in modo che tutte le curve ordinarie $\mathfrak{C}$, appartenenti ordinatamente all'intorno (ρ_1) della $\mathfrak{C}_0$ e per le quali è

$$L - L_0 \geq \frac{2}{m_1}(\Phi - \mathfrak{J}_{\mathfrak{C}_0}),$$

soddisfino alla disuguaglianza

$$\mathfrak{J}_{\mathfrak{C}} - \mathfrak{J}_{\mathfrak{C}_0} \geq \frac{m_1}{2} \cdot \frac{2}{m_1} (\Phi - \mathfrak{J}_{\mathfrak{C}_0}) = \Phi - \mathfrak{J}_{\mathfrak{C}_0},$$

vale a dire, alla

$$\mathfrak{J}_{\mathfrak{C}} \geq \Phi.$$

Segue da ciò che, « se $\mathfrak{J}_{\mathfrak{C}}$ è un integrale regolare positivo, le curve ordinarie $\mathfrak{C}$ che appartengono all'intorno (ρ_1) della $\mathfrak{C}_0$ e soddisfano alla $\mathfrak{J}_{\mathfrak{C}} < \Phi$, soddisfano anche alla

$$L < L_0 + \frac{2}{m} (\Phi - \mathfrak{J}_{\mathfrak{C}_0}),$$

ed hanno, pertanto, lunghezza inferiore ad un numero fisso ».

b) Quanto abbiamo ora stabilito si estende agli integrali quasi-regolari seminormali.

Come abbiamo indicato al n.° 96, se $\mathfrak{J}_{\mathfrak{C}}$ è un integrale quasi-regolare positivo seminormale, possiamo dividere la curva data $\mathfrak{C}_0$ in un numero finito di archi

$$\alpha_1, \alpha_2, \ldots, \alpha_n,$$

per ciascuno dei quali esistano tre costanti p_r, q_r, ρ_r, di cui l'ultima positiva, tali che, posto

$$F^{(r)}(x, y, x', y') \equiv F(x, y, x', y') + p_r x' + q_r y'$$

sia, per qualsiasi θ e in tutto l'intorno (ρ_r) di α_r,

$$F^{(r)}(x, y, \cos\theta, \operatorname{sen}\theta) > 0.$$

Possiamo anche supporre i ρ_r sufficientemente piccoli affinchè, qualunque sia la curva ordinaria β_r, appartenente ordinatamente all'intorno (ρ_r) di α_r, si abbia

$$\left| \int_{\beta_r} p_r dx + q_r dy - \int_{\alpha_r} p_r dx + q_r dy \right| < \frac{1}{n},$$

e perciò

$$\sum_1^n \int_{\beta_r} p_r dx + q_r dy < 1 + \sum_1^n \int_{\alpha_r} p_r dx + q_r dy.$$

Supposto, dunque, di considerare le curve ordinarie $\mathfrak{C}$ che soddisfano alla disuguaglianza

$$\mathfrak{J}_{\mathfrak{C}} < \Phi,$$

abbiamo che, se $\mathfrak{C}$ appartiene ordinatamente all'intórno (ρ') di $\mathfrak{C}_0$, dove ρ' è un numero positivo minore di tutti i ρ_r, è

$$\mathfrak{J}_{\mathfrak{C}} = \sum_1^n \int_{\beta_r} F^{(r)} ds - \sum_1^n \int_{\beta_r} p_r dx + q_r dy,$$

e quindi

$$\sum_1^n \int_{\beta_r} F^{(r)} ds < \Phi + 1 + \sum_1^n \int_{\alpha_r} p_r dx + q_r dy.$$

Detto m_r il minimo di $F^{(r)}(x, y, \cos\theta, \operatorname{sen}\theta)$, in tutto l'intorno ($\rho'$) di α_r, e indicato con m il minore di tutti questi m_r, abbiamo

$$\sum_1^n \int_{\beta_r} F^{(r)} ds > m \sum_1^n \int_{\beta_r} ds = m L,$$

e perciò

$$L < \frac{1}{m}\left[\Phi + 1 + \sum_1^n \int_{\alpha_r} p_r dx + q_r dy\right],$$

vale a dire, la lunghezza della curva $\mathfrak{C}$ risulta inferiore ad un numero fisso.

La stessa dimostrazione serve anche se, invece della condizione qui posta su $\mathfrak{J}_{\mathfrak{C}}$, è verificata quella 1) dell'enunciato del n.° 120.

Possiamo, pertanto, concludere con la seguente proposizione:

Se l'integrale $\mathfrak{J}_{\mathfrak{C}}$ è quasi-regolare positivo seminormale; oppure, se è verificata la condizione 1) *dell'enunciato del n.° 120;*

considerata una curva $\mathfrak{C}_0$ e preso un numero Φ, è possibile di determinare due numeri positivi, ρ e Λ, in modo che, ogni curva ordinaria $\mathfrak{C}$, appartenente ordinatamente all'intorno (ρ) della $\mathfrak{C}_0$ e soddisfacente alla limitazione

$$\mathfrak{J}_{\mathfrak{C}} \leq \Phi,$$

verifichi la disuguaglianza

$$L < \Lambda.$$

Da questo teorema, segue immediatamente l'altro:

Nelle condizioni del teorema precedente, il limite superiore di $\mathfrak{J}_{\mathcal{C}}$, relativamente a tutte le curve ordinarie $\mathcal{C}$ che appartengono ordinatamente ad un intorno (ρ) qualsiasi della curva $\mathcal{C}_0$, è sempre $+\infty$.

123. - Osservazione sui risultati precedenti.

Se $\mathcal{C}_0$ è una curva ordinaria, aperta e priva di punti multipli — appartenente al campo A o completamente interna ad esso, a seconda che per questo campo è o no soddisfatta la condizione α) del n.° 72 — in tutte le proposizioni stabilite in questo paragrafo le curve ordinarie $\mathcal{C}$, che appartengono ordinatamente all'intorno (ρ) della $\mathcal{C}_0$, possono essere sostituite con quelle ordinarie che, all'intorno detto, appartengono propriamente (n.° 18, *c*)).

a) Per quanto riguarda la proposizione del n.° 114, basta considerare che, se ai numeri ρ e δ, in essa menzionati, ne sostituiamo altri due, ρ' e δ', sufficientemente piccoli, tutte le curve che appartengono propriamente all'intorno (ρ') della $\mathcal{C}$, e soddisfano alla disuguaglianza $|L - L_0| < \delta'$, appartengono ordinatamente all'intorno (ρ) della stessa curva.

Per le proposizioni dei n.i 115 e 121, non vi è che da tener conto, nelle dimostrazioni date, di quanto si è stabilito al n.° 109.

b) Passiamo a quanto si è dimostrato nei n.i 118, 119 e 120, e, per fissare le idee, supponiamo la $\mathcal{C}_0$ completamente interna al campo e l'integrale $\mathfrak{J}_{\mathcal{C}}$ quasi-regolare positivo normale. Scelto ad arbitrio un $\delta > 0$, siano ρ e ε altri due numeri positivi, tali che (n.° 119) ogni curva ordinaria $\mathcal{C}'$, appartenente ordinatamente all'intorno (ρ) della $\mathcal{C}_0$ e soddisfacente alla $L - L_0 \geq \delta$, soddisfi anche alla $\mathfrak{J}_{\mathcal{C}'} - \mathfrak{J}_{\mathcal{C}_0} \geq \varepsilon$.

Riprendiamo la suddivisione della $\mathcal{C}_0$ in archi parziali, eseguita al n.° 109, e tutto il ragionamento ivi fatto, supponendo che il numero ρ, già determinato, sia anche tale da rendere soddisfatta la disuguaglianza (1) del medesimo n.°, e che la $\mathcal{C}$ — appartenente propriamente all'intorno (ρ_1) della $\mathcal{C}_0$ — soddisfi alla disuguaglianza

$$(1) \qquad L - L_0 \geq 2\delta.$$

Il numero m, fissato al n.° detto, risulta dipendente da ρ; possiamo però mostrare come esso possa conservarsi inalterato per tutti i ρ sufficientemente piccoli. Supponiamo, infatti, di aver determinato m in corrispondenza di un valore ρ' di ρ. In corrispondenza di ρ', abbiamo anche i punti P_0', P_1', P_2',..., P_n', di suddivisione della $\mathfrak{C}_0$, e gli archi $\mathfrak{C}_0(P_r', P'_{r+1})$ sono tutti di lunghezza minore di $\frac{\rho'}{3}$; ed abbiamo anche le funzioni

$$F^{(r)} \equiv F + \{ p_r x' + q_r y' \} \qquad (r = 1, 2, ..., n). \tag{2}$$

Se ora assumiamo un qualunque ρ tale che $\rho < \frac{\rho'}{3}$ e indichiamo con P_0, P_1,..., P_n i punti di una qualsiasi suddivisione di $\mathfrak{C}_0$, corrispondente a questo ρ, per ogni P_s una almeno delle funzioni (2) resta maggiore o uguale a m in tutti i punti del cerchio (P_s, ρ) e per tutte le coppie (x', y') normalizzate. Infatti, se è P_r' l'ultimo dei punti P_0', P_1',..., P_n', che precede P_s, o coincide con esso, è $F^{(r)} \geq m$, per tutte le coppie (x', y') normalizzate, in tutto il cerchio (P_r', ρ'), il quale contiene interamente l'altro (P_s, ρ), perchè la distanza fra P_s e P_r' non può superare $\frac{\rho'}{3}$, ed è $\rho < \frac{\rho'}{3}$.

Possiamo dunque, per ρ sufficientemente piccolo, considerare fisso il numero m. Dopo ciò, supponiamo che ρ sia del grado di piccolezza or ora indicato, e che ε soddisfi alla $\varepsilon < \frac{m\delta}{4}$.

Per la (9) del n.° 109, è

$$\sum_1^{n-1} \mathfrak{J}_{\mathfrak{C}(Q_r, Q_r')} > \frac{m}{2} L' - 6n\mu\xi,$$

dove L' indica la lunghezza complessiva di tutti gli archi $\mathfrak{C}(Q_r, Q_r')$; supponendo $\xi < \frac{\varepsilon}{18n\mu}$, è perciò

$$\sum_1^{n-1} \mathfrak{J}_{\mathfrak{C}(Q_r, Q_r')} > \frac{1}{2} mL' - \frac{\varepsilon}{3}. \tag{3}$$

Qui dobbiamo distinguere due casi:

1°) Sia la lunghezza complessiva L'' degli archi $\mathfrak{C}(Q'_{r-1}, Q_r)$ maggiore o uguale a $L_0 + \delta$. Allora anche la lunghezza della curva composta di questi stessi archi e dei segmenti rettilinei $Q_r Q_r'$ è superiore o uguale a $L_0 + \delta$ e, per quanto si è detto in principio, si ha

$$\sum_1^n \mathfrak{J}_{\mathfrak{C}(Q'_{r-1}, Q_r)} + \sum_1^{n-1} \mathfrak{J}_{Q_r Q'_r} \geq \mathfrak{J}_{\mathfrak{C}_0} + \varepsilon.$$

Ma, supponendo $\bar{\rho} < \frac{\varepsilon}{8M(n-1)}$, avendosi

$$|\mathfrak{J}_{Q_r Q_r'}| < 4M\bar{\rho},$$

è

(4) $$\left|\sum_1^{n-1} \mathfrak{J}_{Q_r Q'_r}\right| < \frac{\varepsilon}{2},$$

e perciò

$$\sum_1^n \mathfrak{J}_{\mathfrak{C}(Q'_{r-1}, Q_r)} > \mathfrak{J}_{\mathfrak{C}_0} + \frac{\varepsilon}{2},$$

e, per la (3),

(5) $$\mathfrak{J}_{\mathfrak{C}} > \mathfrak{J}_{\mathfrak{C}_0} + \frac{\varepsilon}{6}.$$

2°) La lunghezza L'' sia ora minore di $L_0 + \delta$. È allora, per la (1), $L' > \delta$. Ma la curva, composta degli archi $\mathfrak{C}(Q'_{r-1}, Q_r)$ e dei segmenti rettilinei $Q_r Q_r'$, essendo ordinatamente appartenente all'intorno (ρ) di $\mathfrak{C}_0$, soddisfa (per la (1) del n.° 109) alla

$$\sum_1^n \mathfrak{J}_{\mathfrak{C}(Q'_{r-1}, Q_r)} + \sum_1^{n-1} \mathfrak{J}_{Q_r Q_r'} > \mathfrak{J}_{\mathfrak{C}_0} - \varepsilon,$$

e per la (4), supposto $\bar{\rho} < \frac{\varepsilon}{8M(n-1)}$,

$$\sum_1^n \mathfrak{J}_{\mathfrak{C}(Q'_{r-1}, Q_r)} > \mathfrak{J}_{\mathfrak{C}_0} - \frac{3}{2}\varepsilon.$$

Di qui e dalla (3), scende

$$\mathfrak{J}_{\mathfrak{C}} > \mathfrak{J}_{\mathfrak{C}_0} + \frac{1}{2} mL' - \frac{11}{6}\varepsilon,$$

e per essere $L' > \delta$, $\varepsilon < \frac{m\delta}{4}$,

$$\mathfrak{J}_{\mathfrak{C}} > \mathfrak{J}_{\mathfrak{C}_0} + \frac{1}{24} m\delta.$$

Questa disuguaglianza e la (5) provano quanto volevamo.

c) In merito, in fine, alla proposizione del n.° 122, osserviamo che il ragionamento fatto or ora, prova che, se è $L' > \delta$, è anche

$$\mathfrak{J}_{\mathfrak{C}} > \mathfrak{J}_{\mathfrak{C}_0} + \frac{1}{24} mL',$$

da cui risulta che, se deve essere $\mathfrak{J}_{\mathfrak{C}} \leq \Phi$, L' deve avere un limite superiore finito. In ogni caso poi, avendosi

$$\sum_1^n \mathfrak{J}_{\mathfrak{C}(Q'_{r-1},\, Q_r)} + \sum_1^{n-1} \mathfrak{J}_{Q_r Q'_r} < \sum_1^n \mathfrak{J}_{\mathfrak{C}(Q'_{r-1},\, Q_r)} + \varepsilon$$

e (n.° 109)

$$\sum_1^{n-1} \mathfrak{J}_{\mathfrak{C}(Q_r,\, Q'_r)} > -\varepsilon,$$

è

$$\sum_1^n \mathfrak{J}_{\mathfrak{C}(Q'_{r-1},\, Q_r)} + \sum_1^{n-1} \mathfrak{J}_{Q_r Q'_r} < \sum_1^n \mathfrak{J}_{\mathfrak{C}(Q'_{r-1},\, Q_r)} +$$

$$+ \sum_1^{n-1} \mathfrak{J}_{\mathfrak{C}(Q_r,\, Q'_r)} + 2\varepsilon = \mathfrak{J}_{\mathfrak{C}} + 2\varepsilon,$$

onde, se deve essere $\mathfrak{J}_{\mathfrak{C}} \leq \Phi$,

$$\sum_1^n \mathfrak{J}_{\mathfrak{C}(Q'_{r-1},\, Q_r)} + \sum_1^{n-1} \mathfrak{J}_{Q_r Q'_r} < \Phi + 2\varepsilon,$$

il che prova (per la proposiz. stessa del n.° 122) che L'' deve avere un limite superiore finito. La lunghezza L della $\mathfrak{C}$ $(L = L' + L'')$ ha dunque sempre un limite superiore finito, se deve essere $\mathfrak{J}_{\mathfrak{C}} \leq \Phi$ e se la $\mathfrak{C}$ appartiene propriamente ad un intorno convenientemente piccolo della $\mathfrak{C}_0$ (ammesse naturalmente le ipotesi della proposizione del n.° 122).

§ 2. Teoremi di convergenza.

124. - Teorema delle lunghezze.

Data una successione di insiemi $\{\mathfrak{C}_n\}$ di curve ordinarie $\mathfrak{C}_n$:

$$\{\mathfrak{C}_1\},\quad \{\mathfrak{C}_2\},\ldots,\quad \{\mathfrak{C}_n\},\ldots,$$

la quale converga uniformemente alla curva ordinaria $\mathcal{C}_0$, il teorema del n.° 83 afferma che, se la successione

$$\{L_1\},\quad \{L_2\},\ldots,\quad \{L_n\},\ldots,$$

degli insiemi $\{L_n\}$ formati con le lunghezze L_n delle $\mathcal{C}_n$, tende alla lunghezza L_0 della $\mathcal{C}_0$, allora è anche

$$(1)\qquad \{\mathfrak{J}_{\mathcal{C}_n}\} \to \mathfrak{J}_{\mathcal{C}_0}.$$

Possiamo ora asserire che, se sono verificate le ipotesi poste nell'enunciato del n.° 120, si ha, reciprocamente, che, soddisfatta la (1), e supposto che $\{\mathcal{C}_n\}$ converga uniformemente alla $\mathcal{C}_0$, gli insiemi $\{L_n\}$ tendono a L_0. Ed infatti, per il teorema stesso del n.° ora citato, preso ad arbitrio un numero positivo δ, è possibile determinarne altri due, ε e ρ, in modo che ogni curva ordinaria $\mathcal{C}$, appartenente ordinatamente all'intorno (ρ) della $\mathcal{C}_0$ e soddisfacente alla

$$|\mathfrak{J}_{\mathcal{C}} - \mathfrak{J}_{\mathcal{C}_0}| < \varepsilon,$$

verifichi la disuguaglianza

$$|L - L_0| < \delta.$$

Siccome, per ipotesi, gli insiemi $\{\mathcal{C}_n\}$ convergono uniformemente alla $\mathcal{C}_0$ e vale la (1), per ogni n maggiore di un certo $\bar{n}$ le $\mathcal{C}_n$ appartengono ordinatamente all'intorno (ρ) della $\mathcal{C}_0$ ed è

$$|\mathfrak{J}_{\mathcal{C}_n} - \mathfrak{J}_{\mathcal{C}_0}| < \varepsilon;$$

è dunque, per le stesse $\mathcal{C}_n$, $|L_n - L_0| < \delta$, vale a dire, $\{L_n\} \to L_0$. Abbiamo così il teorema seguente:

Se l'integrale $\mathfrak{J}_{\mathcal{C}}$ è quasi-regolare normale, oppure se valgono le ipotesi dell'enunciato del n.° 120 [1], *condizione necessaria e sufficiente affinchè, data una successione $\{\mathcal{C}_1\}$, $\{\mathcal{C}_2\},\ldots$, $\{\mathcal{C}_n\},\ldots$, di insiemi di curve ordinarie $\mathcal{C}_n$, convergente uniformemente ad una curva ordinaria $\mathcal{C}_0$, la successione* $\{\mathfrak{J}_{\mathcal{C}_1}\}$,

[1] È evidente che, in queste ipotesi, la disuguaglianza $\mathcal{E} > 0$ può esser sempre sostituita dalla $\mathcal{E} < 0$.

$\{\mathfrak{J}_{\mathfrak{C}_2}\}, \ldots, \{\mathfrak{J}_{\mathfrak{C}_n}\}, \ldots$, degli insiemi degli integrali $\mathfrak{J}_{\mathfrak{C}_n}$, converga verso $\mathfrak{J}_{\mathfrak{C}_0}$, è che la successione $\{L_1\}, \{L_2\}, \ldots, \{L_n\}, \ldots$, degli insiemi delle lunghezze delle $\mathfrak{C}_n$, tenda alla lunghezza della $\mathfrak{C}_0$.

125. - Teorema generale di convergenza.

a) Se l'integrale $\mathfrak{J}_{\mathfrak{C}}$ è quasi-regolare normale, oppure se valgono le ipotesi dell'enunciato del n.° 120, e se $G(x, y, x', y')$ è una funzione continua per ogni punto (x, y) del campo A e per ogni coppia (x', y') di numeri non ambedue nulli, e positivamente omogenea di grado 1, rispetto alle x' e y', data una successione $\{\mathfrak{C}_1\}, \{\mathfrak{C}_2\}, \ldots, \{\mathfrak{C}_n\}, \ldots$, di insiemi di curve ordinarie $\mathfrak{C}_n$, convergente uniformemente verso una curva ordinaria $\mathfrak{C}_0$, dalla

$$\{\mathfrak{J}_{\mathfrak{C}_n}\} \rightarrow \mathfrak{J}_{\mathfrak{C}_0},$$

scende la

$$\left\{ \int_{\mathfrak{C}_n} G(x, y, x', y')ds \right\} \rightarrow \int_{\mathfrak{C}_0} G(x, y, x', y')ds.$$

Per il teorema del n.° precedente, dalle ipotesi qui poste scende che l'insieme $\{L_n\}$, delle lunghezze L_n delle $\mathfrak{C}_n$, tende alla lunghezza L_0 della $\mathfrak{C}_0$. Non resta quindi che applicare il teorema di convergenza del n.° 83 [1].

b) Se l'integrale $\mathfrak{J}_{\mathfrak{C}}$ è quasi-regolare, la proposizione stabilita in *a)* vale anche in qualche altro caso che non rientra nelle ipotesi ivi poste.

Si supponga che $\mathfrak{J}_{\mathfrak{C}}$ sia quasi-regolare seminormale, che la funzione $G(x, y, x', y')$ soddisfi alle stesse condizioni poste al n.° 74, *a)*, per la F, e che, infine, esista una costante positiva k, tale che, in tutto il campo A e per ogni θ, sia

$$F_1(x, y, \cos\theta, \operatorname{sen}\theta) \geq k\,|G_1(x, y, \cos\theta, \operatorname{sen}\theta)|. \tag{1}$$

Supposto $\{\mathfrak{C}_n\} \rightarrow \mathfrak{C}_0$ e $\{\mathfrak{J}_{\mathfrak{C}_0}\} \rightarrow \mathfrak{J}_{\mathfrak{C}_n}$, il teorema del n.° 122 permette di asserire che le lunghezze delle $\mathfrak{C}_n$ sono tutte inferiori ad un numero fisso Λ, per ogni n maggiore di un certo $\bar{n}$. La condizione (1) dà poi che le disuguaglianze

$$F_1(x, y, \cos\theta, \operatorname{sen}\theta) + kG_1(x, y, \cos\theta, \operatorname{sen}\theta) \geq 0,$$
$$F_1(x, y, \cos\theta, \operatorname{sen}\theta) - kG_1(x, y, \cos\theta, \operatorname{sen}\theta) \geq 0$$

[1] Si tenga anche presente quanto è detto nella osservaz. II del n.° 83.

sono soddisfatte in tutto A e per qualunque θ. Da ciò segue che gli integrali delle funzioni $F+kG$ e $F-kG$ sono quasi-regolari, e che è, per la proposizione del n.° 108, *a*),

$$\int_{\mathfrak{C}_0}(F+kG)ds \leq \underset{n\to\infty}{\text{Min. lim}}\left\{\int_{\mathfrak{C}_n}(F+kG)ds\right\},$$
$$\int_{\mathfrak{C}_0}(F-kG)ds \leq \underset{n\to\infty}{\text{Min. lim}}\left\{\int_{\mathfrak{C}_n}(F-kG)ds\right\}.$$

Tenendo conto della $\{\mathfrak{J}_{\mathfrak{C}_n}\}\to\mathfrak{J}_{\mathfrak{C}_0}$, si ha così

$$\int_{\mathfrak{C}_0}Gds \leq \underset{n\to\infty}{\text{Min. lim}}\left\{\int_{\mathfrak{C}_n}Gds\right\},$$
$$\int_{\mathfrak{C}_0}Gds \geq \underset{n\to\infty}{\text{Mass. lim}}\left\{\int_{\mathfrak{C}_n}Gds\right\},$$

donde l'esistenza del limite di $\left\{\int_{\mathfrak{C}_n}Gds\right\}$ e la

$$\left\{\int_{\mathfrak{C}_n}Gds\right\}\to\int_{\mathfrak{C}_0}Gds.$$

La condizione che l'integrale $\mathfrak{J}_{\mathfrak{C}}$ sia quasi-regolare seminormale può essere sostituita con le altre: che $\mathfrak{J}_{\mathfrak{C}}$ sia quasi-regolare e che, con la (1), siano soddisfatte anche, in tutto il campo A, le

$$(2) \qquad \begin{cases} F+kG\geq 0, \\ F-kG\geq 0. \end{cases}$$

In particolare, va osservato che, se è

$$F(x,\ y,\ x',\ y')\equiv f(x,\ y)\cdot H(x,\ y,\ x',\ y'),$$
$$G(x,\ y,\ x',\ y')\equiv g(x,\ y)\cdot H(x,\ y,\ x',\ y'),$$

con $H\geq 0$, $H_1\geq 0$, $f\geq 0$, in tutto il campo A, allora, se è soddisfatta la (1), sono certamente soddisfatte anche le (2); più particolarmente ancora, le (2) sono soddisfatte se è $H(x,\ y,\ x',\ y')\equiv\sqrt{x'^2+y'^2}$, con $f\geq 0$.

126. - Teorema di divergenza.

Se l'integrale $\mathfrak{I}_{\mathfrak{C}}$ *è quasi-regolare positivo seminormale; oppure, se è verificata la condizione 1) dell'enunciato del n.° 120;*

data una successione $\{\mathfrak{C}_1\}, \{\mathfrak{C}_2\}, \ldots, \{\mathfrak{C}_n\}, \ldots,$ *di insiemi di curve ordinarie* $\mathfrak{C}_n$, *tendente uniformemente ad una curva ordinaria* $\mathfrak{C}_0$, *condizione necessaria e sufficiente affinchè sia*

$$\{\mathfrak{I}_{\mathfrak{C}_n}\} \to +\infty,$$

è che si abbia $\{L_n\} \to +\infty$.

Che la condizione sia necessaria è evidente.

Per mostrare che la condizione è anche sufficiente, osserviamo che, in virtù della proposizione del n.° 122, dalla convergenza uniforme di $\{\mathfrak{C}_n\}$ alla $\mathfrak{C}_0$ segue che, preso comunque un numero Φ, è possibile di determinare un numero positivo Λ ed un intero positivo $\bar{n}$, in modo che, per ogni $n > \bar{n}$, sia $L_n < \Lambda$, se è $\mathfrak{I}_{\mathfrak{C}_n} \leq \Phi$. Ora, per la $\{L_n\} \to +\infty$, si può determinare un intero n_1, maggiore di $\bar{n}$, in modo che, per ogni $n > n_1$, sia $L_n > \Lambda$. È dunque, per ogni $n > n_1$, $\mathfrak{I}_{\mathfrak{C}_n} > \Phi$. Essendo Φ arbitrario, ciò prova che la condizione enunciata è sufficiente.

127. - Osservazione sulla convergenza.

Consideriamo una successione di insiemi $\{\mathfrak{C}_n\}$, di curve ordinarie $\mathfrak{C}_n$:

$$\{\mathfrak{C}_1\}, \quad \{\mathfrak{C}_2\}, \ldots, \quad \{\mathfrak{C}_n\}, \ldots,$$

convergente uniformemente ad una curva ordinaria $\mathfrak{C}_0$, e supponiamo che, su quest'ultima curva, l'integrale $\mathfrak{I}_{\mathfrak{C}}$ sia semicontinuo inferiormente; supponiamo, inoltre, che sia

$$(1) \qquad \{\mathfrak{I}_{\mathfrak{C}_n}\} \to \mathfrak{I}_{\mathfrak{C}_0}.$$

Scelta una legge che ponga, fra ciascuna $\mathfrak{C}_n$ e la $\mathfrak{C}_0$, una corrispondenza Ω (n.° 18, *b*)), tale che la massima distanza fra i punti corrispondenti delle due curve tenda a zero con $\frac{1}{n}$, e presi comunque due punti M_0 e N_0 sulla $\mathfrak{C}_0$ (intendendo, se questa curva è aperta, che su di essa M_0 preceda N_0), e indicati con M_n e N_n dei punti corrispondenti di $\mathfrak{C}_n$, è

$$(2) \qquad \{\mathfrak{J}_{\mathfrak{C}_n(M_n,\, N_n)}\} \rightarrow \mathfrak{J}_{\mathfrak{C}_0(M_0,\, N_0)}.$$

Ed infatti, siano P_0 e Q_0 rispettivamente il primo e il secondo estremo della $\mathfrak{C}_0$, che, per ora, supponiamo aperta, e P_n e Q_n dei punti corrispondenti della $\mathfrak{C}_n$.

Per la semicontinuità di $\mathfrak{J}_{\mathfrak{C}}$, è

$$(3) \qquad \begin{cases} \operatorname*{Min\,lim}_{n \to \infty} \{\mathfrak{J}_{\mathfrak{C}_n(P_n,\, M_n)}\} \geq \mathfrak{J}_{\mathfrak{C}_0(P_0,\, M_0)}, \\ \operatorname*{Min\,lim}_{n \to \infty} \{\mathfrak{J}_{\mathfrak{C}_n(M_n,\, N_n)}\} \geq \mathfrak{J}_{\mathfrak{C}_0(M_0,\, N_0)}, \\ \operatorname*{Min\,lim}_{n \to \infty} \{\mathfrak{J}_{\mathfrak{C}_n(N_n,\, Q_n)}\} \geq \mathfrak{J}_{\mathfrak{C}_0(N_0,\, Q_0)}. \end{cases}$$

Ora, se la (2) non fosse verificata, si avrebbe

$$\operatorname*{Mass\,lim}_{n \to \infty} \{\mathfrak{J}_{\mathfrak{C}_n(M_n,\, N_n)}\} > \mathfrak{J}_{\mathfrak{C}_0(M_0,\, N_0)},$$

e quindi

$$\operatorname*{Mass\,lim}_{n \to \infty} \{\mathfrak{J}_{\mathfrak{C}_n}\} > \mathfrak{J}_{\mathfrak{C}_0},$$

contro la (1).

Se la $\mathfrak{C}_0$ non è aperta, basta considerare, in luogo degli archi $\mathfrak{C}_0(P_0, M_0)$, $\mathfrak{C}_0(M_0, N_0)$, $\mathfrak{C}_0(N_0, Q_0)$, gli altri due $\mathfrak{C}_0(M_0, N_0)$, $\mathfrak{C}_0(N_0, M_0)$.

§ 3. Teoremi di confronto.

128. - Teorema I.

Se l'integrale $\mathfrak{J}_{\mathfrak{C}}$ è quasi-regolare semidefinito;

oppure, se $\mathfrak{J}_{\mathfrak{C}}$ è quasi-regolare seminormale;

oppure, se sono verificate le ipotesi dell'enunciato del n.° 120;

data una successione $\{\mathfrak{C}_1\}, \{\mathfrak{C}_2\},\ldots, \{\mathfrak{C}_n\},\ldots$, di insiemi $\{\mathfrak{C}_n\}$ di curve ordinarie $\mathfrak{C}_n$, tendente uniformemente ad una curva ordinaria $\mathfrak{C}_0$, e posto

$$\mathfrak{F}_{\mathfrak{C}} = \int_{\mathfrak{C}} f(x, y) F(x, y, x', y')\, ds,$$

dove $f(x, y)$ indica una funzione definita e continua in tutto *il campo A, ammessa l'esistenza e la finitezza dei due limiti*

$$\lim_{n\to\infty} \{\mathfrak{J}_{\mathfrak{C}_n}\}, \quad \lim_{n\to\infty} \{\mathfrak{F}_{\mathfrak{C}_n}\},$$

è

$$(1)\qquad \lim_{n\to\infty} \{\mathfrak{F}_{\mathfrak{C}_n}\} - \mathfrak{F}_{\mathfrak{C}_0} = f(x_0, y_0)\left[\lim_{n\to\infty} \{\mathfrak{J}_{\mathfrak{C}_n}\} - \mathfrak{J}_{\mathfrak{C}_0}\right],$$

dove (x_0, y_0) *indica un punto particolare della* $\mathfrak{C}_0$.

a) Supponiamo verificata la prima delle ipotesi formulate, e sia, per fissare le idee, $\mathfrak{J}_{\mathfrak{C}}$ quasi-regolare semidefinito positivo. Preso ad arbitrio un numero positivo ε, dividiamo la curva $\mathfrak{C}_0$ in archi parziali $\mathfrak{C}_0^{(1)}$, $\mathfrak{C}_0^{(2)}, \dots, \mathfrak{C}_0^{(m)}$, in modo che su ciascuno di essi l'oscillazione della funzione $f(x, y)$ risulti minore di ε; e, considerata una legge la quale ponga tra ciascuna delle $\mathfrak{C}_n$ e la $\mathfrak{C}_0$ una corrispondenza Ω (n.° 18, *b*)), tale che la massima distanza fra ciascun punto della $\mathfrak{C}_0$ e i punti corrispondenti delle $\mathfrak{C}_n$ tenda a zero con $\frac{1}{n}$, siano $\mathfrak{C}_n^{(1)}$, $\mathfrak{C}_n^{(2)}, \dots, \mathfrak{C}_n^{(m)}$ gli archi, di una qualunque delle $\mathfrak{C}_n$, i quali corrispondono a quelli indicati della $\mathfrak{C}_0$, convenendo che il primo estremo di $\mathfrak{C}_n^{(r)}$ sia il primo dei punti della $\mathfrak{C}_n$ che, secondo Ω, vengono a corrispondere al primo estremo di $\mathfrak{C}_0^{(r)}$. Abbiamo

$$\mathfrak{F}_{\mathfrak{C}_n} - \mathfrak{F}_{\mathfrak{C}_0} = \sum_{r=1}^{m}\left[\mathfrak{F}_{\mathfrak{C}_n^{(r)}} - \mathfrak{F}_{\mathfrak{C}_0^{(r)}}\right],$$

e, applicando il teorema della media,

$$\mathfrak{F}_{\mathfrak{C}_n} - \mathfrak{F}_{\mathfrak{C}_0} = \sum_{r=1}^{m}\left[f_{n,r}\mathfrak{J}_{\mathfrak{C}_n^{(r)}} - f_{0,r}\mathfrak{J}_{\mathfrak{C}_0^{(r)}}\right],$$

dove abbiamo indicato con $f_{n,r}$ e $f_{0,r}$ particolari valori della funzione $f(x, y)$ sugli archi $\mathfrak{C}_n^{(r)}$ e $\mathfrak{C}_0^{(r)}$, rispettivamente. Potendosi anche scrivere

$$\mathfrak{F}_{\mathfrak{C}_n} - \mathfrak{F}_{\mathfrak{C}_0} = \sum_{r=1}^{m} f_{n,r}\left[\mathfrak{J}_{\mathfrak{C}_n^{(r)}} - \mathfrak{J}_{\mathfrak{C}_0^{(r)}}\right] + \sum_{r=1}^{m}(f_{n,r} - f_{0,r})\mathfrak{J}_{\mathfrak{C}_0^{(r)}},$$

$$\mathfrak{F}_{\mathfrak{C}_n} - \mathfrak{F}_{\mathfrak{C}_0} = \sum_{r=1}^{m} f_{n,r}\left[\mathfrak{J}_{\mathfrak{C}_n^{(r)}} - \mathfrak{J}_{\mathfrak{C}_0^{(r)}} + \frac{\varepsilon}{m}\right] +$$

$$+ \sum_{r=1}^{m}(f_{n,r} - f_{0,r})\mathfrak{J}_{\mathfrak{C}_0^{(r)}} - \frac{\varepsilon}{m}\sum_{r=1}^{m} f_{n,r},$$

e poichè, per la semicontinuità inferiore di $\mathfrak{J}_{\mathfrak{C}}$ (n.° 99), per ogni n maggiore di un certo $\bar{n}$ è

$$\mathfrak{J}_{\mathfrak{C}_n^{(r)}} - \mathfrak{J}_{\mathfrak{C}_0^{(r)}} + \frac{\varepsilon}{m} > 0 \quad (r = 1,\, 2, \ldots, m),$$

se f_n indica un valore della $f(x, y)$ compreso fra il minimo e il massimo dei valori $f_{n,r}$ $(r = 1, 2, \ldots, m)$, ossia un valore particolare della f sulla curva $\mathfrak{C}_n$, si ottiene

$$\mathfrak{F}_{\mathfrak{C}_n} - \mathfrak{F}_{\mathfrak{C}_0} = f_n(\mathfrak{J}_{\mathfrak{C}_n} - \mathfrak{J}_{\mathfrak{C}_0}) + \varepsilon f_n + \sum_{r=1}^{m} (f_{n,r} - f_{0,r}) \mathfrak{J}_{\mathfrak{C}_0^{(r)}} - \frac{\varepsilon}{m} \sum_{r=1}^{m} f_{n,r}.$$

Preso un $\bar{\bar{n}} > \bar{n}$ e tale che, per ogni $n > \bar{\bar{n}}$ e per tutte le $\mathfrak{C}_n$ dell'insieme $\{\mathfrak{C}_n\}$, sia

$$\left| \lim_{n \to \infty} \{ \mathfrak{F}_{\mathfrak{C}_n} \} - \mathfrak{F}_{\mathfrak{C}_n} \right| < \varepsilon, \qquad \left| \lim_{n \to \infty} \{ \mathfrak{J}_{\mathfrak{C}_n} \} - \mathfrak{J}_{\mathfrak{C}_n} \right| < \varepsilon,$$

e tenendo presente che è

$$|f_{n,r} - f_{0,r}| < 2\varepsilon, \qquad (r = 1,\, 2, \ldots m)$$

per ogni $n > n_1$, dove n_1 è tale che, per ogni $n > n_1$, la differenza fra i valori della $f(x, y)$ in un punto qualsiasi di $\mathfrak{C}_0$ e in un punto corrispondente della $\mathfrak{C}_n$ sia, in valore assoluto, minore di ε, si ha — detto N un intero maggiore di $\bar{\bar{n}}$ e di n_1 — per ogni $n > N$,

$$\left| \left[\lim_{n \to \infty} \{ \mathfrak{F}_{\mathfrak{C}_n} \} - \mathfrak{F}_{\mathfrak{C}_0} \right] - f_n \left[\lim_{n \to \infty} \{ \mathfrak{J}_{\mathfrak{C}_n} \} - \mathfrak{J}_{\mathfrak{C}_0} \right] \right| < \varepsilon(1 + 3\bar{f} + 2\mathfrak{J}_{\mathfrak{C}_0}),$$

dove abbiamo indicato con $\bar{f}$ il massimo modulo della f in tutti i punti di un intorno della curva $\mathfrak{C}_0$ che contenga tutte le $\mathfrak{C}_n$, per $n > N$. E siccome ε è arbitrario, risulta l'uguaglianza

$$\lim_{n \to \infty} \{ \mathfrak{F}_{\mathfrak{C}_n} \} - \mathfrak{F}_{\mathfrak{C}_0} = \lim_{n \to \infty} \left\{ f_n \left[\lim_{n \to \infty} \{ \mathfrak{J}_{\mathfrak{C}_n} \} - \mathfrak{J}_{\mathfrak{C}_0} \right] \right\}. \tag{2}$$

Ora, se è $\lim_{n \to \infty} \{ \mathfrak{J}_{\mathfrak{C}_n} \} - \mathfrak{J}_{\mathfrak{C}_0} = 0$, essendo sempre, per $n > N$, $|f_n| \leq \bar{f}$, l'uguaglianza sopra scritta si riduce a $\lim_{n \to \infty} \{ \mathfrak{F}_{\mathfrak{C}_n} \} - \mathfrak{F}_{\mathfrak{C}_0} = 0$, e questa uguaglianza dimostra la (1), la quale in tal caso vale qualunque sia il punto (x_0, y_0) di $\mathfrak{C}_0$. Se, invece, è $\lim_{n\to\infty}\{\mathfrak{J}_{\mathfrak{C}_n}\} - \mathfrak{J}_{\mathfrak{C}_0} \neq 0$, la (2) prova l'esistenza del limite dell'insieme $\{f_n\}$, il quale limite, essendo f_n un valore della f sulla $\mathfrak{C}_n$, è necessariamente un valore della f sulla $\mathfrak{C}_0$ medesima. Detto (x_0, y_0) un punto di $\mathfrak{C}_0$ in cui la f ha per valore il $\lim_{n\to\infty}\{f_n\}$, la (2) dà senz'altro la (1).

b) Supponiamo, ora, verificata la seconda, oppure la terza delle ipotesi formulate nel nostro enunciato, ammettendo (per fissare le idee) per la seconda, che $\mathfrak{J}_{\mathfrak{C}}$ sia quasi-regolare positivo seminormale.

Cominciamo con l'osservare che, per l'esistenza e la finitezza del limite $\lim_{n\to\infty}\{\mathfrak{J}_{\mathfrak{C}_n}\}$, in forza del teorema del n.° 122, possiamo determinare un numero positivo Λ ed un intero n_1, in modo che, per ogni $n > n_1$, sia

$$L_n < \Lambda . \tag{3}$$

Osserviamo poi che, per quanto si è detto ai n.i 96 e 106, è possibile decomporre la $\mathfrak{C}_0$ in archi $\mathfrak{C}_0^{(1)}, \mathfrak{C}_0^{(2)}, \dots, \mathfrak{C}_0^{(m)}$, in modo che, per ciascuno di essi l'oscillazione della $f(x, y)$ risulti minore di ε, e, per ogni r, da 1 a m, esistano tre costanti p_r, q_r, ρ_r, di cui l'ultima positiva, così che si abbia

$$F(x, y, x', y') + p_r x' + q_r y' > 0 \quad (r = 1, 2, \dots, m),$$

per ogni punto (x, y) di A, appartenente all'intorno (ρ_r) dell'arco $\mathfrak{C}_0^{(r)}$, e per ogni coppia x', y' di numeri non ambedue nulli. Diciamo n_2 un intero $> n_1$ e tale che, per ogni $n > n_2$, gli archi $\mathfrak{C}_n^{(1)}, \mathfrak{C}_n^{(2)}, \dots, \mathfrak{C}_n^{(m)}$, determinati, come si è detto in *a*), in corrispondenza dei $\mathfrak{C}_0^{(1)}, \mathfrak{C}_0^{(2)}, \dots, \mathfrak{C}_0^{(m)}$, appartengano agli intorni $(\rho_1), (\rho_2), \dots, (\rho_m)$ di questi ultimi, rispettivamente. Posto

$$\mathfrak{J}'_{\mathfrak{C}} = \int_{\mathfrak{C}} [F(x, y, x', y') + p_r x' + q_r y'] ds,$$

$$\mathfrak{F}'_{\mathfrak{C}} = \int_{\mathfrak{C}} f(x, y)[F(x, y, x', y') + p_r x' + q_r y'] ds,$$

abbiamo

$$\mathfrak{F}_{\mathfrak{C}_n} - \mathfrak{F}_{\mathfrak{C}_0} = \sum_{r=1}^{m} [\mathfrak{F}'_{\mathfrak{C}_n^{(r)}} - \mathfrak{F}'_{\mathfrak{C}_0^{(r)}}] -$$

$$\sum_{r=1}^{m} \left[\int_{\mathfrak{C}_n^{(r)}} f(x, y)(p_r x' + q_r y')ds - \int_{\mathfrak{C}_0^{(r)}} f(x, y)(p_r x' + q_r y')ds \right].$$

Osserviamo qui che, per le ipotesi ammesse, dai teoremi dei n.[i] 96 e 106 risulta la semicontinuità inferiore di $\mathfrak{J}_{\mathfrak{C}}$ e degli $\mathfrak{J}'_{\mathfrak{C}^{(r)}}$ sulla $\mathfrak{C}_0$; dalla disuguaglianza (3) risulta poi anche, per la proposizione del n.° 108, *b*), che, sugli archi $\mathfrak{C}_0^{(r)}$, sono funzioni continue gli integrali

$$\int_{\mathfrak{C}^{(r)}} f(x, y)[p_r x' + q_r y']\,ds, \qquad \int_{\mathfrak{C}^{(r)}} [p_r x' + q_r y']\,ds,$$

quando $\mathfrak{C}^{(r)}$ sia sempre contenuto in uno degli insiemi $\{\mathfrak{C}_n^{(r)}\}$ $(n = n_1 + 1,\ \ n_1 + 2, \ldots)$.

Operando sulla somma $\sum_{r=1}^{m} \left[\mathfrak{F}'_{\mathfrak{C}_n^{(r)}} - \mathfrak{F}'_{\mathfrak{C}_0^{(r)}} \right]$ come in *a*) si è operato su $\sum_{r=1}^{m} \left[\mathfrak{F}_{\mathfrak{C}_n^{(r)}} - \mathfrak{F}_{\mathfrak{C}_0^{(r)}} \right]$, si giunge alla disuguaglianza

$$\left| \left[\lim_{n \to \infty} \left\{ \mathfrak{F}_{\mathfrak{C}_n} \right\} - \mathfrak{F}_{\mathfrak{C}_0} \right] - f_n \left[\lim_{n \to \infty} \left\{ \mathfrak{J}_{\mathfrak{C}_n} \right\} - \mathfrak{J}_{\mathfrak{C}_0} \right] \right|$$

$$< \varepsilon \left\{ 1 + 3\bar{f} + 2 \sum_{r=1}^{m} \mathfrak{J}'_{\mathfrak{C}_0^{(r)}} \right\} + \varepsilon \bar{f} + \varepsilon,$$

valida per ogni n maggiore di un certo intero N. La sommatoria $\sum_{r=1}^{m} \mathfrak{J}'_{\mathfrak{C}_0^{(r)}}$, composta tutta di termini positivi, è minore di

$$\left| \sum_{r=1}^{m} \mathfrak{J}_{\mathfrak{C}_0^{(r)}} \right| + \left| \sum_{r=1}^{m} \int_{\mathfrak{C}_0^{(r)}} (p_r x' + q_r y')ds \right|$$

$$= \left| \mathfrak{J}_{\mathfrak{C}_0} \right| + \left| \sum_{r=1}^{m} \int_{\mathfrak{C}_0^{(r)}} (p_r x' + q_r y')ds \right|;$$

e se ad ε sostituiamo, via via, $\frac{\varepsilon}{2}, \frac{\varepsilon}{3}, \ldots, \frac{\varepsilon}{s}, \ldots$ e conveniamo, nel passare da $\frac{\varepsilon}{s}$ a $\frac{\varepsilon}{s+1}$, di conservare, per la scomposizione della $\mathfrak{C}_0$ negli archi $\mathfrak{C}_0^{(1)}, \ldots, \mathfrak{C}_0^{(m)}$, i punti di divisione corrispondenti a $\frac{\varepsilon}{s}$, tutti gli archi di $\mathfrak{C}_0$, della suddivisione relativa a $\frac{\varepsilon}{s+1}$, che appartengono ad uno stesso arco $\mathfrak{C}_0^{(r)}$ di quella relativa a ε, hanno i coefficienti p e q, della funzione $px' + qy'$ ad essi corrispondente, tutti uguali a p_r e q_r, rispettivamente. Perciò, qualunque sia l'intero s, la somma

$$\sum_{r=1}^{m} \int_{\mathfrak{C}_0^{(r)}} (p_r x' + q_r y') ds,$$

corrispondente a $\frac{\varepsilon}{s}$, ha un valore costante H, ed è sempre

$$\left| \left[\lim_{n \to \infty} \left\{ \mathfrak{F}_{\mathfrak{C}_n} \right\} - \mathfrak{F}_{\mathfrak{C}_0} \right] - f_n \left[\lim_{n \to \infty} \left\{ \mathfrak{J}_{\mathfrak{C}_n} \right\} - \mathfrak{J}_{\mathfrak{C}_0} \right] \right|$$
$$< \frac{2\varepsilon}{s} \left(1 + 2\bar{f} + \left| \mathfrak{J}_{\mathfrak{C}_0} \right| + \left| H \right| \right).$$

Da ciò scende ancora l'uguaglianza (2), e quindi la (1).

Il teorema è così pienamente dimostrato.

129. - Teorema II.

Se l'integrale $\mathfrak{J}_{\mathfrak{C}}$ *è quasi-regolare definito;*

oppure, se $\mathfrak{J}_{\mathfrak{C}}$ *è quasi-regolare seminormale;*

oppure, se sono verificate le ipotesi dell'enunciato del n.° 120;

data una successione $\{\mathfrak{C}_1\}, \{\mathfrak{C}_2\}, \ldots$, *di insiemi* $\{\mathfrak{C}_n\}$ *di curve ordinarie* $\mathfrak{C}_n$, *tendente uniformemente ad una curva ordinaria* $\mathfrak{C}_0$; *posto*

$$\mathfrak{F}_{\mathfrak{C}} = \int_{\mathfrak{C}} \{ f(x, y)\, F(x, y, x', y') + M(x, y)\, x' + N(x, y)\, y' \} ds,$$

dove $f(x, y)$, $M(x, y)$, $N(x, y)$ *indicano tre funzioni definite e continue in tutto il campo* A; *ammessa l'esistenza e la finitezza dei limiti*

$$\lim_{n \to \infty} \{ \mathfrak{J}_{\mathfrak{C}_n} \}, \quad \lim_{n \to \infty} \{ \mathfrak{F}_{\mathfrak{C}_n} \};$$

è

$$\lim_{n \to \infty} \{ \mathfrak{F}_{\mathfrak{C}_n} \} - \mathfrak{F}_{\mathfrak{C}_0} = f(x_0, y_0) \lim_{n \to \infty} \{ \mathfrak{J}_{\mathfrak{C}_n} \} - \mathfrak{J}_{\mathfrak{C}_0} \}, \tag{1}$$

dove (x_0, y_0) *indica un punto conveniente della* $\mathfrak{C}_0$.

Osserviamo, in primo luogo, che, se $\mathfrak{I}_{\mathfrak{C}}$ è un integrale quasi-regolare definito, è anche un integrale quasi-regolare seminormale: ed infatti, se, in qualche punto $(\bar{x}, \bar{y})$ del campo A, fosse $F_1(\bar{x}, \bar{y}, x', y') \equiv 0$ per tutte le coppie (x', y'), si avrebbe $F(\bar{x}, \bar{y}, x', y') \equiv px' + qy'$ e $\mathfrak{I}_{\mathfrak{C}}$ non potrebbe essere ***definito***.

Dopo ciò, possiamo, senz'altro, affermare che, qualunque sia l'ipotesi verificata, delle tre ammesse nell'enunciato, per ogni n maggiore di un certo n_1 risulta sempre verificata la disuguaglianza (3) del n.° precedente, dal che segue, in virtù della proposizione del n.° 108, *b*),

$$\left\{ \int_{\mathfrak{C}_n} [M(x, y)x' + N(x, y)y']ds \right\} \to \int_{\mathfrak{C}_0} [M(x, y)x' + N(x, y)y']ds.$$

Siamo così ricondotti al teorema del n.° precedente. Ed infatti, posto

$$\mathfrak{F}'_{\mathfrak{C}} = \int_{\mathfrak{C}} f(x, y)F(x, y, x', y')ds,$$

dall'esistenza e della finitezza dei due limiti

$$\lim_{n \to \infty} \{ \mathfrak{F}_{\mathfrak{C}_n} \}, \quad \lim_{n \to \infty} \left\{ \int_{\mathfrak{C}_n} [M(x, y)x' + N(x, y)y']ds \right\},$$

segue l'esistenza e la finitezza di

$$\lim_{n \to \infty} \{ \mathfrak{F}'_{\mathfrak{C}_n} \};$$

vale dunque la uguaglianza (1) del n.° precedente, quando in essa si sostituisca $\mathfrak{F}$ con $\mathfrak{F}'$, e vale quindi anche quella che qui si vuole dimostrare.

Osservazione I. — Da quanto precede, risulta che, se le funzioni $M(x, y)$ e $N(x, y)$ sono tali da assicurare la continuità dell'integrale

$$\int_{\mathfrak{C}} [M(x, y)x' + N(x, y)y']ds \ (^1),$$

(1) V. per questo il n.° 100.

nella prima delle ipotesi formulate nell'enunciato del teorema, si può supporre $\mathfrak{I}_{\mathfrak{C}}$ quasi-regolare *semidefinito*, anzichè *definito*. Altrettanto si può fare se l'integrale $\mathfrak{F}_{\mathfrak{C}}$ è *definito*, perchè, in tal caso, vale sicuramente la (3) del n.° precedente.

OSSERVAZIONE II. — Dalle proposizioni stabilite in questo e nel n.° precedente, scendono nuovi teoremi di convergenza. Ed infatti, ammesse le condizioni poste in tali proposizioni, e ammesso che sia

$$\lim_{n\to\infty} \{\mathfrak{I}_{\mathfrak{C}_n}\} = \mathfrak{I}_{\mathfrak{C}_0},$$

si ha

$$\lim_{n\to\infty} \{\mathfrak{F}_{\mathfrak{C}_n}\} = \mathfrak{F}_{\mathfrak{C}_0}.$$

130. - Teorema III.

Se l'integrale $\mathfrak{I}_{\mathfrak{C}}$ è quasi-regolare seminormale;

oppure, se sono verificate le ipotesi dell'enunciato del n.° 120;

posto

$$\mathfrak{F}_{\mathfrak{C}} = \int_{\mathfrak{C}} [f(x, y)F(x, y, x', y') + M_1(x, y)x' + N_1(x, y)y']\,ds,$$

$$\mathfrak{I}'_{\mathfrak{C}} = \int_{\mathfrak{C}} [g(x, y)F(x, y, x', y') + M_2(x, y)x' + N_2(x, y)y']\,ds,$$

dove f, g, M_1, N_1, M_2, N_2 sono funzioni definite e continue in tutto il campo A, e considerata una successione $\{\mathfrak{C}_1\}$, $\{\mathfrak{C}_2\}$, ..., $\{\mathfrak{C}_n\}$, ..., di insiemi $\{\mathfrak{C}_n\}$ di curve ordinarie $\mathfrak{C}_n$, tendente uniformemente ad una curva ordinaria $\mathfrak{C}_0$;

ammessa l'esistenza e la finitezza dei limiti

$$\lim_{n\to\infty} \{\mathfrak{F}_{\mathfrak{C}_n}\}, \qquad \lim_{n\to\infty} \{\mathfrak{I}'_{\mathfrak{C}_n}\};$$

ammessa l'esistenza di tre costanti k_1, k_2, ρ, di cui l'ultima >0, tali che sia

(1) $$k_1 f(x, y) + k_2 g(x, y) > 0,$$

in tutti i punti di A che appartengono all'intorno (ρ) della $\mathfrak{C}_0$; è

(2) $$g(x_0, y_0)[\lim_{n\to\infty} \{\mathfrak{F}_{\mathfrak{C}_n}\} - \mathfrak{F}_{\mathfrak{C}_0}] = f(x_0, y_0)[\lim_{n\to\infty} \{\mathfrak{I}'_{\mathfrak{C}_n}\} - \mathfrak{I}'_{\mathfrak{C}_0}],$$

dove (x_0, y_0) indica un punto conveniente di $\mathfrak{C}_0$.

Per la supposta validità della (1), una almeno delle due costanti k_1, k_2, è diversa da zero. Supponiamo sia tale k_2. Nell'intorno (ρ) della $\mathfrak{C}_0$, possiamo scrivere

$$\mathfrak{F}_{\mathfrak{C}} = \int_{\mathfrak{C}} \Big(\frac{f}{k_1 f + k_2 g} [(k_1 f + k_2 g) F + (k_1 M_1 + k_2 M_2) x' + (k_1 N_1 + k_2 N_2) y'] +$$

$$+ \left[M_1 - \frac{f}{k_1 f + k_2 g} (k_1 M_1 + k_2 M_2) \right] x' + \left[N_1 - \frac{f}{k_1 f + k_2 g} (k_1 N_1 + k_2 N_2) \right] y' \Big) ds,$$

$$\mathfrak{I}''_{\mathfrak{C}} = k_1 \mathfrak{F}_{\mathfrak{C}} + k_2 \mathfrak{I}'_{\mathfrak{C}} =$$

$$= \int_{\mathfrak{C}} [(k_1 f + k_2 g) F + (k_1 M_1 + k_2 M_2) x' + (k_1 N_1 + k_2 N_2) y'] ds.$$

Dall'esistenza e dalla finitezza dei limiti di $\{ \mathfrak{F}_{\mathfrak{C}_n} \}$ e di $\{ \mathfrak{I}'_{\mathfrak{C}_n} \}$, scende l'esistenza e la finitezza del $\lim_{n \to \infty} \{ \mathfrak{I}''_{\mathfrak{C}_n} \}$; inoltre, l'integrale $\mathfrak{I}''_{\mathfrak{C}}$ soddisfa alle condizioni della seconda o della terza ipotesi del teorema del n.° precedente. L'applicazione di questo teorema dà, perciò,

$$\lim_{n \to \infty} \{ \mathfrak{F}_{\mathfrak{C}_n} \} - \mathfrak{F}_{\mathfrak{C}_0} = \frac{f(x_0, y_0)}{k_1 f(x_0, y_0) + k_2 g(x_0, y_0)} [\lim_{n \to \infty} \{ \mathfrak{I}''_{\mathfrak{C}_n} \} - \mathfrak{I}''_{\mathfrak{C}_0}],$$

ossia la (2), perchè è

$$\lim_{n \to \infty} \{ \mathfrak{I}''_{\mathfrak{C}_n} \} - \mathfrak{I}''_{\mathfrak{C}_0} = k_1 [\lim_{n \to \infty} \{ \mathfrak{F}_{\mathfrak{C}_n} \} - \mathfrak{F}_{\mathfrak{C}_0}] + k_2 [\lim_{n \to \infty} \{ \mathfrak{I}'_{\mathfrak{C}_n} \} - \mathfrak{I}'_{\mathfrak{C}_0}].$$

Osservazione — Analogamente a quanto abbiamo osservato al n.° 129, possiamo dire che, se le funzioni M_1, N_1, M_2, N_2 sono tutte nulle in ogni punto del campo, oppure tali da assicurare la continuità degli integrali

$$(3) \qquad \int_{\mathfrak{C}} (M_1 x' + N_1 y') ds, \quad \int_{\mathfrak{C}} (M_2 x' + N_2 y') ds,$$

il teorema qui dimostrato vale anche supponendo che l'integrale $\mathfrak{I}_{\mathfrak{C}}$ sia quasi-regolare semidefinito. Ed infatti, supposto $k_2 \neq 0$, ponendo

$$\mathfrak{F}'_{\mathfrak{C}} = \int_{\mathfrak{C}} f(x, y) F(x, y, x', y') ds = \int_{\mathfrak{C}} \frac{f}{k_1 f + k_2 g} (k_1 f + k_2 g) F ds,$$

$$\mathfrak{I}''_{\mathfrak{C}} = \int_{\mathfrak{C}} [k_1 f + k_2 g] F ds,$$

dall'ipotesi ora fatta e dalla (1), scende che $\mathfrak{I}''_{\mathfrak{C}}$ è un integrale quasi-regolare semidefinito. Applicando dunque il teorema del n.° 129, si ha, per la continuità supposta degli integrali (3) e per l'esistenza e la finitezza dei limiti di $\{\mathfrak{F}\mathfrak{C}_n\}$ e $\{\mathfrak{I}'\mathfrak{C}_n\}$,

$$\lim_{n\to\infty}\{\mathfrak{F}'\mathfrak{C}_n\}-\mathfrak{F}'\mathfrak{C}_0=\frac{f(x_0,\,y_0)}{k_1 f(x_0,\,y_0)+k_2 g(x_0,\,y_0)}[\lim_{n\to\infty}\{\mathfrak{I}''\mathfrak{C}_n\}-\mathfrak{I}''\mathfrak{C}_0],$$

da cui la (2), ancora per la continuità supposta degli integrali (3).

PARTE TERZA

FUNZIONI DI LINEE

B) Forma ordinaria

Capitolo IX.

GLI INTEGRALI IN FORMA ORDINARIA

§ 1. Definizioni e proposizioni preliminari.

131. - Le curve C.

Diremo *curva* C ogni curva del piano (x, y) definita da un'equazione

$$y = y(x),$$

dove la x assume tutti i valori di un intervallo (a, b) — tale che sia $a \leq b$ e non necessariamente lo stesso per tutte le curve — e la $y(x)$ è una funzione assolutamente continua (n.° 16), in tutto l'intervallo indicato.

Per quanto si è stabilito ai n.[i] 16 c) e 8, ogni *curva* C è continua e rettificabile.

Se la funzione $y(x)$ ammette la derivata $y'(x)$ finita e continua in tutto l'intervallo (a, b), la curva C sarà detta di *classe 1*; in caso contrario, la C sarà detta di *classe 0*. Si dirà, infine, che la curva C è di *classe 2* se ammette, finite e continue, in tutto l'intervallo (a, b), le due derivate $y'(x)$ e $y''(x)$.

132. - Curve C di accumulazione.

Diremo *intorno* (ρ) di una curva C l'insieme dei punti del piano (x, y) distanti dalla C di non più di ρ (intendendo che ρ sia un numero positivo).

Data una particolare curva C, C_0, definita da

$$y = y_0(x), \quad (a_0, b_0),$$

diremo che un'altra curva C, definita da

$$y = y(x), \quad (a, b),$$

appartiene all'intorno (ρ) della C_0, se la funzione $y(x)$ (avente come intervallo di definizione (a, b)) appartiene (n.° 18) all'intorno (ρ) della funzione $y_0(x)$ (avente come intervallo di definizione (a_0, b_0)). Se la $y(x)$ *appartiene propriamente* all'intorno (ρ) della $y_0(x)$, diremo che anche la curva C *appartiene propriamente* all'intorno (ρ) della C_0.

Considerato un insieme $\{C\}$ di infinite curve C, diremo che la curva C_0 è una sua *curva di accumulazione* se, ad ogni intorno (ρ) della C_0, appartengono sempre propriamente infinite curve dell'insieme.

Data una successione

$$\{C_1\}, \quad \{C_2\}, \dots, \quad \{C_n\}, \dots,$$

di insiemi di curve C, diremo che la curva C_0 è una *curva di accumulazione* della successione, se, preso comunque $\rho > 0$, esistono sempre infiniti insiemi $\{C_n\}$ aventi, ciascuno, almeno una curva appartenente propriamente all'intorno (ρ) della C_0. Diremo, infine, che la successione considerata *converge uniformemente* verso la curva C_0 se, preso comunque $\rho > 0$, è possibile determinare un intero positivo $\bar{n}$ tale che, per ogni $n > \bar{n}$, tutte le curve dell'insieme $\{C_n\}$ appartengano propriamente all'intorno (ρ) della C_0.

Se alle curve C sostituiamo le funzioni $y(x)$ che le rappresentano, le definizioni ora poste corrispondono esattamente a quelle dei n.[i] 18, 19 e 20.

133. - La funzione $f(x, y, y')$.

a) Sia $f(x, y, y')$ una funzione definita in ogni punto (x, y) del campo A (n.° 72) e per ogni valore finito di y', e soddisfacente alle seguenti condizioni:

1) sia continua in ogni punto (x, y, y') in cui è definita;

2) ammetta, in tutti gli stessi punti, le derivate parziali $f_{y'}$, $f_{y'y'}$, $f_{y'x'}$, finite e continue;

3) sia tale che si possano definire un campo A' — avente tutti i punti del campo A come punti *interni* — e, in esso e per ogni valore finito di y', una funzione $\varphi(x, y, y')$, coincidente in A con la $f_{y'}(x, y, y')$, e sempre finita e continua insieme con le sue derivate parziali $\varphi_{y'}(x, y, y')$ e $\varphi_x(x, y, y')$ [1].

Soddisfano, ad esempio, alle condizioni poste le funzioni

$$y'^2, \quad \sqrt{1+y'^2}, \quad (x^2+y^2)\{\sqrt{1+y'^2}-y'\}.$$

b) Date due curve (n.° 131)

$$C: \qquad y = y(x), \ (a, b),$$
$$C_0: \qquad y = y_0(x), \ (a_0, b_0),$$

nell'intervallo (a', b') comune ai due (a, b) e (a_0, b_0), la funzione $f[x, y_0(x), y'(x)]$ — che si porrà uguale a zero dove la $y'(x)$ non esiste finita — è *quasi-continua.*

Ed infatti, in quasi-tutto (a', b') la $y'(x)$ esiste finita ed è

$$y'(x) = \lim_{n\to\infty} n\left[y\left(x+\frac{1}{n}\right)-y(x)\right];$$

perciò, in quasi-tutto lo stesso intervallo, è

$$f[x, y_0(x), y'(x)] = \lim_{n\to\infty} f\left[x, y_0(x), n\left\{y\left(x+\frac{1}{n}\right)-y(x)\right\}\right],$$

ossia la $f[x, y_0(x), y'(x)]$ risulta uguale, in quasi-tutto (a', b'), al limite di una successione di funzioni continue; essa è dunque una funzione quasi-continua in tutto (a', b') (n.° 46).

Ciò vale, evidentemente, anche se le curve C e C_0 coincidono; e vale anche per le derivate parziali $f_{y'}$, $f_{y'y'}$, $f_{y'x}$.

134. - Le curve *C* ordinarie.

Diremo *curva C ordinaria* ogni curva C, definita al n.° 131, la quale:

1) abbia i suoi punti tutti appartenenti al campo A;

---

[1] La considerazione della derivata parziale $f_{y'x}$ e questa condiz. 3) serviranno soltanto dal Cap. XI in poi.

2) renda integrabile (n.° 49) la funzione $f(x, y(x), y'(x))$, in tutto l'intervallo (a, b) in cui è definita la funzione $y(x)$, che ad essa curva corrisponde ([1]).

135. - La funzione $\mathcal{E}(x, y; y', \bar{y}')$.

a) Porremo, per definizione,

$$\mathcal{E}(x, y; y', \bar{y}') \equiv f(x, y, \bar{y}') - f(x, y, y') - (\bar{y}' - y')f_{y'}(x, y, y').$$

La funzione $\mathcal{E}$ risulta così definita per ogni punto (x, y) del campo A e per ogni coppia y', $\bar{y}'$; nel complesso delle variabili x, y, y', $\bar{y}'$, essa risulta poi finita e continua, insieme con le sue derivate parziali $\mathcal{E}_{y'}$, $\mathcal{E}_{\bar{y}'}$, $\mathcal{E}_{\bar{y}'\bar{y}'}$, $\mathcal{E}_{\bar{y}'y'}$, $\mathcal{E}_{\bar{y}'x}$.

La funzione $\mathcal{E}$, ora definita, viene chiamata *funzione di Weierstrass.*

b) Applicando lo sviluppo accorciato di Taylor, abbiamo

$$f(x, y, \bar{y}') = f(x, y, y') + (\bar{y}' - y')f_{y'}(x, y, y') + \frac{(\bar{y}' - y')^2}{2} f_{y'y'}(x, y, \bar{\bar{y}}'),$$

dove $\bar{\bar{y}}'$ indica un certo valore compreso fra y' e $\bar{y}'$. Abbiamo così

$$\mathcal{E}(x, y; y', \bar{y}') = \frac{(\bar{y}' - y')^2}{2} f_{y'y'}(x, y, \bar{\bar{y}}'), \tag{1}$$

e questa uguaglianza mette in evidenza una notevole relazione fra la funzione $\mathcal{E}$ e la derivata parziale $f_{y'y'}$. Dalla (1) ricaviamo anche

$$f_{y'y'}(x, y, y') = 2 \cdot \lim_{\bar{y}' \to y'} \frac{\mathcal{E}(x, y; y', \bar{y}')}{(\bar{y}' - y')^2}. \tag{2}$$

Dalle formule (1) e (2) risulta che, se, in un punto (x, y) del campo A, una delle due funzioni $\mathcal{E}(x, y; y', \bar{y}')$ e $f_{y'y'}(x, y, y')$ conserva sempre lo stesso segno, altrettanto avviene dell'altra, e i loro segni sono uguali. Di più, se in (x, y) e per tutti gli y' prossimi ad un certo y_0', è $f_{y'y'}(x, y, y')$ sempre di un segno, altrettanto avviene della $\mathcal{E}(x, y, y_0', \bar{y}')$, per tutti gli $\bar{y}'$ sufficientemente prossimi a y_0'.

([1]) Si rammenti che, per quanto si è stabilito al n.° 133, *b*), la funzione $f(x, y(x), y'(x))$ risulta quasi-continua in tutto (a, b).

136. - La figurativa.

a) Sia (x, y) un punto del campo A, e consideriamo, riferita ad un sistema di assi cartesiani ortogonali (y', u), la curva definita dall'equazione

$$u = f(x, y, y'),$$

per tutti i valori di y'.

Questa curva la diremo *figurativa* ([1]) della funzione $f(x, y, y')$, relativa al punto (x, y).

Se è, per es., $f(x, y, y') \equiv \varphi(x, y) + \psi(x, y)y'$, la figurativa è una retta; se è $f(x, y, y') \equiv \sqrt{1 + y'^2}$, la figurativa è un ramo di iperbole equilatera.

b) La tangente alla figurativa, nel punto $[\bar{y}', \bar{u} = f(x, y, \bar{y}')]$, ha per equazione

$$u = f(x, y, \bar{y}') + (y' - \bar{y}')f_{y'}(x, y, \bar{y}'),$$

e la differenza fra la u della figurativa e la u di questa tangente è data da

$$f(x, y, y') - f(x, y, \bar{y}') - (y' - \bar{y}')f_{y'}(x, y, \bar{y}') = \mathcal{E}(x, y; \bar{y}', y'),$$

la quale dà, così, il significato geometrico della funzione $\mathcal{E}$. Di qui scende che, se in (x, y) è sempre $\mathcal{E} \geq 0$, la figurativa corrispondente non scende mai al disotto della sua tangente; e viceversa.

137. - Comportamento di $\mathcal{E}(x, y; y', \bar{y}')$, per $\bar{y}' \to \infty$. — Teorema di E. E. Levi.

a) *Se T è un insieme limitato e chiuso di punti (x, y, y'), con (x, y) sempre appartenente al campo A;*

se esiste un numero $\delta > 0$ tale che, per ogni (x, y, y') di T e per ogni $\bar{y}'$ soddisfacente alla disuguaglianza $|y' - \bar{y}'| \leq \delta$, sia

$$\mathcal{E}(x, y; \bar{y}', \bar{\bar{y}}') > 0, \tag{1}$$

per qualunque $\bar{\bar{y}}' \neq \bar{y}'$;

([1]) Cfr. ZERMELO, *Dissertation*, Berlino 1894, pag. 67, e J. HADAMARD, *Leçons sur le Calcul des Variations*, Tome 1ier, pag. 90.

scelto ad arbitrio un numero $\sigma > 0$, se ne può sempre determinare un altro $\mu > 0$, in modo che sia

$$\mathcal{E}(x, y; y', \bar{y}') > \mu \, | y' - \bar{y}' |,$$

per ogni punto (x, y, y') di T ed ogni $\bar{y}'$ soddisfacente alla disuguaglianza

$$| y' - \bar{y}' | \geq \sigma \text{ (1)}.$$

Consideriamo un punto qualunque (x_1, y_1, y_1') di T e, tracciati in un piano due assi ortogonali u e y', immaginiamo costruita la figurativa $u = f(x_1, y_1, y')$. Detto σ_1 un numero positivo, non maggiore di δ e di σ, siano M_1, M, $\tilde{M}$, i punti della curva corrispondenti ai valori y_1', $y_1' + \sigma_1$ e $\bar{y}'$ di y', con $\bar{y}' \geq y_1' + \sigma_1$. Poichè la (1) è verificata per $x = x_1$,

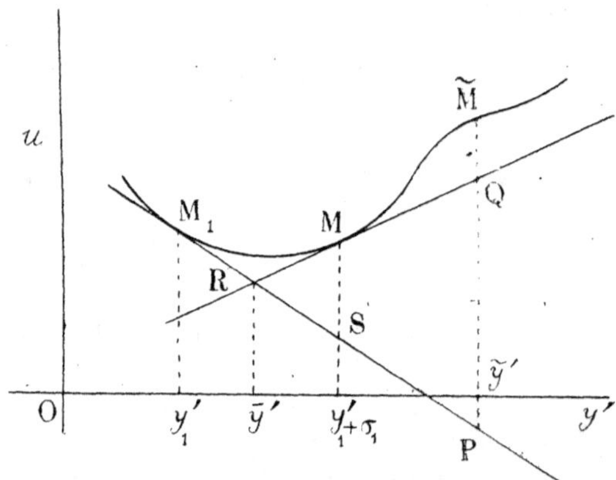

$y = y_1$, $\bar{y}' = y_1'$, la curva resta tutta al disopra della sua tangente in M_1 (n.° 136). Detto S il punto di questa tangente corrispondente ad $y' = y_1' + \sigma_1$, è S al disotto di M, sulla parallela condotta per M all'asse delle u; e il punto P della stessa tangente che si trova sulla parallela per $\tilde{M}$ all'asse delle u è, analogamente, al disotto di $\tilde{M}$. Per $x = x_1$,

---

(1) Questo teorema è dovuto a E. E. Levi (*Sui criteri sufficienti per il massimo e il minimo nel Calcolo delle Variazioni*, Annali di Matematica Pura e Applicata, 1913). Però il Levi pone anche la condizione (nell'enunciato del testo completamente soppressa) che, insieme con la (1), valga anche la $f_{y'y'}(x, y, \bar{y}') > 0$.

$y = y_1$, $\bar{y}' = y_1' + \sigma_1$, è ancora soddisfatta la (1), e la figurativa resta perciò al disopra anche della sua tangente in M.

Il punto R d'incontro di questa tangente con la tangente condotta per M_1, trovasi necessariamente compreso fra M_1 e S, perchè questi due punti sono uno al disopra e l'altro al disotto della tangente in M. Il punto P resta, perciò, al disotto della tangente in M, la quale incontrerà la parallela per $\tilde{M}$ all'asse delle u in un punto Q che sarà compreso nel segmento $P\tilde{M}$. Ora abbiamo che l'espressione

$$\mathcal{E}(x_1, y_1; y_1', \tilde{y}') = f(x_1, y_1, \tilde{y}') -$$
$$- [f(x_1, y_1, y_1') + (\tilde{y}' - y_1') f_{y'}(x_1, y_1, y_1')],$$

differenza fra l'ordinata della figurativa per $y' = \tilde{y}'$ e quella, pure per $y' = \tilde{y}'$, della tangente in M_1, è data dal segmento $P\tilde{M}$ ed è, perciò, maggiore o uguale a PQ:

$$\mathcal{E}(x_1, y_1; y_1', \tilde{y}') \geq PQ.$$

Dai triangoli simili RQP e RMS, si ha immediatamente, indicando con $\bar{y}'$ la y' corrispondente ad R,

$$\frac{PQ}{SM} = \frac{\tilde{y}' - \bar{y}'}{y_1' + \sigma_1 - \bar{y}'} \geq \frac{(\tilde{y}' - \bar{y}') + (\bar{y}' - y_1')}{(y_1' + \sigma_1 - \bar{y}') + (\bar{y}' - y_1')} = \frac{\tilde{y}' - y_1'}{\sigma_1},$$

e perciò

$$\frac{\mathcal{E}(x_1, y_1; y_1', \tilde{y}')}{\tilde{y}' - y_1'} \geq \frac{SM}{\sigma_1} = \frac{\mathcal{E}(x_1, y_1; y_1', y_1' + \sigma_1)}{\sigma_1}.$$

L'ultimo rapporto scritto, avendo il denominatore costante e il numeratore funzione continua e positiva di (x_1, y_1, y_1'), ha, nel campo limitato e chiuso T, un minimo μ_1, maggiore di zero, ed è perciò, in tutto T e per ogni $\tilde{y}' \geq y' + \sigma$,

$$\frac{\mathcal{E}(x, y; y', \tilde{y}')}{\tilde{y}' - y'} \geq \mu_1 .$$

Nello stesso modo si dimostra che, per ogni $\tilde{y}' \leq y' - \sigma$, e in tutto T, $\mathcal{E}(x, y; y', \tilde{y}')$ resta maggiore di $y' - \tilde{y}'$ moltiplicato per un coefficiente costante, maggiore di zero, il che completa la dimostrazione della proposizione enunciata.

b) La proposizione ora stabilita vale anche se, alla condizione in essa posta per la $\mathcal{E}$, si sostituisce quest' altra:

sia, in ogni punto (x, y, y') di T e per ogni $\bar{y}' \neq y'$,

$$\mathcal{E}(x, y; y', \bar{y}') > 0,$$

ed esista un $\delta > 0$ tale che, per ogni (x, y, y') di T, ed ogni $\bar{y}'$ soddisfacente alla disuguaglianza $|y' - \bar{y}'| \leq \delta$, si abbia, qualunque sia $\bar{y}'$,

$$\mathcal{E}(x, y; \bar{y}', \bar{y}') \geq 0.$$

Ciò risulta, senz'altro, dalla dimostrazione già esposta.

Possiamo aggiungere di più, vale a dire, che la condizione per la validità del teorema stabilito può enunciarsi, con maggior generalità, nella seguente forma:

sia, in ogni punto (x, y, y') di T e per ogni $\bar{y}' \neq y'$,

$$\mathcal{E}(x, y; y', \bar{y}') > 0,$$

ed esistano due numeri positivi δ, Δ, con $0 < \delta < \Delta$, tali che, per ciascun punto (x_1, y_1, y_1') di T, si possano trovare due valori $\bar{y}_1'$ e $\bar{\bar{y}}_1'$, soddisfacenti alle disuguaglianze

$$y_1' + \delta \leq \bar{y}_1' \leq y_1' + \Delta,$$
$$y_1' - \Delta \leq \bar{\bar{y}}_1' < y_1' - \delta,$$

per i quali si abbia, qualunque sia $\bar{y}'$,

$$\mathcal{E}(x_1, y_1; \bar{y}_1', \bar{y}') \geq 0, \quad \mathcal{E}(x_1, y_1; \bar{\bar{y}}_1', \bar{y}') \geq 0.$$

Si sostituisca, nella dimostrazione già data, al punto M di ascissa $y_1' + \sigma_1$, quello di ascissa $\bar{y}_1'$. Si otterrà, per ogni $\bar{y}' \geq \bar{y}_1'$,

$$\frac{\mathcal{E}(x_1, y_1; y_1', \bar{y}')}{\bar{y}' - y_1'} \geq \frac{\mathcal{E}(x_1, y_1; y_1', \bar{y}_1')}{\bar{y}_1' - y_1'}.$$

Al variare di (x_1, y_1, y_1') in T, $\bar{y}_1' - y_1'$ resta, per le ipotesi fatte, sempre $\leq \Delta$; l'espressione $\mathcal{E}(x_1, y_1; y_1', \bar{y}_1')$ resta poi sempre maggiore o uguale al minimo μ' di $\mathcal{E}(x_1, y_1; y_1', \bar{y}')$ per ogni punto (x_1, y_1, y_1') di T e per ogni $\bar{y}'$ soddisfacente alla doppia disuguaglianza $y_1' + \delta \leq \bar{y}' \leq y_1' + \Delta$, minimo che, per la continuità della $\mathcal{E}$ e per essere, per i valori detti, sempre $\mathcal{E} > 0$, è certamente maggiore di zero. È dunque, in tutto T e per ogni $\bar{y}' \geq \bar{y}_1'$,

$$\frac{\mathcal{E}(x_1, y_1; y_1', \bar{y}')}{\bar{y}' - y_1'} > \frac{\mu'}{\Delta}.$$

E siccome questa disuguaglianza risulta soddisfatta anche per ogni (x_1, y_1, y_1') di T e per ogni $\bar{y}'$ tale che sia $y_1' + \sigma \leq \bar{y}' < y_1' + \Delta$ (se è $\sigma \leq \Delta$), posto $\mu_1 = \frac{\mu}{\Delta}$, abbiamo

$$\mathcal{E}(x_1, y_1; y_1', \bar{y}') > \mu_1(\bar{y}' - y_1')$$

per ogni (x_1, y_1, y_1') in T e ogni $\bar{y}' \geq y_1' + \sigma$.

Analogamente si prova il teorema per i valori di $\bar{y}' \leq y_1' - \sigma$.

138. - Generalizzazione della proposizione del n.° precedente.

a) Se T è un insieme limitato e chiuso di punti (x, y, y'), con (x, y) sempre appartenente al campo A;

se esiste un numero $\delta > 0$ tale che, per ogni (x, y, y') di T ed ogni $\bar{y}'$ soddisfacente alla disuguaglianza $|y' - \bar{y}'| \leq \delta$, sia

$$\mathcal{E}(x, y; \bar{y}', \tilde{y}') > 0,$$

per qualunque $\tilde{y}' \neq \bar{y}'$;

scelto ad arbitrio un numero $\sigma > 0$, se ne possono sempre determinare altri due, ν e μ, pure maggiori di zero, in modo che, se (x, y, y') è un punto qualunque di T e q è un numero qualsiasi soddisfacente alla disuguaglianza

$$|q - f_{y'}(x, y, y')| \leq \nu, \tag{2}$$

si abbia

$$f(x, y, \bar{y}') - f(x, y, y') - q(\bar{y}' - y') > \mu |\bar{y}' - y'|,$$

per tutti gli $\bar{y}'$ soddisfacenti alla

$$|y' - \bar{y}'| \geq \sigma \text{ (}^1\text{)}.$$

Osserviamo che, facendo in questa proposizione $\nu = 0$, si ha quella data in *a*) al n.° preced..

Riprendiamo la figura fatta per il caso particolare citato, e determiniamo il numero ν in modo che, condotta per M_1 la

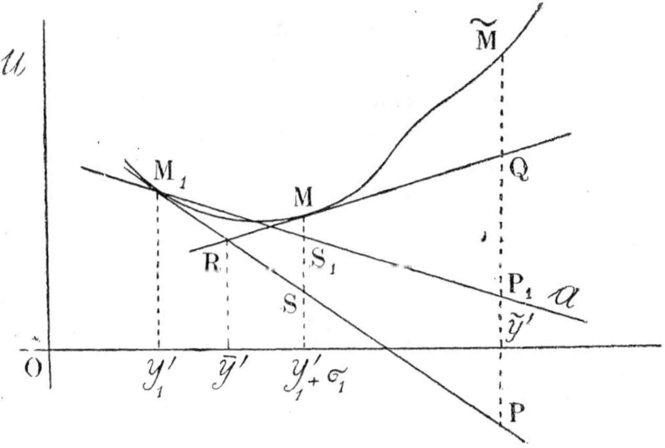

(1) L. Tonelli, *Su due proposizioni di J. W. Lindeberg e E. E. Levi, nel Calcolo delle Variazioni.* Nota II, loc. cit.

retta a, di coefficiente angolare $f_{y'}(x_1, y_1, y_1') + \nu$, essa incontri la parallela per M all'asse delle u in un punto S_1, compreso fra S e M, e distinto da tali punti. È evidente che possiamo prendere ν abbastanza piccolo in modo che ciò avvenga per qualunque punto (x_1, y_1, y_1') di T. La retta a incontra la parallela per $\bar{M}$ all'asse delle u in un punto P_1 che resta al disotto di $\bar{M}$.

Ora, se q soddisfa alla $q - f_{y'}(x_1, y_1, y_1') \leq \nu$, l'espressione

$$f(x_1, y_1, \bar{y}') - f(x_1, y_1, y_1') - q(\bar{y}' - y_1'),$$

per $\bar{y}' \geq y_1' + \sigma$, è maggiore o uguale a

$$f(x_1, y_1, \bar{y}') - \{f(x_1, y_1, y_1') + (\bar{y}' - y_1')[f_{y'}(x_1, y_1, y_1') + \nu]\},$$

differenza fra l'ordinata della figurativa e quella della retta a, per $y' = \bar{y}'$, e questa differenza è, a sua volta, maggiore di P_1Q. Avendosi poi

$$\frac{P_1Q}{S_1M} \geq \frac{\bar{y}' - y_1'}{\sigma_1},$$

si ha

$$\frac{f(x_1, y_1, \bar{y}') - f(x_1, y_1, y_1') - q(\bar{y}' - y_1')}{\bar{y}' - y_1'} \geq$$
$$\geq \frac{f(x_1, y_1, y_1' + \sigma_1) - f(x_1, y_1, y_1') - \sigma_1 \{f_{y'}(x_1, y_1, y_1') + \nu\}}{\sigma_1}.$$

Al variare di (x_1, y_1, y_1') nel campo limitato e chiuso T, l'ultima frazione scritta, che è sempre > 0 (perchè S_1M è sempre positivo) ha un minimo μ_1, necessariamente maggiore di zero, e si ha perciò, in tutto T e per ogni $\bar{y}' \geq y_1' + \sigma$,

$$f(x_1, y_1, \bar{y}') - f(x_1, y_1, y_1') - q(\bar{y}' - y_1') \geq \mu_1(\bar{y}' - y_1'),$$

quando sia $q \leq f_{y'}(x_1, y_1, y_1') + \nu$.

Analogamente si procede per i valori $\bar{y}' \leq y_1' - \sigma$, e poichè per essi si ottiene la limitazione $q \geq f_{y'}(x_1, y_1, y_1') - \nu$, la nostra proposizione è dimostrata.

b) La condizione relativa alla $\mathcal{E}(x, y; \bar{y}', \bar{y}')$ si può sostituire con quelle del n.° 137, *b*).

c) ***Sia** G **un insieme limitato e chiuso di punti** (x, y) **del campo** A, **e** T **un insieme limitato di punti** (x, y, y'), **tale che** (x, y) **appartenga a** G.*

Se ad ogni punto (x, y, y') *di* T *corrisponde un numero positivo* $\rho(x, y, y')$, *in modo che, per tutte le terne* $(\bar{x}, \bar{y}, \bar{y}')$ *soddisfacenti alle disuguaglianze*

$$(\bar{x} - x)^2 + (\bar{y} - y)^2 \leq \rho^2, \quad |\bar{y}' - y'| \leq \rho,$$

con $(\bar{x}, \bar{y})$ *appartenente al campo* A, *e qualunque sia* $\bar{y}'$, *si abbia*

$$\mathcal{E}(\bar{x}, \bar{y}; \bar{y}', \bar{y}') \geq 0; \tag{1}$$

se esistono due numeri positivi Δ *e* φ, *tali che sia sempre, in tutto* T,

$$\rho(x, y, y') \leq \Delta, \tag{2}$$

$$\mathcal{E}(x, y; y', y' \pm \rho(x, y, y')) \geq \varphi; \tag{3}$$

si può determinare un numero $\delta > 0$ *in modo che, se* (x, y, y') *è un punto qualsiasi di* T, *se* $(\bar{x}, \bar{y})$ *un punto di* A *soddisfacente alle disuguaglianze*

$$|\bar{x} - x| \leq \delta, \quad |\bar{y} - y| \leq \delta, \tag{4}$$

e se q *e* $\bar{y}'$ *soddisfano alle*

$$|q - f_{y'}(x, y, y')| \leq \frac{\varphi}{8\Delta}, \tag{5}$$

$$|\bar{y}' - y'| \geq \Delta, \tag{6}$$

si abbia

$$f(\bar{x}, \bar{y}, \bar{y}') - f(\bar{x}, \bar{y}, y') - q(\bar{y}' - y') \geq \frac{\varphi}{4\Delta} |\bar{y}' - y'|. \tag{7}$$

Osserviamo, innanzi tutto, che $\rho(x, y, y')$ ammette in T un limite inferiore maggiore di zero. Ed infatti, dalla (3), che possiamo scrivere nella forma

$$f(x, y, y' \pm \rho) - f(x, y, y') \mp \rho f_{y'}(x, y, y') \geq \varphi,$$

ricaviamo, indicando con H il limite superiore del modulo della derivata parziale $f_{y'}$ nell'insieme T,

$$\rho H + \rho H \geq \varphi,$$

$$\rho \geq \frac{\varphi}{2H}.$$

Dalla (3), dalla continuità della funzione $\mathcal{E}(x, y; y', \bar{y}')$ rispetto al complesso delle quattro variabili da cui dipende, e da quella di $f_{y'}(x, y, y')$, deduciamo l'esistenza di un numero positivo δ tale che, per ogni punto (x, y, y') di T e per ogni $(\bar{x}, \bar{y})$ appartenente ad A e soddisfacente alle (4), sia

$$\mathcal{E}(\bar{x}, \bar{y}; y', y' \pm \rho(x, y, y')) \geq \frac{1}{2}\varphi, \tag{8}$$

$$|f_{y'}(\bar{x}, \bar{y}, y') - f_{y'}(x, y, y')| \leq \frac{\varphi}{8\Delta}. \tag{9}$$

Possiamo, evidentemente, supporre $\delta < \frac{\varphi}{2H}$, per modo che si avrà sempre $\rho(x, y, y') > 2\delta$.

Considerato un punto qualunque (x, y, y') di T ed un qualsiasi punto $(\bar{x}, \bar{y})$ di A, soddisfacente alle (4), immaginiamo costruita la figurativa della funzione f, relativa a $(\bar{x}, \bar{y})$. Per i punti M e M_1 della figurativa, corrispondenti

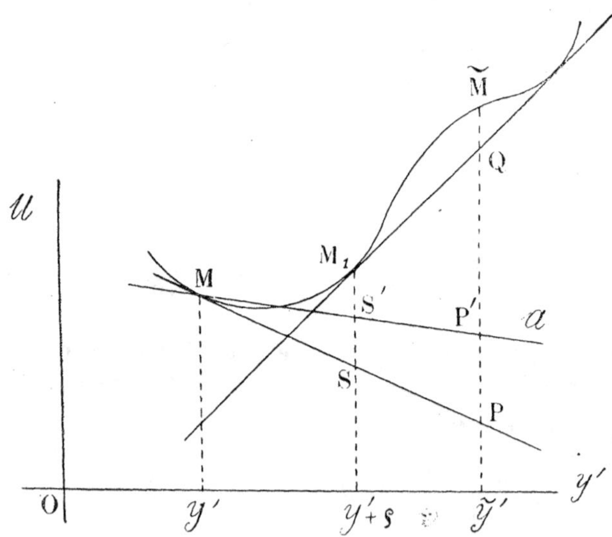

alle ascisse y' e $y' + \rho(x, y, y')$, conduciamo le tangenti alla curva, la quale, in virtù di (1), resta tutta al disopra di tali tangenti o su di esse. La (8) assicura poi che il punto M_1 non si trova sulla tangente condotta per M.

Sia $\tilde{M}$ un punto della figurativa di ascissa $\tilde{y}' \geq y' + \Delta$ $(\geq y' + \rho)$, e indichiamo con Q il punto comune alla tangente condotta per M_1 e alla parallela per $\tilde{M}$ all'asse delle u, e con S quello comune alla tangente condotta per M e alla parallela per M_1 all'asse delle u. Conduciamo per M la retta a passante per il punto medio S' di SM_1, e indichiamo con P' il punto in cui essa incontra la parallela per $\tilde{M}$ all'asse delle u. Il coefficiente angolare γ di questa retta è uguale a quello della tangente condotta per M aumentato del rapporto $\frac{SS'}{\rho}$, è cioè

$$\gamma = f_{y'}(\bar{x}, \bar{y}, y') + \frac{1}{2}\frac{SM_1}{\rho(x, y, y')}.$$

Ma è

$$SM_1 = \mathcal{E}(\bar{x}, \bar{y}; y', y' + \rho(x, y, y'))$$

e vale la (8); dunque, tenuta presente la (2),

$$\gamma \geq f_{y'}(\bar{x}, \bar{y}, y') + \frac{\varphi}{4\rho(x, y, y')} \geq f_{y'}(\bar{x}, \bar{y}, y') + \frac{\varphi}{4\Delta}.$$

Ora, se q soddisfa alla (5), è, in virtù della (9),

$$q < f_{y'}(\bar{x}, \bar{y}, y') + \frac{\varphi}{4\Delta} \leq \gamma,$$

e, per ogni $\bar{y}' > y' + \Delta$, si ha

$$\begin{aligned} f(\bar{x}, \bar{y}, \bar{y}') &- f(\bar{x}, \bar{y}, y') - q(\bar{y}' - y') \\ &\geq f(\bar{x}, \bar{y}, \bar{y}') - f(\bar{x}, \bar{y}, y') - \gamma(\bar{y}' - y') = P'\tilde{M} \geq P'Q; \end{aligned}$$

e per essere

$$\frac{P'Q}{S'M_1} \geq \frac{\bar{y}' - y'}{\rho} \geq \frac{\bar{y}' - y'}{\Delta},$$

$$S'M_1 = \frac{1}{2}SM_1 \geq \frac{1}{4}\varphi,$$

si ha anche la (7).

Facendo un ragionamento analogo per $\bar{y}' \leq y' - \Delta$, la proposizione enunciata risulta pienamente provata.

§ 2. L'integrale I_C.

139. - L'integrale I_C.

a) Data una curva C ordinaria (n.° 134):

$$y = y(x), \quad (a, b),$$

esiste l'integrale

$$\int_a^b f(x, y(x), y'(x))\, dx,$$

che verrà indicato semplicemente con

$$\int_C f dx$$

ed anche con I_C. Questo integrale risulta, evidentemente, *una funzione della curva ordinaria C.*

Se consideriamo, ad esempio, le funzioni

$$f = y^2, \quad f = \sqrt{1 + y'^2}, \quad f = y\sqrt{1 + y'^2},$$

nel campo A coincidente con tutto il piano (x, y), ogni curva C (n.° 131) è una curva ordinaria [1] e gli integrali

$$\int_C y^2 dx, \quad \int_C \sqrt{1 + y'^2} dx, \quad \int_C y\sqrt{1 + y'^2} dx,$$

i cui significati geometrici sono ben noti, sono altrettante funzioni della curva C.

L'integrale I_C dicesi *integrale in forma ordinaria.*

b) Diremo che l'integrale I_C è:

— *regolare*, se, in ogni punto (x, y) del campo A e per ogni y', la derivata parziale $f_{y'y'}$ è sempre maggiore di zero (*regolare positivo*), oppure sempre minore di zero (*regolare negativo*);

---

[1] Ciò in virtù dei n.i 65 e 53, *c*).

— *quasi-regolare*, se, per tutte le stesse terne (x, y, y'), è sempre $f_{y'y'} \geq 0$ (*quasi-regolare positivo*), oppure sempre $f_{y'y'} \leq 0$ (*quasi-regolare negativo*);

— *quasi-regolare normale*, se, essendo I_C *quasi-regolare*, in ciascun punto (x, y) del campo A i valori di y' che annullano la $f_{y'y'}$ non riempiono mai alcun intervallo;

— *quasi-regolare seminormale*, se, essendo I_C *quasi-regolare*, in nessun punto (x, y) del campo A è $f_{y'y'}(x, y, y') = 0$ per tutti gli y'.

Esempi — Sono, evidentemente, integrali regolari

$$\int_C \sqrt{1 + y'^2}\, dx, \quad \int_C \varphi(x, y) \sqrt{1 + y'^2}\, dx,$$

se è sempre, in A, $\varphi > 0$ oppure $\varphi < 0$. Se in A è sempre $\varphi \geq 0$, il secondo integrale è quasi-regolare, ma non è nè normale nè seminormale; se poi la φ potesse cambiar segno in A, tale integrale non sarebbe neppure quasi-regolare.

Se è $f = y'^4$, l'integrale I_C è quasi-regolare normale. Se in ogni punto (x, y) di A, la f fosse nulla per $y' \leq 0$ e uguale a y'^4 per $y' > 0$, l'integrale I_C sarebbe quasi-regolare seminormale.

Per gli integrali regolari positivi o quasi-regolari positivi, la figurativa della funzione f volge sempre la sua concavità verso la direzione positiva dell'asse delle u.

Per gli integrali regolari o quasi-regolari normali, la figurativa ha in comune con una sua tangente qualunque un solo punto.

140. - Semicontinuità e continuità.

a) Diremo che l'integrale I_C è una *funzione semicontinua inferiormente* (*superiormente*), *sulla curva* C_0 *ordinaria*, se, preso ad arbitrio un numero $\varepsilon > 0$, è sempre possibile di determinarne un altro $\rho > 0$, in modo che la disuguaglianza

$$(1) \qquad I_C > I_{C_0} - \varepsilon \quad (< I_{C_0} + \varepsilon)$$

sia verificata per tutte le curve C ordinarie che appartengono propriamente all'intorno (ρ) della C_0.

Se I_C gode della semicontinuità inferiore (superiore) su ogni curva C ordinaria, diremo semplicemente che tale integrale è *una funzione semicontinua inferiormente* (*superiormente*).

È, evidentemente, una funzione semicontinua inferiormente l'integrale

$$I_C = \int_C \sqrt{1 + y'^2}\, dx.$$

b) Qualora, data la C_0 e preso ad arbitrio $\varepsilon > 0$, si possa sempre trovare $\rho > 0$, in modo da aversi

$$| I_C - I_{C_0} | < \varepsilon,$$

per tutte le curve C ordinarie, appartenenti propriamente all'intorno (ρ) della C_0, diremo che l'integrale I_C è una *funzione continua sulla* C_0. I_C è poi *funzione continua*, senz'altro, se è continua su ogni curva C ordinaria.

Gli integrali

$$\int_C y\, dx, \quad \int_C y^2 dx,$$

sono esempi di funzioni continue.

141. - Teoremi di convergenza.

a) *Se una successione*

$$\{ C_1 \}, \{ C_2 \}, \ldots, \{ C_n \}, \ldots,$$

di insiemi $\{ C_n \}$ *di curve* C *ordinarie, converge uniformemente verso una curva ordinaria* C_0*;*

se tutte le curve C_n *e la* C_0 *sono tali che le funzioni* $y_n(x)$ e $y_0(x)$, *ad esse corrispondenti, abbiano la derivata, considerata solo là dove esiste, sempre, in valore assoluto, inferiore ad un numero fisso* D*;*

se, inoltre, la successione $\{ L_1 \}, \{ L_2 \}, \ldots, \{ L_n \}, \ldots,$ *degli insiemi delle lunghezze* L_n *delle* C_n, *converge verso la lunghezza* L_0 *della* C_0*;*

allora la successione

$$\{ I_{C_1} \}, \{ I_{C_2} \}, \ldots, \{ I_{C_n} \}, \ldots,$$

degli insiemi degli integrali I_{C_n}, *converge verso* I_{C_0}.

Da quanto si è dimostrato al n.° 28, segue che la successione degli insiemi $\{y_n'(x)\}$, delle derivate $y_n'(x)$, converge approssimativamente verso la $y_0'(x)$. Preso dunque un $\eta > 0$, possiamo determinare un intero positivo $\bar{n}$, in modo che, per ogni $n > \bar{n}$, lo pseudointervallo E_n, dei punti comuni ai due intervalli (a_n, b_n) e (a_0, b_0) (in cui sono definite la $y_n(x)$ e la $y_0(x)$, rispettivamente) e nei quali è verificata la disuguaglianza

$$|y_n'(x) - y_0'(x)| \leq \eta,$$

sia di misura maggiore di $(b_n - a_n) - \eta$ e di $(b_0 - a_0) - \eta$.

Se, preso ad arbitrio un $\varepsilon > 0$, scegliamo η in modo che sia $\eta < \varepsilon$ e che, soddisfatte le disuguaglianze

$$|y - \bar{y}| \leq \eta, \quad |y' - \bar{y}'| \leq \eta,$$

sia

$$|f(x, y, y') - f(x, \bar{y}, \bar{y}')| < \varepsilon,$$

per ogni x di (a_0, b_0), per $y = y_0(x)$ e $|y'| \leq D$, con $(x, \bar{y})$ punto del campo A, abbiamo che, per ogni n maggiore di un certo $n_1 > \bar{n}$, è

$$\left| \int_{E_n} f(x, y_n, y_n')\,dx - \int_{E_n} f(x, y, y')\,dx \right| < \varepsilon \int_{E_n} dx \leq \varepsilon(b_0 - a_0).$$

Nell'insieme $E_n^{(0)} \equiv (a_0, b_0) - E_n$ e in $E_n^{(n)} \equiv (a_n, b_n) - E_n$, trascurando i punti in cui le $y_0'(x)$, $y_n'(x)$ non esistono finite, si ha poi, rispettivamente, per $n > n_1$,

$$|f(x, y_0, y_0')| \leq M, \quad |f(x, y_n, y_n')| \leq M,$$

dove con M abbiamo indicato il massimo modulo della funzione f, nei punti del campo A, appartenenti all'intorno (η) della curva C_0, e per ogni y' tale che $|y'| \leq D$.

È, perciò,

$$\left| \int_{E_n^{(0)}} f(x, y_0, y_0')dx \right| \leq M \int_{E_n^{(0)}} dx < M\eta < M\varepsilon,$$

$$\left| \int_{E_n^{(n)}} f(x, y_n, y_n')dx \right| < M\varepsilon,$$

onde, sempre per $n > n_1$,

$$| I_{C_n} - I_{C_0} | < \varepsilon(b_0 - a_0 + 2M),$$

e ciò dimostra la proposizione enunciata.

Osservazione I — Dalla dimostrazione esposta, risulta senz'altro che, se indichiamo con $C_0[x]$ e $C_n[x]$ gli archi delle curve C_0 e C_n corrispondenti, rispettivamente, agli intervalli (a_0, x) e (a_n, x) [1], la successione degli insiemi $\{ I_{C_n[x]} \}$ converge verso $I_{C_0[x]}$, *uniformemente* per tutti gli x di (a_0, b_0).

Osservazione II — Il teorema qui dimostrato è indipendente dall'esistenza delle derivate parziali della funzione $f(x, y, y')$ ammesse al n.° 133.

b) Se una successione

$$(1) \qquad \{ C_1 \}, \quad \{ C_2 \}, \ldots, \quad \{ C_n \}, \ldots,$$

di insiemi $\{ C_n \}$ ***di curve*** C ***ordinarie, converge uniformemente verso una curva ordinaria*** C_0, ***in modo che la successione*** $\{ L_1 \}$, $\{ L_2 \}, \ldots, \{ L_n \}, \ldots$, ***degli insiemi delle lunghezze*** L_n ***delle*** C_n, ***converga verso la lunghezza*** L_0 ***della*** C_0 ***;***

se, inoltre, esistono tre numeri positivi ρ, λ, Λ, ***tali che, in tutti i punti del campo*** A ***appartenenti all' intorno*** (ρ) ***della*** C_0, ***sia***

$$(2) \qquad | f(x, y, y') | < \lambda + \Lambda \, | y' | \, ;$$

allora la successione

$$\{ I_{C_1} \}, \quad \{ I_{C_2} \}, \ldots, \quad \{ I_{C_n} \}, \ldots$$

converge verso I_{C_0} [2].

Siano

$$y = y_n(x), \ (a_n, b_n),$$
$$y = y_0(x), \ (a_0, b_0),$$

le equazioni delle curve C_n e C_0, rispettivamente.

Scelto ad arbitrio un numero positivo ε, possiamo, in virtù del n.° 66, determinare un $\delta > 0$ e un intero positivo $\bar{n}$,

---

[1] Se fosse $x > b_n$, si intenderà che $C_n[x]$ coincida con C_n; e se $x < a_n$, che $C_n[x]$ si riduca al primo estremo della C_n.

[2] L. Tonelli, *Successioni di curve e derivazione per serie*, loc. cit..

in modo che, in ogni pseudointervallo E di (a_n, b_n), di misura $< \delta$, e per ogni $n > \bar{n}$, sia

$$\int_E | y_n'(x) | \, dx < \varepsilon. \tag{3}$$

Osserviamo che il δ possiamo sempre supporlo $< \varepsilon$ e tale (n°. 52, c)) da rendere soddisfatta anche la disuguaglianza

$$\int_E | y_0'(x) | \, dx < \varepsilon, \tag{4}$$

per ogni pseudointervallo di (a_0, b_0), di misura $< \delta$. Inoltre, possiamo supporre che il numero $\bar{n}$ sia tale che, per ogni $n > \bar{n}$, tutte le C_n appartengano propriamente all'intorno (ρ) della curva C_0.

Dopo ciò, scegliamo un intero positivo r, in modo che lo pseudointervallo E_r dei punti di (a_0, b_0) nei quali la $y_0'(x)$ esiste ed è in modulo inferiore o uguale a r, abbia una misura maggiore di $(b_0 - a_0) - \frac{\delta}{2}$. La possibilità della scelta di questo numero r è assicurata dalla proposizione del n.° 43, d). Infine, poichè, per le condizioni relative alla convergenza della (1), il teorema del n.° 28 assicura la convergenza approssimativa dell'insieme $\{y_n'(x)\}$ alla $y_0'(x)$, possiamo, prefissato a piacere un $\eta > 0$, determinare un intero n_1, che sia $> \bar{n}$ e tale che, per ogni $n > n_1$, l'insieme $E_{r,n}$ dei punti di E_r nei quali la $y_n'(x)$ esiste finita e soddisfa alla

$$| y_n'(x) - y_0'(x) | \leq \eta, \tag{5}$$

abbia una misura maggiore di $(b_0 - a_0) - \delta$ e di $(b_n - a_n) - \delta$. Posto $E_{r,n}^{(0)} = (a_0, b_0) - E_{r,n}$, $E_{r,n}^{(n)} \equiv (a_n, b_n) - E_{r,n}$, questi due insiemi risultano avere ambedue misura minore di $\delta < \varepsilon$.

Consideriamo la differenza fra I_{C_n} e I_{C_0}. Abbiamo

$$| I_{C_n} - I_{C_0} | \leq \int_{E_{r,n}} | f(x, y_n, y_n') - f(x, y_0, y_0') | \, dx +$$
$$+ \int_{E_{r,n}^{(n)}} | f(x, y_n, y_n') | \, dx + \int_{E_{r,n}^{(0)}} | f(x, y_0, y_0') | \, dx.$$

Tenendo conto della (2), e applicando agli insiemi $E_{r,\,n}^{(n)}$ e $E_{r,\,n}^{(0)}$, rispettivamente, le (3) e (4), abbiamo, per ogni $n > n_1$,

$$|I_{C_n} - I_{C_0}| \leq \int_{E_{r,\,n}} |f(x, y_n, y_n') - f(x, y_0, y_0')|\,dx + 2\lambda\varepsilon + 2\Lambda\varepsilon.$$

Siccome la $f(x, y, y')$ è uniformemente continua, per ogni punto dell'intorno (ρ) della C_0 e per ogni y' in modulo non superiore a $2r$, possiamo determinare la η in modo che sia sempre

$$|f(x, y, y') - f(x, \bar{y}, \bar{y}')| < \varepsilon,$$

tutte le volte che è $|y - \bar{y}| \leq \eta$, $|y' - \bar{y}'| \leq \eta$, con x scelto comunque in (a_0, b_0), $y = y_0(x)$ e $|y'| \leq r$. Per la convergenza uniforme di $\{C_n\}$ alla C_0, possiamo determinare un intero $n_2 > n_1$, tale che, per ogni $n > n_2$, sia $|y_n(x) - y(x)| \leq \eta$ in tutti i punti comuni a (a_0, b_0) e (a_n, b_n). Tenendo, allora, conto della (5), per ogni $n > n_2$ si ha, in $E_{r,\,n}$,

$$|f(x, y_n, y_n') - f(x, y_0, y_0')| < \varepsilon,$$

e quindi,

$$|I_{C_n} - I_{C_0}| < \varepsilon(b_0 - a_0) + 2(\lambda + \Lambda)\varepsilon.$$

Siccome ε è arbitrario e $(b_0 - a_0) + 2(\lambda + \Lambda)$ è un numero fisso, resta dimostrato quanto si voleva.

c) Nel teorema precedente, alla disuguaglianza (2) si può sostituire la

(2′) $$|f(x, y, y')| < \lambda + \Lambda g(x, y, y'),$$

dove $g(x, y, y')$ indica una funzione finita e continua, in tutto il campo A e per ogni y', integrabile su tutte le C_n e sulla C_0, e soddisfacente alla condizione

(6) $$\left\{\int_{C_n} g(x, y, y')dx\right\} \rightarrow \int_{C_0} g(x, y, y')dx,$$

per $n \rightarrow \infty$.

Per accertarsi di ciò, basta sostituire, nella dimostrazione data in *b*), le disuguaglianze (3) e (4) rispettivamente con

(3′) $$\left|\int_E g(x, y_n(x), y_n'(x))\,dx\right| < \varepsilon,$$

(4′) $$\left|\int_E g(x, y_0(x), y_0'(x))\,dx\right| < \varepsilon.$$

È però necessario mostrare che la (3') vale effettivamente per ogni pseudointervallo E di (a_n, b_n), di misura minore di un certo δ, e per ogni $y_n(x)$, con n maggiore di un certo $\bar{n}$. Osserviamo, per questo, che dalla (2') risulta $g+\frac{\lambda}{\Lambda}>0$, in tutti i punti di A dell'intorno (ρ) della C_0 e che, per la (6), preso un $\sigma>0$, esiste un n' tale che, se è $n>n'$, è pure

$$(7)\qquad \left|\int_{C_n}\left(g+\frac{\lambda}{\Lambda}\right)dx-\int_{C_0}\left(g+\frac{\lambda}{\Lambda}\right)dx\right|<\sigma.$$

Detto E_R lo pseudointervallo dei punti di (a_0, b_0) in cui la $y_0'(x)$ esiste e soddisfa alla $|y_0'(x)|\leq R$, sia R sufficientemente grande affinchè si abbia

$$(8)\qquad \int_{C_0}\left(g+\frac{\lambda}{\Lambda}\right)dx-\int_{E_R}\left(g(x, y_0, y_0')+\frac{\lambda}{\Lambda}\right)dx<\sigma.$$

Indichiamo con $E_{R,n}$ lo pseudointervallo, dei punti di E_R, in cui la $y_n'(x)$ esiste e soddisfa alla $|y_n'(x)|\leq 2R$. Per la convergenza approssimativa dell'insieme $\{y_n'(x)\}$ alla $y_0'(x)$, si può determinare un $n''>n'$, in modo che, se è $n>n''$, sia

$$(9)\qquad \left|\int_{E_{R,n}}|g(x, y_n, y_n')-g(x, y_0, y_0')|\,dx\right|<\sigma,$$

e

$$(10)\qquad \int_{E_R-E_{R,n}}\left(g(x, y_0, y_0')+\frac{\lambda}{\Lambda}\right)dx<\sigma.$$

Dalle (7) e (9) segue, ponendo $E_{R,n}^{(n)}\equiv(a_n, b_n)-E_{R,n}$ e $E_{R,n}^{(0)}\equiv(a_0, b_0)-E_{R,n}$,

$$\left|\int_{E_{R,n}^{(n)}}\left(g(x, y_n, y_n')+\frac{\lambda}{\Lambda}\right)dx-\int_{E_{R,n}^{(0)}}\left(g(x, y_0, y_0')+\frac{\lambda}{\Lambda}\right)dx\right|<2\sigma,$$

e, tenendo conto delle (8) e (10),

$$(11)\qquad \int_{E_{R,n}^{(n)}}\left(g(x, y_n, y_n')+\frac{\lambda}{\Lambda}\right)dx<4\sigma.$$

Se ora E è uno pseudointervallo qualunque di (a_n, b_n), di misura $<\delta$, con $\delta<\frac{\sigma}{M}$, dove M indica il massimo della funzione $g(x, y, y')+\frac{\lambda}{\Lambda}$ nell'intorno (ρ) della C_0 e per ogni y' tale che $|y'|\leq 2R$, indicata con E' la parte di E contenuta in $E_{R,n}^{(n)}$, è, per $n>n''$,

$$\int_E\left(g(x, y_n, y_n')+\frac{\lambda}{\Lambda}\right)dx=\int_{E'}\cdots\cdot+\int_{E-E'}\cdots\cdot,$$

e, per la (11),

$$< 4\sigma + \sigma = 5\sigma,$$

e se è anche $\delta < \dfrac{\sigma\Lambda}{\lambda}$,

$$\left| \int_E g(x, y_n, y_n')\, dx \right| < 5\sigma,$$

la quale disuguaglianza dimostra la (3'), perchè σ è arbitrario.

Osservazione — Le osservazioni fatte in *a*) valgono interamente anche per quanto si è dimostrato in *b*) e *c*).

Capitolo X.

CONDIZIONI NECESSARIE PER LA SEMICONTINUITÀ

§ 1. La semicontinuità in tutto il campo.

142. - Condizione unica.

Avvertiamo anche qui, come già al n.° 84 per gli integrali in forma parametrica, che daremo sempre soltanto le condizioni relative alla semicontinuità inferiore, quelle relative alla semicontinuità superiore ottenendosi dalle prime col semplice cambiamento di senso delle disuguaglianze che in esse figurano.

Procedendo con lo stesso metodo seguito al n.° 84, si giunge alla proposizione:

Condizione necessaria affinchè l'integrale I_C sia una funzione semicontinua inferiormente, è che si abbia

$$f_{y'y'}(x, y, y') \geq 0,$$

per ogni y', in tutti i punti (x, y) interni al campo A e in quelli di accumulazione di tali punti [1].

143. - Condizione per la continuità.

Dalla precedente condizione, segue subito che:

Condizione necessaria affinchè I_C sia una funzione continua, è che la funzione $f(x, y, y')$ abbia la forma

$$P(x, y) + y'Q(x, y),$$

---

[1] L. Tonelli, *La semicontinuità nel Calcolo delle Variazioni*, loc. cit., n.° 55.

in tutti i punti interni al campo A e in tutti quelli di accumulazione di tali punti.

§ 2. La semicontinuità su una data curva [1].

144. - Prima condizione necessaria.

a) Ripetendo i ragionamenti del n.° 88, si dimostra che:

Condizione necessaria affinchè su una data curva ordinaria C_0, di classe 1, completamente interna al campo A, l'integrale I_C sia una funzione semicontinua inferiormente, è che si abbia, in ogni punto della C_0,

$$f_{y'y'}(x,\ y_0(x),\ y_0'(x)) \geq 0,$$

essendo $y_0(x)$ la funzione che definisce la curva C_0.

b) Si può, inoltre, dimostrare, analogamente a quanto si è fatto al n.° 90, che:

Condizione necessaria affinchè su una data curva ordinaria C_0, completamente interna al campo A, l'integrale I_C sia una funzione semicontinua inferiormente, è che risulti di misura nulla lo pseudointervallo dei valori di x, dell'intervallo (a_0, b_0) in cui è definita la C_0, nei quali esiste finita la $y_0'(x)$ ed è

$$f_{y'y'}(x,\ y_0(x),\ y_0'(x)) < 0.$$

Supponiamo, infatti, che la misura dello pseudointervallo dei punti dell'asse delle x nei quali esiste finita la derivata $y_0'(x)$ ed è

$$f_{y'y'}(x,\ y_0(x),\ y_0'(x)) < 0,$$

non sia nulla. Indicatala con 2μ, possiamo trovare un $\eta > 0$ e un insieme chiuso E di questi punti, di misura $> \mu$ e tale che, in esso, sia sempre $f_{y'y'}[x,\ y_0(x),\ y_0'(x)] < -\frac{3}{2}\eta$ e il modulo di $y_0'(x)$ ammetta un limite superiore finito, che rappresenteremo con M [2].

Per la continuità della funzione $f_{y'y'}(x,\ y,\ y')$, possiamo determinare un numero positivo δ in modo che, se $\bar{x}$ è un

(1) L. Tonelli, *La semicontinuità* ecc., n.i 55-57.

(2) V. la nota (2) della pag. 252 e la proposizione del n.° 43, *d*).

punto qualunque di E ed (x, y) è un punto di A, soddisfatte le disuguaglianze

$$|x-\bar{x}| \leq 2\delta, \quad |y-y_0(\bar{x})| \leq 2\delta, \quad |y'-y_0'(\bar{x})| \leq 2\delta,$$

sia

$$f_{y'y'}(x, y, y') < -\eta.$$

Scelto poi ad arbitrio un altro numero positivo ε, possiamo determinare un σ, maggiore di zero e minore di $\frac{1}{2}\delta$, così che:

1°) se x è un qualsiasi punto dell'intervallo (a_0, b_0), e (x, y) è un punto di A, e sono soddisfatte le disuguaglianze $|y-y_0(x)| < \sigma$, $|y'-\bar{y}'| < \sigma$, $|y'| \leq M+\delta$, sia

$$|f(x, y_0(x), \bar{y}')-f(x, y, y')| < \varepsilon;$$

2°) sia anche, in ogni insieme $\mathfrak{E}$ di (a_0, b_0), di misura $m(\mathfrak{E}) \leq \sigma$, (n.° 52, c))

$$\left|\int_{\mathfrak{E}} f[x, y_0(x), y_0'(x)]\, dx\right| < \varepsilon;$$

3°) sia $\sigma \cdot N < \varepsilon$, dove N indica il massimo modulo della funzione f nel campo:

$$a_0 \leq x \leq b_0, \quad |y-y_0(x)| \leq \delta, \quad |y'| \leq M+\delta;$$

4°) la funzione $y_0(x)$ abbia, in ogni intervallo di (a_0, b_0) di ampiezza non superiore a σ, un'oscillazione $\leq \frac{1}{2}\delta$.

Ciò premesso, dividiamo l'intervallo (a_0, b_0) in n parti uguali e congiungiamo fra loro, con segmenti rettilinei, i consecutivi punti di C_0 che si proiettano ortogonalmente sull'asse della x nei punti di divisione ottenuti. Avremo così una poligonale Π_n, inscritta in C_0, la cui equazione potrà scriversi $y=y_n(x)$, $(a_0\ b_0)$. Per $n \to \infty$, la $y_n(x)$ tende uniformemente alla $y_0(x)$, in tutto (a_0, b_0), e la lunghezza della poligonale Π_n tende alla lunghezza della curva C_0. Possiamo dunque (n.° 28) determinare un intero $\bar{n}$ in modo che, per ogni $n > \bar{n}$:

α) sia, per tutti gli x di (a_0, b_0),

$$|y_n(x)-y_0(x)| < \sigma,$$

e la Π_n risulti completamente interna al campo A;

β) si abbia, in tutto (a_0, b_0) ad eccezione, al più, di uno pseudointervallo di misura minore di σ,

$$|y_n'(x) - y_0'(x)| < \sigma;$$

γ) l'insieme E_n dei punti di E in cui è

$$|y_n'(x) - y_0'(x)| < \sigma$$

sia uno pseudointervallo di misura maggiore di μ.

Sia $n > \bar{n}$ e indichiamo con E_n' un insieme chiuso qualsiasi, contenuto in E_n, di misura maggiore di μ e tale da non contenere le proiezioni ortogonali, sull'asse delle x, dei vertici di Π_n. Se $\bar{x}$ è un punto qualunque di E_n', possiamo determinare il massimo intervallo di (a_0, b_0) contenente $\bar{x}$, avente gli estremi distanti da questo punto al più di $\frac{\sigma}{2}$ e tutto contenuto nella proiezione sull'asse delle x del lato di Π_n a cui appartiene il punto $(\bar{x}, y_n(\bar{x}))$. Fra gli intervalli così determinati, possiamo sceglierne (n.° 33) un numero finito che ricoprano tutto l'insieme E_n', e ridotti gli intervalli di questo gruppo in modo che essi non si ricoprano scambievolmente e soppressi quelli così restanti che non contenessero nessun punto di E_n', avremo un sistema di intervalli

$$l_{n,1},\ l_{n,2}, \ldots l_{n,m_n},$$

non sovrapponentisi, ciascuno di ampiezza $\leq \sigma < \frac{1}{2}\delta$, ricoprenti interamente E_n'. Inoltre, per quanto precede, detto $x_{n,r}$ il primo estremo di $l_{n,r}$, è

$$f_{y'y'}(x, y, y') < -\eta,$$

per tutte le terne (x, y, y') soddisfacenti alle disuguaglianze

$$|x - x_{n,r}| \leq \delta, \quad |y - y_n(x_{n,r})| \leq \delta, \quad |y' - y'_n(x_{n,r})| \leq \delta \ (^1).$$

(1) Per essere $l_{n,r} \leq \sigma < \delta$, è, se indichiamo con $\bar{x}$ un punto di E_n' appartenente all'intervallo $l_{n,r}$, $|x_{n,r} - \bar{x}| \leq \sigma < \delta$ e, per α) e 4°),

$$|y_n(x_{n,r}) - y_0(x_{n,r})| + |y_0(x_{n,r}) - y_0(\bar{x})| < \sigma + \frac{1}{2}\delta < \delta;$$

Ora, conformemente a quanto si è dimostrato al n.° 84, possiamo asserire che, comunque piccolo si fissi un intorno delle parti dei lati di Π_n, corrispondenti agli intervalli $l_{n,r}$, è sempre possibile costruire, per ciascuna di esse parti, una poligonale $p_{n,r}$, avente gli stessi estremi della parte considerata, appartenente all'intorno fissato, e tale che, essendo $y = y_{n,r}(x)$ la sua equazione, si abbia $y'_{n,r}(x) = y'_n(x) \pm \delta$ e risulti soddisfatta la disuguaglianza

$$(1) \qquad \int_{x_{n,r}}^{x'_{n,r}} f(x, y_{n,r}, y'_{n,r})dx - \int_{x_{n,r}}^{x'_{n,r}} f(x, y_n, y'_n)dx < -\frac{1}{4}\eta l_{n,r}\delta^2,$$

dove $x'_{n,r}$ indica il secondo estremo di $l_{n,r}$, intendendo, inoltre, che le $p_{n,r}$ siano tutte completamente interne al campo A.

Consideriamo, allora, la curva C_n formata con tutte le poligonali $p_{n,r}(r = 1, 2, \dots m_n)$, con le parti dei lati di Π_n necessarie per collegare le $p_{n,r}$ alla curva C_0, e con le parti di quest'ultima curva indispensabili per il completamento della C_n su tutto l'intervallo (a_0, b_0). Indicata con $y = \varphi_n(x)$ l'equazione della C_n (la quale risulta una curva C ordinaria) e detti $\omega_{n,1}, \omega_{n,2}, \dots \omega_{n,m'_n}$, gli intervalli di (a_0, b_0) nei quali è $\varphi_n(x) = y_n(x)$, abbiamo

$$I_{C_n} - I_{C_0} = \int_{a_0}^{b_0} f(x, \varphi_n(x), \varphi_n'(x))dx - \int_{a_0}^{b_0} f(x, y_0(x), y_0'(x))dx =$$

$$= \sum_{r=1}^{m_n} \left[\int_{l_{n,r}} f(x, y_{n,r}, y'_{n,r})dx - \int_{l_{n,r}} f(x, y_0, y_0')dx \right] +$$

$$+ \sum_{r=1}^{m'_n} \left[\int_{\omega_{n,r}} f(x, y_n, y_n')dx - \int_{\omega_{n,r}} f(x, y_0, y_0')dx \right]. \text{ (1)}$$

---

ed ancora, essendo $y_n'(x_{n,r}) = y_n'(\bar{x})$, $|y_n'(x_{n,r}) - y_0'(\bar{x})| = |y_n'(\bar{x}) - y_0'(\bar{x})| < \sigma < \delta$, per γ).

(1) Per semplicità di scrittura, indichiamo con $\int_{l_{n,r}} f dx$ e $\int_{\omega_{n,r}} f dx$ gli integrali estesi agli intervalli $l_{n,r}$ e $\omega_{n,r}$, rispettivamente.

Ma è

$$\int_{l_{n,r}} f(x,\ y_{n,r},\ y_{n,r}')dx - \int_{l_{n,r}} f(x,\ y_0,\ y_0')dx =$$

$$= \left[\int_{l_{n,r}} f(x,\ y_{n,r},\ y'_{n,r})dx - \int_{l_{n,r}} f(x,\ y_n,\ y_n')dx\right] +$$

$$+ \left[\int_{l_{n,r}} f(x,\ y_n,\ y_n')dx - \int_{l_{n,r}} f(x,\ y_0,\ y_0')dx\right]$$

e, per la (1),

$$< -\frac{1}{4}\eta l_{n,r}\delta^2 + \left[\int_{l_{n,r}} f(x,\ y_n,\ y_n')dx - \int_{l_{n,r}} f(x,\ y_0,\ y_0')dx\right].$$

La somma delle lunghezze dei segmenti $l_{n,r}(r = 1, 2, \ldots, m_n)$ non può risultare minore della misura dell'insieme E_n' (completamente ricoperto dagli $l_{n,r}$), misura che è maggiore di μ, e abbiamo pertanto

$$(2)\qquad I_{C_n} - I_{C_0} < -\frac{1}{4}\eta\mu\delta^2 +$$

$$+ \sum_{r=1}^{m_n''}\left[\int_{q_{n,r}} f(x,\ y_n,\ y_n')dx - \int_{q_{n,r}} f(x,\ y_0,\ y_0')dx\right],$$

dove con $q_{n,r}$ si indicano quelle proiezioni su (a_0, b_0), dei lati di Π_n, le quali contengono i segmenti $l_{n,r}$ e gli $\omega_{n,r}$.

Osserviamo che, per la scelta fatta dell'indice n (cond. α) e β)) e per 1°), in tutti gli intervalli $q_{n,r}$, ad eccezione, al più, di uno pseudointervallo di misura $< \sigma$, è

$$(3)\qquad |f(x,\ y_n,\ y_n') - f(x,\ y_0\ y_0')| < \varepsilon,$$

perchè ogni $q_{n,r}$ contiene almeno un punto di E_n', e in tal punto è $|y_n' - y_0'| < \sigma$ (per la definizione di E'_n) e perciò $|y_n'| < M + \sigma < M + \delta$, la quale disuguaglianza risulta verificata in tutto $q_{n,r}$, essendo in ciascuno di questi segmenti, y_n' costante. Se dunque teniamo conto della (3) e delle condizioni α), 2°) e 3°), abbiamo

$$\left|\sum_{r=1}^{m_n''}\left\{\int_{q_{n,r}} f(x,\ y_n,\ y_n')dx - \int_{q_{n,r}} f(x,\ y_0,\ y_0')dx\right\}\right| < \varepsilon\,(b_0 - a_0 + 2),$$

e, per la (2),

$$I_{C_n} - I_{C_0} < -\frac{1}{4}\eta\mu\delta^2 + \varepsilon\,(b_0 - a_0 + 2).$$

Siccome ε è in nostro arbitrio, possiamo prenderlo in modo che sia

$$\varepsilon < \frac{\eta\mu\delta^2}{8(b_0 - a_0 + 2)};$$

ne viene, allora,

$$I_{C_n} - I_{C_0} < -\frac{1}{8}\eta\mu\delta^2.$$

Poichè la C_n può scegliersi in modo da appartenere propriamente ad un intorno prefissato a piacere della C_0, la nostra proposizione è completamente dimostrata.

OSSERVAZIONE. È opportuno rilevare che la curva C_n, qui costruita, ha gli stessi estremi della C_0.

145. - Estensione delle proposizioni del n.° precedente.

a) I teoremi dimostrati al n.° precedente valgono, sotto opportune limitazioni, anche se la curva ordinaria C_0 non è completamente interna al campo A. Più precisamente, *il teorema dato in a) vale sotto la sola condizione che la curva ordinaria C_0, di classe 1, non abbia nessun arco parziale tutto costituito di punti della frontiera del campo A; e quello dato in b) vale supponendo soltanto che i punti della curva ordinaria C_0, che sono sulla frontiera del campo A, si proiettino ortogonalmente sull'asse delle x in uno pseudointervallo di misura nulla.*

Ciò si prova ripetendo le considerazioni svolte al n.° 88 *b*), e al n.° 90, *b*). Con le considerazioni del n.° 90, *c*), e tenendo presente la proposizione del n.° 141, *a*), si prova, inoltre, che ambedue i teoremi sopra indicati valgono su ogni curva ordinaria C_0 — supposta di classe 1, se si tratta del primo teorema — la quale soddisfi alla seguente condizione: fissato ad arbitrio un intorno (ρ) della C_0, si possa sempre trovare una poligonale appartenente propriamente a questo intorno, completamente interna al campo A, incontrata in un solo punto al più da ogni parallela all'asse delle y, avente lunghezza diversa da quella della C_0 per meno di ρ, e tale che i suoi lati abbiano coefficienti angolari inferiori, in modulo, ad un numero fisso, indipendente da ρ [1].

b) *Se il campo A soddisfa alla condizione* ε) *del n.° 72, i teoremi del n.° precedente valgono indipendentemente dalla condizione che la curva ordinaria* C_0 *sia completamente interna al campo.*

È evidente che basta dimostrare ciò soltanto per il teorema *b*), perchè da questo scende immediatamente il teorema *a*), se si suppone che la C_0 sia di classe 1, in virtù della continuità della $f_{y'y'}$.

Ammesso che sulla C_0 l'integrale I_C sia una funzione semicontinua inferiormente, diremo che un punto x dell'intervallo (a_0, b_0), su cui è definita la C_0, gode della proprietà (P), se è *interno* ad almeno un intervallo parziale di (a_0, b_0) nel quale risulti di misura nulla lo pseudointervallo dei punti in cui esiste finita la $y_0'(x)$ ed è $f_{y'y'}[x, y_0(x), y_0'(x)] < 0$.

Se $[\bar{x}, y_0(\bar{x})]$ è un punto della curva C_0 non estremo della curva medesima e interno al campo A, esso è anche interno ad un arco della curva completamente interno al campo; e $\bar{x}$ gode della proprietà (P), in virtù della proposizione *b*) del n.° precedente. Altrettanto avviene se $[\bar{x}, y_0(\bar{x})]$ è un punto interno ad un arco di C_0 sul quale la frontiera del campo abbia solo un gruppo di punti la cui proiezione ortogonale sull'asse delle x costituisca uno pseudointervallo di misura nulla (ciò per quanto si è detto più sopra in *a*)).

Sia ora $[\bar{x}', y_0(\bar{x}')]$ un punto della C_0, appartenente alla frontiera del campo A, distinto dagli estremi della curva, distinto anche dai punti $(\bar{x}, y_0(\bar{x}))$ sopra indicati, e tale che non sia punto comune a più curve continue, senza punti multipli, facenti parte della frontiera del campo, che in esso esista la tangente alla frontiera e che questa tangente non risulti parallela all'asse delle y e vari con continuità in tutto un arco della frontiera avente il punto detto come *interno*. Esiste, evidentemente, un intervallo Δ di (a_0, b_0) che contiene $\bar{x}'$ come punto interno ed a cui corrispondono due archi, uno $\mathfrak{f}$ della frontiera di A e uno di C_0, che contengono ambedue il punto $[\bar{x}', y_0(\bar{x}')]$, e il primo dei quali ha ovunque tangente, non parallela all'asse delle y, che varia con continuità, e non contiene punti che appartengano ad altra curva facente parte della frontiera di A, mentre contiene tutti i punti del secondo arco che sono sulla frontiera. Tutti questi ultimi punti costituiscono un gruppo chiuso, e quelli di essi in cui è verificata la $f_{y'y'}[x, y_0(x), y_0'(x)] < 0$, proiettati ortogonalmente sull'asse delle x, danno uno pseudointervallo, che indicheremo con E. Detto E' lo pseudointervallo di tutti i punti di Δ in cui vale la stessa disuguaglianza, la parte di E' distinta da E appartiene agli inter-

---

[1] La condizione relativa al coefficiente angolare dei lati della poligonale può sopprimersi se la funzione $f(x)$ soddisfa alla condizione per essa posta nel teorema del n.° 141, *b*).

valli proiezioni degli archi di C_0 contigui al gruppo chiuso ora indicato, su ciascuno dei quali vale la condizione del teorema *b*) del n.° precedente. Dunque, se E fosse di misura nulla, sarebbe nulla anche la misura di E', e il punto $\bar{x}'$ godrebbe della proprietà (P).

Supponiamo, se è possibile, che sia $m(E) > 2\mu > 0$, e prendiamo un numero $\eta > 0$ e un componente chiuso E_1 di E, di misura $> \mu$, in modo che in questo componente sia sempre $f_{y'y'}(x, y_0(x), y_0'(x)) < -\frac{3}{2}\eta$. Per le ipotesi fatte, l'arco $\mathfrak{k}$ è incontrato in un solo punto al più da ogni parallela all'asse delle y, e la sua equazione $y = \bar{y}(x)$ è tale che la $\bar{y}(x)$ ammette, in tutto Δ derivata finita e continua.

Nei punti di E_1, è $\bar{y}(x) = y_0(x)$; di più è, in quasi-tutto E_1, $\bar{y}'(x) = y_0'(x)$, perchè, in quasi-tutto E_1, esiste la $y_0'(x)$.

Ciò osservato, indichiamo con E_2 un componente chiuso di E_1, di misura $> \mu$, nel quale sia sempre $y_0'(x) = \bar{y}'(x)$, e determiniamo $\delta > 0$ in modo che, per qualunque punto x_2 di E_2 e per qualsiasi punto (x, y) del campo A, soddisfacente alle disuguaglianze

$$|x - x_2| \leq 2\delta, \quad |y - \bar{y}(x_2)| < 3\delta, \quad |y' - \bar{y}'(x_2)| \leq 2\delta,$$

sia $f_{y'y'}(x, y, y') < -\eta$. Preso poi ad arbitrio un $\varepsilon > 0$, e determinato, in corrispondenza (n.° 52, *c*) un $\sigma > 0$, tale che, in ogni pseudointervallo di Δ di misura $< \sigma$, l'integrale della $f(x, y_0(x), y'(x))$ ed anche quello della $f(x, \bar{y}(x), \bar{y}'(x))$ siano in valore assoluto minori di ε, rinchiudiamo il gruppo chiuso E_2 in un sistema di intervalli, in numero finito, $\lambda_1', \lambda_2', \ldots, \lambda_n'$, non sovrapponentisi e di lunghezza complessiva $< \sigma + m(E_2)$. Possiamo supporre che questi intervalli abbiano tutti come estremi punti di E_2. Soppressi quei λ' che contengono di E_2 solo una parte di misura nulla, resteranno degli intervalli $\lambda_1, \lambda_2, \ldots, \lambda_m$, e avremo per essi:

$$\left| \sum_1^m \int_{\lambda_r} f(x, y_0(x), y_0'(x))\, dx - \int_{E_2} f(x, y_0, y_0')\, dx \right| < \varepsilon,$$

$$\left| \sum_1^m \int_{\lambda_r} f(x, \bar{y}(x), \bar{y}'(x))\, dx - \int_{E_2} f(x, \bar{y}, \bar{y}')\, dx \right| < \varepsilon,$$

essendo poi

$$\int_{E_2} f(x, y_0, y_0')\, dx = \int_{E_2} f(x, \bar{y}, \bar{y}')\, dx,$$

avremo anche

$$\left| \sum_1^m \int_{\lambda_r} f(x, y_0, y_0')\, dx - \sum_1^m \int_{\lambda_r} f(x, \bar{y}, \bar{y}')\, dx \right| < 2\varepsilon. \tag{1}$$

Consideriamo uno qualunque di questi intervalli λ_r. Per un $\omega > 0$ e sufficientemente piccolo, una delle due curve $y = \bar{y}(x) + \omega$, $y = \bar{y}(x) - \omega$, in corrispondenza di λ_r è completamente interna al campo. Supponiamo che lo sia la prima e supponiamo anche che ω sia $< \delta$ e tale che, detti α_r e β_r rispettivamente il primo e il secondo estremo di λ_r, D il massimo modulo di $\bar{y}'(x)$ in Δ, μ_r la misura della parte di E_2 contenuta in λ_r (misura che per quanto precede è > 0), risultino verificate le disuguaglianze

$$\bar{y}\left(\alpha_r + \frac{1}{4}\mu_r\right) + \omega < \bar{y}(\alpha_r) + \frac{D\mu_r}{2},$$

$$\bar{y}\left(\beta_r - \frac{1}{4}\mu_r\right) + \omega < \bar{y}(\beta_r) + \frac{D\mu_r}{2}.$$

Ciò posto, indichiamo con α_r' e β_r' rispettivamente le ascisse dei punti di incontro della curva $y = \bar{y}(x) + \omega$ con le rette passanti per i punti

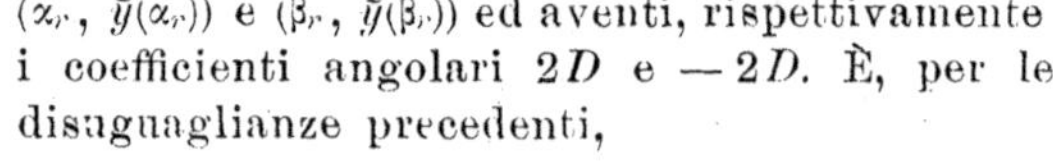

$(\alpha_r, \bar{y}(\alpha_r))$ e $(\beta_r, \bar{y}(\beta_r))$ ed aventi, rispettivamente i coefficienti angolari $2D$ e $-2D$. È, per le disuguaglianze precedenti,

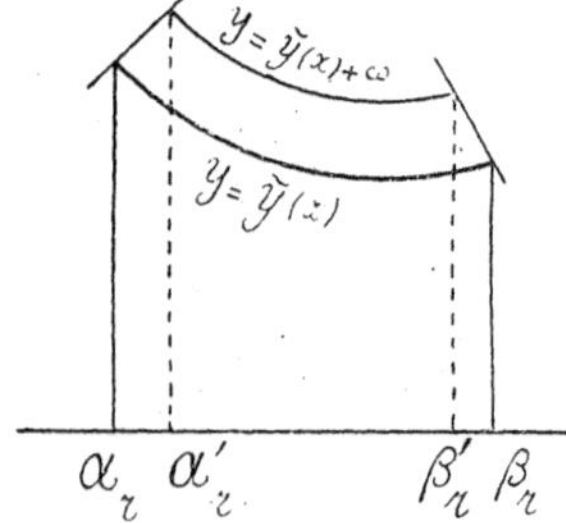

$$\alpha_r < \alpha_r' < \alpha_r + \frac{1}{4}\mu_r,$$

$$\beta_r > \beta_r' > \beta_r - \frac{1}{4}\mu_r.$$

Consideriamo la curva

$$y = \bar{\bar{y}}(x), \quad (\alpha_r, \beta_r)$$

la quale coincide su (α_r, α_r') e (β_r', β_r) coi segmenti corrispondenti delle rette or ora indicate, e su (α_r', β_r') con la $y = \bar{y}(x) + \omega$. Supporremo che ω sia sufficientemente piccolo perchè si abbia, per ogni r,

$$(2) \qquad \left| \int_{\lambda_r} f(x, \bar{y}, \bar{y}')\, dx - \int_{\lambda_r} f(x, \bar{\bar{y}}, \bar{\bar{y}}')\, dx \right| < \frac{\varepsilon}{m}.$$

Indichiamo con $E_2^{(r)}$ la parte (insieme chiuso) di E_2 che appartiene a (α_r', β_r'): è $m(E_2^{(r)}) > \frac{1}{2}\mu_r$. In ogni punto x_r di $E_2^{(r)}$, è

$$|\bar{\bar{y}}(x_r) - \bar{y}(x_r)| = \omega < \delta, \quad \bar{\bar{y}}_0'(x_r) = \bar{y}_0'(x_r);$$

pertanto, soddisfatte che siano le disuguaglianze

$$|x - x_r| \leq 2\delta, \quad |y - \bar{y}(x_r)| \leq 2\delta, \quad |y' - \bar{y}'(x_r)| \leq 2\delta,$$

essendo (x, y) un punto di A, è

$$f_{y'y'}(x, y, y') < -\eta,$$

e ciò qualunque sia il punto x_r di $E_2^{(r)}$. Analogamente a quanto abbiamo fatto al n.° 144, *b*), possiamo dunque costruire, in ogni intorno comunque piccolo della curva $y = \bar{y}(x)$, (α_r', β_r'), una curva ordinaria $y = \varphi_r(x)$, avente gli stessi estremi di quella curva, la quale soddisfi alla disuguaglianza

$$\int_{\alpha_r'}^{\beta_r'} f(x, \varphi_r, \varphi_r')\, dx - \int_{\alpha_r'}^{\beta_r'} f(x, \bar{y}, \bar{y}')\, dx < -\frac{1}{16}\eta\mu_r\delta^2;$$

e, se poniamo $\varphi_r(x) = \bar{y}(x)$ in (α_r, α_r') e (β_r', β_r), abbiamo anche

$$\int_{\lambda_r} f(x, \varphi_r, \varphi_r')\, dx - \int_{\lambda_r} f(x, \bar{y}, \bar{y}')\, dx < -\frac{1}{16}\eta\mu_r\delta^2$$

e, per la (2),

$$\int_{\lambda_r} f(x, \varphi_r, \varphi_r')\, dx - \int_{\lambda_r} f(x, \bar{y}, \bar{y}')\, dx < -\frac{1}{16}\eta\mu_r\delta^2 + \frac{\varepsilon}{m};$$

e siccome ω può prendersi piccolo come si vuole, la curva $y = \varphi_r(x)$ può costruirsi in modo da appartenere propriamente ad un intorno comunque piccolo della curva $y = \bar{y}(x)$. Eseguita la costruzione indicata, per tutti gli intervalli λ_r, si ha, tenendo conto di (1) e della $\sum_1^m \mu_r = m(E_2) > \mu$,

$$\sum_1^m \int_{\lambda_r} f(x, \varphi_r, \varphi_r')\, dx - \sum_1^m \int_{\lambda_r} f(x, y_0, y_0')\, dx < -\frac{1}{16}\eta\mu\delta^2 + 3\varepsilon$$

ed anche

$$< -\frac{1}{32}\eta\mu\delta^2,$$

se ε, che è in nostro arbitro, lo scegliamo minore di $\dfrac{\eta\mu\delta^2}{3 \cdot 32}$.

Osservato che gli estremi della curva

$$y = \varphi_r(x), \quad (\alpha_r, \beta_r),$$

sono i punti $(\alpha_r, \bar{y}(\alpha_r))$, $(\beta_r, \bar{y}(\beta_r))$, e che questi punti, appartenendo ad E_2, e quindi a E_1 e a E, appartengono alla C_0, possiamo definire una curva $y = \varphi(x)$, $(a_0\ b_0)$ ponendo, in λ_r, $\varphi(x) \equiv \varphi_r(x)$ e, nei punti di (a_0, b_0) esterni agli intervalli λ_r, $\varphi(x) \equiv y_0(x)$.

Abbiamo, allora, che la nuova curva è una curva C ordinaria la quale appartiene propriamente ad un intorno comunque piccolo della C_0 (se gli intervalli λ_r sono stati scelti sufficientemente piccoli), e soddisfa alla disuguaglianza

$$\int_{a_0}^{b_0} f(x, \varphi, \varphi')\, dx - \int_{a_0}^{b_0} f(x, y_0, y_0')\, dx < -\frac{1}{32}\eta\mu\delta^2,$$

il che è contro la supposta semicontinuità inferiore di I_C sulla C_0.

Resta così provato che è $m(E)=0$ e che anche il punto $\bar{x}'$ gode della proprietà (P).

Dopo ciò, dividiamo la curva C_0 in archi parziali, mediante i punti che essa ha sulla frontiera di A e nei quali o manca la tangente alla frontiera stessa, o questa tangente è parallela all'asse delle y, e mediante quelli che sono punti comuni a più curve continue, senza punti multipli, facenti parte della frontiera del campo. Il numero di questi archi non può essere che finito, date le ipotesi fatte sul campo A. Sia γ uno di essi e γ' un qualunque suo arco parziale, che non contenga nessun suo estremo. Detti x_1' e x_2' gli estremi dell'intervallo di (a_0, b_0) su cui si proietta ortogonalmente l'arco γ', abbiamo che, per ogni x di (x_1', x_2'), si può costruire un intervallo che lo contenga come punto *interno* e nel quale sia di misura nulla lo pseudointervallo dei valori che verificano la $f_{y'y'}(x, y_0(x), y_0'(x)) < 0$. Per il teorema del n.° 33, è possibile di scegliere un numero finito di questi intervalli, ricoprenti interamente (x_1', x_2'), e resta così dimostrato che è di misura nulla lo pseudointervallo dei valori di (x_1', x_2') che rendono soddisfatta la precedente disuguaglianza. Essendo γ' un arco qualunque di γ, quanto si è provato risulta dimostrato anche per γ, e quindi per tutta la curva C_0.

146. - Seconda condizione necessaria.

Ragionando come si è fatto ai n.[i] 88-91, con le opportune modificazioni suggerite dal ragionamento del n.° 144, *b*), e con l'avvertenza di sostituire, alla disuguaglianza (1) di quest'ultimo n.°, l'altra

$$\int_{x_{n,r}}^{x'_{n,r}} f(x, y_{n,r}, y_{n',r}')dx - \int_{x_{n,r}}^{x'_{n,r}} f(x, y_n, y_n')dx < -\frac{1}{4}\eta l_{n,r}\lambda,$$

analoga alla (4) del n.° 89, si giunge alle proposizioni seguenti:

a) *Condizione necessaria affinchè, su una data curva ordinaria C_0, di classe 1, completamente interna al campo A, l'integrale I_C sia una funzione semicontinua inferiormente, è che si abbia, in ogni punto della C_0,*

$$\mathcal{E}(x, y_0(x); y_0'(x), y') \geq 0,$$

per tutti i valori di y', $y_0(x)$ essendo la funzione che definisce la C_0.

b) *Condizione necessaria affinchè, su una data curva ordinaria C_0, completamente interna al campo A, l'integrale I_C sia una funzione semicontinua inferiormente, è che abbia misura* *nulla lo pseudointervallo dei valori di x, dell'intervallo (a_0, b_0) su cui è definita la C_0, nei quali esiste finita la $y_0'(x)$ e non è verificata, per tutti gli y', la disuguaglianza*

$$\mathcal{E}(x, y_0(x); y_0'(x), y') \geq 0 \text{ (1)}.$$

OSSERVAZIONE. — Le precedenti proposizioni ammettono le stesse estensioni, date al n.° 145, delle proposizioni del n.° 144.

147. - Condizione per la continuità su una data curva ordinaria.

Considerazioni analoghe a quelle svolte al n.° 93, conducono, in virtù delle proposizioni del n.° precedente, al seguente risultato:

Affinchè, su una data curva ordinaria C_0, l'integrale I_C sia una funzione continua, è necessario che la funzione $f(x, y, y')$ abbia la forma $P(x, y) + y'Q(x, y)$, per tutti i valori di y', in tutti i punti della curva C_0, purchè questa curva non abbia nessun arco completamente costituito di punti della frontiera del campo A, o purchè il campo A soddisfi alla condizione ε) *del n.° 72* (2).

(1) Analogamente a quanto avviene per gli integrali in forma parametrica, le proposizioni *a*) e *b*) contengono come casi particolari quelle del n.° 144.

(2) Od anche, purchè valga una delle condizioni considerate al n.° 145, *a*)

Capitolo XI.

CONDIZIONI SUFFICIENTI PER LA SEMICONTINUITÀ [1]

§ 1. La semicontinuità in tutto il campo: *a) Il caso lineare. - La continuità.*

148. - **Lemma.**

Se $\varphi(x, y)$ è una funzione definita e continua, in ogni punto del campo A, esiste almeno una funzione $\Phi(x, y)$, definita e continua in tutti i punti del piano (x, y) [2], *la quale coincide con la $\varphi(x, y)$ in tutti i punti di A* [3].

Dividiamo, mediante parallele agli assi delle x e delle y, il piano (x, y) in quadrati, tutti di lato uguale ad 1; mediante parallele agli assi, dividiamo poi ciascuno di questi quadrati in quattro quadrati uguali; dividiamo ancora ciascuno dei nuovi quadrati in quattro quadrati uguali, sempre mediante parallele agli assi; e così proseguiamo indefinitamente. Otterremo, in tal modo, successivamente delle divisioni D_1, D_2, D_3, ... del piano (x, y) in quadrati di lato 1, $\frac{1}{2}$, $\frac{1}{2^2}$, ...

---

(1) Cfr.: L. Tonelli, *Sur une méthode directe du Calcul des Variations*; idem, *La semicontinuità nel Calcolo delle Variazioni*; É. Goursat, *Sur quelques fonctions de lignes semicontinues*; E. E. Levi, *Elementi della teoria delle funzioni e Calcolo delle Variazioni*; (litografia; Genova, G. B. Castello, 1915).

(2) Non si considerano qui i punti all'infinito del piano.

(3) Cfr. H. Lebesgue, *Sur le problème de Dirichlet*, (Rend. Circ. Matem. Palermo, t. XXIV (2° sem., 1907)), n.° 6.

Fissato comunque un criterio di ordinamento dei quadrati di ciascuna divisione D_r, siano

$$q_{1,1},\ q_{1,2},\ \ldots,\ q_{1,s},\ \ldots$$

quelli dei quadrati della divisione D_1 ai quali non appartiene nessun punto del campo A. Siano poi

$$q_{2,1},\ q_{2,2},\ \ldots,\ q_{2,s},\ \ldots$$

quelli dei quadrati della divisione D_2, non interni ai $q_{1,s}$, ai quali non appartiene nessun punto del campo A. Siano

$$q_{3,1},\ q_{3,2},\ \ldots,\ q_{3,s},\ \ldots$$

quelli dei quadrati della divisione D_3, non interni ai $q_{1,s}$ e $q_{2,s}$, ai quali non appartiene nessun punto del campo A. E così via.

Con ciò, ogni punto del piano (x, y), non appartenente al campo A, appartiene sicuramente ad uno dei quadrati $q_{r,s}$, e nessuno di questi quadrati contiene punti di A.

Definiamo, in ciascun vertice dei quadrati $q_{r,s}$, la funzione $\Phi(x, y)$ ponendola uguale al minimo dei valori che la funzione $\varphi(x, y)$ prende nei punti di A che si trovano alla minima distanza dal vertice stesso. Sul contorno di un quadrato $q_{r,s}$, la Φ risulta così definita in un numero finito di punti; e precisamente, nei vertici del quadrato $q_{r,s}$ e in quegli altri punti che risultano vertici di altri quadrati $q_{r',s'}$ con $r' > r$, punti che sono in numero finito perchè, detta δ la minima distanza del contorno di $q_{r,s}$ dai punti di A, e indicato con r_1 il più piccolo intero positivo tale che sia

$$\frac{1}{2^{r_1}} < \frac{\delta}{4},$$

deve essere $r' \leq r_1$ [1].

Definiamo la Φ, sul contorno di $q_{r,s}$, in modo che essa vari linearmente fra i punti in cui è già definita, e, per quelli fra questi punti che si trovano sui lati del quadrato paralleli all'asse delle y, conduciamo delle parallele all'asse delle x;

---

[1] Ciò perchè i quadrati della divisione D_{r_1}, adiacenti a $q_{r,s}$, non contengono alcun punto di A e quindi, se essi non sono contenuti nei $q_{r',s'}$ con $r' < r_1$, figurano tutti nella successione $q_{r_1,1},\ q_{r_1,2}, \ldots$

sui segmenti di queste parallele compresi nel quadrato, definiamo la Φ facendola variare linearmente. In tal modo $q_{r,s}$ risulta diviso in un numero finito di rettangoli, e sul contorno di ciascuno di questi rettangoli si ha già il valore della Φ; facendo ora variare la Φ linearmente rispetto alla y nell'interno di tutti i rettangoli ottenuti, si ha la Φ definita in tutto il quadrato $q_{r,s}$, e questa definizione assicura la continuità della Φ in tutto il quadrato considerato.

In tutti i punti di A, poniamo, infine, $\Phi = \varphi$.

La funzione Φ risulta, con questo, definita in tutto il piano (x, y), ed essa è, evidentemente, continua in ogni punto interno ed anche in ogni punto esterno al campo A. È poi continua anche in ogni punto P della frontiera di A, perchè la φ è, per ipotesi, continua nel campo A e i valori scelti, per la Φ, nei vertici dei quadrati $q_{r,s}$ che si trovano sufficientemente vicini a P, differiscono dal valore della Φ in P di tanto poco quanto vuolsi; dunque differiscono da questo valore di tanto poco quanto vuolsi anche i valori della Φ in tutti i punti del piano (x, y) sufficientemente vicini a P.

149. - La continuità in tutto il campo.

a) Nel presente n.° supporremo che la funzione $f(x, y, y')$ sia lineare rispetto alla y', vale a dire, che abbia la forma

$$f(x, y, y') \equiv P(x, y) + y' Q(x, y).$$

Per le ipotesi ammesse al n.° 133, le funzioni $P(x, y)$ e $Q(x, y)$ sono continue in tutto il campo A e in esso campo esiste, finita e continua, la derivata parziale $\frac{\partial Q}{\partial x}$. Di più, in virtù della terza delle ipotesi ricordate e di quanto abbiamo dimostrato al n.° precedente, potremo senz'altro ritenere che le funzioni $P(x, y)$ e $Q(x, y)$, siano definite, e sempre continue, in tutti i punti di un campo A', del piano (x, y), contenente tutti i punti del campo A come punti *interni*, e che in A' esista sempre, finita e continua, la $\frac{\partial Q}{\partial x}$.

Nel caso attuale, ogni *curva* C (n.° 131); la quale abbia tutti i suoi punti appartenenti al campo A, è una *curva ordi-*

naria (n.° 134), perchè, detta

$$y = y(x), \quad (a,\ b),$$

la sua equazione, dall'assoluta continuità della $y(x)$ segue (n.° 58) l'integrabilità della $y'(x)$ e quindi (n.° 53, c) quella di $y'(x)\,Q(x, y(x))$, e della $f(x, y, y')$.

b) Considerata una curva ordinaria C_0, di equazione

$$y = y_0(x), \quad (a_0,\ b_0),$$

per dimostrare la continuità dell'integrale

$$I_C = \int_C [P(x, y) + y'\,Q(x, y)]\,dx$$

sulla C_0, consideriamo, dapprima, soltanto le curve ordinarie C che hanno, sull'asse delle x, la stessa proiezione ortogonale della C_0, vale a dire, soltanto quelle curve ordinarie di equazione

$$y = y(x), \quad (a_0,\ b_0).$$

Esaminiamo, per tali curve, la differenza

$$(1) \qquad \begin{aligned} I_C - I_{C_0} = &\int_{a_0}^{b_0} \{P[x, y(x)] - P[x, y_0(x)]\}\,dx \\ &+ \int_{a_0}^{b_0} y'(x)\,Q[x, y(x)]\,dx - \int_{a}^{b_0} y_0'(x)\,Q[x, y_0(x)]\,dx. \end{aligned}$$

Il primo integrale del secondo membro, per la continuità della funzione $P(x, y)$, può rendersi piccolo, a piacere col prendere convenientemente piccolo l'intorno della C_0 a cui appartiene la C; vale a dire, preso ad arbitrio un $\varepsilon > 0$, possiamo determinare un $\rho > 0$, tale che, per ogni curva C della classe indicata, appartenente propriamente all'intorno (ρ) della C_0, si abbia

$$(2) \qquad \left| \int_{a_0}^{b_0} \{P[x, y(x)] - P[x, y_0(x)]\}\,dx \right| < \int_{a_0}^{b_0} |P(x, y) - P(x, y_0)|\,dx < \frac{\varepsilon}{2}.$$

Studiamo ora la parte rimanente del secondo membro della (1). Supposta la C appartenente propriamente all'intorno (ρ) della C_0, con ρ sufficientemente piccolo affinchè tutti i punti dell'intorno (ρ) della curva C_0 appartengano al campo A', consideriamo la funzione

$$\Phi(x) = \int_{y_0(x)}^{y(x)} Q(x, y)\, dy,$$

in tutto l'intervallo (a_0, b_0). Essa risulta ovunque continua; inoltre, in ogni punto nel quale esistono finite le derivate $y'(x)$ e $y'_0(x)$ — e quindi in quasi-tutto (a_0, b_0) — esiste finita la derivata $\Phi'(x)$ ed è

$$(3) \qquad \Phi'(x) = \int_{y_0(x)}^{y(x)} \frac{\partial Q}{\partial x} dy + y'(x)\, Q[x, y(x)] - y_0'(x)\, Q[x, y_0(x)].$$

La Φ è anche assolutamente continua, in tutto (a_0, b_0). Se, infatti, (α_r, β_r), $(r = 1, 2, ..., m)$, è un sistema qualsiasi di intervalli, non sovrapponentisi, di (a_0, b_0), si ha che la differenza $\Phi(\beta_r) - \Phi(\alpha_r)$ è uguale alla differenza di due integrali, calcolati fra gli stessi limiti e con funzioni integrande date rispettivamente da $Q(\beta_r, y)$ e $Q(\alpha_r, y)$, aumentata di due altri integrali calcolati fra i limiti $y(\alpha_r)$ e $y(\beta_r)$, il primo, $y_0(\beta_r)$ e $y_0(\alpha_r)$, il secondo. Indicati con M e M' rispettivamente i massimi moduli di Q e $\frac{\partial Q}{\partial x}$ in un campo limitato che contenga la curva C_0 e tutti i punti dell'intorno (ρ) di essa, abbiamo, pertanto,

$$| Q(\beta_r, y) - Q(\alpha_r, y) | \leq | \beta_r - \alpha_r | M',$$

e quindi

$$|\Phi(\beta_r) - \Phi(\alpha_r)| \leq |\beta_r - \alpha_r| M'\rho + |y(\beta_r) - y(\alpha_r)| M + |y_0(\beta_r) - y_0(\alpha_r)| M,$$

$$\sum_{r=1}^{m} |\Phi(\beta_r) - \Phi(\alpha_r)| \leq M'\rho \sum_{r=1}^{m} (\beta_r - \alpha_r) +$$

$$+ M \left[\sum_{1}^{m} | y(\beta_r) - y(\alpha_r) | + \sum_{1}^{m} | y_0(\beta_r) - y_0(\alpha_r) | \right].$$

Essendo $y(x)$ e $y_0(x)$ funzioni assolutamente continue, questa disuguaglianza mostra l'assoluta continuità della $\Phi(x)$. Se allora integriamo la (3), da a_0 a b_0, abbiamo (n.° 59)

$$\int_{y_0(b_0)}^{y(b_0)} Q(b_0, y)dy - \int_{y_0(a_0)}^{y(a_0)} Q(a_0, y)dy = \int_{a_0}^{b_0} dx \int_{y_0(x)}^{y(x)} \frac{\partial Q}{\partial x} dy \tag{4}$$

$$+\int_{a_0}^{b_0} y'(x)Q[x, y(x)]dx - \int_{a_0}^{b_0} y_0'(x)Q[x, y_0(x)]dx,$$

da cui otteniamo,

$$\left| \int_{a_0}^{b_0} y'(x)Q[x, y(x)]dx - \int_{a_0}^{b_0} y_0'(x)Q[x, y_0(x)]dx \right| \tag{5}$$

$$< \rho[M'(b_0 - a_0) + 2M].$$

Da questa disuguaglianza e dalla (2), ricaviamo, tenendo conto della (1),

$$|I_C - I_{C_0}| < \varepsilon,$$

se è

$$\rho < \frac{\varepsilon}{2[M'(b_0 - a_0) + 2M]},$$

e ciò per ogni curva ordinaria C, della classe indicata, appartenente propriamente all'intorno (ρ) della C_0.

c) Passiamo ora a considerare tutte le curve ordinarie C, abbiano esse o no sull'asse delle x la stessa proiezione ortogonale della C_0. Sia dunque la curva ordinaria C, di equazione

$$y = y(x), \quad (a, b),$$

e, presi ad arbitrio ε e ρ, entrambi positivi, con ρ tale che tutti i punti dell'intorno (ρ) della curva C_0 appartengano al campo A', e indicato con M_1 un numero positivo maggiore dei massimi moduli delle $P(x, y)$, $Q(x, y)$, e $\frac{\partial Q}{\partial x}$, in tutti i punti del piano (x, y) appartenenti all'intorno (ρ) della C_0, determiniamo un numero $\rho_1 > 0$, in modo che sia

$$\rho_1 < \frac{1}{2}\rho, \quad \rho_1 < \frac{\varepsilon}{2M_1[b_0 - a_0 + \rho + 2]}. \tag{6}$$

Sia ρ_2 un numero positivo, minore di ρ_1, tale che, in ogni intervallo di (a_0, b_0), di ampiezza non superiore a ρ_2, la $y_0(x)$ compia un'oscillazione minore di $\frac{1}{2}\rho_1$, e indichiamo con C_0' la curva composta del segmento rettilineo (parallelo all'asse delle x) avente per estremi i punti $[a_0 - \rho_2, y_0(a_0)]$ e $[a_0, y_0(a_0)]$, della curva C_0 e del segmento rettilineo avente per estremi i punti $[b_0, y_0(b_0)]$ e $[b_0 + \rho_2, y_0(b_0)]$.

Supposto che la curva ordinaria C appartenga propriamente all'intorno (ρ_2) della C_0, indichiamo con C' la curva composta del segmento rettilineo avente per estremi i punti $[a_0 - \rho_2, y(a)]$ e $[a, y(a)]$, della C e del segmento rettilineo avente per estremi $[b, y(b)]$ e $[b_0 + \rho_2, y(b)]$. La curva C' appartiene propriamente all'intorno (ρ_1) della C_0', ed ha con questa curva la stessa proiezione ortogonale sull'asse delle x. In virtù della seconda delle (6), è dunque, applicando il risultato ottenuto in *b*),

$$|I_{C'} - I_{C_0'}| < \varepsilon.$$

Ma è

$$|I_{C'} - I_C| < 4M_1\rho_1,$$

e, per la seconda delle (6),

$$|I_{C'} - I_C| < \varepsilon;$$

ed analogamente

$$|I_{C_0'} - I_{C_0}| < \varepsilon.$$

Se ne conclude

$$|I_C - I_{C_0}| < 3\varepsilon,$$

e poichè ciò vale per ogni curva ordinaria C appartenente propriamente all'intorno (ρ_2) della C_0, resta dimostrato il seguente teorema:

Se $P(x, y)$ e $Q(x, y)$ sono funzioni continue, in tutto il campo A, insieme con la derivata parziale $\frac{\partial Q}{\partial x}$, ed è soddisfatta la condiz. 3) del n.° 133, a), l'integrale

$$I_C = \int_C [P(x, y) + y'Q(x, y)]dx,$$

è una funzione continua.

150. - Osservazioni.

a) Da quanto si è dimostrato al n.° preced. [*b*)], segue che, se ρ è il numero ivi determinato, e x_1 e x_2 $(x_1 < x_2)$ sono due punti qualunque dell'intervallo (a_0, b_0), su cui è definita la C_0, è

$$\left| \int_{x_1}^{x_2} \{ P[x, y(x)] + y'(x)Q[x, y(x)] \} dx - \right.$$

$$\left. - \int_{x_1}^{x_2} \{ P[x, y_0(x)] + y_0'(x)Q[x, y_0(x)] \} dx \right| < \varepsilon,$$

per ogni curva ordinaria C, di equazione $y = y(x)$, (a, b), appartenente propriamente all'intorno (ρ) della C_0 e tale che il segmento (x_1, x_2) appartenga ad (a, b).

a) Nel n.° 87 abbiamo veduto che, se si considerano le curve in forma parametrica, e precisamente le curve ordinarie $\mathfrak{C}$ (n.° 73), l'integrale

$$\mathfrak{J}_{\mathfrak{C}} = \int_{\mathfrak{C}} P(x, y)\, dx + Q(x, y)\, dy$$

non è sempre una funzione continua, pur supponendo soddisfatte tutte le possibili condizioni di continuità e derivabilità relative alle funzioni $P(x, y)$ e $Q(x, y)$. Per spiegare la differenza esistente fra questo risultato e quello stabilito al n.° precedente, basta rilevare che la uguaglianza (4) del n.° 149 non è se non la *formula di Green*, applicata all'area Γ racchiusa dalle due curve C e C_0 e dai segmenti rettilinei che congiungono gli estremi della prima curva agli estremi corrispondenti della seconda, e che l'integrale

$$\int_{a_0}^{b_0} dx \int_{y_0(x)}^{y(x)} \frac{\partial Q}{\partial x}\, dy,$$

che è precisamente l'integrale di $\frac{\partial Q}{\partial x}$ esteso all'area Γ, è, in modulo, minore di $\Gamma M'$, e tende perciò a zero con ρ, perchè con ρ tende a zero Γ. Quando si considerano, invece delle curve C, le $\mathfrak{C}$, l'area Γ, racchiusa dalle curve $\mathfrak{C}$ e $\mathfrak{C}_0$ e dai segmenti che congiungono gli estremi della prima a quelli corrispondenti della seconda, non tende più a zero con ρ, perchè, consentendo alle curve di compiere un numero arbitrario di giri attorno ad un punto, si consente all'area Γ di ricoprire una stessa porzione di piano un numero di volte grande a piacere.

c) Se sulle funzioni $P(x, y)$ e $Q(x, y)$ si fa soltanto l'ipotesi della continuità, il teorema del n.° 149 non conserva più la sua piena validità.

Si supponga, infatti,

$$P = 0, \quad Q = \sqrt{x} \cdot \operatorname{sen} \frac{1}{x},$$

con $Q = 0$ per $x = 0$, e si consideri il campo A costituito da tutti i punti del piano (x, y) per i quali è $x \geq 0$. Sulla curva C_0, di equazione

$$y = y_0(x) \equiv 0, \quad \left(0, \frac{1}{\pi}\right)$$

è

(1) $$\int_{C_0} (P + y' \cdot Q) dx = 0 ;$$

sulla curva C_n, definita, per ogni intero positivo n, da

$$y = y_n(x), \quad \left(0, \frac{1}{\pi}\right),$$

con

$$y_n(x) \equiv -\frac{1}{n} \cos \frac{1}{x}, \quad \text{in} \quad \left(\frac{1}{k_n \pi}, \frac{1}{\pi}\right),$$

$$y_n(x) \equiv 0, \quad \text{in} \quad \left(0, \frac{1}{k_n \pi}\right),$$

k_n essendo il più piccolo intero positivo che soddisfa alla

(2) $$\frac{1}{2} + \frac{1}{3} + \dots + \frac{1}{k_n} > n,$$

è, invece,

$$\int_{C_n} (P + y'Q)\, dx = -\frac{1}{n} \int_{\frac{1}{k_n \pi}}^{\frac{1}{\pi}} x^{-\frac{3}{2}} \operatorname{sen}^2 \frac{1}{x}\, dx ;$$

e siccome, per ogni x^{-1} compreso fra $h\pi + \frac{\pi}{4}$ e $h\pi + \frac{3}{4}\pi$, dove h è un intero positivo qualsiasi, è $\operatorname{sen}^2 \frac{1}{x} \geq \frac{1}{2}$, si ha

$$\int_{C_n} (P + y'Q)\, dx < -\frac{1}{n} \sum_{h=1}^{k_n - 1} \int_{\frac{1}{\left(h + \frac{3}{4}\right)\pi}}^{\frac{1}{\left(h + \frac{1}{4}\right)\pi}} \frac{1}{x} \operatorname{sen}^2 \frac{1}{x}\, dx$$

$$< -\frac{1}{2n} \sum_{h=1}^{k_n - 1} \left(h + \frac{1}{4}\right)\pi \left[\frac{1}{\left(h + \frac{1}{4}\right)\pi} - \frac{1}{\left(h + \frac{3}{4}\right)\pi}\right]$$

$$= -\frac{1}{4n} \sum_{h=1}^{k_n - 1} \frac{1}{h + \frac{3}{4}} < -\frac{1}{4n} \sum_{h=1}^{k_n - 1} \frac{1}{h + 1},$$

e, per la (2),

$$\int_{C_n} (P + y'Q)\,dx < -\frac{1}{4}.$$

Da questa disuguaglianza e dalla (1), risulta

$$I_{C_n} - I_{C_0} < -\frac{1}{4};$$

e poichè, per $n \to \infty$, la curva C_n converge uniformemente alla C_0, risulta provato che l'integrale I_C, qui considerato, *non* è, sulla C_0, una funzione continua.

§ 2. La semicontinuità in tutto il campo: *b) Gli integrali quasi-regolari.*

151. - La semicontinuità su ogni curva ordinaria C, di classe 1.

L'integrale I_C quasi-regolare positivo è una funzione semicontinua inferiormente su ogni curva ordinaria C_0, di classe 1.

La dimostrazione, che ora daremo, di questa proposizione sarà fondata sulla sostituzione della funzione $f(x, y, y')$ con un'altra la quale, scelta una curva ordinaria C_0, di classe 1:

1) differisca dalla f per una funzione il cui integrale vari con continuità al variare della curva d'integrazione;

2) renda sempre positivo o nullo il suo integrale relativo ad una qualsiasi curva ordinaria C;

3) renda minore di una quantità, arbitrariamente prefissabile, il suo integrale relativo alla curva C_0.

Rammentiamo, innanzi tutto, che, se inscriviamo nella curva C_0 una poligonale, avente gli stessi estremi, ed i cui vertici, considerati nell'ordine in cui si presentano sulla poligonale medesima, abbiano ascisse crescenti, al tendere a zero del massimo lato di questa poligonale la funzione che la definisce converge uniformemente alla funzione $y_0(x)$, che corrisponde alla curva C_0, e la sua derivata converge approssimativamente alla $y_0'(x)$ [1].

[1] Si osservi che, per il n.° 5, al tendere a zero del massimo lato della poligonale, la lunghezza di questa tende alla lunghezza della C_0, e che vale, perciò, il teorema del n.° 28.

Preso allora, ad arbitrio, un numero positivo ε, inscriviamo nella curva C_0 una poligonale, come quella or ora indicata, i cui lati siano sufficientemente piccoli affinchè, ***smussati*** [1] i vertici con curve in ciascuna delle quali la tangente vari sempre nello stesso senso, si ottenga una curva rappresentata da un'equazione

$$y = \Pi_\varepsilon(x),$$

con $\Pi_\varepsilon(x)$ funzione continua, insieme con le sue derivate prima e seconda, soddisfacente, in tutto l'intervallo (a_0, b_0), in cui è definita la $y_0(x)$, alla disuguaglianza

$$| y_0(x) - \Pi_\varepsilon(x) | < \varepsilon,$$

e, in tutto (a_0, b_0), ad eccezione al più di uno pseudointervallo E_ε di misura $m(E_\varepsilon) < \varepsilon$, anche all'altra

$$| y_0'(x) - \Pi_\varepsilon'(x) | < \varepsilon. \tag{1}$$

Indicando con R un numero superiore al massimo modulo della $y_0'(x)$, abbiamo anche, per la costruzione fatta,

$$| \Pi_\varepsilon'(x) | < R, \tag{2}$$

e ciò in tutto (a_0, b_0).

Posto $\Pi_\varepsilon'(x) = \Pi_\varepsilon'(a_0)$, in tutto l'intervallo $(a_0 - \varepsilon, a_0)$, e $\Pi_\varepsilon'(x) = \Pi_\varepsilon'(b_0)$, in tutto $(b_0, b_0 + \varepsilon)$, e richiamando la definizione della funzione $\mathcal{E}$ (n.° 135), abbiamo, per ogni punto (x, y) del campo A, appartenente all'intorno (ρ) della C_0, con $\rho < \varepsilon$, e per ogni y',

$$f(x, y, y') = \mathcal{E}(x, y; \Pi_\varepsilon'(x), y') + \\ + f(x, y, \Pi_\varepsilon'(x)) + (y' - \Pi_\varepsilon'(x)) f_{y'}(x, y, \Pi_\varepsilon'(x)). \tag{3}$$

L'ipotesi ammessa, che l'integrale I_C sia quasi-regolare positivo, porta (n.° 135) che sia sempre $\mathcal{E} \geq 0$; e pertanto, se C è una qualsiasi curva ordinaria:

$$y = y(x), \quad (a, b),$$

---

[1] Lo *smussamento* dei vertici consiste nel sostituire alla poligonale, in prossimità dei vertici, dei piccoli archi di curva, in modo da trasformare la poligonale in una curva di classe 1 (almeno).

che prenderemo appartenente propriamente all' intorno (ρ) della C_0, è

(4) $$\int_a^b \mathcal{E}(x,\ y(x);\ \Pi_\varepsilon'(x),\ y'(x))\,dx \geq 0.$$

Detto M il massimo modulo della $f_{y'}(x,\ y_0(x),\ y')$ nel campo

$$a_0 \leq x \leq b_0,\quad |y'| \leq R,$$

abbiamo poi dalla (3), in ogni punto x di $(a_0,\ b_0)$ non appartenente allo pseudointervallo E_ε,

$$\mathcal{E}(x,\ y_0(x);\ \Pi_\varepsilon'(x),\ y_0'(x)) < 2\varepsilon M,$$

e quindi

$$\int_{a_0}^{b_0} \mathcal{E}(x, y_0(x); \Pi_\varepsilon'(x), y_0'(x))\,dx < 2\varepsilon M(b_0 - a_0) + 4RMm(E_\varepsilon)$$
$$< 2M\,\{ b_0 - a_0 + 2R \}\,\varepsilon,$$

ed anche, per la (4),

$$\int_a^b \mathcal{E}(x,\ y(x);\ \Pi_\varepsilon'(x),\ y'(x))\,dx -$$
$$- \int_{a_0}^{b_0} \mathcal{E}(x,\ y_0(x);\ \Pi_\varepsilon'(x),\ y_0'(x))\,dx > -2M(b_0 - a_0 + 2R)\varepsilon.$$

Si ha dunque, dalla (3) e da questa disuguaglianza,

$$I_C - I_{C_0} > -2M(b_0 - a_0 + 2R)\varepsilon$$
$$+ \int_a^b \{ f(x,y,\Pi_\varepsilon'(x)) - \Pi_\varepsilon'(x) f_{y'}(x,y,\Pi_\varepsilon'(x)) + y' f_{y'}(x,y,\Pi_\varepsilon'(x)) \}\,dx$$
$$- \int_{a_0}^{b_0} \{ f(x,y_0,\Pi_\varepsilon'(x)) - \Pi_\varepsilon'(x) f_{y'}(x,y_0,\Pi_\varepsilon'(x)) + y_0' f_{y'}(x,y_0,\Pi_\varepsilon'(x)) \}\,dx.$$

Osserviamo qui che l' integrale

$$\int_C \{ [f(x,\ y,\ \Pi_\varepsilon'(x)) - \Pi_\varepsilon'(x) f_{y'}(x,\ y,\ \Pi_\varepsilon'(x))] + y' f_{y'}(x,\ y,\ \Pi_\varepsilon'(x)) \}\,dx,$$

essendo Π_ε' e Π_ε'' funzioni continue, per costruzione, soddisfa alla condizione dell' enunciato del n.° 149, ed è, pertanto, una funzione continua. Potremo dunque determinare un $\rho > 0$ e $< \varepsilon$, in modo che, per ogni curva ordinaria C, appartenente propriamente all'intorno (ρ) della C_0, la differenza fra gli integrali del secondo membro della ultima disuguaglianza scritta risulti, in valore assoluto, minore di ε. E, per tutte queste curve, varrà la disuguaglianza

$$I_C - I_{C_0} > -[2M(b_0 - a_0 + 2R) + 1]\varepsilon,$$

il che dimostra precisamente la semicontinuità inferiore di I_C sulla curva C_0 (1).

152. - La semicontinuità in tutto il campo, in un caso particolare.

Si tratta ora di liberare completamente la proposizione dimostrata al n.° precedente dalla condizione che la curva C_0 sia di classe 1. Per riuscire a ciò, considereremo, dapprima, il caso in cui la $f(x, y, y')$, come funzione della y', diventi, per $y' \to \infty$, infinita di ordine inferiore o uguale ad 1; più precisamente, dimostreremo che:

Se, in ogni parte limitata del campo A, la derivata parziale $f_{y'}(x, y, y')$ resta limitata (e ciò per tutti i possibili y'); se, inoltre, I_C è un integrale quasi-regolare positivo (2), *tale integrale è una funzione semicontinua inferiormente.*

Considerata una curva ordinaria C_0, di equazione $y = y_0(x)$, (a_0, b_0), inscriviamo in essa una poligonale avente gli stessi estremi ed i cui vertici, considerati nell'ordine in cui si presentano sulla poligonale medesima, siano ad ascisse crescenti e provengano dalla divisione, in n parti uguali, dell'intervallo (a_0, b_0). Sia $y = \Pi_n(x)$ l'equazione di questa poligonale. Siccome la $\Pi_n(x)$, per $n \to \infty$, converge uniformemente verso la $y_0(x)$ e la lunghezza della poligonale tende a quella della curva C_0, ci troviamo nelle condizioni volute per l'applica-

(1) La dimostrazione ora data vale, evidentemente, anche se la curva ordinaria C_0, invece di essere di classe 1, soddisfa alla condizione $|y_0'(x)| \leq R$, in quasi-tutto l'intervallo (a_0, b_0).

(2) Per questa seconda condizione, la prima è equivalente a quest'altra, che, ad ogni parte limitata del campo A, corrispondano due numeri positivi, λ e Λ, tali che sia, in tutta la parte medesima, $|f(x, y, y')| < \lambda + \Lambda |y'|$.

zione dei risultati dei n[i] 28, 52 *c*) e 66, e possiamo asserire che, preso ad arbitrio un numero positivo ε, è possibile determinare un $\bar{n}$ tale che, per ogni $n > \bar{n}$, lo pseudointervallo E_n, dei punti di (a_0, b_0) in cui non esiste finita la $y_0'(x)$ o non è $|y_0'(x) - \Pi_n'(x)| < \varepsilon$, soddisfi alle due disuguaglianze

$$\int_{E_n} |y_0'(x)| dx < \frac{\varepsilon}{2}, \quad \int_{E_n} |\Pi_n'(x) dx| < \frac{\varepsilon}{2}.$$

Supposto $n > \bar{n}$, *smussiamo* i vertici della poligonale $y = \Pi_n(x)$, in modo che ne risulti una curva di equazione $y = \overline{\Pi}_n(x)$, (a_0, b_0), la quale ammetta, finite e continue, le derivate $\overline{\Pi}'_n$, $\overline{\Pi}''_n$, e renda soddisfatte le disuguaglianze

$$(1) \qquad \int_{\overline{E}_n} |y_0'(x)| dx < \varepsilon, \quad \int_{\overline{E}_n} |\overline{\Pi}_n'(x)| dx < \varepsilon,$$

dove $\overline{E}_n$ indica lo pseudointervallo dei punti di (a_0, b_0) in cui non esiste finita la $y_0'(x)$ o non è $|y_0'(x) - \overline{\Pi}'_n(x)| < \varepsilon$.

Posto $\overline{\Pi}_n'(x) = \overline{\Pi}_n'(a_0)$ in tutto l'intervallo $(a_0 - \varepsilon, a_0)$, e $\overline{\Pi}'_n(x) = \overline{\Pi}'_n(b_0)$ in $(b_0, b_0 + \varepsilon)$, abbiamo, per ogni punto (x, y), del campo A, appartenente all'intorno (ρ) della curva C_0, con $\rho < \varepsilon$, e per ogni y',

$$f(x,y,y') = \mathcal{E}(x,y; \overline{\Pi}_n'(x), y') + f(x,y,\overline{\Pi}_n'(x)) + (y' - \overline{\Pi}_n'(x)) f_{y'}(x,y,\overline{\Pi}_n'(x)).$$

Per l'ipotesi ammessa che I_C sia un integrale quasi-regolare positivo, è sempre $\mathcal{E} \geq 0$, e se C è una qualsiasi curva ordinaria, di equazione $y = y(x)$, (a, b), appartenente propriamente all'intorno (ρ) della C_0, è

$$\int_a^b \mathcal{E}(x, y(x); \overline{\Pi}_n'(x), y'(x)) dx \geq 0.$$

Detto poi M il massimo modulo della $f_{y'}(x, y_0(x), y')$, per tutti gli x di (a_0, b_0) e per tutti gli y', abbiamo, in tutti i punti x di (a_0, b_0) non appartenenti allo pseudointervallo E_n,

$$\mathcal{E}(x, y_0(x); \overline{\Pi}_n'(x), y_0'(x)) < 2\varepsilon M$$

e quindi, per le (1),

$$\int_{a_0}^{b_0} \mathcal{E}(x, y_0(x);\ \Pi_n'(x), y_0'(x))dx < 2\varepsilon M(b_0 - a_0) + 4M\varepsilon.$$

Dopo di ciò non vi è che da proseguire il ragionamento come al n.° precedente.

Osservazione. — Un caso, in cui sono verificate le ipotesi del teorema ora dimostrato, si ha ponendo $f(x, y, y') \equiv \varphi(x, y)\sqrt{1 + y'^2}$, con $\varphi(x, y)$ funzione finita e continua, insieme con la sua derivata parziale $\frac{\partial \varphi}{\partial x}$, e sempre soddisfacente alla disuguaglianza $\varphi \geq 0$.

153. - La semicontinuità in tutto il campo, nel caso generale.

Sfruttando la proposizione ora dimostrata, possiamo pervenire al seguente teorema generale:

L'integrale I_C quasi-regolare positivo è una funzione semicontinua inferiormente.

Posto

$$\bar{f}(x, y, y') \equiv f(x, y, y') - [f(x, y, 0) + y' f_{y'}(x, y, 0)],$$

abbiamo

$$I_C = \int_C \bar{f}dx + \int_C [f(x, y, 0) + y' f_{y'}(x, y, 0)]dx;$$

e siccome l'ultimo integrale che qui figura, soddisfacendo alle condizioni del teorema del n.° 149, è una funzione continua, per provare la proposizione enunciata basterà dimostrare la semicontinuità inferiore dell'integrale della $\bar{f}$.

Osserviamo che, per la posizione fatta, è

$$\bar{f}(x, y, y') \equiv \mathcal{E}(x, y;\ 0, y'),$$

e che, per essere I_C un integrale quasi-regolare positivo, è sempre $\mathcal{E} \geq 0$. Abbiamo dunque:

1) in tutti i punti (x, y) del campo A e per tutti gli y', è $\bar{f} \geq 0$;

2) in tutto il campo A, è $\bar{f}(x, y, 0) = 0$;

3) la $\bar{f}$ è funzione continua di (x, y, y'), in tutti i punti più sopra indicati, ed in essi ammette, finite e continue, le

derivate parziali $\bar{f}_{y'}$, $\bar{f}_{y'y'}$, $\bar{f}_{y'x}$ (precisamente come la funzione f da cui deriva); essa, inoltre, soddisfa, come la f, alla condizione 3) del n.° 133 *a*);

4) l'integrale della $\bar{f}$, esteso ad una qualsiasi curva ordinaria C, è quasi-regolare positivo (perchè è $\bar{f}_{y'y'} \equiv f_{y'y'}$);

5) per $y' < 0$ è, in A, sempre $\bar{f}_{y'} \leq 0$; e per $y' > 0$, sempre $\bar{f}_{y'} \geq 0$ (ciò che risulta da 4) e dalla $\bar{f}_{y'}(x, y, 0) \equiv 0$).

Sia ora C_0 una curva ordinaria, di equazione $y = y_0(x)$, (a_0, b_0). Scelto ad arbitrio un numero positivo ε, possiamo determinare, per l'assoluta continuità della funzione $y_0(x)$ e per l'esistenza dell'integrale

$$I_{C_0} = \int_{C_0} f dx,$$

(conseguenza della esistenza di I_{C_0}), un numero positivo R, tale che si abbia

$$\int_E \bar{f}(x, y_0(x), y_0'(x)) dx < \varepsilon, \tag{1}$$

dove E rappresenta lo pseudointervallo dei punti di (a_0, b_0) nei quali la derivata $y_0'(x)$ o non esiste finita o ha un valore assoluto $> R$ (n.[i] 43, *d*) e 52, *c*)).

Definiamo, per ogni punto (x, y) del campo A, appartenente ad un intorno (ρ) della C_0, comunque scelto, una funzione $g(x, y, y')$, la quale sia:

a) uguale a f, per ogni y' tale che $|y'| < R$;

b) minore o uguale a $\bar{f}$ e > 0, per $|y'| > R$;

c) lineare rispetto ad y', per $|y'| > 2R$;

d) finita e continua, insieme con le sue derivate parziali $g_{y'}$, $g_{y'y'}$, $g_{y'x}$, per tutti i possibili valori di y';

e) soddisfacente sempre alla disuguaglianza $g_{y'y'} > 0$;

f) tale, infine, che, per essa ed il campo costituito dai punti di A appartenenti all'intorno (ρ) della C_0, valga la condizione 3) del n.° 133 *a*).

Ciò è possibile in un'infinità di modi [1].

---

[1] Si può prendere ad esempio, per $R \leq y' \leq 2R$,

$$g = 2\bar{f} - \frac{y'}{R}\bar{f} + \frac{2}{R}\int_R^{y'} \bar{f} dy' - \frac{y'}{R}\bar{f}(x, y, R) + \bar{f}(x, y, R),$$

Siccome, per *c*) e *d*), possiamo determinare un numero positivo M tale che sia sempre, in tutto l'intorno (ρ) di C_0,

$$|g_{y'}(x, y, y')| < M,$$

dalla proposizione del n.° precedente segue che l'integrale $\int_C g(x, y, y')dx$, il quale per *a*) e *b*) esiste sulle curve C ordinarie (sulle quali, esistendo I_C, esiste $\bar{I}_C$), è sulla curva C_0 una funzione semicontinua inferiormente. È dunque possibile determinare un numero positivo $\rho_1 < \rho$, tale che, per ogni curva C ordinaria, appartenente propriamente all'intorno (ρ_1) della C_0, si abbia

$$\int_C g dx > \int_{C_0} g dx - \varepsilon. \tag{2}$$

Osserviamo che è, da una parte,

$$\int_C g dx \leq \int_C \bar{f} dx, \tag{3}$$

e dall'altra, posto $E_1 \equiv (a_0, b_0) - E$,

$$\int_{C_0} g dx = \int_E g(x, y_0, y_0')dx + \int_{E_1} g(x, y_0, y_0')dx,$$

e, per *a*) e *b*),

$$\int_{C_0} g dx > \int_{E_1} \bar{f}(x, y_0, y_0')dx,$$

e ancora, per (1),

$$\int_{C_0} g dx \geq \int_{C_0} \bar{f} dx - \varepsilon. \tag{4}$$

---

e per $-2R \leq y' \leq -R$ la stessa funzione in cui si cambi R in $-R$ per $2R \leq y'$,

$$g = \frac{y'}{R}[\bar{f}(x, y, 2R) - \bar{f}(x, y, R)] - 2\bar{f}(x, y, 2R) + \bar{f}(x, y, R) + \frac{2}{R}\int_R^{2R} \bar{f} dy',$$

e analogamente per $y' \leq -2R$.

Da (2), (3) e (4), segue, immediatamente,

$$\overline{I}_C > \overline{I}_{C_0} - 2\varepsilon,$$

la quale disuguaglianza dimostra la semicontinuità inferiore di $\overline{I}_C$ sulla curva C_0 e quindi, per quanto abbiamo già osservato, anche quella di I_C.

154. - Condizione necessaria e sufficiente.

Se il campo A soddisfa alla *condiz.* δ) del n.° 72, o, più generalmente, se i punti della sua frontiera sono tutti punti di accumulazione di punti interni al campo, la condizione indicata, al n.° precedente, come sufficiente per la semicontinuità inferiore di I_C, è anche necessaria, secondo quanto si è stabilito al n.° 142.

Si può dunque enunciare il seguente

TEOREMA — *Se la frontiera del campo A è tutta costituita di punti di accumulazione di punti interni al campo, condizione necessaria e sufficiente affinchè l'integrale I_C sia una funzione semicontinua inferiormente, è che esso sia quasi-regolare positivo.*

155. - Seconda dimostrazione della semicontinuità, in un caso importante.

Per gli integrali in forma parametrica, la dimostrazione della semicontinuità è stata data indipendentemente da ogni ipotesi sulla derivabilità della funzione $F(x, y, x', y')$ rispetto alle variabili x e y; nella dimostrazione, invece, del n.° 153, è supposta la esistenza, finitezza e continuità della derivata parziale $f_{y'x}$ (senza di che non è possibile applicare il teorema del n.° 149).

Possiamo però, in un caso importante di integrali in forma ordinaria, dimostrare la semicontinuità senza fare alcuna ipotesi sulla derivata parziale $f_{y'x}$, ciò che otterremo con un ragionamento che ci sarà utile anche in seguito, e che riproduce, con le modificazioni indispensabili al caso attuale, quello del n.° 95, relativo agli integrali, in forma parametrica, quasi-regolari definiti positivi.

Supponiamo che la funzione $f(x, y, y')$, invece di soddisfare a tutte le condizioni enunciate al n.° 133, sia solamente finita e continua, insieme con le sue derivate parziali $f_{y'}$ e $f_{y'y'}$, in tutto il campo A e per ogni y'; supponiamo, inoltre, che, ad ogni parte limitata A' del campo A, possano sempre farsi corrispondere due numeri Y' e α, positivi, in modo che, per tutti i punti (x, y) di A' e per tutti gli y' soddisfacenti alla disuguaglianza $|y'| \geq Y'$, si abbia

$$(1) \qquad f(x, y, y') > |y'|^{1+\alpha} \text{ (}^1\text{)}.$$

Sotto le ipotesi poste, dimostriamo che *l'integrale I_C, se è quasi-regolare positivo, è una funzione semicontinua inferiormente.*

Sia C_0 una curva ordinaria, di equazione

$$y = y_0(x), \quad (a_0, b_0),$$

e indichiamo con A' la parte del campo A costituita di tutti i punti di questo campo che distano dalla C_0 di non più dell'unità di lunghezza. Siano Y' e α i due numeri, sopra indicati, corrispondenti ad A'. Per ogni (x, y) di A' e per ogni y' tale che $|y'| \geq Y'$, vale la (1), ed è perciò $f > 0$; per gli stessi (x, y) e per ogni y' soddisfacente alla $|y'| < Y'$, la $f(x, y, y')$ ha un limite inferiore finito. Esiste dunque un numero N per il quale si ha

$$(2) \qquad f(x, y, y') \geq N,$$

qualunque sia y' e per tutti i punti (x, y) di A'.

Preso ad arbitrio un numero $\varepsilon > 0$, sia ρ un qualsiasi numero positivo, minore di 1 e minore anche di $\varepsilon : 2|N|$. Considerata una curva ordinaria C, di equazione

$$y = y(x), \quad (a, b),$$

appartenente propriamente all'intorno (ρ) della C_0, e detto (a', b') l'intervallo comune ad (a, b) e (a_0, b_0), è, per la (2),

$$(3) \qquad I_C \geq \int_{a'}^{b'} f(x, y, y')\,dx - 2|N|\rho > \int_{a'}^{b'} f(x, y, y')\,dx - \varepsilon,$$

---

(1) Queste condizioni sono, per es., soddisfatte se è $f \equiv y'^2 - y$, $f \equiv y'^4 - y^2$, qualunque sia il campo A; ed anche se è $f \equiv y'^2 + y'\sqrt{x}\,\text{sen}\,\frac{1}{x}$, il campo A essendo costituito da tutto il semipiano $x \geq 0$ (ponendo, per $x = 0$, $f = y'^2$).

intendendo che qui y e y' siano sostituiti da $y(x)$ e $y'(x)$, rispettivamente.

Supporremo, d'ora in poi, che la C soddisfi alla disuguaglianza

$$I_C < I_{C_0}. \tag{4}$$

Supporremo, inoltre, che ρ sia tale da rendere minore di $\frac{\varepsilon}{2}$ il valore assoluto dell'integrale della funzione $f[x, y_0(x), y_0'(x)]$ esteso ad un qualsiasi intervallo di (a_0, b_0), di ampiezza non maggiore di ρ. Con ciò è

$$I_{C_0} < \int_{a'}^{b'} f(x, y_0, y_0')\, dx + \varepsilon.$$

Detto poi E lo pseudointervallo dei punti di (a', b') nei quali la derivata $y_0'(x)$ esiste ed è, in modulo, minore o uguale ad un numero prefissato $R \geq 1$, e supposto R sufficientemente grande, abbiamo (n.[i] 43, d) e 52, c)), tenendo conto della precedente disuguaglianza,

$$I_{C_0} < \int_E f(x, y_0, y_0')\, dx + 2\varepsilon.$$

Abbiamo, inoltre, per la (3),

$$I_C > \int_E f(x, y, y')\, dx - N[(b' - a') - m(E)] - \varepsilon;$$

e siccome, detto E_0 lo pseudointervallo dei punti di (a_0, b_0) in cui la $y'_0(x)$ esiste ed è in modulo $\leq R$, è, per $R \to \infty$, $m(E_0) \to b_0 - a_0$, supposto R tale che sia $(b_0 - a_0) - m(E_0) < \frac{\varepsilon}{|N|}$, è anche $(b' - a') - m(E) < \frac{\varepsilon}{|N|}$, e quindi

$$I_C > \int_E f(x, y, y')\, dx - 2\varepsilon;$$

è, pertanto,

$$I_C - I_{C_0} > \int_E [f(x, y, y') - f(x, y_0, y_0')]\, dx - 4\varepsilon.$$

Introducendo qui la funzione $\mathcal{E}(x, y; y', \bar{y}')$ del n.° 135, otteniamo

$$f(x, y, y') = f(x, y, y_0') + (y' - y_0') f_{y'}(x, y, y_0') + \mathcal{E}(x, y; y_0', y').$$

Il primo membro di questa uguaglianza è integrabile nello pseudointervallo E, nel quale sono pure integrabili $f(x, y, y_0')$ e $f_{y'}(x, y, y_0')$ (n.° 133, *b*)), ed anche $(y' - y_0') f_{y'}(x, y, y_0')$ (n.° 53, *c*)), essendo in E la $f_{y'}(x, y, y_0')$ limitata. E siccome si è supposto l'integrale I_C quasi-regolare positivo, è $\mathcal{E}(x, y; y_0', y') \geq 0$, e perciò

$$I_C - I_{C_0} > \int_E [f(x, y, y_0') - f(x, y_0, y_0')] dx$$
$$+ \int_E (y' - y_0') f_{y'}(x, y, y_0') dx - 4\varepsilon,$$

disuguaglianza che può scriversi

$$I_C - I_{C_0} > \int_E [f(x, y, y_0') - f(x, y_0, y_0')] dx +$$
$$+ \int_E (y' - y_0') [f_{y'}(x, y, y_0') - f_{y'}(x, y_0, y_0')] dx +$$
$$+ \int_E (y' - y'_0) f_{y'}(x, y_0, y_0') dx - 4\varepsilon.$$

Dall'ammessa continuità delle funzioni f e $f_{y'}$, rispetto al complesso delle tre variabili x, y, y', segue che, se ρ è sufficientemente piccolo, valgono le disuguaglianze

$$| f[x, y(x), y_0'(x)] - f[x, y_0(x), y_0'(x)] | < \varepsilon,$$
$$| f_{y'}[x, y(x), y_0'(x)] - f_{y'}[x, y_0(x), y_0'(x)] | < \frac{\varepsilon}{R},$$

per tutti i punti x di E (nel quale insieme è $|y_0'(x)| < R$).

È allora

$$I_C - I_{C_0} > -4\varepsilon - \varepsilon (b_0 - a_0) -$$
$$(5) \qquad - \frac{\varepsilon}{R} \int_E | y' - y_0' | dx + \int_E (y' - y_0') f_{y'}(x, y_0, y_0') dx.$$

Cerchiamo una limitazione superiore per $\int_E |y' - y_0'| dx$.

Abbiamo

$$\int_E |y' - y_0'| dx \leq \int_a^b |y'| dx + Rm(E) \leq \int_a^b |y'| dx + R(b - a).$$

Di più, se indichiamo con G lo pseudointervallo dei punti di (a, b) nei quali è $|y'(x)| \geq Y'$, possiamo scrivere

$$\int_a^b |y'| dx \leq \int_G |y'| dx + Y'(b - a),$$

ed essendo, per la (1), in G (supposto, come è ben lecito, $Y' > 1$)

$$|y'| < |y'|^{1+\alpha} < f(x, y, y'),$$

abbiamo anche

$$\int_a^b |y'| dx < \int_G f(x, y, y') dx + Y'(b - a).$$

Dalle (2) e (4), risulta ora

$$\int_G f(x, y, y') dx < I_C + |N|(b - a) < I_{C_0} + |N|(b - a),$$

e perciò

$$\int_a^b |y'| dx < I_{C_0} + \{|N| + Y'\}(b - a),$$

donde

$$\int_E |y' - y_0'| dx < I_{C_0} + \{|N| + Y' + R\}(b_0 - a_0 + 2).$$

Alla (5) possiamo sostituire così la

$$I_C - I_{C_0} > -\varepsilon[4 + I_{C_0} + \{2 + |N| + Y'\}(b_0 - a_0 + 2)] +$$
$$+ \int_E (y' - y_0') f_{y'}(x, y_0, y_0') dx.$$

Consideriamo, infine, l'ultimo termine di questa disuguaglianza e poniamo, in E,

$$f_{y'}[x,\ y_0(x),\ y_0'(x)] \equiv g(x),$$

e negli altri punti di $(a_0,\ b_0)$,

$$g(x) \equiv 0.$$

La funzione $g(x)$ così definita, risulta limitata, in tutto $(a_0,\ b_0)$, e quasi-continua, ed è

$$\int_E (y' - y_0') f_{y'}(x,\ y_0,\ y_0') dx = \int_{a'}^{b'} (y' - y_0') g(x) dx.$$

Osserviamo qui che, per la disuguaglianza (5) del n.° **55**, è

$$\left[\int_{a'}^{b'} |\,y' - y_0'\,|^{1+\alpha} dx\right]^{\frac{1}{1+\alpha}} \leq \left[\int_{a'}^{b'} |\,y'\,|^{1+\alpha} dx\right]^{\frac{1}{1+\alpha}} + \left[\int_{a'}^{b'} |\,y_0'\,|^{1+\alpha} dx\right]^{\frac{1}{1+\alpha}}$$

e, per le (1) e (2),

$$\left[\int_{a'}^{b'} |\,y' - y_0'\,|^{1+\alpha} dx\right]^{\frac{1}{1+\alpha}} \leq \left[I_C + |\,N\,|\,(b - a) + Y'^{1+\alpha}(b - a)\right]^{\frac{1}{1+\alpha}} +$$

$$+ \left[I_{C_0} + |\,N\,|\,(b_0 - a_0) + Y'^{1+\alpha}(b_0 - a_0)\right]^{\frac{1}{1+\alpha}},$$

ed anche, per la (4),

$$\int^{b'} |\,y' - y_0'\,|^{1+\alpha} dx < 2^{1+\alpha}\left[I_{C_0} + \{\,|\,N\,| + Y'^{1+\alpha}\}(b_0 - a_0 + 2)\right].$$

Se dunque applichiamo il lemma del n.° 79 alla funzione $f(x) \equiv g(x)$, ponendovi $y - y_0$ in luogo di $y(x)$ e

$$D = I_{C_0} + \{\,|\,N\,| + Y'^{1+\alpha}\}(b_0 - a_0 + 2),$$

abbiamo che, se ρ è sufficientemente piccolo, per ogni curva C soddisfacente alla (4) e appartenente propriamente all'intorno (ρ) della C_0, è

$$\left|\int_{a'}^{b'} (y' - y_0') g(x) dx\right| < \varepsilon + 2\rho M,$$

dove M indica il massimo modulo di $f_{y'}(x, y, y')$, per tutti i punti (x, y) del campo A' e per tutti gli y' soddisfacenti alla disuguaglianza $|y'| \leq R$.

Prendendo ρ in modo che sia anche $2\rho M < \varepsilon$, abbiamo

$$\left| \int_E (y' - y_0') f_{y'}(x, y_0, y_0') dx \right| < 2\varepsilon$$

e perciò

$$I_C - I_{C_0} > -\varepsilon [6 + I_{C_0} + \{2 + |N| + Y'\} (b_0 - a_0 + 2)].$$

Essendo ε arbitrario, questa disuguaglianza — a cui soddisfa certamente anche ogni curva ordinaria C che non verifichi la (4) — prova la semicontinuità inferiore dell'integrale I_C sulla curva C_0.

156. - Osservazioni.

a) Le condizioni poste, al n.° precedente, sono certamente verificate se la funzione $f(x, y, y')$ è continua insieme con le sue derivate parziali $f_{y'}$ e $f_{y'y'}$, in ogni punto di A e per ogni y', e se, ad ogni parte limitata A' del campo A, corrisponde un numero $m > 0$, in modo che sia

$$f_{y'y'}(x, y, y') \geq m,$$

per qualunque y' e in tutti i punti di A'. Ed infatti, in ogni punto (x, y) di A', si ha, come risulta dalla disuguaglianza precedente,

$$f(x, y, y') = f(x, y, 0) + y' f_{y'}(x, y, 0) + \frac{1}{2} y'^2 f_{y'y'}(x, y, \bar{y}'),$$

$$f(x, y, y') \geq f(x, y, 0) + y' f_{y'}(x, y, 0) + \frac{m}{2} y'^2,$$

e per ogni y' maggiore in modulo di un certo Y',

$$f(x, y, y') \geq \left\{ \frac{f(x, y, 0)}{y'^2} + \frac{f_{y'}(x, y, 0)}{y'} + \frac{m}{2} \right\} y'^2$$

$$> \frac{m}{4} y'^2 > |y'|^{1+\frac{1}{2}}.$$

Il caso qui indicato si presenta se è, per es.: $f \equiv y'^2$, o più generalmente, $f \equiv \varphi(x, y)\, y'^{2m} + \psi(x, y)$, con $\varphi(x, y)$ sempre maggiore di zero ed $m \geq 1$.

b) La proposizione dimostrata nel n.° precedente vale anche se non esiste la derivata parziale $f_{y'y'}$; essa vale, infatti, sotto la condizione che la $f(x, y, y')$ sia continua in tutto il campo A, per ogni y', ed ammetta, sempre finita e continua, la derivata $f_{y'}$ la quale, come funzione della y', sia sempre non decrescente.

§ 3. — La semicontinuità su una data curva.

157. - Lemma I.

Se $\bar{P}$ è un punto del campo A ed esistono due numeri ρ e $\bar{y}'$, il primo dei quali positivo, tali che, per tutti i punti (x, y) del campo A appartenenti al cerchio $(\bar{P}, \rho)$, per tutti gli y' soddisfacenti alla $|y' - \bar{y}'| < \rho$ e per tutti gli $\bar{y}' \neq y'$, si abbia

$$\mathcal{E}(x, y; y', \bar{y}') > 0; \tag{1}$$

preso ad arbitrio un $\varepsilon > 0$, è possibile determinare quattro numeri p, q, ρ_1 e ν, con $0 < \rho_1 < \rho$ e $\nu > 0$, in modo che, per ogni punto (x, y) di A, appartenente al cerchio $(\bar{P}, \rho_1)$, risulti

$$f(x, y, y') - (p + qy') > \nu\, |y'|, \tag{2}$$

qualunque sia y', e

$$f(x, y, y') - (p + qy') < \varepsilon, \tag{3}$$

se è $|y' - \bar{y}'| \leq \rho_1$.

Siano $\bar{x}$ e $\bar{y}$ le coordinate del punto $\bar{P}$; in virtù della (1), è (n.° 135),

$$f_{y'y'}(\bar{x}, \bar{y}, y') \geq 0, \tag{4}$$

per ogni y' tale che $|y' - \bar{y}'| \leq \rho$, e i valori di y' che verificano questa limitazione e che annullano la $f_{y'y'}$ non riempiono mai alcun intervallo. Pertanto, la $f_{y'}(\bar{x}, \bar{y}, y')$ è, nell'intervallo $(\bar{y}' - \rho, \bar{y}' + \rho)$, sempre crescente ed è, se $0 < \rho' \leq \rho$,

$$f_{y'}(\bar{x}, \bar{y}, \bar{y}' - \rho') < f_{y'}(\bar{x}, \bar{y}, \bar{y}' + \rho').$$

Consideriamo, in un piano (y', u), la figurativa

$$u = f(\bar{x}, \bar{y}, y'),$$

relativa al punto $(\bar{x}, \bar{y})$, e indichiamo con t_1 e t_2 le sue tangenti nei punti corrispondenti a $y' = \bar{y}' - \rho'$ e $y' = \bar{y}' + \rho'$.

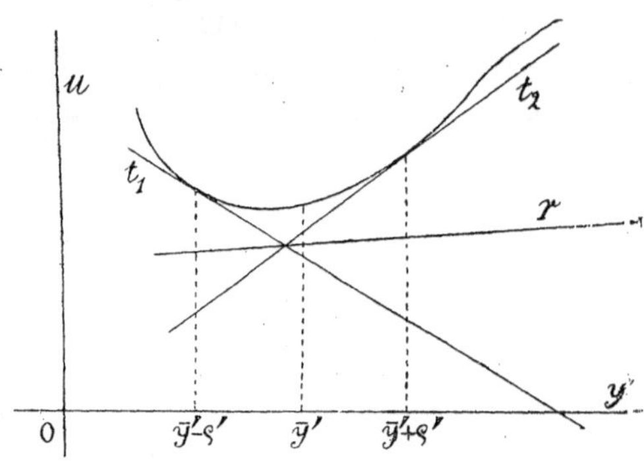

Avendosi, per la (1),

$$\mathcal{E}(\bar{x}, \bar{y}; \bar{y}' - \rho', y') > 0,$$

se è $y' \neq \bar{y}' - \rho'$, e

$$\mathcal{E}(\bar{x}, \bar{y}; \bar{y}' + \rho', y') > 0,$$

se è $y' \neq \bar{y}' + \rho'$, la figurativa resta tutta al disopra delle tangenti t_1 e t_2, e la retta r, passante per il punto comune a queste tangenti e avente per coefficiente angolare

$$q = \frac{1}{2} \{ f_{y'}(\bar{x}, \bar{y}, \bar{y}' - \rho') + f_{y'}(\bar{x}, \bar{y}, \bar{y}' + \rho') \} \tag{5}$$

(semisomma dei coefficienti angolari di t_1 e t_2), è tutta al disotto della figurativa, senza avere con essa alcun punto comune. Se

$$u = p + qy',$$

è l'equazione della r, è allora, per tutti gli y',

$$f(\bar{x}, \bar{y}, y') - (p + qy') > 0. \tag{6}$$

Supporremo ρ' uguale alla metà del limite superiore dei suoi valori che rendono soddisfatta la

$$f(\bar{x}, \bar{y}, y') - (p + qy') < \varepsilon, \tag{7}$$

per tutti gli y' compresi nell'intervallo $(\bar{y}' - \rho', \bar{y}' + \rho')$.

Sia ρ'' un numero positivo $\leq \rho'$, tale che, per ogni punto (x, y) di A, appartenente al cerchio $(\overline{P}, \rho'')$, e per tutti gli y' dell'intervallo $(\bar{y}' - \rho', \bar{y}' + \rho')$, si abbia

$$0 < f(x, y, y') - (p + qy') < \varepsilon.$$

Il numero ρ'' si supponga anche tale che risulti, in tutto il cerchio $(\overline{P}, \rho'')$,

$$f_{y'}(x, y, \bar{y}' - \rho') < q < f_{y'}(x, y, \bar{y}' + \rho'). \tag{8}$$

Siccome, nei punti (x, y) indicati, è, per la (1), se $y' \neq \bar{y}' - \rho'$,

$$\mathcal{E}(x, y; \bar{y}' - \rho', y') > 0,$$

ossia

$$f(x, y, y') - f(x, y, \bar{y}' - \rho') - (y' - \bar{y}' + \rho') f_{y'}(x, y, \bar{y}' - \rho') > 0, \tag{9}$$

ed è, inoltre, per $y' < \bar{y}' - \rho'$, tenendo conto delle precedenti disuguaglianze,

$$\begin{aligned} f(x, y, \bar{y}' - \rho') + (y' - \bar{y}' + \rho') f_{y'}(x, y, \bar{y}' - \rho') > \\ > [p + q(\bar{y}' - \rho')] + (y' - \bar{y}' + \rho')q = p + qy', \end{aligned} \tag{10}$$

è pure

$$f(x, y, y') - (p + qy') > 0, \tag{11}$$

e questa disuguaglianza vale ugualmente per $y' > \bar{y}' + \rho'$. La disuguaglianza ora stabilita vale dunque per ogni y'.

Prenderemo ρ_1 uguale alla metà del limite superiore di tutti i possibili valori di ρ''.

Osserviamo ora che, per (9) e (10), in ogni punto (x, y) del cerchio $(\overline{P}, \rho_1)$, appartenente al campo A, è, se $y' < \bar{y}' - \rho'$,

$$\begin{aligned} f(x, y, y') - (p + qy') > f(x, y, \bar{y}' - \rho') - \\ - (\bar{y}' - \rho') f_{y'}(x, y, \bar{y}' - \rho') - p + y' \{ f_{y'}(x, y, \bar{y}' - \rho') - q \}, \end{aligned}$$

e, se $y' > \bar{y}' + \rho'$,

$$\begin{aligned} f(x, y, y') - (p + qy') > f(x, y, \bar{y}' + \rho') - \\ - (\bar{y}' + \rho') f_{y'}(x, y, \bar{y}' + \rho') - p + y' \{ f_{y'}(x, y, \bar{y}' + \rho') - q \}. \end{aligned}$$

In virtù della (8), esistono dunque due numeri positivi, ν' e l, tali che sia

$$f(x, y, y') - (p + qy') > \nu' \mid y' \mid,$$

per ogni $\mid y' \mid \geq l$ e ogni (x, y) del cerchio $(\overline{P}, \rho_1)$. Ma poichè la (11) vale, nel cerchio $(\overline{P}, \rho_1)$, per tutti gli y', esiste un $m > 0$ tale che, in tutto il cerchio detto e per ogni y' soddisfacente alla $\mid y' \mid \leq l$, sia

$$f(x, y, y') - (p + qy') > m.$$

Se dunque prendiamo ν positivo e minore di ν' e di $\frac{m}{l}$, abbiamo verificata la (2) in tutto il cerchio $(\overline{P}, \rho_1)$ e per qualunque y'.

Osservazione I. — Dalle (4) e (5), risulta che il numero q, determinato come si è detto, è compreso fra $f_{y'}(\bar{x}, \bar{y}, \bar{y}' - \rho)$ e $f_{y'}(\bar{x}, \bar{y}, \bar{y}' + \rho)$.

Osservazione II. — Nell'enunciato del lemma, la (1) può sostituirsi con la

$$\mathcal{E}(x, y; y', \bar{y}') \geq 0,$$

purchè in $\overline{P}$ si abbia

$$\mathcal{E}(\bar{x}, \bar{y}; \bar{y}', \bar{y}') > 0,$$

per ogni $\bar{y}' \neq \bar{y}'$. Supposta verificata la prima disuguaglianza questa seconda lo è sicuramente, se è $f_{y'y'}(\bar{x}, \bar{y}, \bar{y}') > 0$.

158. - Lemma II.

Sia C_0 una curva ordinaria e, per ogni suo punto $P_0 \equiv (x_0, y_0)$, esistano due numeri $\rho(x_0)$, $\bar{y}'(x_0)$, il primo dei quali maggiore di zero, tali che, per tutti i punti (x, y) del campo A, appartenenti al cerchio $[P_0, \rho(x_0)]$, per tutti gli y' soddisfacenti alla $\mid y' - \bar{y}'(x_0) \mid \leq \rho(x_0)$ e per tutti gli $\bar{y}' \neq y'$, si abbia

$$\mathcal{E}(x, y; y', \bar{y}') > 0;$$

è allora possibile di decomporre la curva C_0 in un numero finito di archi: $C_0^{(1)}, C_0^{(2)}, \ldots, C_0^{(n)}$, e di determinare due numeri *positivi, ρ e ν, ed n coppie di numeri $(p^{(s)}, q^{(s)})$, $(s = 1, 2, \ldots, n)$, in modo che, per ogni punto (x, y) del campo A, appartenente all'intorno (ρ) di $C_0^{(s)}$, si abbia*

$$(1) \qquad f(x, y, y') - (p^{(s)} + q^{(s)}y') > \nu \, |y'|,$$

per tutti gli y'.

Preso comunque un $\varepsilon > 0$, si può, ad ogni punto P_0 della curva C_0, applicare il lemma del n.° precedente e determinare i corrispondenti numeri p, q, ρ e ν ([1]), che indicheremo con $p(x_0)$, $q(x_0)$, $\rho_1(x_0)$, $\nu(x_0)$. Detto α_0 il massimo arco di C_0 che contiene P_0 ed è contenuto nel cerchio $\left(P_0, \frac{1}{2}\rho_1(x_0)\right)$, abbiamo che, per ogni punto (x, y) del campo A, appartenente all'intorno $\left(\frac{1}{2}\rho_1(x_0)\right)$ di α_0, è, per tutti gli y',

$$f(x, y, y') - [p(x_0) + q(x_0)y'] > \nu(x_0)\,|y'|.$$

In questo modo, ad ogni punto P_0 della curva C_0, corrisponde un arco α_0, della curva stessa, a cui P_0 è interno, o di cui P_0 è un estremo, se esso è uno degli estremi della C_0; applicando allora il teorema del n.° 33, potremo scegliere un numero finito di punti della curva C_0: $P_1, P_2, \ldots, P_m$, in modo che gli archi $\alpha_1, \alpha_2, \ldots, \alpha_m$ corrispondenti ricoprano tutta la curva. Dopo aver soppresso le parti di ciascuno di tali archi che risultassero ricoperte da altri archi dello stesso gruppo aventi indice minore, risulteranno degli archi, in numero finito: $C_0^{(1)}, C_0^{(2)}, \ldots, C_0^{(n)}$, non sovrapponentisi e ricoprenti tutta la C_0, e si avrà, in corrispondenza di ciascuno di essi, una coppia di numeri $p^{(s)}$, $q^{(s)}$, la quale sodisfarà alla disuguaglianza

$$f(x, y, y') - (p^{(s)} + q^{(s)}y') > \nu \, |y'|,$$

per tutti gli y' e tutti i punti (x, y) del campo A appartenenti all'intorno (ρ) di $C_0^{(s)}$, ρ essendo la metà del minore dei nu-

---

([1]) Per togliere ogni ambiguità, intenderemo di prendere sempre per ν la metà del limite superiore di tutti i valori che esso può assumere.

meri ρ_1 corrispondenti ai punti P_1, P_2,...., P_m, e ν il minore dei $\nu(x)$ corrispondenti agli stessi punti.

OSSERVAZIONE I — Vale qui un' osservazione analoga alla Osservaz. II posta in fine al n.° precedente.

159. - Prima condizione sufficiente.

È evidente che, se, in tutto un intorno di una curva ordinaria C_0, risulta soddisfatta la condizione $f_{y'y'} \geq 0$, per tutti i possibili valori di y', l' integrale I_C è, sulla C_0, una funzione semicontinua inferiormente. Vogliamo ora occuparci di un' altra notevole condizione sufficiente e, precisamente, vogliamo dimostrare la proposizione che segue:

Data una curva ordinaria C_0, se:

1) *ad ogni suo punto $P_0 \equiv [x_0, y_0(x_0)]$ corrispondono due numeri, $\rho(x_0)$ e $\bar{y}'(x_0)$, il primo dei quali maggiore di zero, tali che, per tutti i punti (x, y) del campo A, appartenenti al cerchio $(P_0, \rho(x_0))$, per tutti gli y' soddisfacenti alla $|y' - \bar{y}'(x_0)| < \rho(x_0)$ e per tutti gli $\bar{y}' \neq y'$, si abbia*

$$\mathcal{E}(x, y; y', \bar{y}') > 0;$$

2) *in quasi-tutta la C_0, $\bar{y}'$ è la derivata dell' ordinata della curva, vale a dire, è $\bar{y}'(x_0) = y_0'(x_0)$;*

l' integrale I_C è una funzione semicontinua inferiormente sulla curva C_0.

In virtù della condizione 1), possiamo decomporre la curva C_0 in un numero finito di parti: $C_0^{(1)}$, $C_0^{(2)}$, ..., $C_0^{(n)}$, secondo quanto si è detto nel lemma del n.° precedente, ed è evidente che, per provare il teorema enunciato, basterà dimostrare la semicontinuità dell' integrale I_C sull' arco $C_0^{(s)}$. Posto

$$f^{(s)}(x, y, y') \equiv f(x, y, y') - (p^{(s)} + q^{(s)}y'),$$

dove $p^{(s)}$ e $q^{(s)}$ sono i numeri indicati nel lemma ricordato, per la continuità dell' integrale di $p^{(s)} + q^{(s)}y'$ (n.° 149), basterà anche dimostrare la semicontinuità inferiore, su $C_0^{(s)}$, dell' integrale della $f^{(s)}$.

Siccome poi, in tutto un intorno convenientemente piccolo di $C_0^{(s)}$, è sempre $f^{(s)} > 0$, e la funzione $\mathcal{E}$ (n.° 135) relativa alla $f^{(s)}$ è identica a quella relativa alla $f(x, y, y')$, ne viene che, senza ledere affatto la generalità della questione possiamo supporre senz'altro che la funzione $f(x, y, y')$ soddisfi sempre alla disuguaglianza

$$(1) \qquad f(x, y, y') > 0.$$

Ammessa questa ipotesi, e preso ad arbitrio un numero $\varepsilon > 0$, scegliamo, nell'intervallo (a_0, b_0) in cui è data la funzione $y_0(x)$ che definisce la curva C_0, un insieme chiuso E, il quale:

a) sia tutto costituito di punti in cui valga la $\bar{y}'(x) = y_0'(x)$;
b) non contenga nè il punto a_0 nè quello b_0;
c) soddisfi alla disuguaglianza

$$(2) \qquad \int_{(a_0, b_0)-E} f[x, y_0(x), y_0'(x)]dx < \varepsilon;$$

d) sia tale che in esso la derivata $y_0'(x)$ risulti funzione continua.

La scelta di E può farsi in infiniti modi, perchè la $y_0'(x)$ è una funzione quasi-continua in (a_0, b_0) (n.[i] 13, 46 e 52, *c*)).

Indichiamo con R il massimo modulo di $y_0'(x)$ in E.

Siccome al numero $\rho(x_0)$, corrispondente, secondo l'enunciato, al punto P_0 della C_0, possiamo sempre sostituire un altro numero, per il quale sia conservata la validità della condizione 1), è lecito ritenere soddisfatta sempre la disuguaglianza $\rho(x_0) \leq 1$. Ciò posto, considerato un punto x_0 qualunque di E e determinati i numeri p, q e ρ_1, corrispondenti al punto $[x_0, y_0(x_0)]$ secondo il lemma del n.° 157, numeri che indicheremo con $p(x_0)$, $q(x_0)$, $\rho_1(x_0)$, è possibile mostrare che esiste un limite superiore finito per $|p(x_0)|$ e $|q(x_0)|$. È infatti, secondo l'Osserv. I del n.° 157,

$$f_{y'}[x_0, y_0(x_0), y_0'(x_0) - \rho(x_0)] < q(x_0) < f_{y'}[x_0, y_0(x_0), y_0'(x_0) + \rho(x_0)],$$

ed essendo, in E, $|y_0'(x)| \leq R$ e $\rho(x) < 1$, detto M' un numero positivo maggiore del massimo modulo di $f_{y'}(x, y, y')$, per ogni (x, y) appartenente alla curva C_0 e per ogni y' soddisfacente alla $|y'| \leq R + 1$, abbiamo

$$|q(x_0)| < M'.$$

Inoltre, per le (2) e (3) del n.° 157, è

$$|p(x_0)| < |f[x_0, y_0(x_0), y_0'(x_0)]| + |q(x_0)||y_0'(x_0)| + \varepsilon;$$

esiste dunque un numero positivo M, tale che sia, per qualunque x di E,

$$(3) \qquad |p(x)| < M, \quad |q(x)| < M.$$

Se è x_0 un punto di E, dalla continuità di $y_0(x)$ in tutto (a_0, b_0) e da quella di $y_0'(x)$ nell'insieme E, segue, per il lemma del n.° 157, l'esistenza di un numero positivo δ, tale che, per ogni x di E soddisfacente alla $|x - x_0| \leq \delta$, si abbia

$$(4) \qquad 0 < f[x, y_0(x), y_0'(x)] - [p(x_0) + q(x_0)\, y_0'(x)] < \varepsilon$$

e che si abbia, inoltre,

$$(5) \qquad f(x, y, y') - [p(x_0) + q(x_0) y'(x)] > 0,$$

per qualsiasi y' e per ogni punto (x, y), del campo A, appartenente all'intorno $\left(\frac{1}{2}\rho_1(x_0)\right)$ dell'arco α_0, della C_0, che si proietta ortogonalmente sull'intervallo $(x_0 - \delta, x_0 + \delta)$ dell'asse delle x. Fra tutti i possibili valori di δ, sceglieremo la metà del limite superiore di quelli che risultano minori di $|x_0 - a_0|$ e $|x_0 - b_0|$, e l'indicheremo con $\delta(x_0)$.

Applicando il teorema di Pincherle-Borel del n.° 33, scegliamo un numero finito di punti di E: $x_1, x_2, \ldots, x_n$, in modo che gli intervalli

$$(6) \qquad [x_r - \delta(x_r), \quad x_r + \delta(x_r)] \qquad (r = 1, 2, \ldots, n)$$

ricoprano tutto l'insieme chiuso E. Poi, sopprimiamo, in ciascuno di questi intervalli, tutte quelle parti che risultassero sovrapposte ad intervalli, dello stesso gruppo, di indice r minore; sopprimiamo, inoltre, dai nuovi intervalli risultanti, un certo numero di quelle loro parti che eventualmente non contenessero alcun punto di E, in modo che la somma delle lunghezze dei nuovi intervalli restanti: $\omega_1, \omega_2, \ldots, \omega_m$, sia sufficientemente prossima alla misura $m(E)$ di E affinchè, detto E_1 lo pseudointervallo dei punti di questi ω che non appartengono ad E, si abbia

$$(7) \qquad m(E_1) < \frac{\varepsilon}{M}, \quad \int_{E_1} |\, y_0'(x) \,|\, dx < \frac{\varepsilon}{M}.$$

Indichiamo con ρ_2 un numero positivo, minore dei numeri $\frac{1}{2}\rho_1(x_r)$ e $\delta(x_r) (r = 1, 2, ..., n)$, e con $C_0^{(s)}$ l'arco della C_0 che si proietta orgonalmente, sull'asse delle x, nell'intervallo $\omega_s (s = 1, 2, ..., m)$.

Ogni ω_s appartiene interamente ad uno degli intervalli (6), e ad esso corrispondono due numeri p_s e q_s per i quali si ha, in conseguenza delle (3), (4) e (5),

$$|\, p_s \,| < M, \quad |\, q_s \,| < M,$$
$$0 < f[x, y_0(x), y_0'(x)] - [p_s + q_s y_0'(x)] < \varepsilon,$$

se x appartiene a ω_s e ad E, e

$$(8) \qquad f(x, y, y') - (p_s + q_s y') > 0,$$

qualunque sia y', se (x, y) appartiene al campo A ed all'intorno (ρ_2) di $C_0^{(s)}$.

Dette $E^{(s)}$ e $E_1^{(s)}$ rispettivamente le parti di E e E_1 contenute in ω_s, è, dunque,

$$\int_{E^{(s)}} f(x, y_0(x), y_0'(x)) dx - \int_{E^{(s)}} [p_s + q_s y_0'(x)] dx < \varepsilon m(E^{(s)})$$

ed anche

$$I_{C_0^{(s)}} - \int_{C_0^{(s)}} [p_s + q_s y'] dx < \varepsilon m(E^{(s)}) +$$
$$+ \int_{E_1^{(s)}} f[x, y_0(x), y_0'(x)] dx + M\left[m(E_1^{(s)}) + \int_{E_1^{(s)}} |\, y_0'(x) \,|\, dx \right],$$

donde, tenendo presenti le (2) e (7), e osservando che E_1 è un componente di $(a_0, b_0) - E$,

$$\sum_{s=1}^{m} I_{C_0^{(s)}} - \sum_{s=1}^{m} \int_{C_0^{(s)}} [p_s + q_s y'] \, dx < \varepsilon(b_0 - a_0 + 3),$$

e, per la (2), osservando che gli intervalli ω_s ricoprono interamente l'insieme E,

$$(9) \qquad I_{C_0} - \sum_{s=1}^{m} \int_{C_0^{(s)}} [p_s + q_s y'] \, dx < \varepsilon(b_0 - a_0 + 4).$$

Rilevando qui che, per essere p_s e q_s delle costanti, l'integrale di $p_s + q_s y'$ è una funzione continua (n.° 149), possiamo determinare un numero positivo $\rho_3 < \rho_2$, in modo che, se C è una qualsiasi curva ordinaria, appartenente propriamente all'intorno (ρ_3) della C_0, e $C^{(s)}$ è il suo arco che si proietta ortogonalmente, sull'asse delle x, nell'intervallo ω_s, si abbia

$$\left| \int_{C^{(s)}} [p_s + q_s y'] \, dx - \int_{C_0^{(s)}} [p_s + q_s y'] \, dx \right| < \frac{\varepsilon}{m}.$$

E siccome, dalla (8), segue

$$I_{C^{(s)}} - \int_{C^{(s)}} [p_s + q_s y'] \, dx > 0,$$

ed anche, sommando e tenendo presente la $f > 0$,

$$I_C - \sum_{s=1}^{m} \int_{C^{(s)}} [p_s + q_s y'] \, dx > 0,$$

si ha pure

$$I_C > \sum_{s=1}^{m} \int_{C_0^{(s)}} [p_s + q_s y'] \, dx - \varepsilon,$$

e, per la (9),

$$I_C > I_{C_0} - \varepsilon(b_0 - a_0 + 5).$$

Questa disuguaglianza, che risulta soddisfatta per ogni curva ordinaria C, appartenente propriamente all'intorno (ρ_3) della C_0, dimostra la semicontinuità inferiore di I_C sulla C_0.

Osservazione I — Sulla condizione 1) può farsi un'osservazione analoga alla Osserv. II del n.° 157.

Osservazione II — La proposizione qui dimostrata sussiste anche se, supposta la funzione $f(x, y, y')$ sempre maggiore di un numero fisso N, la condizione 1) è verificata, non in tutti i punti P_0 della curva C_0, ma soltanto in quasi-tutta la curva.

Osservazione III — In virtù di quanto or ora si è detto, può farsi, anche per gli integrali in forma ordinaria, l'osservazione contenuta nel n.° 107. Basta, all'uopo, considerare la funzione

$$f(x, y, y') \equiv \frac{1 + y'^2}{\sqrt{2(1 + y'^2)} - 1}.$$

160. - Seconda condizione sufficiente.

Ammettiamo qui che la funzione $f(x, y, y')$ soddisfi, anzichè alle condizioni enunciate al n.° 133, a quelle poste al n.° 155.

In tale ipotesi, considerata una curva ordinaria C_0, *di equazione*

$$y = y_0(x), \quad (a_0, b_0),$$

e supposto che, ad ogni x_0, *di* (a_0, b_0), *in cui esiste finita la derivata* $y_0'(x)$, *eccettuati al più i punti di uno pseudointervallo di misura nulla, corrisponda un numero* $\rho(x_0) > 0$, *in modo che, se* (x_0, y) *è un punto del campo* A *soddisfacente alla*

$$|y - y_0(x_0)| \leq \rho(x_0),$$

si abbia, per tutti gli y',

$$\mathcal{E}(x_0, y; y_0'(x_0), y') \geq 0,$$

l'integrale I_C *è una funzione semicontinua inferiormente sulla curva* C_0.

La dimostrazione di questa proposizione si ottiene ripetendo il ragionamento fatto al n.° 155, sostituendo però all'insieme E (in esso considerato), relativo ad una curva ordinaria C per la quale sia

$$(1) \qquad I_{C_0} < \int_{a'}^{b'} f(x, y_0, y_0')dx + \varepsilon,$$

l'insieme $\bar{E}$, che ora definiremo. Detto, anche qui, E_0 lo pseudointervallo dei punti di (a_0, b_0) nei quali la $y_0'(x)$ esiste e soddisfa alla $|y_0'(x)| \leq R$, e scelto R in modo che sia

$$\int_{(a_0, b_0) - E_0} |f(x, y_0, y_0')|\, dx < \varepsilon, \quad N[b_0 - a_0 - m(E_0)] < \varepsilon \text{ [1]},$$

---

[1] Per il significato di N, v. il n.° 155.

prendiamo un componente *chiuso* E_0' di E_0 [1], tale che, in esso, esista sempre il numero $\rho(x)$ e la $y_0'(x)$ risulti funzione continua, e che soddisfi alle

$$\int_{(a_0,\, b_0) - E_0'} |f(x,\, y_0,\, y_0')|\, dx < \varepsilon, \quad N[b_0 - a_0 - m(E_0')] < \varepsilon.$$

Siccome poi, se ad x corrisponde un $\rho(x)$, ne corrispondono infiniti, soddisfacenti tutti alla condizione indicata nell'enunciato, è lecito supporre che il $\rho(x)$ considerato sia la metà del limite superiore di tutti quelli, fra questi numeri, che non superano 2. Con ciò, è sempre $\rho(x) \leq 1$, e in virtù della continuità della funzione $\mathcal{E}(x,\, y;\, y',\, \bar{y}')$ rispetto alle sue quattro variabili, $\rho(x)$ risulta in E_0' funzione semicontinua superiormente. Ne viene, pertanto, che, se n è un numero intero positivo qualunque, e $E'_{0,n}$ indica il componente di E_0' nel quale è sempre $\rho(x) \geq \frac{1}{n}$, l'insieme $E'_{0,\,n}$ è *chiuso*. Ma E_0' è l'insieme di tutti i punti di tutti gli $E'_{0,n}$, ed $E'_{0,\,n}$ è contenuto in $E'_{0,n+1}$; è dunque (n.° 41, *i*)) $m(E'_{0,\,n}) \to m(E_0')$, per $n \to \infty$, e per un $\bar{n}$ sufficientemente grande avremo

$$\int_{(a_0,\, b_0) - E'_{0,\,\bar{n}}} |f(x,\, y_0,\, y_0')|\, dx < \varepsilon, \quad N[b_0 - a_0 - m(E'_{0,\,\bar{n}})] < \varepsilon.$$

Dopo ciò, chiameremo $\bar{E}$ la parte di $E'_{0,\,\bar{n}}$ contenuta in $(a',\, b')$. Avremo così

$$\int_{(a',\, b') - \bar{E}} |f(x,\, y_0,\, y_0')|\, dx < \varepsilon, \quad N[b' - a' - m(\bar{E})] < \varepsilon,$$

ed anche, tenendo presente la (1),

$$I_{C_0} < \int_{\bar{E}} f(x,\, y_0,\, y_0')\, dx + 2\varepsilon.$$

Supporremo poi che il numero ρ, considerato nella dimostrazione del n.° 155, sia minore di $\frac{1}{\bar{n}}$.

---

[1] Si rammenti che, nell'insieme E_0, la $y_0'(x)$ è una funzione quasi-continua.

Applicando la proposizione ora data, si ha la semicontinuità inferiore dell'integrale

$$\int_C (y'^2 - 1)^2 dx,$$

su ogni segmento rettilineo di coefficiente angolare ± 1. Non è invece applicabile a questo integrale la proposizione del n.° 159.

OSSERVAZIONE. — La proposizione qui stabilita è indipendente dall'ipotesi dell'esistenza della derivata parziale $f_{y'y'}$. Altrettanto può dirsi per quella del n.° 159, come pure per quelle dei n.i 157 e 158; tutte queste proposizioni sono poi anche indipendenti dall'ipotesi dell'esistenza della derivata parziale $f_{y'x}$, e quindi dalla condizione 3) del n.° 133.

Capitolo XII.

ULTERIORI PROPRIETÀ DEGLI INTEGRALI I_C.

§ 1. Comportamento di I_C in prossimità di una data curva.

161. - **Caso della funzione $f(x, y, y')$ infinita, per $|y'| \to +\infty$, di ordine non superiore al primo.**

Convenendo di indicare sempre con L la lunghezza della curva C, e ragionando come si è fatto al n.° 114 (1), si ottiene la seguente proposizione:

Considerata una curva ordinaria C_0 e supposta l'esistenza di tre numeri positivi, ρ_1, λ e Λ, tali che, in tutti i punti del campo A, appartenenti all'intorno (ρ) della C_0, sia

$$|f(x, y, y')| < \lambda + \Lambda |y'|,$$

preso ad arbitrio un numero positivo ε, è possibile di determinarne altri due, δ e ρ $(\rho < \rho_1)$, in modo che, per ogni curva ordinaria C, appartenente all'intorno (ρ) della C_0 e soddisfacente alla disuguaglianza

$$|L - L_0| < \delta,$$

si abbia

$$|I_C - I_{C_0}| < \varepsilon.$$

Osservazione I. — Se la condizione per la f, relativa al modo di diventar infinita per $y' \to \infty$, viene a mancare, la proposizione ora data può non esser vera.

---

(1) Si avrà cura, in tale ragionamento, di sostituire, all'applicazione del teorema del n.° 83, quella del teorema del n.° 141, *b*).

Si supponga, ad es., $f(y, y, y') \equiv y'^2$, e la C_0 sia data dal segmento dell'asse delle x i cui estremi hanno le ascisse 0 e 1. Si consideri la curva C_n composta dei due segmenti rettilinei che uniscono successivamente i punti $\left(0, \frac{1}{n}\right)$, $\left(\frac{1}{n^3}, 0\right)$, $(1, 0)$. È

$$I_{C_0} = 0, \quad I_{C_n} = n,$$

e

$$L_0 = 1, \quad L_n = \frac{1}{n}\sqrt{1 + \frac{1}{n^4}} + \left(1 - \frac{1}{n^3}\right),$$

e quindi, per $n \to \infty$, $L_n \to L_0$, ma $I_{C_n} \to \infty$.

OSSERVAZIONE II. — La determinazione dei numeri δ e ρ può essere fatta in modo che le curve C, indicate nell'enunciato del teorema, soddisfino anche alla disuguaglianza

$$|I_{C[x]} - I_{C_0[x]}| < \varepsilon,$$

e ciò per tutti gli x dell'intervallo (a_0, b_0), su cui è definita la C_0 (1).

162. - Teorema di Lindeberg (2).

Se C_0 è una curva ordinaria: $y = y_0(x)$, (a_0, b_0), e su di essa sono verificate le condizioni 1) e 2) dell'enunciato del n.° 159; scelti ad arbitrio due numeri σ e λ, positivi, è sempre possibile di determinarne altri due, ρ ed ε, positivi anch'essi, in modo che si abbia

$$I_C - I_{C_0} \geq \varepsilon,$$

per ogni curva ordinaria C: $y = y(x)$, (a, b), appartenente propriamente all'intorno (ρ) della C_0 e tale che lo pseudointervallo

---

(1) Per il significato di $C_0[x]$ e $C[x]$, vedi l'Osservaz. I del n.° 141, a).

(2) J. W. LINDEBERG, *Ueber einige Fragen der Variationsrechnung* (Math. Annalen Bd. LXVII (1909) pp. 340-354). L'enunciato del testo costituisce una generalizzazione della proposizione data dal Lindeberg. Questo A., infatti, suppone che la curva C_0 abbia, per la sua ordinata, derivate prima e seconda continue, e che soddisfi alla condizione $f_{y'y'}[x, y_0(x), y_0'(x)] > 0$, in tutti i suoi punti; suppone, inoltre, che la C sia composta di un numero finito di curve di classe 1 (n.° 131), a derivata sempre inferiore, in modulo, ad un numero fisso. Quest'ultima limitazione fu tolta da E. E. LEVI (*Sopra un teorema di Calcolo delle Variazioni del Lindeberg*. Rend. Circ. Matem. di Palermo, T. XXXVII, 1914). Nella forma del testo, il teorema fu dato in L. TONELLI, *Su due proposizioni di J. W. Lindeberg e E. E. Levi, nel Calcolo delle Variazioni*. (Rend. R. Accad. Lincei, 1921, 1° sem.).

***dei punti** x, **in cui esistono finite entrambe le derivate** $y_0'(x)$ e $y'(x)$ **ed è** $|y'(x)-y_0'(x)|\geq\sigma$, **sia di misura** $\geq\lambda$.*

Ci limiteremo, nel presente n.°, a dimostrare solo un caso particolare di questo teorema, rimandando, per la dimostrazione generale, al n.° seguente.

Supporremo qui che la $y_0(x)$ ammetta, in tutto l'intervallo (a_0, b_0), le derivate $y_0'(x)$ e $y_0''(x)$, finite e continue, e che la condizione 2) dell'enunciato del n.° 159 sia verificata in modo che sempre, in tutto (a_0, b_0), si abbia $\bar{y}'(x)=y_0'(x)$. Supporremo, inoltre, di considerare soltanto le curve ordinarie C per le quali si ha $a=a_0$, $b=b_0$.

Abbiamo, in tali ipotesi,

$$I_C-I_{C_0}=\int_{a_0}^{b_0}\{f[x, y(x), y'(x)]-f[x, y_0(x), y_0'(x)]\}\,dx$$

e, introducendo la funzione $\mathcal{E}$,

$$(1)\quad\left\{\begin{aligned}I_C-I_{C_0}=&\int_{a_0}^{b_0}\{f[x, y(x), y_0'(x)]-y_0'(x)f_{y'}[x, y(x), y_0'(x)]+\\&\qquad+y'(x)f_{y'}(x, y(x), y_0'(x))\}\,dx\\&-\int_{a_0}^{b_0}\{f[x, y_0(x), y_0'(x)]-y_0'(x)f_{y'}[x, y_0(x), y_0'(x)]+\\&\qquad+y_0'(x)f_{y'}[x, y_0(x), y_0'(x)]\}\,dx\\&+\int_{a_0}^{b_0}\mathcal{E}[x, y(x); y_0'(x), y'(x)]\,dx.\end{aligned}\right.$$

Fra gli infiniti numeri che, per ogni x di (a_0, b_0), soddisfano come $\rho(x)$ alla condizione 1) dell'enunciato del n.° 159, è lecito supporre che $\rho(x)$ sia la metà del loro limite superiore. Per l'ammessa continuità della derivata $y_0'(x)$, $\rho(x)$ ha allora in (a_0, b_0) un minimo $\bar{\rho}$, maggiore di zero, che prenderemo uguale ad 1 qualora fosse sempre $\rho(x)=+\infty$.

Consideriamo un campo limitato e chiuso T, i cui punti (x, y, y') soddisfino alle condizioni

$$a_0\leq x\leq b_0,\quad |y-y_0(x)|\leq\bar{\rho},\quad y'=y_0'(x).$$

Siccome, per ogni x e y soddisfacenti alle due prime disuguaglianze e per ogni $\bar{y}'$ tale che $|\bar{y}' - y_0'(x)| \leq \bar{\rho}$, è (condizione 1) dell'enunciato del n.° 159)

$$\mathcal{E}(x, y; \bar{y}', \bar{\bar{y}}') > 0,$$

tutte le volte che sia $\bar{y}' \neq \bar{\bar{y}}'$, scelto ad arbitrio $\sigma > 0$, abbiamo, per il teorema *a*) del n.° 137,

$$\mathcal{E}(x, y; y_0'(x), y'(x)) > \mu\, |y'(x) - y_0'(x)|,$$

con $\mu > 0$, per ogni x di (a_0, b_0) e per ogni y soddisfacente alla disuguaglianza $|y - y_0(x)| \leq \bar{\rho}$, purchè $y'(x)$ soddisfi alla

$$|y'(x) - y_0'(x)| \geq \sigma.$$

Ora, detto E l'insieme dei punti di (a_0, b_0) nei quali esiste la $y'(x)$ ed è soddisfatta l'ultima disuguaglianza scritta, e supposto che la curva C appartenga all'intorno $(\bar{\rho})$ della C_0, abbiamo

$$\int_{a_0}^{b_0} \mathcal{E}[x, y(x); y_0'(x), y'(x)]\, dx \geq \int_E \mathcal{E}[x, y(x); y_0'(x), y'(x)]\, dx,$$

perchè, per la condizione 1) dell'enunciato del n.° 159, è sempre

$$\mathcal{E}[x, y(x); y_0'(x), y'(x)] \geq 0;$$

abbiamo, pertanto, se per la C è $m(E) \geq \lambda$,

$$(2) \quad \int_{a_0}^{b_0} \mathcal{E}[x, y(x); y_0'(x), y'(x)]\, dx > \mu \int_E |y'(x) - y_0'(x)|\, dx > \mu\sigma\lambda.$$

I primi due integrali del secondo membro di (1) si possono scrivere

$$\int_{a_0}^{b_0} [P(x, y(x)) + y'(x) Q(x, y(x))]\, dx,$$

$$\int_{a_0}^{b_0} [P(x, y_0(x)) + y_0'(x) Q(x, y_0(x))]\, dx,$$

con $P(x, y)$ e $Q(x, y)$ funzioni continue, in tutto il campo definito dalle disuguaglianze

$$a_0 \leq x \leq b_0, \quad |y - y_0(x)| \leq \bar{\rho},$$

nel quale campo, per le ipotesi fatte sulla C_0, risulta continua anche la derivata parziale $\frac{\partial Q}{\partial x}$; risulta poi anche soddisfatta la condiz. 3) del n.° 133. Dal teorema del n.° 149 scende dunque che, se ρ_1 è un numero positivo minore di $\bar{\rho}$ e sufficientemente piccolo, la differenza fra i due integrali scritti è, in modulo, inferiore a $\frac{1}{2}\mu\sigma\lambda$. Segue, allora,

$$I_C - I_{C_0} > \frac{1}{2}\mu\sigma\lambda,$$

che è quanto si voleva.

163. - Dimostrazione generale del teorema di Lindeberg. Veniamo ora a dimostrare il teorema del n.° precedente nel caso generale. Come già si è detto al n.° 159, anche qui possiamo decomporre la curva ordinaria C_0 in un numero finito di parti: $C_0^{(1)}, C_0^{(2)}, \ldots, C_0^{(n)}$, secondo quanto si è stabilito nel lemma del n.° 158; e, posto

$$f^{(s)}(x, y, y') \equiv f(x, y, y') - (p^{(s)} + q^{(s)}y'),$$

dove $p^{(s)}$ e $q^{(s)}$ sono i numeri indicati nel lemma ricordato, è, in tutto un intorno convenientemente piccolo di $C_0^{(s)}$, $f^{(s)} > 0$, mentre poi la funzione $\mathfrak{E}$ relativa alla $f^{(s)}$ è identica a quella relativa alla f.

Detto $\delta^{(s)}$ l'intervallo di (a_0, b_0) su cui si proietta ortogonalmente $C_0^{(s)}$, e considerata una qualunque delle curve C considerate nell'enunciato del teorema da dimostrare, esiste almeno un $\delta^{(s)}$ su cui l'insieme dei punti in cui esistono finite entrambe le derivate $y_0'(x)$ e $y'(x)$, ed è $|y'(x) - y_0'(x)| > \sigma$, risulta di misura $\geq \frac{1}{n}\lambda$. Se, pertanto, teniamo presente che, in virtù del teorema del n.° 159, l'integrale I è funzione semicontinua inferiormente su ciascuno degli archi $C_0^{(s)}$, possiamo supporre, senza nuocere in alcun modo alla generalità del nostro ragionamento, che la funzione data $f(x, y, y')$ soddisfi sempre alla disuguaglianza

$$f(x, y, y') > 0. \tag{1}$$

Ammesso ciò, e osservato che la $y_0'(x)$ è, in (a_0, b_0), una funzione quasi-continua (n.° 46), scegliamo un insieme chiuso G, di punti di (a_0, b_0), in cui la derivata $y_0'(x)$ esiste ed è $y_0'(x) = \bar{y}'(x)$, con la condizione che in G la $y_0'(x)$ risulti funzione continua e che la misura $m(G)$ sia maggiore di $(b_0 - a_0) - \frac{1}{4}\lambda$.

Il numero $\rho(x)$ che, secondo la condizione 1) del teorema del n.° 159, corrisponde al punto generico P_0 della curva C_0, possiamo senz'altro ritenerlo uguale alla metà del limite superiore di tutti gli infiniti numeri, non superiori a 2, che come esso soddisfano alle condizioni indicate in 1) nel teorema citato. Con questo, $\rho(x)$ risulta, nell'insieme G, una funzione continua, ed ammette, in tale insieme, un minimo, maggiore di zero, che indicheremo semplicemente con ρ.

Consideriamo il campo T dei punti (x, y, y') tali che x sia un qualunque punto di G, y soddisfi alla $|y - y_0(x)| \leq \rho$, con (x, y) punto del campo A, e sia, infine, $y' = y_0'(x)$. La condizione 1), del teorema del n.° 159, permette di applicare la proposizione del n.° 138, a), facendo in essa $\delta = \rho$, e dà così due numeri positivi, ν e μ, tali che, se $(x, y, y_0'(x))$ è un punto qualunque di T e se q è un numero qualsiasi soddisfacente alla

$$|q - f_{y'}(x, y, y_0'(x))| \leq \nu, \tag{2}$$

risulta

$$f(x, y, \bar{y}') - f(x, y, y_0'(x)) - q[\bar{y}' - y_0'(x)] > \mu \, |\bar{y}' - y_0'(x)|, \tag{3}$$

purchè sia $|\bar{y}' - y_0'(x)| \geq \sigma$.

Con queste premesse, possiamo ora seguire, con poche modificazioni, il ragionamento del n.° 159.

Preso ad arbitrio un $\varepsilon > 0$, scegliamo, nell'intervallo (a_0, b_0), un insieme chiuso E, il quale:

a) sia tutto costituito di punti in cui esiste la derivata $y_0'(x)$ ed è $y_0'(x) = \bar{y}'(x)$;

b) non contenga nè il punto a_0 nè quello b_0;

c) soddisfi alla disuguaglianza

$$\int_{(a_0, b_0) - E} f(x, y_0(x), y_0'(x)) \, dx < \varepsilon; \tag{4}$$

d) sia tale che in esso la derivata $y_0'(x)$ risulti funzione continua

e) sia di misura $> (b_0 - a_0) - \frac{1}{4}\lambda$.

Il numero $\rho(x)$, sopra indicato, risulta funzione continua anche nell'insieme chiuso E, ed ammette in esso un minimo maggiore di zero. Sia $\bar{\rho}$ un numero positivo minore di questo minimo, minore anche di ρ, e tale che, per ogni coppia x_0, x, di punti di E, soddisfacenti alla $|x_0 - x| \leq \bar{\rho}$, e per ogni y soddisfacente alla $|y - y_0(x)| \leq \bar{\rho}$, con (x, y) punto del campo A, si abbia

$$|f_{y'}(x, y, y_0'(x)) - f_{y'}(x_0, y_0(x_0), y_0'(x_0) \pm \bar{\rho})| \leq \nu. \tag{5}$$

Dopo ciò, determiniamo, per ogni x_0 di E, i tre numeri $p(x_0)$, $q(x_0)$, $\rho_1(x_0)$, indicati, in corrispondenza del punto $[x_0, y_0(x_0)]$, dal lemma del n.° 157, nel quale faremo $\rho = \bar{\rho}$ e $\bar{y}' = y_0'(x_0)$. È $\rho_1(x_0) < \bar{\rho}$, e, come già abbiamo veduto al n.° 159, esiste un numero M per il quale si ha, qualunque sia x_0 di E,

$$|p(x_0)| < M, \quad |q(x_0)| < M.$$

Inoltre, avendosi (Osservaz. I, n.° 157)

$$f_{y'}(x_0, y_0(x_0), y_0'(x_0) - \bar{\rho}) < q(x_0) < f_{y'}(x_0, y_0(x_0), y_0'(x_0) + \bar{\rho}),$$

è, per la (5),

$$| q(x_0) - f_{y'}(x, y, y_0'(x)) | \leq \nu,$$

per ogni x di E soddisfacente alla $|x_0 - x| \leq \bar{\rho}$ e per ogni y tale che (x, y) appartenga ad A e sia $|y - y_0(x)| < \bar{\rho}$, e quindi, in virtù di (2) e (3), se x appartiene anche a G,

$$f(x, y, \bar{y}') - f(x, y, y_0'(x)) - q(x_0)[\bar{y}' - y_0'(x)] > \mu \, | \bar{y}' - y_0'(x) |,$$

purchè sia $| \bar{y}' - y_0'(x) | \geq \sigma$.

Diremo $\bar{E}$ l'insieme dei punti comuni ad E e G. Per essere

$$m(G) > (b_0 - a_0) - \frac{1}{4}\lambda, \quad m(E) > (b_0 - a_0) - \frac{1}{4}\lambda,$$

è

$$m(\bar{E}) > (b_0 - a_0) - \frac{1}{2}\lambda. \tag{6}$$

Come al n.° 159, possiamo ora determinare un sistema di intervalli: $\omega_1, \omega_2, \ldots, \omega_m$, non sovrapponentisi, tutti interni ad (a_0, b_0) e ricoprenti interamente l'insieme E, in modo che, detto E_1 lo pseudointervallo dei punti di tutti gli ω che non appartengono ad E, si abbia

$$m(E_1) < \frac{\varepsilon}{M}, \quad \int_{E_1} | y_0'(x) | \, dx < \frac{\varepsilon}{M}, \tag{7}$$

e in modo ancora che esistano un $\rho_2 > 0$ e m coppie p_s, q_s $(s = 1, 2, \ldots, m)$, soddisfacenti alle disuguaglianze

$$| p_s | < M, \quad | q_s | < M, \tag{8}$$

$$0 < f[x, y_0(x), y_0'(x)] - [p_s + q_s y_0'(x)] < \varepsilon, \tag{9}$$

$$f(x, y, y') - [p_s + q_s y'] > 0, \tag{10}$$

$$f(x, y, \bar{y}') - f(x, y, y_0'(x)) - q_s[\bar{y}' - y_0'(x)] > \mu \, | \bar{y}' - y_0'(x) |, \tag{11}$$

delle quali la (9) deve risultare verificata per ogni x di E, appartenente a ω_s, la (10), per ogni y', per ogni x di ω_s e per ogni y tale che sia $| y - y_0(x) | \leq \rho_2$, con (x, y) appartenente ad A; e la (11), per ogni x di ω_s appartenente a $\bar{E}$, per ogni y tale che $| y - y_0(x) | \leq \rho_2$, con (x, y) appartenente ad A, e per ogni $\bar{y}'$ soddisfacente alla $| \bar{y}' - y_0'(x) | \geq \sigma$.

Possiamo supporre ρ_2 minore della minima distanza degli intervalli ω da a_0 e da b_0, e sufficientemente piccolo affinchè, per ogni x di E e per ogni y soddisfacente alla $| y - y_0(x) | \leq \rho_2$, sia

$$| f(x, y, y_0'(x)) - f(x, y_0(x), y_0'(x)) | < \varepsilon, \tag{12}$$

e affinchè anche, per ogni curva ordinaria C, appartenente propriamente all'intorno (ρ_2) della C_0, si abbia (n.° 149)

$$\left| \int_{C^{(s)}} [p_s + q_s y'] \, dx - \int_{C_0^{(s)}} [p_s + q_s y'] \, dx \right| < \frac{\varepsilon}{m}, \tag{13}$$

dove $C^{(s)}$ e $C_0^{(s)}$ rappresentano gli archi della C e della C_0 che si proiettano ortogonalmente sul segmento ω_s.

Considerata una qualsiasi curva ordinaria C, appartenente propriamente all'intorno (ρ_2) della C_0, e tale che l'insieme dei punti x in cui esistono entrambe le derivate $y_0'(x)$ e $y'(x)$, ed è $|y'(x) - y_0'(x)| \geq \sigma$, sia di misura $\geq \lambda$, indichiamo con $\overline{E}_C$ il componente di tale insieme costituito tutto di punti di $\overline{E}$. Valendo la (6), è

$$m(\overline{E}_C) > \frac{1}{2}\lambda.$$

Indichiamo poi con $E^{(s)}$, $E_1^{(s)}$, $\overline{E}_C^{(s)}$, le parti di E, E_1, $\overline{E}_C$, rispettivamente, contenute in ω_s. È, per ogni x di $\overline{E}_C^{(s)}$, in virtù di (11) e (12),

$$\begin{aligned}[]
[f(x, y(x), y'(x)) - (p_s + q_s y'(x))] - [f(x, y_0(x), y_0'(x)) - (p_s + q_s y_0'(x))]& \\
= [f(x, y(x), y'(x)) - f(x, y(x), y_0'(x)) - q_s(y'(x) - y_0'(x))]& \\
+ [f(x, y(x), y_0'(x)) - f(x, y_0(x), y_0'(x))] > \mu |y'(x) - y_0'(x)| - \varepsilon&,
\end{aligned}$$

e integrando su $\overline{E}_C^{(s)}$ e sommando rispetto ad s,

$$\begin{aligned}
&\left[\int_{\overline{E}_C} f[x, y(x), y'(x)]\, dx - \int_{\overline{E}_C} f[x, y_0(x), y_0'(x)]\, dx\right] \\
&\quad - \sum_s \left[\int_{\overline{E}_C^{(s)}} (p_s + q_s y'(x))\, dx - \int_{\overline{E}_C^{(s)}} (p_s + q_s y_0'(x))\, dx\right] \\
(14)\qquad &\quad > \mu \int_{\overline{E}_C} |y'(x) - y_0'(x)|\, dx - \varepsilon m(\overline{E}_C) \\
&\quad > \frac{1}{2}\mu\sigma\lambda - \varepsilon(b_0 - a_0).
\end{aligned}$$

È, inoltre, per la (9),

$$(15)\qquad \int_{E^{(s)} - \overline{E}_C^{(s)}} f[x, y_0(x), y_0'(x)]\, dx - \int_{E^{(s)} - \overline{E}_C^{(s)}} [p_s + q_s y_0'(x)]\, dx < \varepsilon,$$

e per la (4) (tenendo conto che E_1 è un componente di $(a_0, b_0) - E$ e che vale la (1)) e le (7) e (8),

$$\begin{aligned}
(16)\qquad &\int_{E_1} f(x, y_0(x), y_0'(x))\, dx - \\
&\quad - \sum_s \int_{E_1^{(s)}} [p_s + q_s y_0'(x)]\, dx < \varepsilon + M\left[m(E_1) + \int_{E_1} |y_0'(x)|\, dx\right] < 3\varepsilon
\end{aligned}$$

ed anche, per (10),

$$\int\limits_{E_1+E-\overline{E}_C} f[x,\, y(x),\, y'(x)]\, dx - \sum_s \int\limits_{E_1^{(s)}+E^{(s)}-\overline{E}_C^{(s)}} [p_s + q_s y'(x)]\, dx > 0. \tag{17}$$

Da (14), (15), (16) e (17), segue

$$[\sum_s I_{C^{(s)}} - \sum_s I_{C_0^{(s)}}] - \left[\sum_s \int\limits_{C^{(s)}} [p_s + q_s y']\, dx - \sum_s \int\limits_{C_0^{(s)}} [p_s + q_s y']\, dx\right]$$
$$> \frac{1}{2}\mu\sigma\lambda - \varepsilon(b_0 - a_0 + 4),$$

e tenendo conto delle (1), (4) e (13) [1],

$$I_C - I_{C_0} > \frac{1}{2}\mu\sigma\lambda - \varepsilon(b_0 - a_0 + 6).$$

Siccome ε è arbitrario, abbiamo, per

$$\varepsilon < \frac{\mu\sigma\lambda}{4(b_0 - a_0 + 6)},$$
$$I_C - I_{C_0} > \frac{1}{4}\mu\sigma\lambda,$$

la quale disuguaglianza dimostra la proposizione enunciata al n.° precedente.

OSSERVAZIONE — Valgono qui le stesse osservazioni I e II del n.° 159.

164. - Parziale generalizzazione del teorema di Lindeberg [2].

Se C_0 è una curva ordinaria: $y = y_0(x)$, (a_0, b_0), e su di essa sono verificate le condizioni 1) e 2) dell'enunciato del n.° 159;

se, inoltre, esistono due numeri positivi, Δ e φ, tali che, in quasi-tutto (a_0, b_0), sia

$$\rho(x) \leq \Delta, \tag{1}$$

$$\mathcal{E}(x,\, y_0(x);\; y_0'(x),\, y_0'(x) \pm \rho(x)) \geq \varphi; \tag{2}$$

scelto ad arbitrio un numero $\lambda > 0$, è sempre possibile di determinarne altri due, ρ e ε, pure positivi, in modo che si abbia

$$I_C - I_{C_0} \geq \varepsilon, \tag{3}$$

---

[1] Si tenga presente che l'insieme E è completamente ricoperto dagli intervalli ω_s.

[2] L. TONELLI, *Su due proposizioni di J. W. Lindeberg e E. E. Levi, nel Calcolo delle Variazioni*, loc. cit.

per tutte le curve ordinarie C: $y = y(x)$, (a, b), appartenenti propriamente all'intorno (ρ) della C_0 e soddisfacenti alla disuguaglianza

$$(4) \qquad \int_{a'}^{b'} | y'(x) - y_0'(x) | \, dx \geq \lambda,$$

dove (a', b') è l'intervallo che contiene (a_0, b_0) e (a, b), e nel quale le $y'(x)$ e $y_0'(x)$ si pongono uguali a zero dove non esistono o non sono finite.

Ci limiteremo, nel presente n.°, a dimostrare solo un caso particolare di questo teorema, rimandando al n.° seguente per per la dimostrazione generale.

Supporremo qui che la $y_0(x)$ ammetta, in tutto l'intervallo (a_0, b_0), le derivate $y_0'(x)$ e $y_0''(x)$, finite e continue, e che la condizione 2) dell'enunciato del n.° 159, sia verificata in modo che, in tutto (a_0, b_0), si abbia $\bar{y}'(x) = y_0'(x)$. Supporremo, di più, di considerare soltanto le curve ordinarie C per le quali si ha $a = a_0$, $b = b_0$.

Notiamo, prima di proseguire, che, nel caso attuale, la condizione relativa alle (1) e (2) risulta superflua.

Considerata una qualunque curva ordinaria C, soddisfacente alla condizione sopra indicata, dividiamo i punti di (a_0, b_0) in due insiemi, G e G_1, ponendo in G_1 tutti quelli nei quali esistono finite entrambe le derivate $y'(x)$ e $y_0'(x)$, ed è $| y'(x) - y_0'(x) | < \Delta$, e in G tutti gli altri. Avremo

$$\int_{a_0}^{b_0} | y' - y_0' | \, dx = \int_G | y' - y_0' | \, dx + \int_{G_1} | y' - y_0' | \, dx.$$

Volendo che sia verificata la (4), uno almeno degli integrali del secondo membro di questa uguaglianza deve essere $\geq \frac{1}{2} \lambda$. Se fosse

$$\int_{G_1} | y' - y_0' | \, dx \geq \frac{1}{2} \lambda,$$

detto H l'insieme dei punti di (a_0, b_0) in cui y' e y_0' esistono finite ed è $| y' - y_0' | \geq \sigma$, si avrebbe

$$\int_{G_1} | y' - y_0' | \, dx \leq \sigma(b_0 - a_0) + \Delta m(H)$$

e perciò

$$m(H) \geq \frac{\lambda}{2\Delta} - \frac{\sigma}{\Delta}(b_0 - a_0),$$

e per $\sigma < \frac{\lambda}{4(b_0 - a_0)}$,

$$m(H) > \frac{\lambda}{4\Delta};$$

dunque la disuguaglianza (3) sarebbe verificata in virtù del teorema di Lindeberg (n.° 162).

Dopo ciò, basterà considerare soltanto quelle curve C per le quali è

$$\int_G |y' - y_0'| \, dx \geq \frac{1}{2}\lambda.$$

Per tali curve, si ripeta il ragionamento fatto al n.° 162, sostituendo, in esso, Δ a σ e, alla disuguaglianza (2), l'altra

$$\int_{a_0}^{b_0} \mathcal{E}[x, y(x); y_0'(x), y'(x)] dx > \mu \int_G | y - y_0' | \, dx \geq \frac{1}{2}\lambda\mu.$$

Si otterrà così quanto si voleva dimostrare.

165. - Dimostrazione generale del teorema del n.° precedente.

Per le stesse ragioni addotte al n.° 163, anche qui il lemma del n.° 158 ci permette di affermare che, senza ledere in alcun modo la generalità della nostra dimostrazione, possiamo supporre soddisfatta, in tutto il campo A e per ogni y', la disuguaglianza

$$f(x, y, y') > \nu |y'|, \tag{1}$$

con $\nu > 0$.

Un'osservazione già fatta al n.° precedente, permette poi di limitarci a considerare soltanto quelle curve ordinarie C, per le quali si ha

$$\int_{G_C} | y'(x) - y_0'(x) | \, dx \geq \frac{1}{2}\lambda, \tag{2}$$

dove G_C indica l'insieme dei punti di (a', b') nei quali non esistono finite entrambe le $y'(x)$ e $y_0'(x)$, oppure è $| y'(x) - y_0'(x) | \geq \Delta$.

Con queste premesse, possiamo seguire anche qui, con qualche necessario complemento, il ragionamento del n.° 159.

Preso ad arbitrio un $\varepsilon > 0$, scegliamo, nell'intervallo (a_0, b_0), un insieme chiuso E, il quale:

a) sia tutto costituito di punti in cui esiste la derivata $y_0'(x)$ ed è $y_0'(x) = \bar{y}_0'(x)$, e in cui valgono anche le disuguaglianze (1) e (2) del n.° 164;

b) non contenga nè il punto a_0 nè quello b_0;

c) posto $E' \equiv (a_0, b_0) - E$, soddisfi alle disuguaglianze

$$\int_{E'} | y_0'(x) | \, dx < \varepsilon, \quad \int_{E'} f(x, y_0(x), y_0'(x)) dx < \varepsilon; \tag{3}$$

d) sia tale che, in esso, la derivata $y_0'(x)$ risulti funzione continua.

Indicheremo con R il massimo modulo della $y_0'(x)$ in E, aumentato di Δ.

Consideriamo il campo T dei punti (x, y, y') tali che x sia un qualunque punto di E, e che si abbia $y = y_0(x)$ e $y' = y_0'(x)$. Le condizioni poste nel teorema da dimostrare consentono di applicare la proposizione del n.° 138, *c*), e di determinare così un numero $\delta > 0$, in modo che, se x è un punto qualunque di E, si abbia

$$f(\bar{x}, y, y') - f(\bar{x}, y, y_0'(x)) - q[y' - y_0'(x)] \geq \frac{\varphi}{4\Delta} | y' - y_0'(x) |, \tag{4}$$

tutte le volte che il punto $(\bar{x}, y)$ appartiene al campo A ed è

$$\begin{gathered} | \bar{x} - x | \leq \delta, \quad | y - y_0(x) | \leq \delta, \\ | q - f_{y'}(x, y_0(x), y_0'(x)) | \leq \frac{\varphi}{8\Delta}, \\ | y' - y_0'(x) | \geq \Delta. \end{gathered} \tag{5}$$

Per ogni x di E, indichiamo con $\rho'(x)$ la metà del limite superiore di tutti i valori, non superiori a 2, che può avere il numero $\rho(x)$ della condizione 1) del teorema del n.° 159. Il $\rho'(x)$ risulta funzione continua nell'insieme chiuso E ed ammette un minimo maggiore di zero. Sia $\bar{\rho}$ un numero positivo minore di questo minimo e minore anche di δ. Supponiamo $\bar{\rho}$ anche tale che, per ogni coppia x_0, x, di punti di E, soddisfacenti alla $| x_0 - x | \leq \bar{\rho}$, sia

$$| f_{y'}(x, y_0(x), y_0'(x)) - f_{y'}(x_0, y_0(x_0), y_0'(x_0) \pm \bar{\rho}) | \leq \frac{\varphi}{8\Delta}, \tag{6}$$

e che in ogni intervallo di (a_0, b_0), di ampiezza $\bar{\rho}$, la $y_0(x)$ compia un'oscillazione minore di $\frac{1}{2}\delta$.

Fatto questo, determiniamo, per ogni x_0 di E i tre numeri $p(x_0)$, $q(x_0)$, $\rho_1(x_0)$, indicati nel lemma del n.° 157, nel quale faremo $\rho = \bar{\rho}$ e $\bar{y}' = y_0'(x_0)$. È $\rho_1(x_0) < \bar{\rho}$ ed esiste [1] un numero M per il quale si ha, qualunque sia x_0 di E,

$$| p(x_0) | < M, \quad | q(x_0) | < M.$$

---

[1] Cfr. il n.° 159.

Inoltre, avendosi (Osservaz. I, n.° 157)

$$f_{y'}(x_0, y_0(x_0), y_0'(x_0) - \bar{\rho}) < q(x_0) < f_{y'}(x_0, y_0(x_0), y_0'(x_0) + \bar{\rho}),$$

è, per la (6),

$$(7) \qquad |q(x_0) - f_{y'}(x, y_0(x), y_0'(x))| \leq \frac{\varphi}{8\Delta},$$

per ogni x di E soddisfacente alla $|x - x_0| \leq \bar{\rho}$, e quindi, per (5) e (4),

$$f(x, y, y') - f(x, y, y_0'(x)) - q(x_0)[y' - y_0'(x)] \geq \frac{\varphi}{4\Delta}|y' - y_0'(x)|,$$

per tutti gli x detti, per (x, y) appartenente ad A, con $|y - y_0(x)| \leq \bar{\rho}$, e per y' tale che $|y' - y_0'(x)| \geq \Delta$.

Si ha anche, per ogni (x_1, y) appartenente al campo A e all'intorno $\left(\frac{1}{2}\rho_1(x_0)\right)$ di $(x_0, y_0(x_0))$,

$$f(x_1, y, y_0'(x_0)) - [p(x_0) + q(x_0)y_0'(x_0)] > 0,$$

e, per le (4) e (7), se $|y' - y_0'(x_0)| \geq \Delta$,

$$f(x_1, y, y') - f(x_1, y, y_0'(x_0)) - q(x_0)[y' - y_0'(x_0)] \geq \frac{\varphi}{4\Delta}|y' - y_0'(x_0)|.$$

Sommando queste due disuguaglianze, si ottiene, per il punto (x_1, y) detto e per $|y'| \geq 2R$ [1],

$$f(x_1, y, y') - [p(x_0) + q(x_0)y'] \geq \frac{\varphi}{4\Delta}|y' - y_0'(x_0)| > \frac{\varphi}{8\Delta}|y'|.$$

Procedendo come abbiamo fatto al n.° 159, possiamo determinare ora un sistema di intervalli: $\omega_1, \omega_2, \ldots, \omega_m$, non sovrapponentisi, tutti interni ad (a_0, b_0) e ricoprenti interamente l'insieme E, in modo che, detto E_1 lo pseudointervallo dei punti di tutti gli ω che non appartengono ad E, si abbia

$$(8) \qquad m(E_1) < \frac{\varepsilon}{M + R}, \qquad \int_{E_1} |y_0'(x)|\, dx < \frac{\varepsilon}{M + 1},$$

e in modo ancora che esistano un numero $\rho_2 > 0$ e m coppie p_s, q_s $(s = 1, 2, \ldots, m)$, soddisfacenti alle disuguaglianze

$$(9) \qquad |p_s| < M, \quad |q_s| < M,$$

$$(10) \qquad 0 < f(x, y_0(x), y_0'(x)) - [p_s + q_s y_0'(x)] < \varepsilon,$$

$$(11) \qquad f(x, y, y') - [p_s + q_s y'] > 0,$$

$$(12) \qquad f(x, y, y') - f(x, y, y_0'(x)) - q_s[y' - y_0'(x)] \geq \frac{\varphi}{4\Delta}|y' - y_0'(x)|,$$

$$(13) \qquad f(x, y, y') - [p_s + q_s y'] \geq \frac{\varphi}{8\Delta}|y'|,$$

---

[1] Poichè è sempre in E, $|y_0'(x)| \leq R - \Delta < R$, se è $|y'| \geq 2R$, risulta $|y' - y_0'(x)| \geq |y'| - |y_0'(x)| > \frac{1}{2}|y'|$.

le quali devono risultare verificate per (x, y) appartenente al campo A, con y soddisfacente alla $|y - y_0(x)| \leq \rho_2$, e, la (10), per ogni x di E appartenente ad ω_s, la (11), per ogni x di ω_s e ogni y', la (12), per ogni x di E appartenente ad ω_s e ogni y' tale che $|y' - y_0'(x)| \geq \Delta$, la (13), per ogni x di ω_s e ogni y' tale che $|y'| \geq 2R$.

Possiamo supporre ρ_2 minore della minima distanza degli intervalli ω da a_0 e da b_0, e sufficientemente piccolo affinchè, per ogni x di E e ogni y soddisfacente alla $|y - y_0(x)| \leq \rho_2$, sia

$$(14) \qquad |f(x, y, y_0'(x)) - f(x, y_0(x), y_0'(x))| < \varepsilon,$$

e affinchè sia anche, per ogni curva ordinaria C, appartenente propriamente all'intorno (ρ_2) della C_0,

$$(15) \qquad \left| \int_{C^{(s)}} [p_s + q_s y']\, dx - \int_{C_0^{(s)}} [p_s + q_s y']\, dx \right| < \frac{\varepsilon}{m},$$

$C^{(s)}$ e $C_0^{(s)}$ essendo gli archi di C e C_0 che si proiettano ortogonalmente su ω_s.

Sia ora C una curva ordinaria, appartenente propriamente all'intorno (ρ_2) della C_0 e soddisfacente alla (2), e indichiamo con $\overline{E}_C$ l'insieme dei punti comuni a E e G_C; indichiamo poi con $E^{(s)}$, $E_1^{(s)}$, $\overline{E}_C^{(s)}$, le parti di E, E_1, $\overline{E}_C$, rispettivamente, contenute in ω_s. In $\overline{E}_C^{(s)}$ valgono la (12) e la (14), ed è, in quasi-tutto tale insieme,

$$\begin{aligned}
&[f(x, y(x), y'(x)) - (p_s + q_s y'(x))] - [f(x, y_0(x), y_0'(x)) - (p_s + q_s y_0'(x))] \\
&\qquad = [f(x, y(x), y'(x)) - f(x, y(x), y_0'(x)) - q_s(y'(x) - y_0'(x))] \\
&\qquad + [f(x, y(x), y_0'(x)) - f(x, y_0(x), y_0'(x))] \geq \frac{\varphi}{4\Delta} |y'(x) - y_0'(x)| - \varepsilon,
\end{aligned}$$

donde

$$(16) \qquad \begin{aligned}
&\left[\int_{\overline{E}_C} f(x, y(x), y'(x))\, dx - \int_{\overline{E}_C} f(x, y_0(x), y_0'(x))\, dx\right] - \\
&\qquad - \sum_s \left[\int_{\overline{E}_C^{(s)}} (p_s + q_s y'(x))\, dx - \int_{\overline{E}_C^{(s)}} (p_s + q_s y_0'(x))\, dx\right] \\
&\qquad \geq \frac{\varphi}{4\Delta} \int_{\overline{E}_C} |y'(x) - y_0'(x)|\, dx - \varepsilon m(\overline{E}_C).
\end{aligned}$$

Nell'insieme $E^{(s)} - \overline{E}_C^{(s)}$ sono verificate insieme le (10) e (11), ed è

$$(17) \qquad \begin{aligned}
&\left[\int_{E - \overline{E}_C} f(x, y(x), y'(x))\, dx - \int_{E - \overline{E}_C} f(x, y_0(x), y_0'(x))\, dx\right] - \\
&\qquad - \sum_s \left[\int_{E^{(s)} - \overline{E}_C^{(s)}} (p_s + q_s y'(x))\, dx - \int_{E^{(s)} - \overline{E}_C^{(s)}} (p_s + q_s y_0'(x))\, dx\right] \\
&\qquad > -\varepsilon m(E - \overline{E}_C).
\end{aligned}$$

Nell'insieme $E_1^{(s)}$ è verificata la (11), per ogni y', e la (13), per y' tale che $|y'| \geq 2R$; è dunque

$$(18)\qquad \int_{E_1} f(x, y(x), y'(x))dx - \sum_s \int_{E_1^{(s)}} [p_s + q_s y'(x)]dx > \frac{\varphi}{8\Delta}\int_{E_1} |y'(x)|\, dx - \frac{\varphi R}{4\Delta}\, m(E_1).$$

È poi, per le (3), (8) e (9) (rammentando che E_1 è un componente di E', e che vale la (1))

$$(19)\qquad \int_{E_1} f(x, y_0(x), y_0'(x))\, dx - \sum_s \int_{E_1^{(s)}} [p_s + q_s y_0'(x)]\, dx < 3\varepsilon.$$

È, infine, per la (1), se poniamo $E'' \equiv (a, b) - E$,

$$(20)\qquad \int_{E''} f(x, y(x), y'(x))\, dx > \nu \int_{E''} |y'(x)|\, dx.$$

Dalle (15), (16), (17), (18), (19), (20) e dalla 2ª delle (3), si deduce

$$I_C - I_{C_0} > -5\varepsilon - \varepsilon m(E) + \frac{\varphi}{4\Delta}\left(\int_{\overline{E}_C} |y'(x) - y_0'(x)|\, dx + \frac{1}{2}\int_{E_1} |y'(x)|\, dx \right.$$
$$\left. - Rm(E_1)\right) + \nu \int_{E''} |y'(x)|\, dx.$$

Ora è, per la seconda delle (8),

$$\int_{E_1} |y'(x)|\, dx \geq \int_{E_1} |y'(x) - y_0'(x)|\, dx - \int_{E_1} |y_0'(x)|\, dx$$
$$> \int_{E_1} |y'(x) - y_0'(x)|\, dx - \varepsilon,$$

e analogamente in E'', per la 1ª delle (3). Se dunque indichiamo con μ il minore dei due numeri $\frac{\varphi}{8\Delta}$ e ν, abbiamo, tenendo presente la prima delle (8),

$$I_C - I_{C_0} > -\varepsilon\left(7 + (b_0 - a_0) + \frac{\varphi}{4\Delta}\right) + \mu \int_{\overline{E}_C + E_1 + E''} |y'(x) - y_0'(x)|\, dx.$$

Essendosi supposta verificata la (2) e osservando che i punti dell'insieme G_C sono tutti contenuti in $\overline{E}_C + E_1 + E''$, si ottiene

$$I_C - I_{C_0} > -\varepsilon\left(7 + (b_0 - a_0) + \frac{\varphi}{4\Delta}\right) + \frac{1}{2}\mu\lambda,$$

e poichè ε è arbitrario, la proposizione da dimostrarsi è provata.

Osservazione — Vale anche qui, come già al n.° 163, l'Osservaz. I del n.° 159; non può però dirsi altrettanto per l'Osservaz. II dello stesso n°.

166. - Nuova forma della proposizione del n.° 164.

a) Se l'integrale I_C è quasi-regolare positivo normale, le condizioni del teorema del n.° 164 sono verificate su ogni curva ordinaria C_0 per cui la derivata $y_0'(x)$ sia, in quasi-tutto (a_0, b_0), inferiore, in modulo, ad un numero fisso. Non altrettanto può dirsi se la restrizione ora indicata, relativamente alla C_0, non è rispettata; per altro, in casi importanti, la proprietà stabilita dal teorema detto sussiste ugualmente. Di ciò si tratterà al n.° seguente; qui vogliamo soltanto considerare il caso della funzione $f(x, y, y') \equiv \sqrt{1+y'^2}$, perchè esso ci permetterà di dare un'altra forma allo stesso teorema generale del n.° 164.

Se consideriamo una curva C (n.° 131) qualunque (sia essa o no ordinaria), di equazione $y = y(x)$, (a, b), la sua lunghezza L è data (n.° 65) dall'integrale

$$\int_a^b \sqrt{1+y'^2}\,dx.$$

Per questo integrale la proprietà espressa dal teorema del n.° 164 è già stata dimostrata al n.° 67, *b*); e di essa si ha anche la reciproca nel teorema del n.° 68, *b*). Si ha dunque:

Se C_0 è una curva qualunque del n.° 131, di equazione $y = y_0(x)$, (a_0, b_0), scelto ad arbitrio un numero $\lambda > 0$, è sempre possibile di determinarne altri due, ε e ρ, pure maggiori di zero, in modo che, per tutte le curve C (n.° 131) appartenenti propriamente all'intorno (ρ) della C_0 e soddisfacenti alla disuguaglianza

$$(1) \qquad \int_{a'}^{b'} | y'(x) - y_0'(x) |\, dx \geq \lambda ,$$

— dove (a', b') è l'intervallo che contiene (a_0, b_0) e (a, b), e nel quale le $y_0'(x)$ e $y'(x)$ si pongono uguali a zero dove non esistono o non sono finite — si abbia

$$(2) \qquad L - L_0 \geq \varepsilon .$$

Viceversa, scelto ε, *si possono determinare* λ *e* ρ *in modo che, per tutte le curve* C *appartenenti propriamente all'intorno* (ρ) *della* C_0 *e soddisfacenti alla* (2), *si abbia la* (1).

b) Questa proposizione mostra che quella del n.° 164 è perfettamente equivalente alla proposizione seguente:

Se C_0 *è una curva ordinaria :* $y = y_0(x)$, (a_0, b_0), *e su di essa sono verificate le condizioni* 1) *e* 2) *dell'enunciato del n.° 159;*

se, inoltre, esistono due numeri Δ *e* φ, *positivi e tali che, in quasi-tutto* (a_0, b_0), *sia*

$$\rho(x) \leq \Delta,$$
$$\mathcal{E}(x, y_0(x); y_0'(x), y_0'(x) \pm \rho(x)) \geq \varphi;$$

scelto ad arbitrio un numero $\lambda > 0$, *è sempre possibile di determinarne altre due,* ρ *e* ε, *pure maggiori di zero, in modo che si abbia*

$$I_C - I_{C_0} \geq \varepsilon,$$

per tutte le curve ordinarie C *appartenenti propriamente all'intorno* (ρ) *della* C_0 *e soddisfacenti alla* $L - L_0 \geq \lambda$.

167. - Su una particolare categoria di integrali regolari.

a) *Se l'integrale* I_C *è regolare;*

se, per ogni porzione limitata del campo A, *esiste un numero positivo* m, *tale che, in tutta la porzione medesima e per tutti gli* y' *in modulo maggiori di 1, sia*

$$|y'|^3 f_{y'y'}(x, y, y') \geq m; \tag{1}$$

fissata una curva ordinaria C_0 *e preso ad arbitrio un numero positivo* δ, *è possibile di determinare altri due numeri,* ε *e* ρ, *pure positivi, così che si abbia*

$$I_C - I_{C_0} \geq \varepsilon,$$

per ogni curva ordinaria C *appartenente propriamente all'intorno* (ρ) *della* C_0 *e soddisfacente alla disuguaglianza* $L - L_0 \geq \delta$.

Si consideri la porzione del campo A costituita di tutti i punti di A che distano dalla curva C_0 di non più dell'unità di lunghezza, e si indichi con A'. Se m è il numero corrispondente ad A' che verifica la (1), si ha, in ogni punto di A' e per qualunque $y' > 1$,

(2) $$(1 + y'^2)^{\frac{3}{2}} f_{y'y'}(x, y, y') \geq m.$$

E poichè il primo membro di questa disuguaglianza, per essere I_C regolare, è sempre maggiore di zero, esso, nel campo A' e per ogni y' in modulo ≤ 1, ammette un minimo m', maggiore di zero. Indichiamo con m_1 il minore dei due numeri m e m', e formiamo la funzione

$$\bar{f}(x, y, y') \equiv f(x, y, y') - m_1 \sqrt{1 + y'^2}.$$

È

$$\bar{f}_{y'y'} \equiv f_{y'y'} - \frac{m_1}{(1 + y'^2)^{\frac{3}{2}}}$$

e, per la (2), che vale per ogni y', se al posto di m poniamo m_1,

$$\bar{f}_{y'y'} \geq 0,$$

in tutto A' e per qualsiasi y'. L'integrale

$$\int_C \bar{f}(x, y, y')\, dx$$

è dunque quasi-regolare positivo in A' e (n.° 153) semicontinuo inferiormente; pertanto, se k è un numero positivo < 1, per ogni curva ordinaria C, appartenente propriamente ad un certo intorno (ρ) della C_0, è

$$\int_C \bar{f}\, dx > \int_{C_0} \bar{f} dx - k m_1 \delta,$$

ossia

$$I_C > I_{C_0} - k m_1 \delta + m_1 (L - L_0)$$

ed anche, se la C soddisfa alla $L - L_0 \geq \delta$,

$$I_C - I_{C_0} > m_1 \delta (1 - k),$$

la quale disuguaglianza dimostra il nostro teorema. Essa mostra anche che il numero ε dell'enunciato può prendersi uguale ad un numero positivo qualsiasi minore di δ, moltiplicato per il limite inferiore dei valori di

$$(1+y'^2)^{\frac{3}{2}} f_{y'y'}(x, y, y'),$$

in un intorno comunque piccolo della curva C_0.

b) Il teorema dato in a) vale, in particolare, se è

$$f(x, y, y') \equiv g(x, y)\sqrt{1+y'^2},$$

con $g(x, y) > 0$ *in tutto il campo A.*

Ed infatti, in tal caso, I_C è regolare e vale la (1), perchè è, per $|y'| > 1$,

$$|y'|^3 f_{y'y'} = g(x, y) \frac{|y'|^3}{(1+y'^2)^{\frac{3}{2}}} = g(x, y)\left(\frac{y'^2}{1+y'^2}\right)^{\frac{3}{2}} > g(x, y)\left(\frac{1}{2}\right)^{\frac{3}{2}}.$$

168. - Generalizzazione della proposizione *a*) del n.° precedente.

Sia $g(x, y, y')$ una funzione definita, come la $f(x, y, y')$, in tutti i punti del campo A e per ogni y', e come la f sottoposta alle condizioni di continuità e derivabilità fissate al n.° 133. Abbiamo:

Se, per ogni porzione limitata del campo A, esiste un numero positivo m tale che, in essa porzione e per ogni y', valga sempre la disuguaglianza

$$f_{y'y'}(x, y, y') \geq m g_{y'y'}(x, y, y'), \tag{1}$$

considerata una curva ordinaria C_0 e preso ad arbitrio un numero positivo δ, si possono determinare due altri numeri positivi, ε e ρ, così che si abbia

$$I_C - I_{C_0} \geq \varepsilon, \tag{2}$$

per ogni curva ordinaria C, appartenente propriamente all'intorno (ρ) della C_0 e soddisfacente alla disuguaglianza

$$\int_C g(x, y, y')\,dx - \int_{C_0} g(x, y_0, y_0')\,dx \geq \delta. \tag{3}$$

La funzione

$$\bar{f}(x, y, y') \equiv f(x, y, y') - m g(x, y, y'),$$

dove m è il numero che verifica la (1) nel campo A' composto di tutti i punti di A che distano dalla C_0 per non più dell'unità di lunghezza, soddisfa alla disuguaglianza

$$\bar{f}_{y'y'}(x, y, y') \geq 0,$$

in tutto A' e per qualsiasi y'. Dalla proposizione del n.° 153 segue dunque, per ogni curva ordinaria C appartenente propriamente ad un certo intorno (ρ) della C_0,

$$\int_C \bar{f} dx > \int_{C_0} \bar{f} dx - \frac{m\delta}{2},$$

ossia

$$I_C > I_{C_0} - \frac{m\delta}{2} + m\left(\int_C g dx - \int_{C_0} g dx\right).$$

Se ora la C soddisfa alla (3), è

$$I_C - I_{C_0} > \frac{m\delta}{2},$$

la quale prova la (2).

169. - Limite superiore di I_C in prossimità di una data curva.

Contrariamente a quanto accade nel caso degli integrali in forma parametrica, per quelli in forma ordinaria non può affermarsi, neppure nel caso degli integrali regolari, che, considerata una curva ordinaria C_0, tutte le altre che appartengono ad un intorno comunque piccolo della C_0 e che hanno lunghezza inferiore ad un numero fisso, diano ad I_C un valore anch'esso inferiore, in modulo, ad un numero fisso. Ciò risulta immediatamente dall'esempio addotto nell'Osservaz. I del n.° 161, nel quale l'integrale considerato è regolare.

Può invece, nel caso regolare ed in un altro che ora esamineremo, affermarsi che le curve ordinarie C, che appartengono ad un intorno convenientemente piccolo della C_0 e che danno all'integrale I_C un valore, in modulo, inferiore ad un numero fisso, restano in lunghezza pure inferiori ad un numero fisso. Dimostreremo, a questo proposito, il teorema seguente:

Se l'integrale I_C è quasi-regolare positivo, seminormale;

oppure, se è verificata la condizione 1) dell'enunciato del n.° 159 (1)*;*

considerata una curva ordinaria C_0 e preso comunque un numero Φ, è possibile di determinare due numeri positivi, ρ e Λ,

(1) A proposito di questa condizione, vale quanto si è detto nell'Osservaz. del n.° 165.

tali che, ogni curva ordinaria C, appartenente propriamente all'intorno (ρ) ***della*** C_0 ***e soddisfacente alla limitazione***

(1) $$I_C \leq \Phi,$$

verifichi la disuguaglianza

(2) $$L < \Lambda.$$

Quando l'integrale I_C sia regolare e sia, inoltre, verificata la condizione del teorema *a*) del n.° 167, questa proposizione si può dimostrare con un ragionamento analogo a quello usato al n.° 122, *a*).

Supponiamo verificata la prima delle ipotesi qui formulate, e, detta $y = y_0(x)$, (a_0, b_0), l'equazione della C_0, consideriamo un punto qualsiasi x_1 di (a_0, b_0). Detto $\bar{y}'$ uno qualunque degli y' per i quali è $f_{y'y'}(x_1, y_0(x_1), \bar{y}') > 0$, sia H il doppio, aumentato dell'unità, del minimo modulo di questi $\bar{y}'$, e indichiamo con y_1' questo H, se è $f_{y'y'}(x_1, y_0(x_1), H) > 0$, oppure $-H$, se è $f_{y'y'}(x_1, y_0(x_1), -H) > 0$, oppure, infine, il punto medio del massimo segmento dell'asse y', appartenente all'intervallo $(-H, H)$ e tutto costituito, ad eccezione degli estremi, di punti y' che verificano la disuguaglianza $f_{y'y'}(x_1, y_0(x_1), y') > 0$, scegliendo, qualora di tali massimi segmenti non ve ne fosse uno solo, quel punto medio che corrisponde al maggiore valore di y'. Questo punto y_1' risulta *interno* ad *un* intervallo dell'asse y' i cui punti, ad eccezione degli estremi, soddisfano alla $f_{y'y'}(x_1, y_0(x_1), y') > 0$. Indichiamo con $\rho'(x_1)$ la metà della minima distanza di y' dagli estremi dell'intervallo detto, ponendo $\rho'(x_1) = 1$ qualora questa minima distanza risultasse infinita; indichiamo, infine, con $\rho(x_1)$ la metà del limite superiore dei numeri positivi $\delta \leq \rho'(x_1)$ e tali che, per tutti i punti (x, y) di A e per tutti gli y' soddisfacenti alle

$$(x - x_1)^2 + (y - y_0(x_1))^2 \leq \delta, \quad |y' - y_1'| < \delta,$$

sia

(3) $$E(x, y; y', \bar{y}') > 0,$$

per tutti gli $\bar{y}' \neq y'$. Risulta così che, per ogni punto (x, y) di A ed ogni y' soddisfacenti alle

$$(x - x_1)^2 + (y - y_0(x_1))^2 \leq \rho(x_1), \quad |y' - y'_1| \leq \rho(x_1),$$

vale la (3), per tutti gli $\bar{y}' \neq y'$, e si ha con ciò che, in ogni punto della C_0, è soddisfatta la condizione 1) dell'enunciato del n.° 159.

Possiamo asserire, pertanto, in virtù del lemma del n.° 158, che, tanto nella prima quanto nella seconda delle ipotesi formulate nella proposizione che vogliamo dimostrare, è sempre possibile decomporre la curva C_0 in un numero finito di archi: $C_0^{(1)}, C_0^{(2)}, \ldots, C_0^{(m)}$, per ciascuno dei quali esista una coppia di numeri $p^{(s)}$, $q^{(s)}$, in modo che, posto

$$f^{(s)} \equiv f - (p^{(s)} + q^{(s)}y'),$$

risulti

$$f^{(s)}(x, y, y') \geq \nu \, |y'|, \tag{4}$$

con ν numero fisso, positivo, in tutti i punti del campo A appartenenti ad un certo intorno (ρ) di $C_0^{(s)}$.

Sia ρ_1 un numero positivo, minore di ρ, scelto in modo che ogni arco $C^{(s)}$ di curva ordinaria C, il quale appartenga propriamente all'intorno (ρ_1) di $C_0^{(s)}$, verifichi la disuguaglianza

$$\left| \int_{C^{(s)}} (p^{(s)} + q^{(s)}y')dx - \int_{C_0^{(s)}} (p^{(s)} + q^{(s)}y')dx \right| < \frac{1}{m},$$

e ciò per tutti gli s, da 1 ad m. È così

$$\sum_1^m \int_{C^{(s)}} (p^{(s)} + q^{(s)}y')dx > -1 + \sum_1^m \int_{C_0^{(s)}} (p^{(s)} + q^{(s)}y')dx = Q. \tag{5}$$

Ciò premesso, sia C una qualsiasi curva ordinaria, appartenente propriamente all'intorno (ρ_1) della C_0 e soddisfacente alla disuguaglianza (1). È

$$I_C = \sum_1^m \int_{C^{(s)}} f^{(s)}(x, y, y')dx + \sum_1^m \int_{C^{(s)}} (p^{(s)} + q^{(s)}y')dx,$$

dove abbiamo indicato con $C^{(s)}$ gli archi della C corrispondenti a quelli $C_0^{(s)}$ della C_0, intendendo che, ad eccezione del primo e dell'ultimo, tutti gli altri abbiano, sull'asse delle x, la stessa proiezione ortogonale dei corrispondenti $C_0^{(s)}$; e, per la (5),

$$\sum_1^m \int_{C^{(s)}} f^{(s)}(x, y, y')dx < I_C - Q \leq \Phi - Q. \tag{6}$$

Ora è, in virtù della (4),

$$L = \int_C \sqrt{1+y'^2}\, dx \leq \int_C (1 + |y'|) dx < (b-a) + \frac{1}{\nu} \sum_1^m \int_{C^{(s)}} f^{(s)}(x, y, y') dx$$

e, per la (6),

$$L < (b-a) + \frac{1}{\nu}(\Phi - Q),$$

e il secondo membro di questa disuguaglianza, se ρ_1 è sufficientemente piccolo, resta inferiore a

$$(b_0 - a_0) + 1 + \frac{1}{\nu}(\Phi - Q),$$

che è indipendente dalla curva C.

Dalla proposizione ora stabilita, scende come corollario:

Nelle condizioni del teorema precedente, il limite superiore di I_C, relativamente a tutte le curve ordinarie C che appartengono propriamente ad un intorno (ρ) *qualsiasi della curva C_0, è sempre $+\infty$.*

170. - Comportamento di I_C in prossimità di una curva C_0 sulla quale la $f(x, y, y')$ non sia integrabile.

Sia C_0 una delle curve C del n.° 131, tutta costituita di punti del campo A, e definita dall'equazione

$$y = y_0(x), \quad (a_0, b_0).$$

Si supponga che questa C_0 *non* sia una curva ordinaria, vale a dire che la funzione $f(x, y_0(x), y_0'(x))$ *non* sia integrabile nell'intervallo (a_0, b_0). Vale, allora, la seguente proposizione:

Se l'integrale I_C è quasi-regolare positivo;

oppure, se sono verificate le condizioni 1) e 2) dell'enunciato del n.° 159;

preso ad arbitrio un numero K, si può sempre determinare un altro numero $\rho \geq 0$, in modo che, ogni curva ordinaria C, appartenente propriamente all'intorno (ρ) *della curva C_0, sulla quale la $f(x, y, y')$ non sia integrabile, soddisfi alla disuguaglianza*

$$I_C > K.$$

a) Supponiamo, dapprima, verificata la prima ipotesi, e poniamo

$$\bar{f}(x,\ y,\ y') = f(x,\ y,\ y') - [f(x,\ y,\ 0) + y'f_{y'}(x,\ y,\ 0)],$$
$$\bar{I}_C = \int_C \bar{f}dx = I_C - \int_C [f(x,\ y,\ 0) + y'f_{y'}(x,\ y,\ 0)]dx.$$

È, in tutto il campo A, e per ogni y',

$$\bar{f}(x,\ y,\ y') \geq 0,$$
$$\bar{f}_{y'y'}(x,\ y,\ y') \equiv f_{y'y'}(x,\ y,\ y') \geq 0;$$

inoltre, poichè $y_0(x)$ è una funzione assolutamente continua, la

$$f(x,\ y_0(x),\ 0) + y_0'(x)f_{y'}(x,\ y_0(x),\ 0)$$

è integrabile nell'intervallo $(a_0,\ b_0)$ e, in forza della proposizione del n.° 149, l'integrale

$$\int_C [f(x,\ y,\ 0) + y'f_{y'}(x,\ y,\ 0)]dx$$

è una funzione continua anche sulla curva C_0. Su questa curva, per ipotesi, non è integrabile la $f(x,\ y,\ y')$; sopra di essa non è dunque integrabile neppure la $\bar{f}(x,\ y,\ y')$; e siccome questa funzione è sempre maggiore o uguale a zero, preso un numero positivo R e indicato con E l'insieme dei punti di $(a_0,\ b_0)$ in cui la derivata $y_0'(x)$ esiste ed è in valore assoluto $\leq R$, è

$$\int_E \bar{f}(x,\ y_0(x),\ y_0'(x))dx \to +\infty,$$

per $R \to +\infty$. La funzione $\bar{f}(x,\ y,\ y')$ risulta, invece, integrabile sulle curve ordinarie C, perchè sopra di esse sono integrabili tanto la $f(x, y, y')$ quanto la somma $f(x, y, 0) + y'f_{y'}(x, y, 0)$.

Prendiamo il numero R sufficientemente grande affinchè sia

$$(1) \quad \int_E \bar{f}[x, y_0(x), y_0'(x)]dx > K + 1 + \left| \int_{C_0} [f(x, y, 0) + y'f_{y'}(x, y, 0)]dx \right|,$$

e scegliamo poi un $\bar{\rho} > 0$, in modo che ogni curva ordinaria C, appartenente all'intorno $\bar{\rho}$ della C_0, soddisfi alla disuguaglianza

$$(2) \qquad \left| \int_C [f(x, y, 0) + y' f_{y'}(x, y, 0)] dx - \right.$$
$$\left. - \int_{C_0} [f(x, y, 0) + y' f_{y'}(x, y, 0)] dx \right| < \frac{1}{2}.$$

Dopo ciò, riprendiamo il ragionamento del n.° 153, sostituendo, all'insieme E_1 ivi definito, quello E or ora indicato, e osserviamo che, anche nel caso attuale, è certa l'esistenza dell'integrale

$$\int_C g(x, y, y') dx,$$

anche se la curva C (n.° 131) non è ordinaria, perchè, essendo, in tutto l'intorno $(\bar{\rho})$ della C_0, $|g_{y'}(x, y, y')| < M$, è, in tale intorno, $g(x, y, y') = g(x, y, 0) + y' g_{y'}(x, y, \bar{y}') < g(x, y, 0) + |y'| M$. Scegliendo i numeri ρ_1 e ε, della dimostrazione detta, rispettivamente minori di $\bar{\rho}$ e $\frac{1}{2}$, abbiamo, per ogni curva ordinaria C, appartenente propriamente all'intorno (ρ_1) della C_0,

$$\int_C g dx > \int_{C_0} g dx - \frac{1}{2},$$

$$\int_C \bar{f} dx \geq \int_C g dx,$$

$$\int_{C_0} g dx \geq \int_E g(x, y_0, y_0') dx = \int_E \bar{f}(x, y_0, y_0') dx,$$

da cui, tenendo conto delle (1) e (2),

$$I_0 > K,$$

come appunto si voleva.

b) Veniamo ora alla seconda delle ipotesi formulate nel nostro enunciato, e rammentiamo che, per il lemma del n.° 158, possiamo decomporre la C_0 in un numero finito di parti: $C_0^{(1)}$,

$C_0^{(2)}, \ldots, C_0^{(m)}$, per ciascuna delle quali esista una coppia di numeri $p^{(r)}$, $q^{(r)}$, in modo che, posto

$$f^{(r)} \equiv f - (p^{(r)} + q^{(r)} y'),$$

risulti

$$f^{(r)} > 0,$$

in tutti i punti del campo A che appartengono ad un certo intorno (ρ) di $C_0^{(r)}$. Supporremo che ρ sia preso in modo da render soddisfatta, per qualunque curva ordinaria C, appartenente propriamente all'intorno (ρ) della C_0, la disuguaglianza

$$(3) \qquad \left| \sum_1^m \left\{ \int_{C^{(r)}} |\, p^{(r)} + q^{(r)} y' \,|\, dx - \int_{C_0^{(r)}} |\, p^{(r)} + q^{(r)} y' \,|\, dx \right\} \right| < \frac{1}{2},$$

dove $C^{(r)}$ indica l'arco della C che corrisponde a $C_0^{(r)}$, intendendosi che, ad eccezione al più di $C^{(1)}$ e $C^{(m)}$, gli estremi di $C^{(r)}$ abbiano le stesse ascisse di quelli di $C_0^{(r)}$.

Per quanto abbiamo osservato più sopra, l'espressione $p^{(r)} + q^{(r)} y'$ è integrabile su $C_0^{(r)}$ e su $C^{(r)}$, e sopra questo secondo arco è anche integrabile la $f^{(r)}(x, y, y')$. Esiste, invece, almeno un $C_0^{(r)}$ sul quale la $f^{(r)}$ non è integrabile, poichè altrimenti la $f(x, y, y')$ sarebbe integrabile su tutta la C_0, contro l'ipotesi fatta. Sia $C_0^{(r_1)}$ un arco su cui la $f^{(r_1)}$ non è integrabile. Indichiamo con R un numero positivo tale che, detti l'intervallo dell'asse delle x su cui si proietta ortogonalmente $C_0^{(r_1)}$ ed E l'insieme dei punti di δ nei quali la derivata $y_0'(x)$ esiste ed è, in valore assoluto, minore od uguale a R, si abbia

$$\int_E f^{(r_1)}(x, y_0(x), y_0'(x))\, dx > K + 1 + \left| \sum_1^m \int_{C_0^{(r)}} |\, p^{(r)} + q^{(r)} y' \,|\, dx \right|,$$

Indichiamo poi con E un componente chiuso di E, il quale:

a) sia tutto costituito di punti in cui è (in relazione alla condiz. 2) dell'enunciato del n.° 159) $\bar{y}'(x) = y_0'(x)$;

b) non contenga nessuno dei due estremi di δ;

c) soddisfi alla disuguaglianza

$$(4) \quad \int_{E} f^{(r_1)}(x, y_0(x), y_0'(x))dx > K + 1 + \left| \sum_{1}^{m} \int_{C_0^{(r)}} \{ p^{(r)} + q^{(r)} y' \} dx \right|;$$

d) sia tale che, in esso, la $y_0'(x)$ risulti funzione continua.

Si riprenda, dopo ciò, il ragionamento del n.° 159, sostituendovi il segmento (a_0, b_0) col segmento δ, l'insieme E con $\overline{E}$, $E^{(s)}$ e $E_1^{(s)}$ con $\overline{E}^{(s)}$ e $\overline{E}_1^{(s)}$, rispettivamente. Si avrà, indicando con $\overline{C}_0^{(s)}$ gli archi $C_0^{(s)}$ del n.° 159,

$$\int_{E^{(s)}} f^{(r_1)}(x, y_0, y_0')dx - \int_{\overline{E}^{(s)}} (p_s + q_s y_0') dx < \varepsilon\, m(\overline{E}^{(s)}),$$

$$\int_{\overline{E}^{(s)}} f^{(r_1)}(x, y_0, y_0')dx - \int_{\overline{C}_0^{(s)}} (p_s + q_s y_0') dx < \varepsilon\, m(\overline{E}^{(s)}) +$$

$$+ M \left\{ m(\overline{E}_1^{(s)}) + \int_{E_1^{(s)}} |y_0'| dx \right\},$$

$$\sum_{1} \int_{\overline{E}^{(s)}} f^{(r_1)}(x, y_0, y_0')dx - \sum_{s} \int_{\overline{C}_0^{(s)}} (p_s + q_s y')dx < \varepsilon(\delta + 2);$$

e poichè è $\sum_{s} E^{(s)} \equiv \overline{E}$, si avrà, per la (4),

$$\sum_{s} \int_{\overline{C}_0^{(s)}} (p_s + q_s y')dx > K + 1 + \left| \sum_{1}^{n} \int_{C_0^{(r)}} \{ p^{(r)} + q^{(r)} y' \} dx \right| - \varepsilon(\delta + 2).$$

Prendiamo $\varepsilon < \frac{1}{2(\delta + 3)}$ e il ρ_3, del n.° 159, minore del ρ indicato più sopra. Avremo, per ogni curva ordinaria C, appartenente propriamente all'intorno (ρ_3) della C_0,

$$\left| \sum_{s} \int_{\overline{C}_0^{(s)}} (p_s + q_s y') dx - \sum_{s} \int_{\overline{C}^{(s)}} (p_s + q_s y') dx \right| < \varepsilon,$$

e quindi, per essere

$$\sum_{s} \int_{C^{(s)}} f^{(r_1)}(x, y, y')dx - \int_{\overline{C}^{(s)}} (p_s + q_s y') dx > 0,$$

e $f^{(r_1)} > 0$, e indicando con $\bar{C}$ la parte della C che si proietta ortogonalmente sul segmento δ,

$$\int_{\bar{C}} f^{(r_1)}(x, y, y')dx > K + 1 + \left| \sum_1^n \int_{C_0^{(r)}} [p^{(r)} + q^{(r)} y'] dx \right| - \varepsilon(\delta + 3)$$

$$> K + \frac{1}{2} + \left| \sum_1^n \int_{C_0^{(r)}} [p^{(r)} + q^{(r)} y'] dx \right| ,$$

ed anche

$$\int_{C^{(r_1)}} f^{(r_1)}(x, y, y')dx > K + \frac{1}{2} + \left| \sum_1^n \int_{C_0^{(r)}} [p^{(r)} + q^{(r)} y'] dx \right| .$$

Per i valori di r distinti da r_1, abbiamo poi, per la $f^{(r)} > 0$,

$$\int_{C^{(r)}} f^{(r)}(x, y, y')dx > 0 ,$$

onde

$$\sum_{r=1}^n \int_{C^{(r)}} f^{(r)}(x, y, y')dx > K + \frac{1}{2} + \left| \sum_1^n \int_{C_0^{(r)}} [p^{(r)} + q^{(r)} y'] dx \right| ,$$

e, per la (3),

$$I_C = \sum_1^n \int_{C^{(r)}} f^{(r)} dx + \sum_1^n \int_{C^{(r)}} [p^{(r)} + q^{(r)} y'] dx > K .$$

La proposizione enunciata è così dimostrata.

171. - Osservazione.

La funzione $f(x, y, y')$, considerata in quanto precede, soddisfa sempre alle condizioni per essa posta al n.° 133, fra le quali vi è quella della esistenza, finitezza e continuità della derivata parziale $f_{y'x}$ e la condiz. 3). Se queste condizioni vengono a mancare, le proposizioni date nel presente § continuano ancora a sussistere?

È facile accertarsi che la proposizione del n.° 161 vale ugualmente e che, se sono verificate le ipotesi poste per la $f(x, y, y')$ al n.° 155, valgono pure quelle dei n.i 162, 164 e 166 *b*). Per queste tre ultime, basta riportarsi alla dimostrazione della semicontinuità data al n.° 160, anzichè a quella del n.° 159, tenendo conto, invece di trascurarlo, del termine $\mathcal{E}(x, y; y_0', y')$, in modo analogo a quanto si è fatto nella dimostrazione del n.° 162. Qui deve avvertirsi che non occorre siano verificate le condizioni 1) e 2) del n.° 159, per tutti i punti (x, y) del campo A che soddisfano alla disuguaglianza

$$(x - x_0)^2 + (y - y_0(x_0))^2 \leq \rho^2(x_0),$$

x_0 essendo un punto qualunque dell'intervallo (a_0, b_0), in cui è data la funzione $y_0(x)$, che definisce la curva C_0; basta che esse risultino soddisfatte per i punti (x, y) del campo A che verificano la $|y - y_0(x)| \leq \rho(x)$, x essendo un punto qualunque di un dato pseudointervallo E di (a_0, b_0) di misura $b_0 - a_0$, purchè però la funzione $\rho(x)$ risulti in E semicontinua superiormente o soltanto quasi-continua, o, più generalmente, purchè si possa determinare in E una funzione quasi-continua $\rho'(x)$ soddisfacente sempre alla condizione $0 < \rho'(x) \leq \rho(x)$.

Valgono anche, sotto le condizioni sopra indicate, le proposizioni dei n.i 167, 169 e 170.

§ 2. Teoremi di convergenza e di confronto.

172. - Teoremi delle lunghezze.

a) Se sono soddisfatte le ipotesi del teorema del n.° 166, b), oppure quelle del n.° 167, data una successione $\{C_1\}, \{C_2\}, \ldots, \{C_n\}, \ldots$, *di insiemi di curve ordinarie* C_n, *convergente uniformemente verso una curva ordinaria* C_0, *dalla*

$$\{I_{C_n}\} \to I_{C_0},$$

scende la

$$\{L_n\} \to L_0.$$

È conseguenza immediata delle proposizioni dei n.i citati.

b) Tenendo presente la proposizione del n.° 141, *b*), si ha pure:

Se è verificata una delle due ipotesi del teorema precedente; se, inoltre, esistono tre numeri positivi, ρ, λ *e* Λ, *tali che, in tutti i punti del campo* A *appartenenti all'intorno* (ρ) *della* C_0, *sia* $|f(x, y, y')| < \lambda + \Lambda |y'|$;

condizione necessaria e sufficiente affinchè, data una successione $\{C_1\}, \{C_2\}, \ldots, \{C_n\}, \ldots$, *di insiemi di curve ordinarie* C_n, *tendente uniformemente ad una curva ordinaria* C_0, *sia*

$$\{I_{C_n}\} \to I_{C_0},$$

è che si abbia

$$\{L_n\} \to L_0.$$

173. Teoremi generali di convergenza.

a) Se $g(x, y, y')$ *è una funzione definita e continua in tutto il campo A e per ogni* y' *finito, e, data una curva ordinaria* C_0, *esistono tre numeri positivi,* ρ, λ *e* Λ, *tali che, in tutti i punti del campo detto appartenenti all'intorno* (ρ) *della* C_0, *sempre sia* $|g(x, y, y')| < \lambda + \Lambda |y'|$, *oppure sempre* $|g(x, y, y')| < \lambda + \Lambda f(x, y, y')$;

se sono soddisfatte le condizioni del teorema del n.° 166, b), oppure quelle del teorema del n.° 167;

considerata una successione $\{C_1\}, \{C_2\}, \ldots, \{C_n\} \ldots$, *di insiemi di curve ordinarie* C_n, *tendente uniformente alla* C_0, *dalla*

$$\{I_{C_n}\} \rightarrow I_{C_0},$$

scende la

$$\left\{ \int_{C_n} g(x, y, y')dx \right\} \rightarrow \int_{C_0} g(x, y_0, y_0')dx.$$

Ciò segue dalla proposizione del n.° 172, *a*), e dal n.° 141, *c*).

b) Se la funzione $g(x, y, y')$ *è definita in tutto il campo A e per ogni* y', *e soddisfa alle stesse condizioni di continuità e derivabilità poste, per la* $f(x, y, y')$, *al n.° 133;*

se, inoltre, data una curva ordinaria C_0, *esistono due numeri positivi,* k *e* ρ, *tali che, in tutto l'intorno* (ρ) *della* C_0 *e per ogni* y', *sia*

$$f_{y'y'}(x, y, y') > k\,|g_{y'y'}(x, y, y')|; \tag{1}$$

considerata una successione $\{C_1\}, \{C_2\}, \ldots, \{C_n\}, \ldots$, *di insiemi di curve ordinarie* C_n, *tendente uniformemente verso la* C_0 *e soddisfacente alla*

$$\{I_{C_n}\} \rightarrow I_{C_0}, \tag{2}$$

è anche

$$\left\{ \int_{C_n} g dx \right\} \rightarrow \int_{C_0} g dx. \tag{3}$$

Siccome è, in tutto il campo A, per ogni y',

$$f(x, y, y') \equiv f(x, y, 0) + y' f_{y'}(x, y, 0) + \int_0^{y'} dy' \int_0^{y'} f_{y'y'}\, dy',$$

$$g(x, y, y') \equiv g(x, y, 0) + y' g_{y'}(x, y, 0) + \int_0^{y'} dy' \int_0^{y'} g_{y'y'}\, dy',$$

su ogni curva ordinaria C è integrabile la funzione

$$\int_0^{y'} dy' \int_0^{y'} f_{y'y'}\, dy',$$

e quindi, su ogni curva ordinaria C i cui punti appartengano tutti all'intorno (ρ) della C_0, è integrabile, per la (1), anche la

$$\int_0^{y'} dy' \int_0^{y'} g_{y'y'}\, dy',$$

e di conseguenza la $g(x, y, y')$.

Dalla (1) segue poi che, nell'intorno (ρ) della C_0, è sempre

$$f_{y'y'} - k g_{y'y'} > 0,$$
$$f_{y'y'} + k g_{y'y'} > 0.$$

Per la proposizione del n.° 153, si ha dunque

$$\int_{C_0} (f - kg)dx \leq \operatorname{Min}\lim_{n \to \infty} \left\{ \int_{C_n} (f - kg)\, dx \right\},$$

$$\int_{C_0} (f + kg)dx \leq \operatorname{Min}\lim_{n \to \infty} \left\{ \int_{C_n} (f + kg)\, dx \right\},$$

e, per la (2),

$$\operatorname{Mass}\lim_{n \to \infty} \left\{ \int_{C_n} g dx \right\} \leq \int_{C_0} g dx \leq \operatorname{Min}\lim_{n \to \infty} \left\{ \int_{C_n} g dx \right\},$$

donde la (3).

Osservazione. — Va notato che le condizioni del teorema *b*) sono certamente verificate se è

$$f(x, y, y') \equiv \varphi(x, y) \sqrt{1 + y'^2},$$
$$g(x, y, y') \equiv \psi(x, y) \sqrt{1 + y'^2},$$

con $\varphi(x, y)$, sempre maggiore di zero.

174. - Teorema di divergenza.

Se l'integrale I_C è quasi-regolare positivo seminormale, oppure se è verificata la condizione 1) dell'enunciato del n.° 159, data una successione $\{C_1\}, \{C_2\}, \ldots, \{C_n\}, \ldots$, *di insiemi di curve ordinarie C_n, tendente uniformemente ad una curva ordinaria C_0, in modo che sia*

$$\{L_n\} \to +\infty,$$

è anche

$$(1) \qquad \{I_{C_n}\} \to +\infty.$$

La dimostrazione è identica a quella data al n.° 126. Qui, a differenza da quanto avviene nel caso degli integrali in forma parametrica, la condizione $\{L_n\} \to +\infty$ non è necessaria perchè valga la (1), come già abbiamo notato al n.° 169.

175. - Teoremi di confronto.

a) Se l'integrale I_C è quasi-regolare seminormale;

oppure, se sono verificate le condizioni 1) e 2) dell'enunciato del n.° 159;

data una successione $\{C_1\}, \{C_2\}, \ldots, \{C_n\}, \ldots$, *di insiemi di curve ordinarie C_n, tendente uniformemente ad una curva ordinaria C_0, e posto*

$$J_C = \int_C \{\varphi(x, y) f(x, y, y') + M(x, y) + N(x, y) y'\} dx, \text{ [1]}$$

dove $\varphi(x, y)$, $M(x, y)$ e $N(x, y)$ indicano tre funzioni definite e continue, in tutto il campo A, ammessa l'esistenza e la finitezza dei due limiti

$$\lim_{n \to \infty} \{I_{C_n}\}, \quad \lim_{n \to \infty} \{J_{C_n}\},$$

è

$$\lim_{n \to \infty} \{J_{C_n}\} - J_{C_0} = \varphi(x_0, y_0) \left\{ \lim_{n \to \infty} \{I_{C_n}\} - I_{C_0} \right\},$$

dove (x_0, y_0) indica un punto conveniente della curva C_0.

---

[1] Si osservi che, se C è una curva ordinaria, su di essa è integrabile la $f(x, y, y')$ e quindi anche la $\varphi(x, y) f(x, y, y')$.

La dimostrazione di questa proposizione si ottiene con gli stessi ragionamenti fatti ai n.[i] 128 *b*) e 129, per gli integrali in forma parametrica.

b) Se la funzione $N(x, y)$ esiste (o può definirsi) anche in un campo A', contenente tutti i punti del campo A come punti ***interni***, e in esso è sempre finita e continua insieme con la sua derivata parziale $N_x(x, y)$, alla prima ipotesi del teorema precedente, può sostituirsi l'altra che I_C ***sia quasi-regolare e che esista un numero*** m ***(qualunque) in modo che si abbia sempre*** $f \geq m$. In questo caso, infatti, il ragionamento del n.° 128, *a*), conduce a stabilire il nostro teorema per gli integrali

$$I_C' = \int_C (f - m)\, dx, \quad J_C' = \int_C \varphi \cdot (f - m)\, dx,$$

dai quali si passa poi a I_C e J_C osservando che le differenze $I_C' - I_C$ e $J_C' - J_C$ sono funzioni continue di C (n.° 149).

Se la $N(x, y)$ soddisfa alla condizione ora indicata e se a tale condizione soddisfa anche la $\varphi(x, y)$, allora, alla prima ipotesi del teorema dato in *a*), può sostituirsi semplicemente l'altra *che* I_C ***sia quasi-regolare***. Basta, per questo, osservare, per ricondursi al caso precedente, che la funzione

$$f(x, y, y') - \{f(x, y, 0) + y' f_{y'}(x, y, 0)\},$$

per essere sempre $f_{y'y'} \geq 0$, è anch'essa sempre ≥ 0, e che, posto

$$I_C' = \int_C [f(x, y, y') - \{f(x, y, 0) + y' f_{y'}(x, y, 0)\}]\, dx,$$

$$J_C' = \int_C \varphi(x, y)[f(x, y, y') - \{f(x, y, 0) + y' f_{y'}(x, y, 0)\}]\, dx,$$

le differenze $I_C' - I_C$ e $J_C' - J_C$ sono funzioni continue della curva C (n.° 149).

c) *Se l'integrale* I_C *è* ***quasi-regolare seminormale;***

oppure, se sono verificate le condizioni 1) e 2) dell'enunciato del n.° 159;

data una successione $\{C_1\}$, $\{C_2\}$, ..., $\{C_n\}$, ..., *di insiemi di curve ordinarie* C_n, *tendente uniformemente ad una curva ordinaria* C_0, *e posto*

$$J_C = \int_C \{\varphi(x, y) f(x, y, y') + M_1(x, y) + N_1(x, y) y'\} dx,$$

$$I_C' = \int_C \{\psi(x, y) f(x, y, y') + M_2(x, y) + N_2(x, y) y'\} dx,$$

dove φ, ψ, M_1, N_1, M_2, N_2 *sono funzioni definite e continue, in tutto il campo* A;

ammessa l'esistenza e la finitezza dei limiti

$$\lim_{n \to \infty} \{J_{C_n}\}, \qquad \lim_{n \to \infty} \{I_{C_n}'\};$$

ammessa l'esistenza di tre costanti, k_1, k_2 *e* ρ, *di cui l'ultima* > 0, *tali che sia*

$$k_1 \varphi(x, y) + k_2 \psi(x, y) > 0,$$

in tutti i punti di A *che appartengono all'intorno* (ρ) *della* C_0:

è

$$\psi(x_0, y_0)[\lim_{n \to \infty} \{J_{C_n}\} - J_{C_0}] = \varphi(x_0, y_0)[\lim_{n \to \infty} \{I_{C_n}'\} - I_{C_0}'],$$

dove (x_0, y_0) *indica un punto conveniente della curva* C_0.

La dimostrazione è identica a quella data al n.° 130.

Se le funzioni N_1, N_2, φ e ψ soddisfano alla condizione indicata in *b*) per la N, alla prima ipotesi del teorema può sostituirsi l'altra *che* I_C *sia soltanto quasi-regolare.*

176. - Osservazione.

Se la derivata parziale $f_{y'x}$ non esiste o non è continua, ma sono soddisfatte le condizioni poste al n.° 155, per la $f(x, y, y')$, le proposizioni date in questo § valgono tutte ancora, ad eccezione di quella del n.° 173, *b*).

INDICI

INDICE DELLE DEFINIZIONI

A

C

D

INDICE DELLE MATERIE

PARTE SECONDA - FUNZIONI DI LINEE

A) *Forma parametrica.*

PARTE TERZA - FUNZIONI DI LINEE

B) *Forma ordinaria.*

ERRATA CORRIGE

Pag. 184, nella Nota, *invece di* 67, *leggi* 65.

» 195, linea 5, » $Q(x(t)), y(t))$, » $Q(x(t), y(t))$.

» 234, » 5, » $\int_{0}^{\theta_0 \pm \varkappa}$ » $\int_{\theta_0}^{\theta_0 \pm \varkappa}$

» 258, » 10, dal basso, *dopo* (x', y'), *aggiungi* « e che esista un suo intorno in cui si abbia sempre $F_1 \geq 0$ ».

www.ingramcontent.com/pod-product-compliance
Lightning Source LLC
LaVergne TN
LVHW020550110826
845149LV00002B/223